Bemaßung und Tolerierung von Kunststoffbauteilen

Prof. em. Dr.-Ing. Bernd Klein

Bemaßung und Tolerierung von Kunststoffbauteilen

Maße und Abmaße – Form- und Lagetoleranzen – Tolerierungsprinzipien – Werkzeug und Prozess – Maßketten am Teil – Qualitätsfähigkeit sichern

5., überarbeitete Auflage

Bibliografische Information der Deutschen Nationalbibliothek
Die Deutsche Nationalbibliothek verzeichnet diese Publikation in der Deutschen Nationalbibliografie; detaillierte bibliografische Daten sind im Internet über http://dnb.dnb.de abrufbar.

Dischingerweg 5 · D-72070 Tübingen

Internet: www.expertverlag.de
eMail: info@verlag.expert

Printed in Germany

ISBN 978-3-8169-3513-1 (Print)
ISBN 978-3-8169-8513-6 (ePDF)

Vorwort zur 5. Auflage

Durch die Neuerscheinung der ISO 20457 (Kunststoff-Formteile – Toleranzen und Abnahmebedingungen) und der Zurückziehung der DIN 16742 hat sich die Basis für das Buch geändert. Dies macht es erforderlich den Text, einige Textbeispiele und den Anhang zu überarbeiten und neu auszurichten. Bei dieser Gelegenheit habe ich auch einige ergänzende Informationen aus der Weiterentwicklung des ISO-GPS-Systems (neue ISO 14405-2 und ISO 22081) eingearbeitet. Das Buch bezieht sich somit wieder auf den aktuellen Normenstand und gibt insofern den Stand der Technik bezüglich der Bemaßung und der F+L-Tolerierung wieder.

Calden bei Kassel, Juli 2020 *B. Klein*

Vorwort zur 4. Auflage

Nachdem sich im Jahre 2018 einige wesentliche Grundnormen zur Bemaßung und Tolerierung geändert haben und auch neue Definitionen eingeführt worden sind, war es notwendig, das Manuskript entsprechend anzupassen. So wurden beispielsweise Normergänzungen zu Freiformgeometrien, zur Winkelbemaßung, zur Tolerierung von *Bohrungs*-Mustern, zu Toleranzzonen mit Nebenbedingungen, zur Bezugsbildung und weitere kleine Ergänzungen aufgenommen. Die überarbeitete Neuauflage entspricht somit wieder dem neuesten Stand der ISO-GPS-Normung, so dass die gezeigten Normenauslegungen wieder direkt zur Anfertigung von Fertigungsunterlagen übernommen werden können. Insofern hoffe ich, dass das Buch auch weiterhin seinem Leitfadencharakter gerecht wird.

Calden bei Kassel, Oktober 2018 *B. Klein*

Vorwort zur 3. Auflage

Bücher die sich mit Technologie und Normung befassen haben leider die unangenehme Eigenschaft nie fertig zu werden. Da ich zur 2. Auflage einige Leserrückmeldungen erhalten habe, sehe ich es als notwendig an, den Text noch einmal zu aktualisieren und einige Bilder an den neuen ISO/GPS-Normenstand anzupassen. Mit der vorliegenden Fassung ist somit der neueste Normenstand berücksichtigt worden. Ich hoffe damit jetzt wieder allen Lesern einen hohen praktischen Nutzwert bieten zu können.

Calden bei Kassel, Juli 2017 *B. Klein*

Vorwort zur 2. Auflage

Nach der überaus positiven Resonanz die ich auf mein Buch erfahren habe, habe ich mich entschlossen, eine überarbeitete Neuauflage anzufertigen. Dies ist auch vor dem Hintergrund zu sehen, dass einige Normen zur Kunststofftechnologie und viele Normen zur maßlichen und geometrischen Beschreibung von Produkten bzw. Werkstücken zwischenzeitlich überarbeitet wurden und neu erschienen sind.

Weil aber die fertigungsgerechte Beschreibung und die wirtschaftliche Herstellung von Kunststoffbauteilen nicht nur Querschnittswissen benötigt, sondern auch eines integrativen Erstellungsprozesses bedarf, ist es besonders wichtig, Herstellungsunterlagen verfügbar zu haben, die einem aktuellen Normenstand entsprechen.

In diesem Zusammenhang war es mir wichtig, die „Beschreibungssprache" des ISO/GPS-Normenwerkes, welche in der Hauptsache auf metallische Konstruktionen (aber werkstoffunabhängig ist) ausgerichtet ist, so abzuwandeln, dass hiermit auch Kunststoffbauteile eindeutig beschrieben werden können. Interessierte Leser haben hiervon hoffentlich einen hohen Nutzen.

Calden bei Kassel, März 2016 *B. Klein*

Vorwort zur 1. Auflage

Die Ausbildung von Technikern und Ingenieuren hat normalerweise ihren Schwerpunkt in der Gestaltung, Auslegung und Berechnung von Konstruktionen aus Metallen. Darüber hinaus haben natürlich Kunststoffe in der Technik einen festen Platz gefunden, weil sich bestimmte Anwendungen eben besser und kostengünstiger mit synthetischen Werkstoffen abdecken lassen. Viele Anwender tun sich aber schwer mit Kunststoffen, weil sie deren Verhalten (kein „weicher" Stahl) nicht richtig einzuschätzen wissen. So können sich die spezifischen Kurz- und Langzeiteigenschaften von Kunststoffen ändern durch

- Belastung, Temperatur und Zeit,
- Technoklima (Versprödung, Alterung),
- Kriechen und Relaxation,
- Nachreaktionen (Schwinden, Quellen),
- Formgebungsprozess,

sowie

- Verarbeitungsbedingungen.

Diese Faktoren wirken sich aus auf die Gebrauchseigenschaften sowie die Maß- und Geometriehaltigkeit von Formteilen[*)]. Es ist daher das Ziel der folgenden Ausführungen, diese Zusammenhänge zu zeigen, wobei der besondere Fokus auf die Maß- und Winkelveränderungen sowie den Form- und Lageveränderungen liegen soll.

Wie dieses Verhalten in der Praxis zu berücksichtigen ist, geben etwa 27 Normen (s. Seite 4) vor, die teils fachspezifischen oder allgemeinen Charakter haben. Konstrukteure sind daher gut beraten, wenn sie für eine funktions-, kosten- und qualitätsgerechte Produktkonstruktion auf diese Erfahrungen zurückgreifen, weil dann Eindeutigkeit gegeben ist. Die meisten Reklamationen ufern in endlosen Diskussionen aus, wobei gegenteilige Auffassungen ausgetauscht werden. Viel zielführender ist es in derartigen Fällen, sich auf die DIN-, EN- oder ISO-Normen zu beziehen, die im Bereich der Bemaßung, Tolerierung und Oberflächen sehr weit ausgearbeitet sind.

Normen sind anerkannte Standards und dafür geschaffen worden, dass bestimmte Probleme der Technik eindeutig geregelt sind und somit nicht missverstanden werden können. Der

[*)] Anmerkung: Nach ISO 10135 werden Formteile unter Verwendung von Formen (z. B. Kunststoff-Spritzguss) hergestellt.

Fachmann erkennt beispielsweise an einer Zeichnung sofort das Herstellproblem, meist jedoch nicht, ob die angegebenen Toleranzen (Größe, Art und Lage) überhaupt einhaltbar sind oder wie sich Geometrie- bzw. Form- und Lageabweichungen (Material-Bedingungen) kompensieren lassen. Hierzu gibt jedoch das Normenwerk ausführliche und bewährte Hinweise.

Dieser Exkurs vertieft somit schon die Gesamtproblematik von der Artikelzeichnung, über das Werkzeug, den Prozess bis zum Fertigprodukt und sei hier am Anfang nur angerissen. Der Anspruch dieses Fachbuchs ist insofern, diese Zusammenhänge aufzuzeigen und eindeutige Lösungen für die Phasen Konstruktion und Detaillierung bereitzustellen.

Calden bei Kassel, 2013 *B. Klein*

Inhaltsverzeichnis

Allgemeines

Dimensionelle Toleranzen für Paarungen bzw. Passungen und Toleranzen zur Geometriebeschreibung spielen im gesamten Maschinen-, Fahrzeug-, Geräte- und Anlagenbau eine große funktionelle und wirtschaftliche Rolle. Da überwiegend Stahl oder NE-Metalle eingesetzt werden, haben die Werkstoffeigenschaften und die Herstelltechnologie im Temperaturbereich von ca. -40 °C bis +150 °C letztlich jedoch keinen gravierenden Einfluss auf die Maßhaltigkeit, Form- und Lagestabilität sowie Steifigkeit.

Dies ist bei Erzeugnissen aus Kunststoffen (sog. Polymeren) aber anders. Gegenüber anderen Werkstoffgruppen hat eine größere Anzahl von Einflussfaktoren eine starke Wirkung auf die *Maßhaltigkeit*, *Maßveränderungen* und *Formtreue*. Verantwortlich hierfür sind der makromolekulare Aufbau und Strukturänderungen, die sich bereits bei relativ niedrigen Temperaturen vollziehen können. Hinzu kommt eine stärkere Abhängigkeit der Geometrie von den physikalischen und chemischen Zuständen im Vergleich zu anderen Werkstoffen. So muss man beispielsweise bei dem Einsatz von Kunststoffen mit der Aufnahme oder Abgabe von Flüssigkeit, mit Schwindung/Nachschwindung oder Relaxation sowie mit größeren Wärmeausdehnungen rechnen. Auch kann der relativ niedrige Elastizitätsmodul schon bei vergleichsweise geringen Belastungen zu erheblichen Verformungen und daher zu Dimensions- und Geometrieänderungen führen.

Wie bei allen Urformverfahren, die über den flüssigen Zustand zur Erzeugnisgestalt führen, beeinflusst der Phasenübergang flüssig zu fest und die physikalischen Zustandsparameter (Zeit, Druck, Temperatur) das spezifische Volumen eines Formteils erheblich. Hieraus resultiert eine deutliche Abhängigkeit der fixierten Idealgestalt von den Prozessgrößen (s. *Bild 0.1*), der Prozessführung und den Folgeoperationen (Beschichten) bzw. Nachbehandlungen (Tempern, Konditionieren).

Man sollte deshalb bei der Tolerierung von Kunststoff-Formteilen nicht zu enge Funktionstoleranzen wählen. Die Einhaltung von Toleranzen ist nämlich immer mit werkzeug-, maschinen- und prozesstechnischem Aufwand verbunden, so führt eine Vergrößerung von Toleranzen gewöhnlich zu einer deutlichen Reduzierung der Herstellkosten. Für den Konstrukteur können daher die folgenden Leitlinien formuliert werden:

- Die Größe und Einhaltbarkeit von Toleranzen (s. ISO 20457) ist vom Materialtyp (Tabelle auf S. 31) sowie den Füll- und Verstärkungsstoffen abhängig:
  - Amorphe Thermoplaste (z. B. PS, SB, SAN, ABS, PMMA, PC) sind besonders für das Spritzgießen, Spritzprägen und Warmformen von Formteilen mit hoher Maßgenauigkeit geeignet. Die Verarbeitungsschwindung VS $\approx$ 0,5–1 % von N_0 ist relativ gering.
  - Teilkristalline Thermoplaste (PE, PP, POM, PA, PEK, PBT) werden ebenfalls durch Spritzgießen verarbeitet, zeigen jedoch eine ausgeprägte Anisotropie (ggf. Nachschwindung) mit schlechter Maßhaltigkeit sowie eine relativ große Verarbeitungsschwindung VS $\approx$ 1–2,5 % und Nachschwindung NS $\approx$ 1 % von N_0.
  - Durch den Zusatz von Glasfasern (GF) können die Maßschwankungen und die Verarbeitungsschwindung (VS) auf 30–50 % des Grundwertes reduziert werden. Über 25 % GF-Gehalt ergibt sich kein weiterer Effekt auf die VS. Ebenso zeigen organische Zusätze keinen Einfluss auf die VS.
- Die Einhaltbarkeit von Toleranzen wird sehr stark von der Größe eines Kunststoff-Formteiles beeinflusst, d. h., die Maß- und F+L-Toleranzen wachsen proportional mit.

- Verfahrensbedingt sollten für *nicht werkzeuggebundene* Maße und *werkzeuggebundene* Maße unterschiedliche Toleranzen vergeben werden. Dies gilt jedoch nur für Kunststoff-Spritzguss; bei Al- und Mg-Druckguss ist dies nicht zwingend notwendig.
- Die Maßstabilität von Kunststoff-Formteilen ist sehr stark von der Einsatztemperatur (Wärmedehnung) und dem Wassergehalt abhängig.
- Der Einfluss der Schwindung auf die Maße lässt sich zwar theoretisch gut berechnen, aber bei komplexen Teilen nur schwer vorhersagen:
  - Die Schwindung wird in Fließrichtung anders sein als quer zur Fließrichtung, was zu unterschiedlichen Dicken- und Längenabweichungen führt.
  - Durch Füll- und Verstärkungsstoffe können Schwindungsbehinderungen auftreten. Behinderungen können auch konstruktive Ursachen (z. B. Verrippungen) haben.
  - Durch eine ungleichmäßige Erstarrung der Schmelze im Werkzeug bzw. ungleichmäßige Abkühlung nach dem Auswerfen können ebenfalls Schwindungsbehinderungen und Verzüge auftreten.
- Nach der Verarbeitung kann noch Quellen (z. B. PA bei Wasseraufnahme= 4,5 % Volumenquellung; CA mit nur 1,75 % Volumenquellung) oder eine Nachschwindung (insbesondere bei Duromeren mit NS $\leq$ 0,15 % von N_0) mit Maßveränderungen eintreten.
- Die Maßhaltigkeit lässt sich durch besondere Prozessfolgeschritte (wie: Druckverfestigung, Strahlenvernetzung oder Tempern) noch gezielt verbessern.

Vor diesem Hintergrund ist es Zielsetzung der folgenden Darlegungen, die Einflüsse auf die Maßbildung beim Urformen und bei der spanenden Nachbearbeitung von ungeschäumten Formteilen[*)] darzustellen sowie diese zu quantifizieren. Ergänzend sollen Wege zu einer Toleranzoptimierung unter Funktions- und Fertigungsgesichtspunkten sowie unter Einschluss der internationalen Normung gezeigt werden.

Hierzu gehört heute:

- Gültigkeit der DIN EN ISO 14405-1:2016,/-2:2019,/-3:2016 für die dimensionelle Tolerierung und der DIN EN ISO 1101:2017 für die geometrische Tolerierung

sowie

- alleinige Gültigkeit des Unabhängigkeitsprinzips nach der DIN EN ISO 8015:2011 und die gesonderte Kenntlichmachung abweichender GPS-Spezifikationen auf der Zeichnung, z. B. für das Normklima (Maße bei $+23°C \pm 2K$ und 50±10 % Luftfeuchte)

  Tolerierung ISO 8015 (AD) - DIN EN ISO 291:2008-08
  (AD = Altered Default= abgewandelter Standard; Aufhebung der Messung bei RT).

- Vereinbarung von Formteil-Toleranzen (z. B.: ISO 20457-TG 5, Bezugsystem A,B,C)

Daher soll umseitig noch ein erweitertes Schlaglicht auf die speziellen Werkstoffeigenschaften (siehe *Bild 0.1)* und die gültige Normensituation (siehe *Bild 0.2)* geworfen werden. Gerade die Normung ist infolge der Umstellung des internationalen ISO-Normungssystems auf die „GPS“ (Geometrische Produkt-Spezifizierung) seit einiger Zeit im Umbruch. Durch die Möglichkeiten der Internetrecherche und der DIN-Normendatenbank (PERINORM)

[*)] Anmerkung: Im Normenwerk werden als Formteile unterschiedliche Werkstücke bezeichnet, welche durch „Einspritzen, Blasen, Gießen oder Schmieden“ hergestellt werden. Halbzeuge werden überwiegend durch Extrusion hergestellt und unterliegen oft einer spanenden Nachbearbeitung.

gibt es heute jedoch ausgezeichnete Möglichkeiten sich über den neuesten Normenstand schnell und gezielt zu informieren.

1. Alterung:	UV-Strahlung, Temperaturwechsel und/oder Sauerstoffaufnahme können eine physikalische oder chemische Alterung mit oder ohne Volumenveränderung bewirken.
2. Kriechen:	„Kalter Fluss“ unter Last (auch Zeitstandsverhalten) mit bleibender Veränderung von Längenmaßen.
3. Quellen:	Volumenänderung eines Kunststoffteils durch Einwirken einer Flüssigkeit (1% Wasser ≈ 0,1 % Maßänderung).
4. Sorption:	Aufnahmefähigkeit für Flüssigkeit, mit Volumenänderung.
5. Relaxation:	Rückverformung eingefrorener, elastischer Spannungen (bewirken Geometrieänderungen) nach Teileentformung.
6. Kompressibilität:	Volumenvergrößerung (2 – 4 V%) eines Teils durch Entspannung wegen unterschiedlicher Drücke in den Kavitäten.
7. Technoklima:	Einsatz von Kunststoffen in einer realen Umgebung (Temperatur, Feuchtigkeit, etc.), gegenüber Normklima.
8. Volumenschwindung:	Nach dem Entformen entsteht eine Volumenkontraktion: $SV = \frac{V_W - V_F}{V_W} \cdot 100$ V_W = (kaltes) Werkzeugvolumen, V_F = Formteilvolumen
9. Verarbeitungsschwindung:	Längenkontraktion, d. h. Verkürzung der Formteilmaße: $VS = \frac{L_W - L_{F_1}}{L_W} \cdot 100$ L_W = (kaltes) Werkzeugmaß, L_{F_1} = Formteilmaß vor Nachschwindung
10. Nachschwindung:	Eigenspannungsrelaxation, Reorientierung oder Nachkristallisation unter Temperatureinwirkung: $NS = \frac{L_{F_1} - L_{F_2}}{L_W} \cdot 100$ L_{F_2} = Formteilmaß nach Nachschwindung
11. Gesamtschwindung:	Summe aus Verarbeitungsschwindung und Nachschwindung.
12. Orientierung:	Schwindungsunterschiede längs zu quer, hauptsächlich bei verstärkten Kunststoffen (meist größere Querschwindung)
13. Tempern:	Wärmeeinwirkung zur Erzeugung einer zusätzlichen Vernetzung. Nachschwindung wird vorweggenommen.
14. Konditionierung:	Lagerung von Formteilen im feuchten Klima, um bestimmten Wassergehalt zu erzeugen.
15. Wärmeformbeständigkeit:	Maßbeständigkeit von Formteilen unter Wärmeeinwirkung.

Bild 0.1: Einflüsse und Auswirkungen auf Kunststoff-Bauteile

A) Grundnormen[*)]	
DIN EN ISO 17450-1	Modell der geometrischen Spezifikation und Prüfung
DIN ISO 286	ISO-System für Grenzmaße und Passungen
DIN ISO 129-1	TPD – Angabe von Maßen und Toleranzen
DIN EN ISO 14405	Dimensionelle Tolerierung (Längen-, Winkelmaße, Pos.-Tol.)
DIN 7167	Zusammenhang zwischen Maß-, Form- und Parallelitätstoleranzen – Hüllbedingung *(zurückgezogen)*
DIN EN ISO 8015	GPS-ISO-Tolerierungsgrundsatz – Unabhängigkeitsprinzip
DIN EN ISO 2692	Form- und Lagetolerierung: Kompensations-Bedingungen
DIN EN ISO 1101	Geometrische Tolerierung (F+L-Toleranzen)
DIN 7186	Statistische Tolerierung *(ruhend)*
DIN EN ISO 5458	Form- und Lagetolerierung – Positions- und Muster
DIN EN ISO 5459	Form- und Lagetolerierung – Bezüge
DIN EN ISO 8062	Maß-, F+L-Toleranzen für Formteile aus Metallen
DIN EN ISO 1660	Profiltolerierung (insb. Freiformflächen)
DIN ISO 16792	Technische Produktdokumentation und 3D-CAD-Tolerierung
B) Kunststoffteile	
DIN EN ISO 1043	Kunststoffe – Kennbuchstaben und Kurzzeichen
DIN EN 15860	Kunststoffe – Thermoplastische Halbzeuge für die spanende Verarbeitung – Anforderungen und Prüfmethoden
DIN ISO 20457	Kunststoff-Formteile, Toleranzen und Abnahmebedingungen
DIN 16742	*(zurückgezogen)*
DIN 16749	Presswerkzeuge und Spritzgießen, Maßtoleranzen für formgebende Werkzeugteile *(zurückgezogen)*
DIN 16940	Stranggepresste Schläuche aus PVC weich, zulässige Abweichungen für Maße ohne Toleranzangaben
DIN 16941	Extrudierte Profile aus thermoplastischen Kunststoffen, Allgemeintoleranzen für Maße, Form und Lage *(zurückgezogen)*
DIN ISO 16916	Press-, Spritzguss- und Druckgusswerkzeuge
DIN EN ISO 291	Kunststoffe-Normklimate
DIN 53760	Prüfung von Kunststoff-Fertigteilen
C) Verarbeitung	
DIN EN ISO 22081	Allgemeine geometrische und Maßspezifikationen *(z.Zt. DIN ISO 2768 weiter gültig)*
DIN ISO 3302, T.1	Gummi – Toleranzen für Fertigteile *(Teil 2 zurückgezogen)*
DIN EN ISO 10579	Bemaßung und Tolerierung nichtformstabiler Teile
DIN EN ISO 10135	GPS-Zeichnungsangaben für Formteile i. d. Produkt-Doku
D) Feinwerktechnik	
DIN 58700, T. 1/2	ISO-Passungen; Toleranzfeldauswahl für die Feinwerktechnik
E) Oberflächen	
DIN 4760	Gestaltungsabweichungen; Begriffe, Ordnungssystem
DIN 4761	Oberflächencharakter, Oberflächen-Texturmerkmale, Begriffe, Kurzzeichen
DIN 16747	Rauheit der formgebenden Oberflächen von Press- und Spritzgießwerkzeugen für Kunststoff-Formmassen
DIN EN ISO 1302	Angabe der Oberflächenbeschaffenheit: Rauheit, Tastschnitte
DIN EN ISO 25178	Oberflächenbeschaffenheit: Flächenhafte Beschreibung
F) Qualität	
DIN ISO 22514,T.1/2	Statistische Methoden im Prozessmanagement

Bild 0.2: Aktueller Normenstand zur Tolerierung in der Kunststofftechnologie

[*)] Anm.: Für Werkzeuge bzw. metallische Teile: Allgemeintoleranznorm ist ISO 22081 oder weiter ISO 2768

1 Maß- und Toleranzanforderungen

1.1 Auslegung von Bauteilen

Aufgabe des Konstrukteurs ist es, für technische Produkte die Funktionsfähigkeit, Zuverlässigkeit, Qualitätsfähigkeit und die Herstellbarkeit zu Marktpreisen zu gewährleisten. Diese Merkmale sind heute entscheidende Erfolgsfaktoren für die Durchsetzung von Produkten am Markt. Gewöhnlich wird das Produkt in einer Zeichnung mit Nenngeometrie dargestellt. In *Bild 1.1* ist ein Zeichnungsausschnitt mit den notwendigen, normgerechten Spezifizierungen für ein Kunststoff-Formteil angegeben.

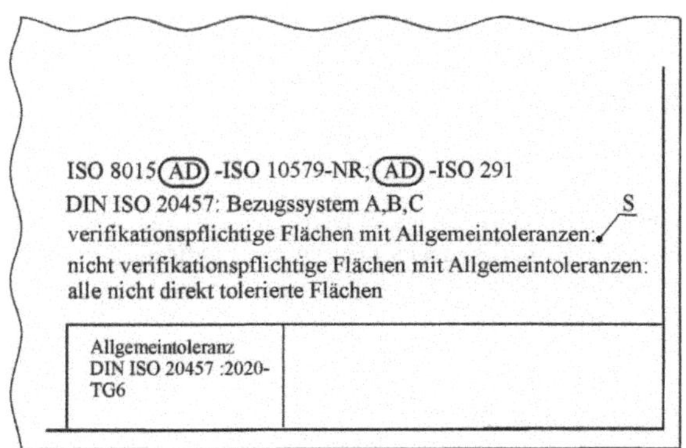

Bild 1.1: Anpassung des Zeichnungsschriftfelds für ein Kunststoff-Formteil (ISO 20457)

In der Hauptsache ist hierbei die Abwandlung der Annahmebedingungen der ISO 8015 (metallische Bauteile) und deren Übertragung auf Kunststoff-Bauteile zu berücksichtigen. Damit sind auch die bestimmenden funktionellen Anforderungen festgelegt.

Ein wichtiger funktioneller Aspekt von Kunststoff-Bauteilen ist deren Serieneignung oder die Voraussetzung für den *Austauschbau* /SZY 93/, der folgendes verlangt:

- Auslegung von Einzelteilen mit beherrschbarer Maß- und Geometriegestalt,
- Möglichkeit der örtlich und zeitlich getrennten Herstellung

sowie

- Gewährleistung einer sicheren Montage in der Einzel-, Klein- und Großserienfertigung.

Insbesondere beim Einsatz von Kunststoffen stellt der systemische Austauschbau eine besondere Schwierigkeit dar, weil trotz der relativen Nachgiebigkeit (niedriger E-Modul) eine Vielzahl chemisch-physikalischer Eigenschaften auf die Funktionsfähigkeit zurückwirken. Dieses Problemumfeld wird von den Gesetzmäßigkeiten der Serienstatistik überlagert: Viele Formteile gehen als Massenteile in den Automobilbau, die Medizintechnik, die Mechatronik und in die Bürotechnik etc. ein, weshalb eine konstant gute Herstellqualität verlangt wird. Dies bedeutet, dass vor Produktionsbeginn die Maschinenfähigkeit und mittels der Prozessfähigkeit eine beherrschte Herstellung (SPC) nachgewiesen werden muss /PFE 01/.

Damit schließt sich wieder der Kreis zur maßlichen, geometrischen und oberflächentechnischen Beschreibung, die wichtige Produktmerkmale darstellen und die mit entsprechend großem Aufwand*) gehalten werden sollten.

Maß- und Geometriebeziehung	Toleranzart
• Bauteilabmessungen	Dimensionelle Maße oder Maßtoleranzen (insbesondere Längen- und Winkeltoleranzen)
• Bauteilbegrenzungen	Formtoleranzen
• Bauteillagen	Lagetoleranzen Bezüge, Bezugsstellen
• Bauteiloberflächen	Welligkeits- und Rauigkeitstoleranzen

Bild 1.2: Bildung von Toleranzen an Bauteilen

Dies bedeutet, dass die Teileanwendung, Teilefertigung und die Werkzeugauslegung (Maßbezugsebenen) bei Kunststoff-Formteilen untrennbar miteinander verknüpft sind und abgestimmte Lösungen erforderlich machen. Von den Entwicklern verlangt dies somit systematisches Vorgehen und ganzheitliches Denken in der Produktentwicklung.

1.2 Qualitätsgerechte Gestaltung

Zu den wichtigsten qualitätsbestimmenden Maßnahmen in der Produktkonstruktion gehören gemäß den vorhergehenden Darlegungen /KLE 11/:

- die austauschgerechte Gestaltung und Abstimmung,
- die Festlegung und Tolerierung der Solleigenschaften

und

- die Verschlüsselung des Know-hows in Zeichnungen durch Normsymbolik.

Auf diese Aspekte soll im Folgenden näher eingegangen werden.

1.2.1 Austauschgerechte Auslegung

Die austauschgerechte Gestaltung besteht als Forderung in der Einzel-, Klein- und Großserienherstellung von Produkten.

Bei der *Einzelteilherstellung* ist es handwerkliche Tradition, dass jedes Einzelteil passgenau (also vollständige Austauschbarkeit nach DIN EN ISO 286) unter allen Umständen ausgetauscht werden kann. Dies setzt eine entsprechende Montage und Herstellung mit meist engen Toleranzen voraus, da keine Variationsmöglichkeit durch ein anderes Teil besteht.

Die *Serienherstellung* hat demgemäß andere Möglichkeiten zu funktionalen Maßen zu kommen. Diese Möglichkeiten bestehen einerseits in Einstellungen oder der kompensierenden Wirkung durch Variation von Teilen. Das Variationsprinzip beruht dabei auf der Theorie der *stochastischen Fertigungsprozesse*, welches davon Gebrauch macht, dass Maße

*) Anmerkung: Die Automobilindustrie fordert, dass ein Messmittel 15–20 % eines Toleranzfeldes sicher und reproduzierbar messen kann. Kleine Toleranzen erfordern somit einen erheblichen Aufwand.

als Zufallsgrößen innerhalb des Toleranzbereiches (siehe auch VDI 2247) erzeugt werden. Insofern wird es sehr unwahrscheinlich sein, dass bei Zusammenbauten extreme Maße (Mini-Max) aufeinandertreffen, weshalb der Zufall oft Montagen begünstigt.

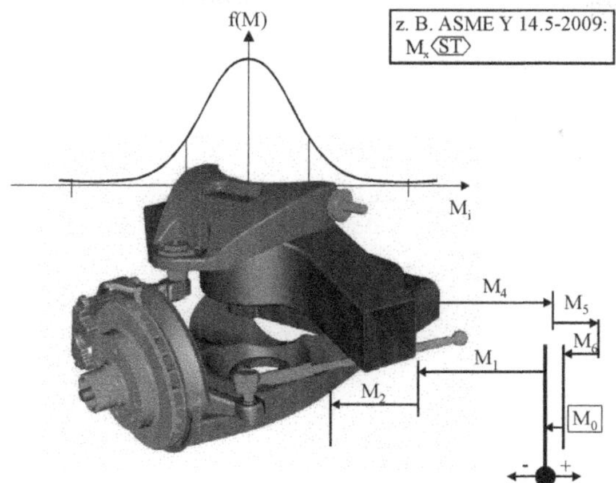

Bild 1.3: Beispielhafte Montagesimulation an einer Baugruppe (z.B. Pkw-Achse)

Die hierauf beruhende statistische Tolerierung (nach alter DIN 7186 oder neuer ASME) ist insofern ein pragmatisches Hilfsmittel Systemmontagen zu vereinfachen und die Fertigung zu entfeinern, was sich wiederum in einer Senkung der Herstellkosten niederschlägt.

1.2.2 Solleigenschaften von Bauteilen

Es ist eine Erfahrungstatsache, dass die Solleigenschaften von Bauteilen hinsichtlich Material, Funktion, Geometrie, Form und Oberfläche nur annähernd realisiert werden können. Somit gehört es zu den wichtigsten Aufgaben des Konstrukteurs, neben den Solleigenschaften auch die zulässigen Abweichungen von den Sollwerten als Toleranz (Istwerte) festzulegen.

Eine Maßtoleranz T wird allgemein definiert als Unterschied zwischen einem zugelassenen Größtwert/Höchstwert ULS und einem zugelassenen Kleinstwert/ Mindestwert LLS bzw. als messbare Eigenschaft: T=ULS – LLS.

Maßabweichungen sind in einem *Zweipunkt-Messverfahren* nachzuweisen. Paarungen, Passungen und Geometrieabweichungen müssen *gelehrt* werden.

Eine Toleranz ist damit immer eine reale Größe. Eine Übersicht über bauteilbeeinflussende Abweichungen bzw. Toleranzen zeigt insbesondere das folgende *Bild 1.4*.

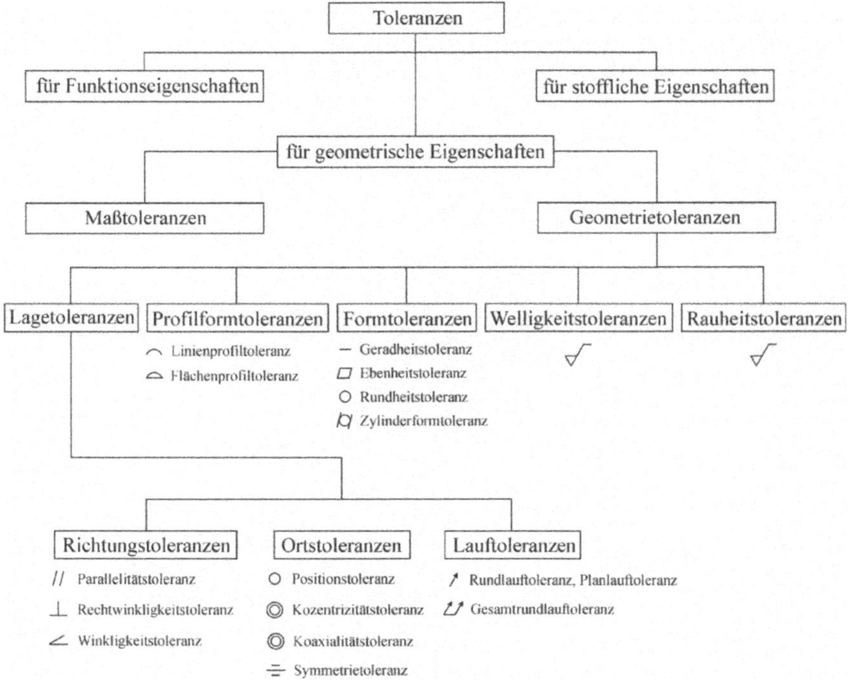

Bild 1.4: Übersicht über Toleranzarten nach ISO 1101 (s. auch /TRU 97/)

Bei einigen Eigenschaften, wie Form- und Lageabweichungen und Oberflächenrauigkeit, ist der zulässige Kleinstwert bis auf wenige Ausnahmen gleich null. Die Toleranz entspricht dann dem zulässigen Größtwert. Man bezeichnet solche Eigenschaften auch als *einseitig tolerierte Eigenschaften.* Je nach verwendetem „Tolerierungsgrundsatz“ (Unabhängigkeits- oder Hüllprinzip) kann die Lage des Geometrietoleranzfeldes außerhalb oder innerhalb des Maßtoleranzfeldes liegen, welches insbesondere bei Passungseigenschaften wichtig ist.

1.2.3 Qualitäts- und prozessfähige Toleranzen

Die Herstellungskosten steigen gewöhnlich mit kleiner werdenden Toleranzen überproportional an, weshalb ohne Einschränkungen der Grundsatz gilt:

„Toleriere so genau wie nötig, aber so ungenau wie möglich“.

Dies erfordert vom Produkt-Konstrukteur recht gute Kenntnisse über die mit der vorhandenen Verarbeitungstechnik einhaltbaren Maß- und Geometrietoleranzen sowie eine enge Zusammenarbeit mit dem Werkzeugbauer und dem Spritzgießer.

Für eine wirtschaftliche Tolerierung ist eine beherrschte Herstellung notwendig, die eine definierte Prozessstreubreite und Maschinengenauigkeit verlangt. Erstmals wurde mit der Ford-Richtlinie Q-101 ein toleranzbezogener Maschinen- und Prozessfähigkeitsindize eingeführt, welche über die Automobilbranche hinaus nunmehr umfassende Bedeutung in der gesamten Industrie erlangt hat. Im VDA, Band. 4, Teil 1 /VDA 96/, sind die üblichen Nachweise für eine qualitätsfähige Herstellung (siehe *Bild 1.5*) aufgeführt.

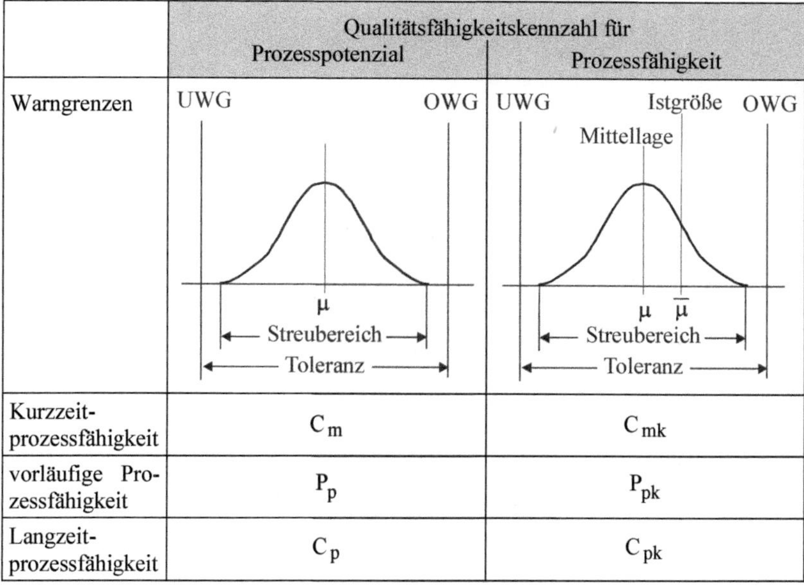

	Qualitätsfähigkeitskennzahl für Prozesspotenzial	Qualitätsfähigkeitskennzahl für Prozessfähigkeit
Warngrenzen	UWG, OWG, μ, Streubereich, Toleranz	UWG, Istgröße, OWG, Mittellage, μ, $\bar{\mu}$, Streubereich, Toleranz
Kurzzeit-prozessfähigkeit	C_m	C_{mk}
vorläufige Prozessfähigkeit	P_p	P_{pk}
Langzeit-prozessfähigkeit	C_p	C_{pk}

Bild 1.5: Qualitätsfähigkeitskennzahlen in Abhängigkeit vom Stadium der Untersuchung

Von besonderer Wichtigkeit ist dabei der *Prozessfähigkeitskennwert*

$$C_p = \frac{T}{6 \cdot \sigma}$$

und der *Prozesslagekennwert*

$$C_{pk} = \min\left[\frac{G_o - \bar{\mu}}{3 \cdot \sigma}; \frac{\bar{\mu} - G_u}{3 \cdot \sigma}\right] \equiv \frac{z_{krit}}{3 \cdot \sigma}.$$

Hierin bezeichnet σ die Streuung der sogenannten „theoretischen Normalverteilung", μ den Mittelwert, G_o (≡ OSG) und G_u (≡ USG) den zulässigen Größt- bzw. Kleinstwert der Maßgröße.

Im folgenden *Bild 1.6* sind die Zusammenhänge exemplarisch an einem großen Kunststoff-Funktionsbauteil dargestellt.

Beispiel: Spezifikation 500,0 ± 3 mm

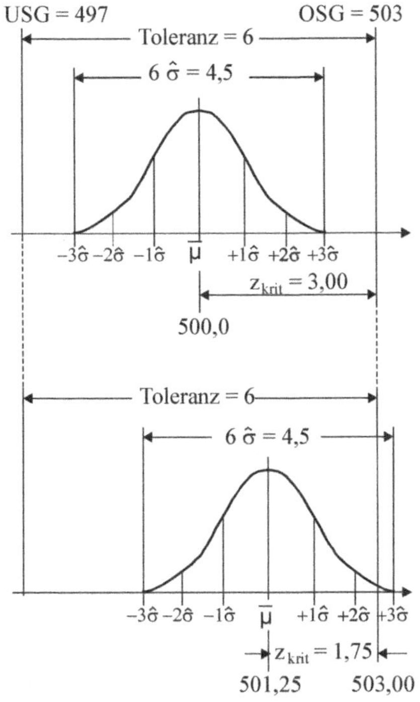

a) zentrierte Verteilung

$$C_p = \frac{T}{6 \cdot \hat{\sigma}} = \frac{6}{4{,}5} = 1{,}33$$

$$C_{pk} = \frac{z_{krit}}{3 \cdot \hat{\sigma}} = \frac{3{,}0}{3 \cdot 0{,}75} = 1{,}33$$

Herstellprozess ist fähig!

b) verschobene Verteilung

$$C_{pk} = \frac{z_{krit}}{3 \cdot \hat{\sigma}} = \frac{1{,}75}{3 \cdot 0{,}75} = 0{,}78(!)$$

Herstellprozess ist *nicht* fähig!

Bild 1.6: Bestimmung der Prozessfähigkeit für ein großes Kunststoffbauteil

Zu beachten ist hierbei, dass mit $\hat{\sigma}$ ein Schätzwert für die reine Herstellungsstreuung aufgenommen ist, womit jedoch keine anderen systematischen Einflüsse (Werkstoffanomalien, Einstellabweichungen o. Ä.) erfasst werden.

Den Unterschied zwischen C_p und C_{pk} wird im vorstehenden Beispiel noch einmal sehr transparent herausgearbeitet: Der *Prozessfähigkeitskennwert* C_p ist demgemäß nur ein Verhältniswert zwischen zulässiger und ausgenutzter Toleranz. Demgegenüber kann der *Prozesslagekennwert* C_{pk} zusätzlich zur Bewertung der Prozesslage herangezogen werden. Ein gegenüber dem C_p -Index kleinerer C_{pk} -Index besagt, dass der Mittelwert der Verteilung außerhalb der Toleranzmitte liegt.

Ein Prozess ist im Normalfall als *gerade fähig und beherrscht* einzustufen, wenn die folgenden Toleranzlage-Bedingungen (s. DIN ISO 22514-1/2) erfüllt sind:

$C_p \geq 1{,}33$, $C_{pk} \geq 1{,}33$ konstant qualitätsfähige Herstellung

$C_p \geq 1{,}0$, $C_{pk} \geq 1{,}0$ Grenze der qualitätsfähigen Herstellung

Für $C_p < 1{,}0$ und $C_{pk} < 1{,}0$ ist ein Prozess nicht fähig und erfordert eine laufende Überwachung und Aussortierung von Nicht-in-Ordnung-Teilen.

1.2.4 Statistische Prozessregelung

In der Vergangenheit hat die deutsche Industrie die „Gut/Schlecht-Prüfung" bzw. „die Sortierung" am Ende der Herstellung kultiviert. Hiermit kann heute aber der hohe Qualitätsanspruch, den Kunden von Produkten erwarten, nicht mehr erfüllt werden. Nachdem die Japaner und Amerikaner mittels SPC (Statistical Process Control) zur Online-Qualitätssicherung (oder Q-Regelung) übergegangen sind, ist unter dem Druck der Automobilindustrie auch in Deutschland SPC mit seinen Statistikwerkzeugen Standard /VDA 09/ geworden.

Zur Philosophie gehört dabei, ausgewählte Produktmerkmale während der Herstellung zeitnah zu überwachen, um sofort eingreifen zu können, wenn sich Abweichungen zeigen. Dazu werden in festgelegten kleinen Zeitabschnitten Stichproben mit dem Umfang von 5 Teilen bzw. Messwerten gezogen und hieraus Mittelwert und Spannweite bestimmt. Diese Ist-Daten werden dann in eine Qualitätsregelkarte (QRK) eingetragen und mit vorgegebenen Sollwerten verglichen.

Je nach Datenauswertung unterscheidet man hierbei:

- $\overline{x}$-R-Regelkarten für messbare Q-Merkmale

und

- p-Regelkarten für zählbare Q-Merkmale.

Im *Bild 1.7* ist ein Ausschnitt aus einer $\overline{x}$-R-Regelkarte wiedergegeben und das gemessene Merkmal im Verlauf dargestellt. Als Sollwert gilt es: 27,50 ± 0,05 mm einzuhalten.

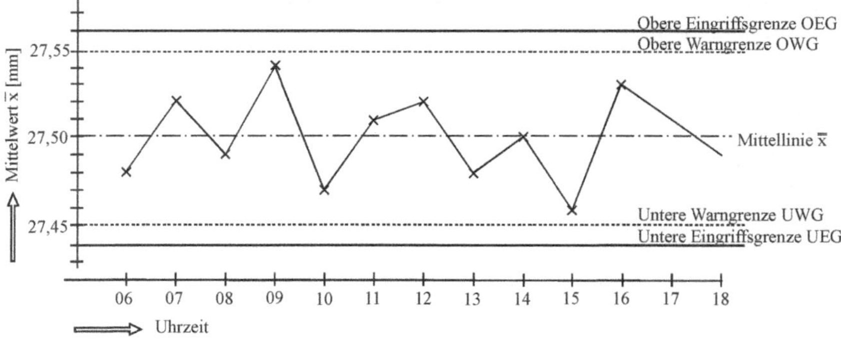

Bild 1.7: $\overline{x}$-R-Regelkarte zur laufenden Herstellprozess-Überwachung

In der gezeigten Regelkarte sind einige Grenzwerte über den Toleranzbereich markiert. Diese sind:

- $\overline{\overline{x}}$ als Mittellinie bzw. Sollwert (entspricht dem Mittelwert der Mittelwerte),
- die Eingriffsgrenzen (99,7 %) für beherrschte und zufällige Verteilungen

$$OEG = \bar{\bar{x}} + \frac{2{,}58}{\sqrt{n}} \cdot \sigma, \; UEG = \bar{\bar{x}} - \frac{2{,}58}{\sqrt{n}} \cdot \sigma,$$

worin n den Umfang der Einzelstichprobe und σ die Maschinenstreuung (ermittelt aus mindestens 100 Messwerten) darstellt,

– die Warngrenzen (95 %)

$$OWG = \bar{\bar{x}} + \frac{1{,}96}{\sqrt{n}} \cdot \sigma, \; UWG = \bar{\bar{x}} - \frac{1{,}96}{\sqrt{n}} \cdot \sigma.$$

Ein Q-Merkmal sollte natürlich innerhalb der Warngrenzen verlaufen. Bei Überschreitung der Warngrenzen ist die Herstellung erst einmal zu stoppen, um den Fehler suchen zu können. Die Fähigkeit der Herstellung wird darin sichtbar, dass bei der Werteauftragung der Verlauf über der Zeit tatsächlich zufällig ist und sich um die Mittellinie häufen.

1.2.5 Prüfanforderungen

Zur herstellungsgerechten Toleranzfestlegung gehört auch die Beachtung der damit verbundenen Anforderungen an eine rationelle Kontrolle der Einhaltung von Toleranzen, da die Prüfkosten ebenfalls eng mit der Größe der Toleranz korrelieren. Beispielsweise besteht zwischen der Messunsicherheit u als einer Kenngröße für die Wahl und den Einsatz geeigneter Messgeräte und der Toleranz nach DIN 2257 die Beziehung

$$u \approx \pm\left(\frac{1}{5} \text{ bis } \frac{1}{10}\right) \cdot T.$$

Das heißt, die Messunsicherheit darf nur 10–20 % der Toleranz betragen, womit direkt die Anforderungen an ein Messmittel festliegen.

In Verbindung mit den Prozessfähigkeitsindizes wurde für die Toleranzüberwachung auch ein *Messmittel-Fähigkeitskennwert* C_g eingeführt. Dieser lautet:

$$C_g = \frac{0{,}15 \cdot \sigma_G}{6 \cdot \sigma_W},$$

oder wenn die Gesamtstreuung σ_G der Herstellung nicht bekannt ist, jedoch das zu messende Merkmal toleriert ist

$$C_g = \frac{0{,}15 \cdot T}{6 \cdot \sigma_W}.$$

Hierin ist σ_W die Wiederholstandardabweichung, die sich ergibt, wenn derselbe Beobachter nach einem festgelegten Messverfahren am selben Messobjekt und unter gleichen Bedingungen mehrmals in kurzen Zeitabständen Messungen durchführt.

Nach DIN ISO 5725 ist σ_W aus mindestens 25 Messungen am gleichen Bauteil zu ermitteln. Ist σ_W bei analog anzeigenden Messgeräten kleiner als 0,2 des Skalenteilungswertes (Skw) oder bei digital anzeigenden Geräten kleiner als 0,5 des Ziffernschrittwertes (Zw), muss entweder ein höher auflösendes Messgerät verwendet werden oder es ist bei der Berechnung von C_g für die Wiederholstandardabweichung σ_w mindestens 0,2 Skw oder 0,5 Zw einzusetzen. Mit der Forderung $C_g \geq 1$ wird weitestgehend der Empfehlung entsprochen, dass die Messunsicherheit $u = (0{,}1 \text{ bis } 0{,}2) \cdot T$ bei herstellungsbegleitenden Messungen (s. ISO 14253-1) nicht überschreiten soll.

1.3 Kostenentwicklung

Nachweislich reagieren die Herstellkosten je Teil

HK = MK + FK (Euro/Teil), mit MK = Materialkosten und FK = Fertigungskosten

bzw. die Fertigungskosten je Teil

FK = FLK + FGK + KW, mit FLK = Lohnkosten und FGK = Gemeinkosten

unmittelbar auf Veränderungen der Formteildimensionalität. Diese gehen nämlich direkt über die anteiligen Werkzeugkosten (KW) in die Fertigungskosten und indirekt über Volumenänderungen in die Materialkosten ein, wie umseitig *Bild 1.8* zeigt.

Letztlich sind die entscheidenden Kosten die Selbstkosten eines Produktes für ein Unternehmen

SK = HK + EK + VVGK + SEV mit EK = Entwicklungs- + Konstruktionskosten
VVGK = Verwaltungs- und Vertriebsgemeinkosten
SEV = Sondereinzelkosten des Vertriebs

Verschiedene Studien haben gezeigt, dass mit einer funktions- und herstellungsgerechten Tolerierung bis zu 7 % von HK eingespart werden können. Zusammen mit der Montage summiert sich der Einfluss der Toleranzen auf ca. 10 % von HK. Dies erscheint zwar wenig, ist aber dennoch ein Gewinnpotenzial, das man aktivieren sollte.

Der Hauptstellhebel dazu liegt in der Konstruktion, wo etwas Mehraufwand bei der Festlegung von Toleranzen geleistet werden muss.

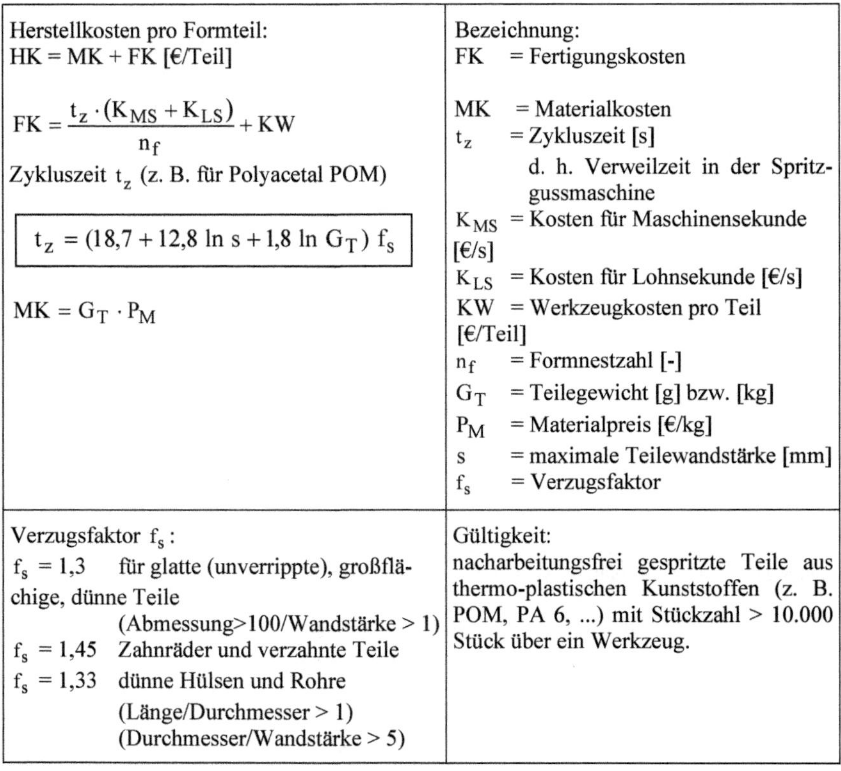

Herstellkosten pro Formteil: HK = MK + FK [€/Teil] $FK = \frac{t_z \cdot (K_{MS} + K_{LS})}{n_f} + KW$ Zykluszeit t_z (z. B. für Polyacetal POM) $t_z = (18{,}7 + 12{,}8 \ln s + 1{,}8 \ln G_T)\, f_s$ $MK = G_T \cdot P_M$	Bezeichnung: FK = Fertigungskosten MK = Materialkosten t_z = Zykluszeit [s] d. h. Verweilzeit in der Spritzgussmaschine K_{MS} = Kosten für Maschinensekunde [€/s] K_{LS} = Kosten für Lohnsekunde [€/s] KW = Werkzeugkosten pro Teil [€/Teil] n_f = Formnestzahl [-] G_T = Teilegewicht [g] bzw. [kg] P_M = Materialpreis [€/kg] s = maximale Teilewandstärke [mm] f_s = Verzugsfaktor
Verzugsfaktor f_s: $f_s = 1{,}3$ für glatte (unverrippte), großflächige, dünne Teile (Abmessung>100/Wandstärke > 1) $f_s = 1{,}45$ Zahnräder und verzahnte Teile $f_s = 1{,}33$ dünne Hülsen und Rohre (Länge/Durchmesser > 1) (Durchmesser/Wandstärke > 5)	Gültigkeit: nacharbeitungsfrei gespritzte Teile aus thermo-plastischen Kunststoffen (z. B. POM, PA 6, ...) mit Stückzahl > 10.000 Stück über ein Werkzeug.

Bild 1.8: Kalkulationsansatz für Kunststoff-Spritzgussteile

Insofern sollten keine übertriebenen Genauigkeitsanforderungen gestellt werden, die in der Folge eine überwachte Präzisionssonderfertigung erforderlich machen. Für Kunststoff-Formteile sollte gelten, dass Toleranzen nicht kleiner gewählt werden sollen als:

T ≈ 0,10 % (sehr fein) ...	0,30 % (fein) ...	0,60 % (mittel) ...	1 % (grob) vom Nennmaß N_0
(Präzisionssonder-)	(Präzisions-)	(Genau-)	(Normalfertigung)

Bei der Toleranzfestlegung sollte berücksichtigt werden, dass viele Kunststoff-Formteile oft auch nicht so genau wie Metallteile sein müssen, da sich mit der höheren Dehnung und dem niedrigeren E-Modul viele Ein- und Anbausituationen entschärfen lassen.

Bei Kunststofferzeugnissen wirken sich verringerte Toleranzen in den folgenden Kostenbestandteilen /HAS 01/ aus:

- Formwerkzeug-Herstellung

  Werkzeuge, einschließlich formgebender Kontureinsätze, werden gewöhnlich spanend hergestellt. In der Zerspanungstechnik gilt, dass eine „Halbierung der Toleranz etwa eine Vervierfachung der Fertigungskosten“ zur Folge hat. Dabei liegen die Kosten für Innenpassflächen (Außenmaße am Formteil) stets höher als die für Außenpassflächen (Kerne). Hierbei ist zu bedenken, dass die Fertigungsgenauigkeit für ein Formwerkzeug ca.

2–3 IT-Klassen genauer liegen muss als für das Formteil. Dies ist auch etwa Ansatz der Normung mit der Abstufung:

IT-Werkzeug ≈ IT-Formteil – (2–3 IT-Klassen)

Nach Angaben des IKT-Aachen (Institut für Kunststofftechnik) sollten die Werkzeugtoleranzen nur 15–20 % der Formteiltoleranzen (entspricht -3–4 IT-Klassen geringer) betragen, welches in der Praxis aber nur bei Präzisionssonderfertigungen notwendig ist.

Toleranzreihe IT	01	0	1	2	3	4	5	6	7	8	9	10	11	12	13	14	15	16	17	18

für Lehren — für Passungen — als grobe Toleranzen, z.B. für spanlose Formung

Nennmaßbereiche in mm Toleranzen in µm

IT	bis 3	> 3 bis 6	> 6 bis 10	> 10 bis 18	> 18 bis 30	> 30 bis 50	> 50 bis 80	> 80 bis 120	> 120 bis 180	> 180 bis 250	> 250 bis 315	> 315 bis 400	> 400 bis 500
01	0,3	0,4	0,4	0,5	0,6	0,6	0,8	1	1,2	2	2,5	3	4
0	0,5	0,6	0,6	0,8	1	1	1,2	1,5	2	3	4	5	6
1	0,8	1	1	1,2	1,5	1,5	2	2,5	3,5	4,5	6	7	8
2	1,2	1,5	1,5	2	2,5	2,5	3	4	5	7	8	9	10
3	2	2,5	2,5	3	4	4	5	6	8	10	12	13	15
4	3	4	4	5	6	7	8	10	12	14	16	18	20
5	4	5	6	8	9	11	13	15	18	20	23	25	27
6	6	8	9	11	13	16	19	22	25	29	32	36	40
7	10	12	15	18	21	25	30	35	40	46	52	57	63
8	14	18	22	27	33	39	46	54	63	72	81	89	97
9	25	30	36	43	52	62	74	87	100	115	130	140	155
10	40	48	58	70	84	100	120	140	160	185	210	230	250
11	60	75	90	110	130	160	190	220	250	290	320	360	400
12	100	120	150	180	210	250	300	350	400	460	520	570	630
13	140	180	220	270	330	390	460	540	630	720	810	890	970
14	250	300	360	430	520	620	740	870	1000	1150	1300	1400	1550

Bild 1.9: Tabelle der IT-Klassen nach ISO

- Maschinen- und Prozessführung

  Geringe Herstellungstoleranzen stellen hohe Anforderungen an die Maschine (Wartungszustand, Genauigkeit), die Bedienung und die Maschinensteuerung. Darüber hinaus ist eine ständige Überwachung der Maschinenparameter (Prozessregelkarte) und der kritischen Bauteilmaße (SPC) erforderlich.

- Qualitätskosten und Ausschuss

  Jede Toleranzeinengung führt selbst bei nur geringen Prozessschwankungen zu Ausschuss. Damit ist ein Verlust an Herstellungszeit sowie beim Material- und Energieeinsatz verbunden. Gleichzeitig erhöht sich der erforderliche Aufwand für die Produktionskontrolle und die Warenendprüfung.

Ein weiterer Aspekt sind Handling, Fügung und Verbindung. Kunststoff-Formteile werden oft in Produktsystemen eingesetzt, und zwar auch in Kombination mit Metallteilen (Stanzteile). Insofern spielt manchmal die Montage eine große Rolle. Durch die gute Formbarkeit der meisten Kunststoffe sind Passungsprobleme jedoch meist unkritisch, da schon mit geringen Kräften Maßkompensationen möglich sind.

- Montageaufwand

Enge Toleranzen erhöhen die Montagekosten und führen meist zu zusätzlichen Anpassungskosten. Dem kann durch eine geeignete Tolerierung (Hüllprinzip oder Unabhängigkeitsprinzip, Positionstolerierung mit Maximum-Material-Bedingung) entgegengewirkt werden. Um im Vorfeld keine unnötigen Kosten zu erzeugen, ist es vielfach sinnvoll, eine Montagesimulation (mit statistischen Toleranzen nach DIN 7186) durchzuführen. Hierbei sollten die Maß-, Form- und Lageabweichungen berücksichtigt werden. Das Zusammenwirken von Maßen und Toleranzen im ISO/GPS-System zeigt *Bild 1.10* in einem Überblick*).

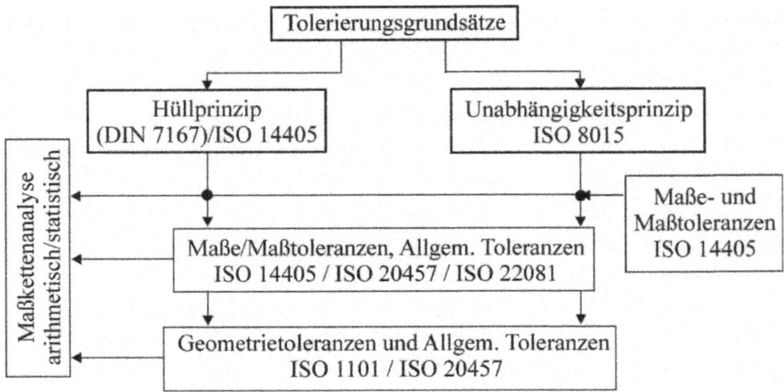

Bild 1.10: Prinzipien der Toleranzanalyse für eine Montagesimulation

- Integration / Einstückigkeit

  Eng mit der Montage und dem Zusatznutzen von Kunststoffbauteilen verbunden ist die größtmögliche funktionelle Integration. Hierunter ist zu verstehen, dass alle Befestigungsstellen, Gelenke, Aufnahmen etc. ohne Nacharbeit im Herstellprozess erzeugt werden. Oft bedingt dies eine genauere Endfertigung.

Nur bei Berücksichtigung aller funktionalen Möglichkeiten ist letztlich ein Kunststoff-Formteil einem Metallteil im Einsatz technologisch und wirtschaftlich überlegen.

1.4 Formteil-Qualität

Aus den vorgenannten Ausführungen ist deutlich geworden, dass nur dann ein technisch und wirtschaftlich optimales Kunststoff-Formteil gestaltet werden kann, wenn die funktionalen Anforderungen im Werkzeug und im Herstellprozess umgesetzt werden können. Oft bedingt dies interdisziplinäre Teamarbeit von Spezialisten.

Die Gesamtqualität eines Kunststoff-Formteils lässt sich anschaulich durch den nachfolgenden Zusammenhang beschreiben:

*) Anmerkung: Die DIN 7167 ist mittlerweile ersatzlos zurückgezogen worden. Das hierin beschriebene „Hüllprinzip“ kann jedoch auch in der ISO 14405 sinnvoll weiter genutzt werden. Bei Neuzeichnungen sollte heute die ISO 8015 gewählt werden.

Die Formteil-Qualität Q_F ist das Produkt aus

- Qualität der Konstruktion Q_K,
- Qualität des Werkzeugs Q_W

und

- Qualität der Verarbeitung Q_V.

Erreichbar ist mit dem heutigen Stand der Fertigungstechnik und bei einer wirtschaftlich günstigen Fertigung ein Wert von

$$Q_F \approx Q_K \cdot Q_W \cdot Q_V \approx 0{,}8 \ldots 0{,}9 \ldots (0{,}9973).$$

Bereits der unterste Qualitätswert $Q_F = 0{,}8$ verlangt Einzelqualitäten von $Q_i = 0{,}93$ (oder 93 % der Zielqualität) bzw. bei $Q_F = 0{,}9$ ist $Q_i = 0{,}965$ zu realisieren. Die Forderung der Automobilindustrie nach mindestens $Q_F \geq 0{,}99$ kann somit nur mit einem erheblichen Aufwand ($Q_i = 0{,}996$) erreicht werden. Dies verlangt vor allem Konstruktionen, die folgenden Kriterien /KIR 01/ zu berücksichtigen:

- richtige Auswahl und Abstimmung des Kunststoffs,
- Teile funktions-, werkstoff- und werkzeuggerecht gestalten,
- abgestimmte Konstruktion des Formwerkzeugs,
- richtige Wahl des Verarbeitungsverfahrens

sowie

- Auswahl der geeigneten Nachbearbeitungstechnologien.

Hieraus wird sichtbar, dass die Ausführungsqualität eines Kunststoff-Formteils von deutlich mehr Parametern als ein metallisches Teil beeinflusst wird. Dies bedingt gleichzeitig einen quantitativ und qualitativ höheren Engineering-Anteil in der Auslegung.

Im *Bild 1.11* sind noch einmal zusammenfassend die Funktions- und Qualitätsvorgaben der Automobilindustrie an Bauteilen aufgeführt. Hieraus können sofort die Anforderungen an Toleranzen, Passungen, Montagen sowie an den Messmitteln abgeleitet werden.

Prozessfähigkeit	Streuung	Formteilqualität	Fehler pro Million Möglichkeiten
$C_{pk} = 1{,}0$	$\pm 3 \cdot \sigma$	$Q_F = 0{,}99730$	2.700 FpMM
$C_{pk} = 1{,}33$	$\pm 4 \cdot \sigma$	$Q_F = 0{,}999937$	63 FpMM
$C_{pk} = 1{,}67$	$\pm 5 \cdot \sigma$	$Q_F = 0{,}9999994$	1 FpMM
$C_{pk} = 2{,}0$	$\pm 6 \cdot \sigma$ (SIX-SIGMA)	$Q_F = 0{,}9999999$	0 FpMM

Bild 1.11: Industrieforderungen bezüglich der Prozessqualität

In Praxisstudien mit der SIX-SIGMA-Philosophie haben die beiden Amerikaner Bender und Gilson festgestellt, dass sich Prozesse bzw. Prozessparameter mit der Zeit verschieben. Im Durchschnitt wurde ermittelt, dass diese Verschiebung etwa $1{,}5 \cdot \sigma$ betrug. Berücksichtigt man dies, so stellt sich eine etwas andere Fehlerrelation (gemäß *Bild 1.12*) ein, und zwar

	Fehler pro Million Möglichkeiten	Gutteile bzw. Formteilqualität
$\pm 3 \cdot \sigma$	66.807	93,32 %
$\pm 4 \cdot \sigma$	6.210	99,38 %
$\pm 5 \cdot \sigma$	233	99,97 %
$\pm 6 \cdot \sigma$	3,4	99,99967 %

Bild 1.12: Zulässige Fehler bei SIX-SIGMA

In der industriellen Fertigung wird versucht, diese Abweichungen mit SPC zu begegnen, welches jedoch nicht zu einer generellen Beseitigung von dimensionellen Schwankungen führt.

Prozessoptimierung muss am Formteil ansetzen, in dem beispielsweise die Toleranzen optimiert, d. h., besser mit Werkzeug und Prozess abgestimmt werden. Hierbei ist stets die folgende Regel zu befriedigen:

„Konstruktiv erforderliche Toleranz ≥ mögliche Prozesstoleranz“

Die Realisierbarkeit einer festzusetzenden Toleranz lässt sich am einfachsten gegenüber der zulässigen Allgemeintoleranz bewerten. Eine praktische „Daumenregel“ besagt, dass etwa 50 % einer Allgemeintoleranz*) gerade noch herstellbar ist.

Im Vergleich zwischen einer geläufigen Metall- und Kunststoffkonstruktion gilt für Funktionsmaße noch die Erfahrungsrelation:

„Kunststofftoleranzen sollten etwa 40–70 % größer gewählt werden als die gleichen Metalltoleranzen“

Legt man für die Formteiltolerierung das Ordnungsschema der ISO 286-2 zugrunde, so sind die üblichen Herstellprozesse (Ur- und Umformung) den Grundtoleranzgraden IT 14 bis IT 18 zuzuordnen.

*) Anmerkung: Die Fa. Bayer (KL, Anwendungstechnik) unterstellt, dass 1/3 der DIN-Allgemeintoleranzen nach DIN 16901 mit den üblichen Herstelltechnologien erreichbar sind.

2 Fertigungs- und anwendungsbedingte Maßungenauigkeiten

Wie bei allen Herstell- und Bearbeitungsverfahren sind auch bei Kunststoff-Formteilen größere Maß- und Geometrieabweichungen unvermeidbar. Sie haben ihre Ursache in Werkzeugungenauigkeiten, Werkstoffeigenschaften und in der Prozessführung. Demgemäß sollten durch die Anwender auch nur solche Genauigkeiten gefordert werden, die auch bei der Herstellung eingehalten werden können.

Werkzeugursachen	
Herstellung	**Auswirkung**
• Bearbeitungsungenauigkeiten der Kontur	Ungleichmäßige Temperaturverteilung
• Härteverzug	Formänderungen (elastisch/plastisch)
• Ungleichmäßigkeit galvanischer Oberflächenschichten	Verzüge
• Teilungsversatz des Werkzeuges	Form-Unsymmetrie, Grat
• Versatz (unge. Führungen und Zentrierung)	Maß- und Geometrieabweichungen
Prozessführung	
Herstellung	**Auswirkung**
• Streuung der Verarbeitungsschwindung	Maßänderungen
• Temperaturschwankungen	ungleichmäßige Schwindung
• Molekül-/Kristall*re*orientierung	Flüssigkeitsaufnahme oder -abgabe
• Streuung in der Formmasse-Konditionierung	Relaxation, elastische Eigenspannungen
• ungleichmäßige Dosierung	Inhomogenität
• Streuung der Prozessbedingungen	Strukturumwandlungen (Nachhärtung, Nachkristallisation)
• anisotrope Füll- und Verstärkungsstoffe	ungleicher Verzug
• ungleicher Werkzeugschluss	Lageversatz, F+L-Toleranzen
• Maßungenauigkeiten des Werkzeugs	Maßabweichungen, F+L-Toleranzen
• ungleichmäßige Druck- und Temperaturverhältnisse in den Kavitäten	Volumenkontraktion, Schwindung, Maßänderung

Bild 2.1: Beispielhafte Ursachen von Maßungenauigkeiten an Formteilen

- Herstellbedingte Maßungenauigkeiten

  Für Kunststoff-Teile aus Thermoplasten, Duromeren und versteiften Formmassen, die durch Pressen, Spritzpressen, Spritzprägen oder Spritzgießen hergestellt werden, sind in der neuen ISO 20457 die dem „heutigen Stand der Technik“ gemäß erzielbaren Toleranzen in vier Toleranzreihen und neun *Toleranzgruppen* (TG 1 - TG 9) angegeben.

  Die erreichbaren Toleranzen sind abhängig vom Strukturaufbau, dem Gehalt an Füllstoffen, teils von der Wanddicke und der Lage eines Maßes zu der Formgravur (werkzeug- und nicht werkzeuggebundene Maße). Es wird weiter unterschieden, welche Toleranzgruppen mit normalem und welche mit erhöhtem technologischen Aufwand erzielt werden können.

Die *DIN 16940* und die *DIN 16941* erhalten die entsprechenden Aussagen zu den Allgemeintoleranzen für extrudierte Schläuche aus PVC sowie extrudierte Profile aus weiteren Thermoplasten.

Für *spanend hergestellte Formteile* galt bisher die Maschinenbau-Norm ISO 286, Teil 1/Teil 2, welche Toleranzen, Abmaße und Passungen für Wellen und Bohrungen umfasst. Ergänzend konnte hier noch die DIN ISO 2768 (neu: ISO 22081) über Allgemeintoleranzen herangezogen werden. Nunmehr existiert mit der DIN EN 15860 eine eigene Norm für die spanende Verarbeitung von Thermoplasten.

Die Beziehungen zwischen den erzielbaren Toleranzen am Formteil waren nach der alten DIN 16901 zu grob. Die neue ISO 20457 ist im Stufensprung abgestimmt mit der ISO 286 und insofern realistischer.

- Anwendungsbedingte Maßungenauigkeiten
  Kunststoff-Formteile erleiden nach der Herstellung durch Einwirken von Umwelteinflüssen und unter Anwendungsbedingungen nachträgliche Maßveränderungen. Diese haben ihre Ursache in Schwindung, Quellen, thermischer Ausdehnung und großen plastischen Verformungen (eventuell Kriechen). Hierdurch entstehen zusätzliche Verschiebungen von Maßen (siehe *Bild 2.2*) sowie Vergrößerungen von Streufeldern.

Um bestimmte Genauigkeitsforderungen (d. h. kleine Toleranzen) unter Anwendungsbedingungen aufrechterhalten zu können, muss an die Herstellung eine höhere Genauigkeitsforderung gestellt werden, als es sonst notwendig wäre. Dies bedeutet zwangsläufig auch eine Maßverschiebung für das Werkzeug und eine erhöhte Herstellgenauigkeit der Werkzeugmaße. Wie dies technologisch gewährleistet werden kann, führt der nachfolgende Maßnahmenkatalog (s. /STA 04/) auf.

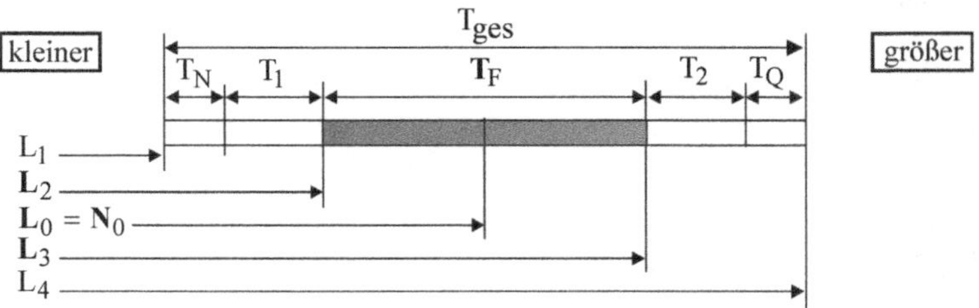

Legende: L_0 = Nennmaß, L_1 = mögliches Kleinstmaß, L_2 = Kleinstmaß nach Zeichnung, L_3 = Größtmaß nach Zeichnung, L_4 = mögliches Größtmaß, T_{ges} = Gesamttoleranz, T_F = Fertigteiltoleranz, T_1 = Maßänderung bei Temperaturabfall, T_2 = Maßänderung bei Temperaturanstieg, T_N = Nachschwindung, T_Q = Quellung

Bild 2.2: Nennmaßbildung am Formteil mit möglichen Abweichungen

Vor diesem Hintergrund seien auch noch einmal einige Erfahrungen herausgestellt, die für die mechanische Endbearbeitung von Halbzeugen herangezogen werden können. Hier sind die geläufigsten Grundtoleranzgrade nach ISO 286 verwendet worden.

Bearbeitungs-verfahren	mögliche Anwendung	Thermoplaste, amorph	Thermoplaste, teilkristallin	Duroplaste
Schlichtschleifen	zylindrische Außenflächen	IT 7 und IT 8	IT 8 und IT 9	IT 6 und IT 7
Schlichtschleifen, Schlichtreiben	ebene Oberflächen	IT 8 und IT 9	IT 9 und IT 10	IT 7 und IT 8
Schlichtdrehen, Schlichtbohren, Schruppschleifen	ebene und zylindrische Außenflächen, Bohrungen,	IT 9 und IT 10	IT 10 und IT 11	IT 8 und IT 9
Bohren, ebene Flächen	Senken, Schlichtfräsen	IT 10 und IT 11	IT 11 und IT 12	IT 9 und IT 10
Bohren	Durchgangs- und Senkbohrungen	IT 11 und IT 12	IT 12 und IT 13	IT 10 und IT 11
Schruppdrehen, Schruppfräsen	ebene und zylindrische Flächen	IT 12 und IT 13	IT 13 und IT 14	IT 11 und IT 12

Bild 2.3: Erreichbare Genauigkeiten (ISO-Toleranzgrade) bei der Herstellung von Kunst stoffformteilen nach /STA 04/

Aufgrund der Unterschiede in den makromolekularen Strukturen (siehe S. 29 ff.) sind die erreichbaren Toleranzgrade somit in starkem Maße werkstoffabhängig. So zeigt sich, dass

- IT 6 - 7 nur mit einem erhöhten Aufwand (wie Zwischentempern) erreichbar ist;
- IT 7 - 8 nur bei PSU, PES, PEI, PC, PMMA, PVC, PEEK und PET mit normalem Aufwand erreicht werden können,

gleiches gilt für

- IT 9 bei POM
- IT 10 bei PA, PP

und

- IT 11 bei PTFE, PE - UHMW, PVDF.

Darüber hinaus gilt die Regel, dass sich zähharte bis sprödharte Thermoplaste (mit ca. E > 2.000 – 5.000 N/mm²), Duroplaste (CF, FF, MF, MP, PDAP, PF, UF) und Hartgummi wegen ihrer „festeren" Struktur und härteren Oberfläche genauer bearbeiten lassen. Gleiches gilt für die amorphen Thermoplasten. Mit größeren Maß- und Toleranzabweichungen muss regelmäßig bei teilkristallinen Kunststoffen gerechnet werden.

3 Eigenschaften von Kunststoffen

Die Verwendung von Kunststoffen beruht zum einen auf einen Kostenvorteil gegenüber konkurrierenden Leichtbauwerkstoffen, zum anderen auch auf Eigenschaften, die andere Werkstoffe nicht in gleichem Maße besitzen. Beispiele hierfür sind: niedrige Dichte, hohe Elastizität, elektrische und thermische Isolierfähigkeit, Witterungs- bzw. Korrosionsbeständigkeit, Einfärbbarkeit etc.

Das Eigenschaftsbild von Kunststoffen kann daher nicht wie bei Metallen mit ein paar Zahlenwerten charakterisiert werden, sondern hängt von ihrem unterschiedlichen Molekülaufbau und dem niedrigen Erweichungs- und Schmelzbereich nur wenig oberhalb der normalen Umgebungstemperatur ab.

Die als Kunststoffe bezeichneten Werkstoffe /BER 02/ bestehen aus

- dem Kunststoff an sich,
- den Zuschlag-, Hilfs- und Füllstoffen

sowie

- den Verstärkungsmaterialien.

Trotz dieser vielfältigen Anteile an Zusatzstoffen werden die Eigenschaften des Verbundes noch weitgehend vom Kunststoff geprägt. Eine verbreitete Definition ist:

„Als Kunststoffe bezeichnet man makromolekulare (organische) Stoffe, die synthetisch oder durch Umwandung von Naturstoffen erzeugt werden und die unter bestimmten Bedingungen plastisch formbar sind“.

Gemäß den Eigenschaften, Preisen und Herstellmengen, kann in *Standardkunststoffen (z. B. PE, PVC, PS, PP), technischen Kunststoffen (z. B. PA, POM ,PC, PMMA, PET)* und *Hochleistungskunststoffen (z. B. PEI, PES, PPE, PPS, PEEK, PSU)* klassifiziert werden (s. /HEN 11/).

Weiter kann auch unterschieden werden nach der Umformbarkeit in *Thermoplaste /Plastomere* (bei wiederholter Erwärmung plastisch formbar), *thermoplastische Elastomere (TPE)*, *Duroplaste/Duromere* (die nur einmal während der Urformung plastisch formbar sind) und gummielastische *Elastomere/Elaste* (recyclier- und neu formbar).

- Thermoplaste bestehen aus linearen, unverzweigten Kettenmolekülen (verschlauft oder wirr durcheinander). Da die Ketten beweglich sind, haben Thermoplaste eine geringe geometrische Beständigkeit und niedrige mechanische Eigenschaften.

- Duroplaste bestehen aus dreidimensional vernetzten Kettenmolekülen, die erst während des Aushärteprozesses entstehen. Die Beweglichkeit der Moleküle wird durch ihre chemische Verknüpfung (enge Vernetzung) eingeschränkt. Dies führt zu einer besseren geometrischen Beständigkeit und höheren mechanischen Eigenschaften.

- Elastomere (Gummi) bestehen aus weitmaschig, schwach vernetzten Kettenmolekülen, die eine große Beweglichkeit zueinander haben, weshalb große Dehnungen möglich sind. Gummi wird beim Erwärmen nicht weich und ist gegen viele Lösungsmittel beständig. Anderes Verhalten zeigen die thermoplastischen Elastomere (PP/EPDM, PE/EPDM), welche Eigenschaften wie Thermoplaste aufweisen.

In vielen technischen Anwendungen gibt es zu Kunststoffen keine Alternative, weshalb Kunststoffe mittlerweile einen festen Platz in der Produktentwicklung gefunden haben. Ziel muss es immer sein, die Kunststoffeigenheiten vorteilhaft zu nutzen. Das folgende *Bild 3.1* soll dahingehend eine Einordnung unterstützen.

Eigenschaften	Kunststoffe	Metalle
Dichte ρ $\left[kg/dm^3\right]$	0,8 ... 2,2 $\leq 0{,}05$ (Schäume)	0,53 ... 7,9
Zugfestigkeit [MPa]	25 ... 100	150 ... 1.400
Elastizitätsmodul [GPa] (ungefüllt)	1 ... 3	45 ... 240
Biegefestigkeit, Kerbschlagzähigkeit	relativ gering	hoch
spanende Formbarkeit	meist gut	sehr gut
Ur-/ Umformbarkeit	sehr gut	meist gut
Wärmeleitfähigkeit λ $\left[W\cdot(m\cdot K)^{-1}\right]$	0,12 ... 0,35 Isolator	17,2 (Ti) ... 459,4 (Ag)
Wärmeausdehnungskoeffizient α $\left[K^{-1}\right]$	$70 \cdot 10^{-6}$ bis $100 \cdot 10^{-6}$	$8{,}7 \cdot 10^{-6}$ bis $25 \cdot 10^{-6}$
elektr. Leitfähigkeit	Isolator	Leiter
Temperaturanwendungsbereich [°C]	-40 ... +180	schmelzpunkts- und belastungsabhängig
Korrosionsbeständigkeit	gut	bedingt
Alterungsbeständigkeit	begrenzt	gut
Schwindung (VS in %)	0,5–2,5 %	1 % (GG), 1,25 % (Al-Guss), 2 % (GS)
Quellen (mit Maßänderung)	ja	nein

Bild 3.1: Vergleich wichtiger Eigenschaften von Kunststoffe gegenüber Metallen (nach /SAE 08/)

Die material- und prozessbezogenen Einflüsse (große Wärmedehnung, ungleichmäßige Abkühlung, druckabhängiges Volumen) auf die Maßhaltigkeit, lassen sich am einsichtigsten im „pvT-Diagramm“ erklären. Dieses zeigt den relativ großen Einfluss des Verarbeitungsdruckes auf das Teilevolumen bzw. die Kompressibilität, welche sich in einer Schwindungsanisotropie und einer Rückfederung nach der Entformung bemerkbar machen kann.

Die Größe der zu erwartenden Verarbeitungsschwindung (VS) kann zwischen den beiden Temperaturpunkten T_E und T_R auf einer Isobare abgelesen werden. Hierbei bedingt der unterschiedliche makromolekulare Strukturaufbau von amorphen und teilkristallinen Polymeren auch andere Schwindungswerte, welches in *Bild 3.2* prinziphaft markiert ist.

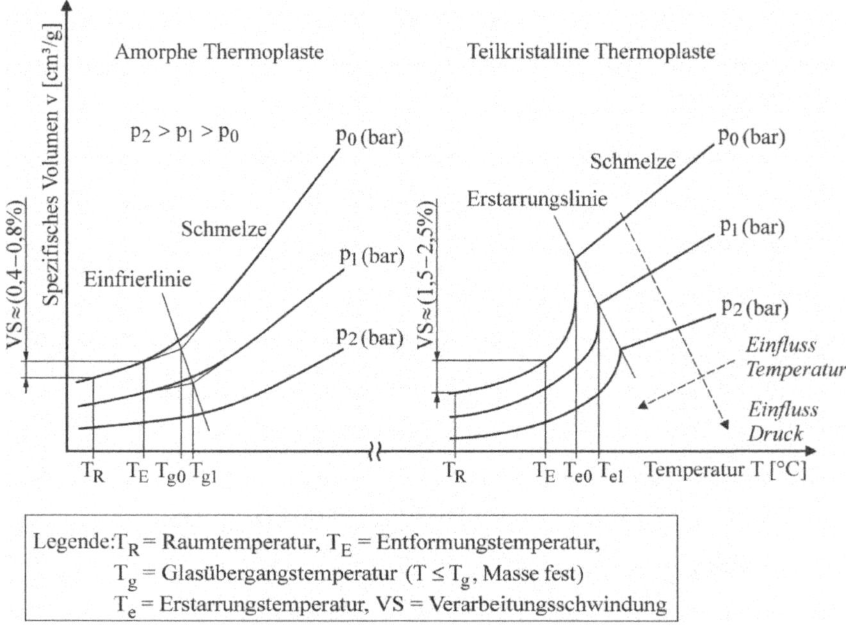

Bild 3.2: Darstellung der Schwindung im pvT-Diagramm

Weitere für die Konstruktion und Auslegung wichtigen Eigenschaften*) sind:

- Kurzzeitverhalten

  Die mechanischen Eigenschaften der Kunststoffe, wie beispielsweise die Steifigkeit (E- und G-Modul), Festigkeit und das Arbeitsaufnahmevermögen, hängen in hohem Maße von der Temperatur ab. Hierdurch wird insbesondere der Einsatzbereich der Thermoplaste auf ca. 100-120 °C (Schmelzpunkt ca. 200 °C) begrenzt. Zwischen 350-400 °C vergasen die meisten Thermoplaste vollständig.

  Duromere können hingegen kurzfristig bis 180 °C (Zersetzungstemperatur > 200 °C) eingesetzt werden. Wegen ihrer starken Vernetzung sind sie insgesamt beständiger als Thermoplaste. Jedoch können auch schon bei „niedrigen" Temperaturen große Verformungen sowie erhebliche Maß- und Geometrieabweichungen auftreten.

  Ergänzend zeigt *Bild 3.3* auch die Temperaturabhängigkeit der Streckspannung (ist identisch der Streckgrenze von Metallen, s. ISO 527-1). Bereits jahreszeitliche Schwankungen können somit zu Festigkeitsveränderungen führen.

---

*) Anmerkung: relative Längenänderung $\Delta L / L = \alpha \cdot \Delta T$
absolute Längenänderung $L_2 = L_1[1 + \alpha \cdot \Delta T]$
absolute Volumenänderung $V_2 = V_1[1 + \gamma \cdot \Delta T]$, mit $\gamma = 3\,\alpha$

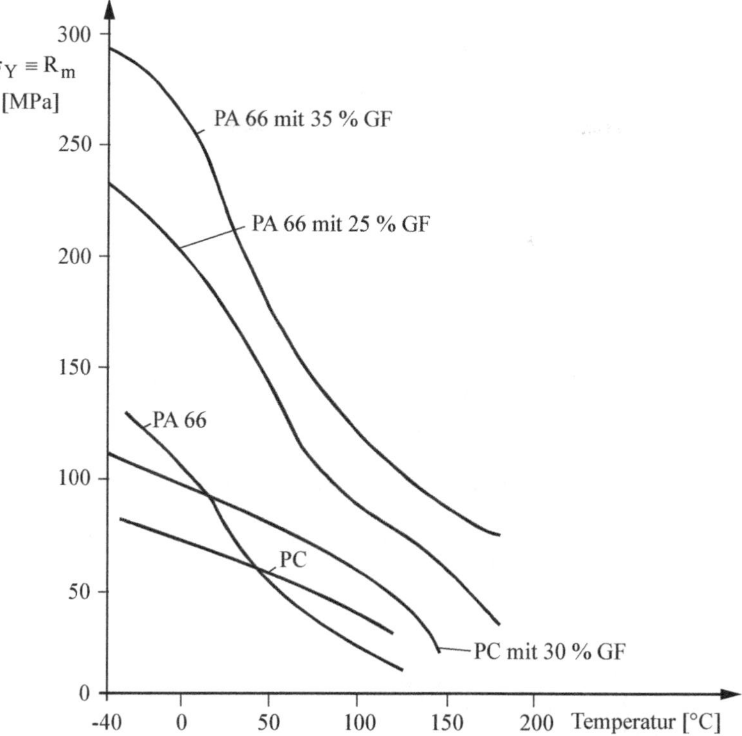

Bild 3.3: Festigkeit verstärkter und unverstärkter Thermoplaste als Funktion der Temperatur (ermittelt in Zugversuchen nach /NIE 99/)
PA 66: Polyamid 66, PC: Polycarbonat, GF: verstärkt mit Kurzglasfasern (Faserdurchmesser: 0,01 mm, Faserlänge: etwa 1-3 mm)

Ein ähnliches Verhalten zeigt der E-Modul. Kunststoffe mit $E \geq 2.000$ MPa verhalten sich relativ streif und spröde (wie beispielsweise Polystyrol), während Kunststoffe mit $E \leq 2.000$ MPa (wie z. B. Polyamid) verhaltensmäßig zäh bis flexibel sind. Gleichfalls sei angemerkt, dass mit zunehmender Beanspruchungsgeschwindigkeit die meisten Kunststoffe ein sprödes, verformungsarmes Verhalten zeigen.

Weiter ist zu beachten, dass die thermische Dehnung etwa 10-mal größer ist als die der Metalle (je größer der E-Modul ist, umso kleiner die Dehnzahl und umgekehrt) und sich Kunststoffe im flüssigen Zustand doppelt so viel ausdehnen wie im festen Zustand.

- Langzeitverhalten

Bei Teilen, die langzeitbelastet werden, ist die Kriech- (Retardier-) und Relaxationsneigung der Kunststoffe, insbesondere die der Thermoplaste in die Konstruktionsüberlegungen, mit einzubeziehen, weil hierdurch die Funktionsfähigkeit beeinträchtigt werden kann. Man erkennt dies an den jeweiligen Zeitdehnlinien $\varepsilon = f(t)$ und des daraus abgeleiteten Kriech- und Relaxationsmoduls.

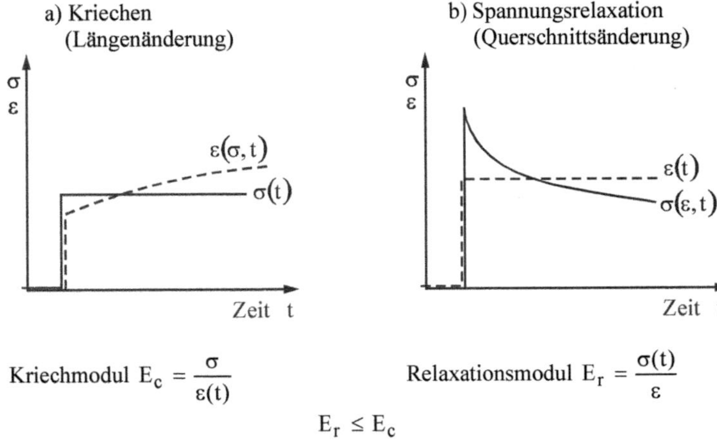

Kriechmodul $E_c = \frac{\sigma}{\varepsilon(t)}$ Relaxationsmodul $E_r = \frac{\sigma(t)}{\varepsilon}$

$E_r \leq E_c$

Bild 3.4: Kriechen und Relaxieren von thermoplastischen Kunststoffen nach /NIE 99/

Im Allgemeinen stellt sich bei Entlastung die Deformation wieder zurück oder viel häufiger bleibt ein kleiner Verformungsrest übrig.

- Flüssigkeitsaufnahme (Sorption)

  Zu Maßproblemen kann auch die Wasseraufnahme von Kunststoffen führen. Beispiele hierfür sind POM (Polyacetal/Polyoxymethylen) und PMMA (Polymethacrylat) mit relativ wenig und PA (Polyamid: PA 6, PA 66, PA 12) mit relativ viel Wasseraufnahme. Wie aus *Bild 3.5* ersichtlich ist, hat der Wassergehalt direkte Auswirkungen auf die Maß- und Geometriebeständigkeit. Spritzfrisches Polyamid ist normalerweise trocken, erst durch die Aufnahme von bis zu 10 % Wasser ergibt sich das erwünschte zähharte Verhalten; gleichzeitig ist hiermit bis zu 5 % Volumenquellen von Teilen (s. auch *Bild 6.3*) verbunden.

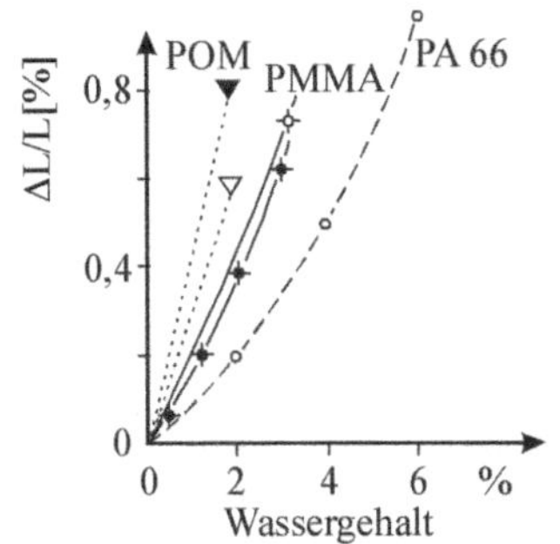

Bild 3.5: Einfluss des Wassergehaltes auf die Längenänderung von Kunststoff-Formteile /NIE 99/. (PMMA= amorph, POM und PA 66 = teilkristallin)

In trockener, wasserfreier Umgebung wird Wasser wieder abgegeben und das Formteil schrumpft entsprechend. Die Zeitdauer (in Stunden), in der Wasser aufgenommen wird, ist etwa proportional der Wanddicke des Teils. Der Sorptionsvorgang wird durch höhere Temperaturen begünstigt.

- Wärmeformbeständigkeit

  Hiermit wird die Gestaltfestigkeit eines Formteils bezeichnet, welches ohne äußere Belastung einer erhöhten Temperatur ausgesetzt wird. Nach der DIN 53497 werden dazu Teile bei Raumtemperatur und bei erhöhter Temperatur (in 10 °C-Stufen) nach einer Stunde Temperatureinwirkung vermessen.

  Im *Bild 3.6* sind Versuche an Rohren wiedergegeben, die stellvertretend für die Wärmeformbeständigkeit stehen sollen.

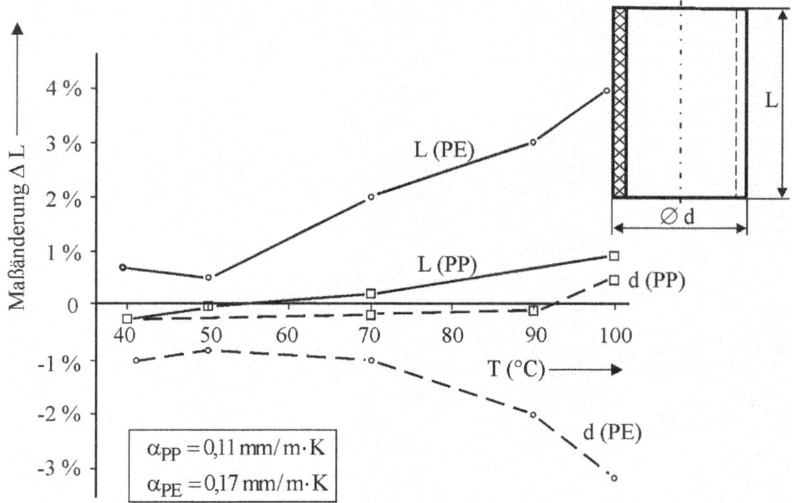

Bild 3.6: Beispielhafte Wärmeformbeständigkeit eines Rohres (nach /NIE 99/)
(PE - HD = Polyäthylen, PP = Polypropylen)

Gewöhnlich wird die Dimensionsstabilität an Teilelängen, Durchmessern, Bohrungsabständen oder Passsitzen überprüft. Die thermische Einsatzgrenze wird dabei bei Auftreten eines 1,5 %igen Verzugs festgesetzt. Erfahrungsgemäß ist darüber die Funktionalität nicht mehr gegeben. Einen recht guten Wärmeformwiderstand zeigt Polypropylen (PP), welches bevorzugt für Bauteile im „Wüstenklima" genutzt wird.

- Maßhaltigkeit

  Durch Temperatureinwirkung werden molekular induzierte Vorgänge ausgelöst, die bei den verschiedenen Kunststoffen zu Maßveränderungen führen, da meist nur eine geringe Temperaturstabilität vorliegt. Aus Versuchen ist bekannt, dass

  - die amorphen Thermoplasten (mit unvernetzten Kettenmolekülen) PVC, PS, PET, PBT, PU, ABS, PMMA und PC schon bei geringen Temperaturveränderungen eine deutliche Maßänderung durch Schwindung(mit < 1%) oder Wärmedehnung erfahren;

  - bei den teilkristallinen Thermoplasten (geordnete, kristalline Molekülbereiche mit amorphen Phasen) PE/PE-HD, PP, POM, PA und LCP tritt gewöhnlich bei Temperatureinwirkung eine größere Maßänderung durch Schwindung (etwa >2,0 %, d. h. größer als bei amorphen Ku-Stoffen) auf, die sich durch Nachschwindung (ca. < 0,5 %) noch etwas vergrößert; ebenfalls tritt eine größere Wärmedehnung*) auf;

- die Duromere (dreidimensional, engmaschig vernetzte Makromoleküle, meist hochgefüllt oder faserverstärkt) PF, UF, MPF, MF, DAP, UP und EP sind nur irreversibel formbar, relativ hart und daher nur noch mechanisch zu bearbeiten; sie zeigen eine geringe Schwindung zwischen 0,1 – 1 %, mit oftmals zusätzlicher Nachschwindung zwischen 0 – 0,13 % (bei EP extrem 0,8 %), meist nur geringere Wärmedehnung;

- die Elastomere (schwache Vernetzung der Makromoleküle) NR, SBR, BR, NBR, AU quellen im Technoklima auf und zeigen eine geringe Maßhaltigkeit, die Schwindung liegt zwischen 2-3 %; die Wärmedehnung ist sehr groß;

- die thermoplastischen Elastomere haben mit einer Schwindung von ≤ 2 % eine bessere Maßhaltigkeit.

Neben dem Material sind für die Schwindung noch die Formteilwanddicke und die Werkzeugtemperatur maßgebend. Diese Effekte sprechen dafür, dass sich Konstrukteure, Werkzeugbauer und Fertigungsplaner interdisziplinär mit der Dimensionierung von Kunststoffteilen auseinandersetzen müssen. Wichtige Problemfelder hierbei sind:

- Dimensionen, Maße und Maßtoleranzen,
- Geometrietoleranzen und Toleranzlagen,
- Geometriestabilität (Teilsymmetrie),
- Wärmeausdehnung, Schwindung

und

- Toleranzkompensation.

Das zu diesen Themen umfangreiche Normenwerk ist zwar schon viele Jahre alt, gibt aber dennoch der Praxis vielfältige Erfahrungshinweise. Auch sei in diesem Zusammenhang erwähnt, dass sich in den letzten 20 Jahren die Sortenvielfalt der Kunststoffe verzehnfacht (1980 ca. 40 Sorten) hat. Infolgedessen haben sich auch die Eigenschaftsprofile geändert, so dass das überkommene Verhalten von Kunststoffen nicht einfach fortgeschrieben werden kann. Stellvertretend hierfür mögen die verstärkten Faser-Kunststoff-Verbünde (FKV), die hochtemperaturbeständigen Kunststoffe (aromatische Ringstrukturen, verzweige Polyphenylene) und Nachprozesse (Druckbeaufschlagung, Elektronenbestrahlung) angeführt sein.

Umseitig sind in einer Tabelle einige Eigenschaften der üblichen Kunststoffe noch einmal kurz zusammengetragen worden. Der Fokus liegt hierbei auf die Eigenschaften, die im Zusammenwirken mit der Dimensionalität und der Maßbildung funktional von Relevanz sind.

---

*) Anmerkung: teilkristalline Thermoplaste, z. B. PA mit $\alpha = 100 \cdot 10^{-6}\,K^{-1}$
amorphe Thermoplaste, z. B. PS mit $\alpha = 80 \cdot 10^{-6}\,K^{-1}$
Duromere, z. B. PF mit $\alpha = 35 \cdot 10^{-6}\,K^{-1}$ oder PUR GS mit $\alpha = 110 \cdot 10^{-6}\,K^{-1}$
Gummi mit $\alpha = (160\text{-}220) \cdot 10^{-6}\,K^{-1}$.

Auszug zu den Eigenschaftsspektren wichtiger technischer Polymere

A) Ausgewählte Daten von Thermoplasten

Sorte	Verarbeitung	Physikalische Eigenschaften
PE (Polyäthylen, teil-kristallin) **PE - HD** **PE - LD**	Spritzgießen, Extrudieren, Blasformen, Pressformen	Niedrige Dichte (0,92 g/cm³), hohe Zähigkeit, sehr geringe Wasseraufnahme: kleiner 0,5 V%, bei 23 °C: 10 % Dehnung, bei 40 °C: 15 % Dehnung, Gebrauchstemperatur: 60-100 °C, Schwindung: PE-weich 1,5 – 3,2 % PE-hart 1,2 – 3,0 %, Nachschwindung: 1,5 – 2 %
PP (Polypropylen, teil-kristallin)	Spritzgießen, Extrudieren, Blas- und Flachfolien	Niedrige Dichte (0,9 g/cm³), geringe Spannungsrissbildung, geringe Wasseraufnahme: 0,5 V%, bei 23°C: 2 % Dehnung, bei 65 °C: 3,5 % Dehnung Gebrauchstemperatur: 100 – 150 °C, Schwindung: 1,3 – 2,6 %
PBT (Polybutylenterephthalat, teilkristallin, unverstärkt)	Schwieriges Spritzgießen, Extrudieren und Umformen, gut Walzen und Pressen	Mittlere Dichte (0,92 g/cm³), hohe Formbeständigkeit in der Wärme, geringe Wasseraufnahme: 0,5 V%, bei 23 °C: 1,2 – 1,6 % Dehnung, Gebrauchstemperatur: 20 – 130 °C, Schwindung: 1,2 – 2,2 %, hohe Maßbeständigkeit
PVC (Polyvinylchlorid, amorph)	Spritzgießen, Extrudieren, Spritzblasen, Hohlkörperblasen	Mittlere Dichte (1,35 – 1,4 g/cm³), hohe mechan. Festigkeit, Wasseraufnahme: 2 – 14 V% je nach Weichmacher, bei 23 °C: 3,5 % Dehnung, Gebrauchtemperatur: 70 – 80 °C, Schwindung: 0,4 – 0,7 %
PS (Polystyrol, amorph)	Spritzgießen, Extrudieren, Spritzblasen, Pressformen	Mittlere Dichte (1,05 g/cm³), spröde, hohe Maßbeständigkeit, Gebrauchstemperatur: 60 – 90°C, Wasseraufnahme: 0,1 V%, Schwindung: 0,5 – 0,7 %
ABS (Acrylnitril-Butadien-Styrol, amorph)	Spritzgießen, Extrudieren, Blasformen	Mittlere Dichte (1,35 g/cm³), hohe Formbeständigkeit in der Wärme, bei 23 °C: 3 % Dehnung, Gebrauchstemperatur: 70 – 120 °C, Wasseraufnahme: 0,2 – 0,5 V%, Schwindung: 0,5 –0,7 %

PA (Polyamid, teilkristallin und amorph)	Spritzgießen, Extrudieren, Extrusionsblasen	Mittlere Dichte (1,35 – 1,4 g/cm³), hohe mechan. Festigkeit, Wasseraufnahme: 4 – 10 V% je nach Weichmacher, bei 23 °C: 3,5 % Dehnung, Gebrauchtemperatur: 70 – 80 °C, Schwindung: 0,8 – 2,0 %
PC (Polycarbonat, amorph)	Spritzgießen, Extrudieren, Steckziehen, Hohlkörperblasen	Mittlere Dichte (1,2 – 1,4 g/cm³), gute Festigkeit, bei 23 °C: 4 % Dehnung, Gebrauchstemperatur: - 130 – 160 °C, Wasseraufnahme: 0,2 V% Schwindung: 0,5 – 0,7 %
POM (Polyoximethylen, teilkristallin)	Spritzgießen, Extrudieren, Strangpressen	Höhere Dichte (1,42 g/cm³), hohe mechan. Festigkeit, Wasseraufnahme: 0,2 – 0,3 V% Gebrauchtemperatur: 90 – 110 °C, Schwindung: >1,5 %, Nachschwindung: 0,1-0,3 % (Teile möglichst Tempern)
PMMA (Polymethylmethacrylat, amorph)	Gießen/ Schleuderguß, Spritzgießen, Extrudieren, spanende Formgebung	Niedrige Dichte (1,18 g/cm³), mittlere mechan. Festigkeit, Wasseraufnahme: 0,3 V% Gebrauchstemperatur: 80 – 100 °C, Schwindung: 0,4 – 0,8 %

Bild 3.7: Eigenschaften ausgewählter Thermoplaste/Plastomere (s. auch /HEN 11/)

B) Ausgewählte Eigenschaften von Duromeren

Sorte	Verarbeitung	Physikalische Eigenschaften
PF - Formmasse (Phenolharz, amorph)	Spritzgießen, Spritzpressen, Pressen	Hohe Dichte (1,3-2,0 g/cm³), hohe Festigkeit, geringe Maßbeständigkeit, bei 23 °C: 2 – 2,5 % Dehnung, max. Gebrauchstemperatur: 100 °C, Wasseraufnahme: 60 – 200 V%, Schwindung: 0,3 – 1,3 %, Nachschwindung: 0 – 0,1 %
UP - Gießharz (Polyester, amorph)	Spritzen, Pressen, Wickeln, Schleudern, Injizieren	Niedrige Dichte (1,0 -1,3 g/cm³), hohe Festigkeit, gute Maßbeständigkeit, bei 23 °C: 2,5 % Dehnung, max. Gebrauchstemperatur: 200 °C, Wasseraufnahme: 40-100 V% Schwindung: 0,1 – 0,4 %, Nachschwindung: 0,08 –0,13 %

Bild 3.8: Eigenschaften ausgewählter Duromere (s. auch /HEN 11/)

C) Physikalische Kenngrößen ausgewählter Thermoplaste

Kunststoff	Dichte: ρ(g/cm³)	Zug-E-Modul: E (MPa)	Streckgrenze: σ_Y (MPa)
ABS	1,04	2.500	45
PA6	1,14	feucht 1.500/trocken 3.000	45/80
PA66	1,14	feucht 1.600/trocken 3.100	50/85
PC	1,20	2.300	60
PE	0,95	1.300	200
PET	1,27	2.200	75
PEEK	0.95	800	28
PE - HD	0,94-0,97	1.000	25
PE - LD	0,91-0,94	200	10
PMMA	1,19	3.000	70
POM	1,39-1,42	3.200	72
PP	0,89-0,92	1.500	33
PS	1,05	3.200	55
PSU	1,27	2.500	71
PTFE	2,17	600	28
PVC	1,36	3.000	20

Legende: HD = high density, LD = low density, LLD = linear low density,

D) Physikalische Kenngrößen ausgewählter Duroplaste

MP	1,65	10.000	65
PF	1,38	9.000	60
UP	1,14	1.800	50

E) Physikalische Kenngrößen ausgewählter Faser-Kunststoffe

PA6 GF30	1,36	8.400	90
POM GF25	1,58	8.800	130
PP GF20	1,04	2.900	35
PP GF30	1,14	6.500	85

Bild 3.9: Physikalische Kenngrößen für Kunststoffe

4 Maßabweichungen bei der Herstellung

4.1 Maßbildung beim Urformen

Auf die Maßabweichungen von Kunststoff-Formteilen haben bekanntlich der Werkstoff, die Prozessbedingungen, die Maschine sowie das Werkzeug maßgeblichen Einfluss.

Der wichtigste werkstoffabhängige Einflussfaktor ist die *Verarbeitungsschwindung* /ZÖL 06/, welche auf die Kompressibilität und die Wärmedehnung zurückgeht. Gemäß Normung (s. ISO 20457 und DIN 53464) ist sie wie folgt definiert:

- Unter *Verarbeitungsschwindung* (VS) versteht man den Unterschied zwischen den Werkzeugkonturmaßen im kalten Werkzeug L_W und den Maßen des Formteils L_F, welches nach seiner Herstellung min. 16 bis max. 72 Std. im Normklima (ISO 291: 23 °C ± 2 K, 50 ± 10 % Luftfeuchte) gelagert und unmittelbar danach gemessen wurde:

$$VS = \left(1 - L_F / L_W\right) \cdot 100 \text{ in } \%.$$

- Einige Thermoplaste und Duromere weisen unter erhöhter Temperatur noch eine *Nachschwindung* (NS) oder *Nachhärtung* auf, wodurch sich Formteilmaße weiter verkleinern.

Nach dieser Definition ist die Verarbeitungsschwindung keine reine Werkstoffkenngröße, sondern sehr stark von den Prozessbedingungen (Druck- und Temperaturverlauf im Werkzeug, Fließrichtung und Fließgeschwindigkeit bei der Formfüllung) abhängig. Die Fließbedingungen führen insbesondere zu einer Schwindungsanisotropie, d. h. zu unterschiedlichen Verarbeitungsschwindungen in radialer (Fließ-) und tangentialer (Quer-) Richtung (d. h. VSR und VST). Die radiale Verarbeitungsgeschwindigkeit verläuft längs in Spritzrichtung, während die tangentiale Verarbeitungsgeschwindigkeit quer zur Spritzrichtung verläuft.

- Die *Verarbeitungsschwindungsdifferenz* (nach ISO 294-4) beträgt somit

$$\Delta VS = \left|VSR - VST\right|, \text{ mit } VSR = \text{radialer VS und } VST = \text{tangentialer VS},$$

$$\text{Anhaltswerte sind } VST \approx 1{,}25 \cdot VSR \text{ und } \Delta VS \approx 0{,}6 \cdot VS.$$

Die im Normenwerk angegebenen erzielbaren Qualitäten basieren größtenteils auf der Bewertung der Verarbeitungsschwindung und der Verarbeitungsschwindungsdifferenz.

Ein weiterer Faktor sind die *Schwindungsschwankungen*. Wie allen Werkstoff- und Prozessparametern unterliegt auch die Schwindung einer Verteilungsfunktion, sodass innerhalb einer Charge eine gewisse Bandbreite an Schwindungswerten messbar ist. Um diese Schwankungen klein zu halten, muss der Rohstoff ein qualitativ gleiches Niveau einhalten.

Ein weiterer Effekt kann auch aus *Schwindungsbehinderungen* wegen unterschiedlicher thermischer Kontraktion (Randschichterstarrung, Materialanhäufung) folgen.

Einfluss auf die *Maßbildung* hat auch die Konditionierung von Formmassen. Insofern ist entsprechende Sorgfalt bei der Trocknung hygroskopischer Kunststoffe bis zu einem definierten Wassergehalt und eines definierten Granulats erforderlich. Beispielsweise kann die geometrische Gestalt in Verbindung mit Oberflächenwasser das Einzugsverhalten und damit die Dosierung empfindlich beeinflussen.

Wesentlichen Einfluss auf die *Maßabweichungen* in Schließrichtung eines Werkzeugs haben die Steifigkeit und die Erwärmung der Schließeinheit. Hierbei werden elastische Verformungen frei, die sich als Auffedern des Werkzeugs durch den Werkzeuginnendruck auswirken. Weitere Einflüsse auf die *Maßabweichungen* folgen aus dem Werkzeug und dessen Maßungenauigkeiten. Bei „normalen“ Spritzgießwerkzeugen liegen die Fertigungstoleranzen in den Toleranzklassen IT 8 bis IT 9. Für Präzisionsformteile müssen Qualitäten IT 6 bis IT 7 angestrebt werden. Größere Abweichungen ergeben sich wieder aus der Montage und den montagebedingten Maßen, die aus dem Werkzeug- oder Kernversatz folgen.

Im Verlauf ihres Einsatzes unterliegen Werkzeuge auch einem *Verschleiß*. Dieser bezieht sich auf die formgebende Kontur, auf alle bewegten Teile sowie die Trennebene. Dies wirkt sich auf die fließende Formmasse aus, und zwar besonders an Stellen mit hohen Fließgeschwindigkeiten und hohen Drücken. Diese sind in Spritzgieß- und Spritzpresswerkzeugen die angussnahen Bereiche und in Pressformen Elemente an Steighöhen. Der Verschleiß in Führungen führt zum Versatz von Werkzeugteilen und damit vor allem zu Maßabweichungen an sogenannten nicht werkzeuggebundenen Maßen.

Im *Bild 4.1* sind einige Erfahrungswerte eines Kunststoffverarbeiters wiedergegeben, welche die Faustformel „etwa 2 % Schwindung bei Kunststoffen“ belegen. Durch den Einsatz von Glasfasern (GF) kann die Schwindung auf ca. 1 % reduziert werden. Organische Zusätze, wie beispw. Aramidfasern (AF), zeigen keinen Einfluss auf die Schwindung.

VS [%] / Werkstoffe	Urformen	Warmformen	Hohlkörperblasen
PE HD	1,3-3,2	2,0-4,0	2,5
PP	1,3-2,5	0,5-2,0	
PP GF20	0,5-1,6		
PVC	0,4-0,7		0,4
PS	0,4-0,5	0,5-0,6	0,5
ABS	0,4-0,7	0,8-1,0	
ABS GF30	0,3-0,5		
PA6	1,0-2,5		2,0
PA66	0,7-1,5		
POM	1,5-3,0	< 0,5	
GMT	<0,5		
LCP (Liquid Crystal Polymers)	0-0,6		
LCP-GF	0-0,4		

Bild 4.1: Maßschwindungen an gespritzten, gepressten und geblasenen Norm-Prüfkörpern

- Das *Werkzeugmaß* ist in der Praxis mindestens um den Anteil aus der Verarbeitungsschwindung zu vergrößern. Mit den vorstehenden Werten ergibt sich somit

$$L_W \geq L_F' = \frac{L_F}{1-(VS/100)}, \text{ wobei } L_F' = \text{korrigiertes Formteilmaß.}$$

4.2 Erreichbare Genauigkeiten beim Pressen, Prägen und Gießen

In der älteren DIN 16742 (Kunststoff-Formteile - Toleranzen und Abnahmebedingungen *für Längenmaße und Positionstoleranzen*) sind Erkenntnisse aus praktischen Versuchsreihen für aushärtbare und nicht aushärtbare Formmassen eingeflossen. Damit wird die Press-, Spritzpress-, Spritzpräge- und Spritzgießtechnologie umrissen. Ausgenommen sind hingegen alle Strangpress-Erzeugnisse, geblasene und geschäumte Formteile, Tiefziehteile, Sinterteile und spanend hergestellte Formteile (siehe DIN EN 15860).

In der Norm sind *vier* Toleranzreihen (TR 1 = Allgemeintoleranzen, für spezielle Aufwände TR 2 = Genaufertigung, TR 3 = Präzisionsfertigung, TR 4 = Präzisionssonderfertigung) und *neun* Toleranzgruppen (TG 1 - TG 9) für tolerierte Maße festgelegt. Jede Toleranzgruppe ist noch mit den *Kennbuchstaben W* und *NW* unterteilt worden, welche Genauigkeitsgrade abgrenzen.

Der Kennbuchstabe *„NW“* bezieht sich auf „nicht werkzeuggebundene Maße“. Darunter versteht man Maße[*)], die durch das Zusammenwirken beweglicher Werkzeugelemente geformt werden, wie z. B. Wanddicken- und Bodendickenmaße, Maße in Schließrichtung oder Maße, welche durch Beilagen oder Schieber beeinflusst werden. Einige charakteristische Maße sind im folgenden *Bild 4.2* herausgestellt.

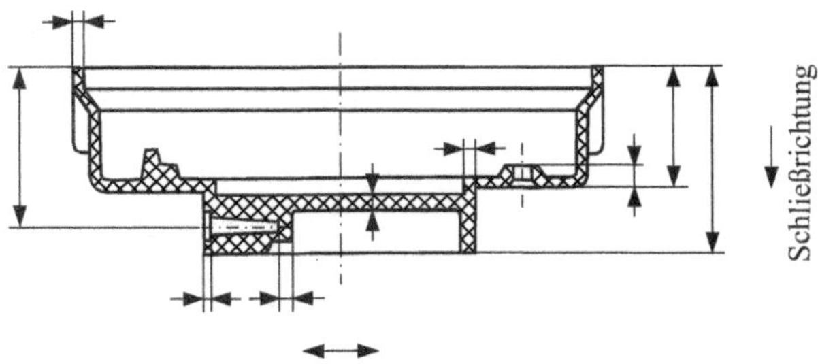

Bild 4.2: Nicht werkzeuggebundene Maße (NW) nach ISO 20457 (bzw. DIN 16742)

Der Kennbuchstabe *„W“* bezieht sich auf „werkzeuggebundene Maße“. Hierunter werden Maße im jeweils gleichen Werkzeugteil verstanden. Bei werkzeuggebundenen Maßen (z.B. Durchmesser) sind deutlich engere Toleranzen zu erreichen.

Die fertigungsbedingten Toleranzen für nicht werkzeuggebundene Maße sollten größer gewählt werden als Toleranzen für werkzeuggebundene Maße: $T_{NW} \approx (1{,}1 \text{ bis } 1{,}2) \cdot T_W$ nach DIN-Normen.

[*)] Anmerkung: Die Toleranzen für diese Maße sind größer als die für werkzeuggebundene Maße, da die beweglichen Werkzeugteile beim Schließen des Werkzeugs nicht immer die gleiche Endlage erreichen.
Bei der Eintragung der zulässigen Abweichungen an der Maßzahl ist zu beachten, dass die in Schließrichtung liegenden Maße eines Werkzeugs sich alle in gleichem Sinne ändern, d. h. z. B., dass auch die Bodendicke zunimmt, wenn die Gesamthöhe eines Formteils zunimmt.

Die Überarbeitung der alten DIN 16901 war notwendig, weil In der Vergangenheit die Industrie immer wieder kritisiert hat, dass für viele Anwendungen die angegebenen Allgemeintoleranzen zu grob seien. Daher hat das DIN-Institut die Folgenormen DIN 16742 und die neue ISO 20457 verabschiedet, die jedoch einen grundsätzlich anderen Aufbau haben. Die Toleranzen werden hier proportional zur ISO 286 bestimmt und sind insofern realistischer.

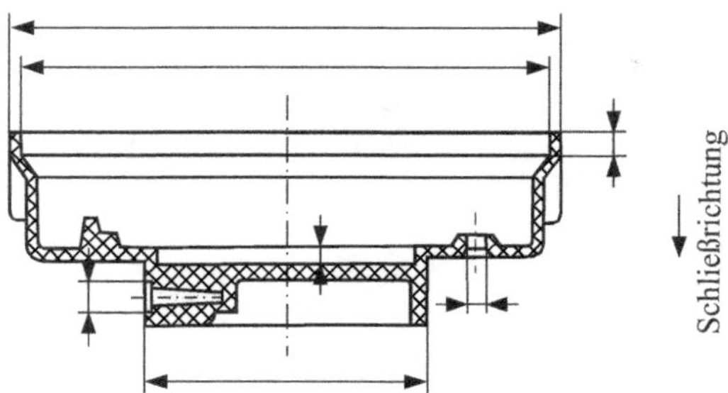

Bild 4.3: Werkzeuggebundene Maße (W) nach ISO 20457 (bzw. DIN 16742)

Heute sollte grundsätzlich die neue Norm ISO 20457 angewendet werden. Dies ist im Schriftfeld einer Zeichnung zu vermerken:

- *Allgemeintoleranzen* sind der TR 1 (Normalfertigung) zugeordnet. Die aufgeführten Toleranzfelder fallen jeweils symmetrisch zum Nennmaß. Wenn in Fertigungs- bzw. Bestellunterlagen die Abmaße nicht an der Maßzahl angegeben sind, ist auf die Norm und die Toleranzgruppe hinzuweisen:

  Beispiel: Allgemeintoleranzen ISO 20457 – TG 5 (d.h. ein Nennmaß von 35 mm hat unter „W" die Abmaße ± 0,20 mm und unter „NW" die Abmaße ± 0,23 mm).

  Ein Bauteil darf jedoch nicht zurückgewiesen werden, wenn die Allgemeintoleranzen überschritten wurden, aber die Funktion noch gewährleistet ist.

- *Maße mit direkt angetragenen Abmaßen* sollten jeweils nach Funktionszweck festgelegt werden. In der DIN 16742 wird vorgeschlagen immer symmetrische Toleranzen zu verwenden. Falls asymmetrische Toleranzen angegeben sein sollten, sind diese zweckmäßig zu Symmetrisieren. Z. B.: $100\ ^{0}_{-0,6}$ in 99,7 ± 0,3. Hierhinter steht der Wunsch, Werkzeuge in beiden Richtungen korrigieren zu können.

  Die in der Tabelle 2 auf Seite 15 der Norm aufgelisteten Werte weisen immer eine Bindung an die Nulllinie auf, welche aber aufgebrochen werden darf, um Spiel- oder Presssitze herstellen zu können.

  Beispiel: Nennmaß von 20 mm nach TG 6 (hier W) mit der Toleranz ±0,26 mm

mögliche Aufteilungen:	$20^{+0,52}_{0}$	$20 \pm 0,26$ bevorzugt	$20^{0}_{-0,52}$

Die alte Toleranzabstufung nach der DIN 16901 wies erhebliche Unterschiede zum ISO-System auf u.zw. mit den folgenden Besonderheiten:

- In der DIN 16901 waren die Toleranzfelder gleichmäßig in 1/100 mm gestuft, während die ISO 286 (Grenzmaße, Passungen) einen diskreten Bereich von 1/10 mm bis 1 µm abstuft.

- Die Nennmaßskala in der DIN 16901 deckte 21 Bereiche ab, während die ISO nur über 13 Bereiche mit 20 IT-Klassen gestuft ist.

- Der DIN 16901 lag eine lineares Bildungsgesetz mit prozentualer Bewertung vom Nennmaß zugrunde. Die hierzu benutzten Erfahrungswerte bezogen sich auf die folgenden Relationen für das Toleranzfeld des Formteils und sind teils zu groß:

  normaler Spritzguss $T_{Fertig.} \leq 1 - 2$ % vom N_0
  technischer Spritzguss $T_{Fertig.} \leq 0{,}5 - 1$ % vom N_0
  Präzisionsspritzguss $T_{Fertig.} < 0{,}5$ % vom N_0.

  Die Relationen galten für Spritzgussteile mit Nennmaßen $N_0 \geq 10$ mm.

- Zur Bildung von Vorzugspassungen (DIN 7157: Passungsauswahl) zwischen Metall- und Kunststoffteilen sollte erfahrungsgemäß über die Nennmaßbereiche 3-120 mm möglichst die IT-Klassen 10 und 11 bei den Metallteilen gewählt werden. Bei den Kunststoffteilen sollte dann aus der alten DIN 16901 stets die Toleranzgruppe FT (Feinwerktechnik) oder die TG1 bzw. TG2 aus der neuen ISO 20457 gewählt werden.

Die erzielbaren Toleranzen sind werkstoff- und technologieabhängig. In der alten Norm waren überwiegend Erfahrungswerte von Spritzgießern eingeflossen, die natürlich ein Interesse an groben Abmaßen hatten. Tatsächlich zeigt die industrielle Praxis, dass letztlich deutlich kleinere Werte - sowie in der ISO 20457 - erreichbar sind.

1. Erfahrung der Firma Bayer)*: Bei erhöhtem Werkzeugaufwand, optimal gestalteten Teilen und richtiger Anspritzung kann im Maßbereich 10 bis 100 mm die Toleranz gegenüber der alten DIN 16901 um etwa ein 1/3 verringert werden:
Z. B. 100 nach DIN ± 0,15, erreichbar ± 0,10.

2. Grenztoleranzfelder T_u, T_o vom Nennmaß N_0 nach Firma Bayer)* für technischen Spritzguss:

PC	± 0,15 %
PC + GF30	± 0,10 %
ABS	± 0,10 % bis ± 0,15 %
PA6 + GF30	± 0,20 % bis ± 0,25 %
PA66 + GF30	± 0,20 % bis ± 0,30 %
PBT	± 0,20 % bis ± 0,40 %
PBT + GF30	± 0,20 % bis ± 0,30 %

*) Anmerkung: Anwendungstechnische Information 370/82 der Fa. Bayer/Technikum, Leverkusen.

4.3 Allgemeintoleranzen für Urformen

Um auch in der Kunststofftechnik zu einem einheitlichen System von abgestuften Toleranzen zu kommen, sollen sich zukünftig Abmaße an den Stufensprung der international gültige ISO 286-1 (Toleranzsystem für Längenmaße) anlehnen. Hierzu wurden die 20 IT-Klassen neu in 9 TG's (Toleranzgruppen) und 4 TR's (Toleranzreihen) geordnet und Abmaßbereiche zusammengefasst. Die Toleranzfelder in der neuen ISO 20457 sind gegenüber der ISO 286 (s. Tabelle 1) je nach Funktionszweck um den Faktor 1,5 bis 2,0 vergrößert worden, weil diese eigentlich für metallische Werkstoffe festgelegt wurden.

Neu ist somit jetzt, die Zuordnung eines Toleranzgrads (TG) zu einem Maß, der sich aus der Summe ermittelten Punkte aus den Haupteinflüssen (s.a. /MEY 13/) ergibt:

$$P_{ges} = \sum_{i=}^{5} P_i$$

Die somit bestimmte Punktezahl entspricht einer Toleranzgruppe gemäß der Tabelle

TG	TG1	TG2	TG3	TG4	TG5	TG6	TG7	TG8	TG9
P_{ges}	1	2	3	4	5	6	7	8	≥9

Die einzelnen Punkteklassen (s. S. 339) bewerten jeweils die folgenden Einflüsse

- P_1, das Fertigungsverfahren (Spritzgießen, Spritzprägen, Spritzpressen, Formpressen, Fließpressen),
- P_2, die Formstoffsteifigkeit bzw. – härte,
- P_3, die Verarbeitungsschwindung (Bereich 1 – 2 %),
- P_4, die geometrie- und verfahrensbedingte Schwindungsunterschiede,
- P_5, die Bewertung des Fertigungsaufwands (TR 1 – TR 4).

Den Zusammenhang mit den normbezogenen Bewertungsmatrizen zeigt das umseitige Flussdiagramm in *Bild 4.4.*

Zu der bestimmten Toleranzgruppe können dann in einer Abmaßtabelle die symmetrischen Grenzabmaße für werkzeuggebundene (W-Maße) und nicht werkzeuggebundene (NW-Maße) Maße abgelesen und als Abmaße übernommen werden. *Allgemeintoleranzen* sind wie vorher schon gezeigt auf der Zeichnung gesondert nach TR 1 anzugeben, während die Toleranzgruppen TR 2 – TR 4 einen bestimmte Qualitätsstand festlegen.

Ergänzend werden in der ISO 20457 auch erstmals F+L-Toleranzen für Formteile angegeben, und zwar Linien- und Flächenformtoleranz sowie Positionstoleranzen. Mit Linien- und Flächenformtoleranzen werden Oberflächen von dünnen oder dicken Teilen begrenzt und mit Positionstoleranzen Bohrungen oder Bohrungsbilder angegeben. Die Position wird hierbei durch eine zylindrische Toleranzzone definiert.

Des Weiteren sei hier noch der Hinweis gegeben, dass zur richtigen prozessgerechten Beschreibung von Formteilen die ergänzende ISO 10135 existiert. Dazu gehören Angaben über Teilungsebenen, Oberflächenversatz, Gratrippen und Formteilschrägen.

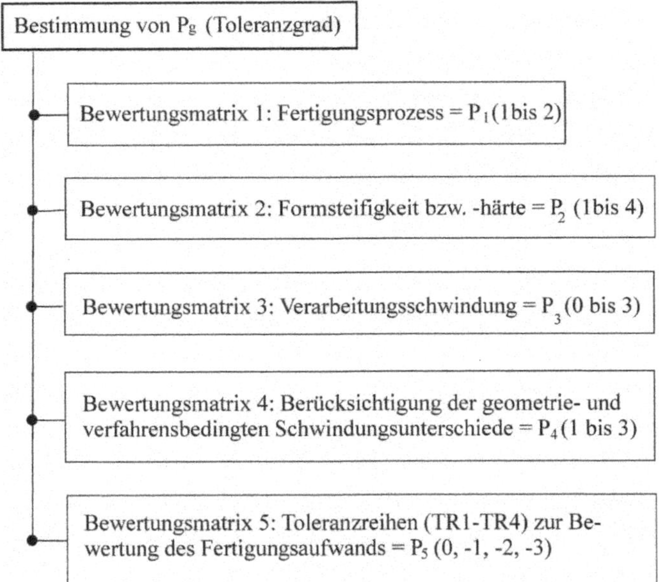

Bild 4.4: Bestimmung der jeweiligen Punktezahl zur Festlegung einer Toleranzgruppe gemäß der ISO 20457

Als abschließende Bemerkung sei noch erwähnt, dass Normen nur empfehlenden Charakter haben und auch ältere normen noch für einen Zeichnungsstand vereinbart werden können. So kann zwischen Kunde und Lieferant ohne weiteres noch der alte Normenstand DIN 16901 oder die jetzt abgelöste DIN 16742 vereinbart werden.

Grundsätzlich ist dies aber nicht zu empfehlen, da neue Produkte möglichst auch nach einem neuen Normenstand (neuer Stand der Technik) hergestellt werden sollten.

Bei der Umstellung von der DIN 16742 auf die ISO 20457 ist zu berücksichtigen, dass sich die Toleranzfelder geändert haben. Man hat diese in einigen Toleranzgruppen linear angepasst, wodurch sich einige Abmaße verkleinert haben.

4.4 Erreichbare Genauigkeit beim Extrudieren

Kunststoffprofile, -tafeln und -folien werden gewöhnlich durch Extrudieren hergestellt. Die Maßhaltigkeit wird hierbei durch das Spaltvolumen, die Kalibrierung und den Abzug beeinflusst.

Bei Folien besteht das Problem meist darin, dass die Kunststoffschmelze schlagartig in Kontakt mit Kühlwalzen kommt und somit die Dicke kontrahiert. Maßgebend hierfür sind der Mengendurchsatz und die Umdrehung der Walzen. Sollen die sich ergebenden Toleranzen klein gehalten werden, so muss die Schmelze möglichst exakt dosiert und die Walzendrehzahl geregelt werden.

Bei Profilen besteht ein ähnliches Problem. Die Maßhaltigkeit kann hier durch eine geregelte Abzugsgeschwindigkeit und eine Kalibrierung mittels Ziehblenden beeinflusst werden. Üblich ist heute eine Gleitkalibrierung der Außen- und Innenmaße, um die noch plastischen Kunststoffstränge während des Extrudierens zu festigen.

Tafeln und Folien werden ebenfalls mittels einer Walzkalibrierung maßlich abgestimmt. Jedoch können schon geringe Temperaturschwankungen in einer Breitschlitzdüse einer Flachfolienanlage zu größeren Abweichungen führen, die sich jedoch nicht mehr völlig kalibrieren lassen. Bei Flacherzeugnissen ist der Zusammenhang zwischen Dickenschwankungen in Abhängigkeit von Temperaturschwankungen in etwa empirisch bekannt, und zwar

$$\Delta s \approx 8 \cdot 10^{-2} \cdot \Delta T \text{ (mm/grd).}$$

Weitere Erfahrungswerte sind:

- Beim ungeregelten Extrusionsverfahren muss mit 5 – 10 % Maßabweichung vom Nennmaß gerechnet werden. Bei Rohren wird dies beispielsweise so kompensiert, dass ein Anfangszuschlag von 0,1 – 0,3 mm auf die Wandstärke vorgesehen wird.

- Beim geregelten Extrusionsverfahren beträgt die Maßabweichung im Allgemeinen nur 1 % vom Nennmaß. Der erhöhte verfahrenstechnische Aufwand lässt sich somit über das eingesparte Material rechtfertigen.

- Für Rohre aus PVC verlangt die DIN 8062 für Außendurchmesser und Wanddicken jeweils die Angabe von positiven Abmaßen. Das Bildungsgesetz für das Toleranzfeld des Außendurchmessers lautet:

  $$T_{D_a} = 0{,}0015 \cdot s + 0{,}1\,[\text{mm}], \qquad (s = \text{Rohrwanddicke})$$

  dies entspricht 0,16 – 4 % Abweichung. Für das Toleranzfeld der Wanddicke sollte

  $$T_s = 0{,}1 \cdot s + 0{,}2\,[\text{mm}]$$

  eingehalten werden, dies entspricht sodann 10,6 – 30 % Abweichung. Allgemeintoleranzen für extrudierte Schläuche aus PVC findet man in der DIN 16940, die angegebenen Toleranzen werden von der DIN 1694 überdeckt.

4.5 Maßbildung beim Umformen

Eine Umformung erfolgt oberhalb der Erweichungstemperatur und bei teilkristallinen Thermoplasten dicht unterhalb des Kristallitschmelzpunktes im Bereich maximaler Dehnfähigkeit. Zu den Umformverfahren werden gezählt:

- das Extrusionsblasen von Hohlkörpern. Der Vorteil des Verfahrens liegt in der weitestgehend erzielbaren konstanten Wandstärke. So hat man bei Fässern aus PE-HD nur

2,5 % Abweichung von der Sollstärke festgestellt. Bei Flacherzeugnissen aus PVC wurden Dickendifferenzen zwischen 0,15 – 0,20 mm gemessen. An technischen Hohlkörpern wurden nur 0,1 % Wanddickenabweichungen festgestellt.

- Beim Ziehen, Streckformen und Biegen geht es in der Regel um die Herstellung unregelmäßiger Geometrien. Hierbei verringert sich die Wandstärke. An der am stärksten verformten Stelle hat man die folgende Relation gemessen:

$$s_{min} \approx k \cdot r / s \qquad (r = \text{Radius};\ s = \text{Wandstärke};\ k = 0{,}1\ \text{PVC}/\ k = 0{,}125\ \text{PS}).$$

4.6 Maßbildung bei spanender Bearbeitung

Wenn technische Kunststoffbauteile in kleiner Stückzahl benötigt werden, müssen diese spanend hergestellt werden. Eine spanende Bearbeitung hat aber viele Nachteile:

- Infolge der geringen Wärmeleitfähigkeit (d. h. Wärmestau) können sich größere Maßabweichungen ergeben. Weiter können sich strukturbedingte Oberflächenbilder mit einer erhöhten Rauigkeit einstellen.
- Gewöhnlich liegen die Genauigkeitsgrenzen spanend hergestellter thermoplastischer Kunststoffteile in der Grundtoleranzreihe IT 10. Für besonders kleine Toleranzen kann bis IT8 heruntergegangen werden. Bei Duroplasten kann meist *eine* IT - Klasse kleiner erreicht werden.

Weil zunehmend in feinwerktechnischen und mechatronischen Systemen thermoplastische Kunststoffe eingesetzt werden, hat man dem mit der DIN EN 15860:2012 (Kunststoffe – Thermoplastische Halbzeuge für die spanende Verarbeitung) Rechnung getragen. Die Norm (siehe *Bild 4.5*) versteht sich nicht nur als Allgemeintoleranz-Norm, sondern viel weitergehend als Toleranznorm für fast alle Eigenschaften von Thermoplasten.

Geometrie	
• Maße und Toleranzen für *Rundstäbe*	Durchmesser, Länge, Rundheit, Geradheit
• Maße und Toleranzen für *Hohlstäbe*	Durchmesser, Länge, Rundheit, Geradheit, Koaxialität
• Maße und Toleranzen für *Platten/ Flachstäbe*	Maßhaltigkeit, Dicke, Länge, Breite, Geradheit
Prüfungen	
• Prüfbedingungen • Prüfumfang • Probenvorbereitung	Dichte, mechanische Eigenschaften Schmelz-Volumenfließrate, Viskosität, Schmelztemperatur, Maßhaltigkeit, Lieferzustand, Oberflächenbeschaffenheit

Bild 4.5: Umfang der Norm DIN EN 15860

Die Norm spezifiziert alle maßlichen Eigenschaften auf eine Bezugslänge (1.000 mm) bzw. erlaubt auch eine Umrechnung auf andere Längen.

Im Folgenden sollen jedoch nur auf die geometrischen Eigenschaften der verbreiteten Rund- und Hohlstäbe sowie der Platten als Lieferkriterien eingegangen werden.

- Maße und Toleranzen für Rundstäbe

  Zunächst enthält die Norm für fast alle Thermoplasten in 37 Bereichen (bis 4 mm und von 4 bis 700 mm) *Durchmessertoleranzen.*

  Die *Längentoleranz* soll 0/+3 % des Längenmaßes sein. Auftretende Rundheitsabweichungen (d. h. Unterschied zwischen dem größten und kleinsten Durchmesser) dürfen nur 50 % der Durchmessertoleranz aufweisen.

  Die *Geradheitsabweichung* wird durchmesserabhängig begrenzt und wird auf eine Stablänge von 1.000 mm bezogen. Bei Stäben mit kleinem Durchmesser darf der Abweichungswert größer sein als bei Stäben mit großem Durchmesser.

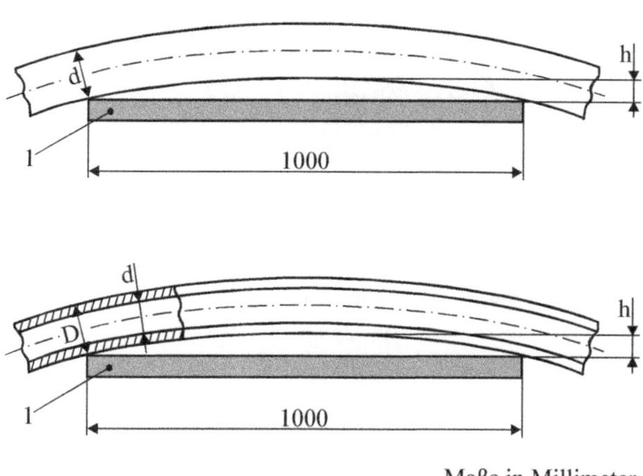

Legende: 1 = Messlineal mit der Länge 1.000 mm

Bild 4.6: Prinzip der Geradheitsprüfung bei Rundstäben

Bei der Prüfung ist der Rundstab zwangsfrei auf eine plane Ebene zu legen, so dass das Eigengewicht des Stabes den Messwert nicht beeinflusst. Der Messwert h ist dann der größte Abstand zwischen der Messplatte und der konkaven Innenseite des Rundstabes. Im Anhang der Norm ist eine Tabelle zur Umrechnung von Längen zwischen 300 bis 3.000 mm auf einer Messlänge von 1.000 mm gegeben.

- Maße und Toleranzen für Hohlstäbe

  Für *Hohlstäbe* gelten zunächst die vorstehend aufgeführten Toleranzen für Rundstäbe. Erweiternd gibt es jedoch Einschränkungen für die Koaxialität, damit der Nenn-Außen- und der Nenn-Innendurchmesser aus dem Hohlstab zerspant werden können. Hierbei darf die Exzentrizität (d. h. die Mittigkeitsabweichung $\Delta E / 2$ zwischen Innen- und Außendurchmesser desselben Querschnitts) nur so klein sein, dass eine zulässige Wandstärkendifferenz

$$\Delta E = s_{max} - s_{min} \leq 0{,}8 \frac{(d_{nenn} - d_{max})}{(D_{min} - D_{nenn})}$$

nicht überschritten wird.

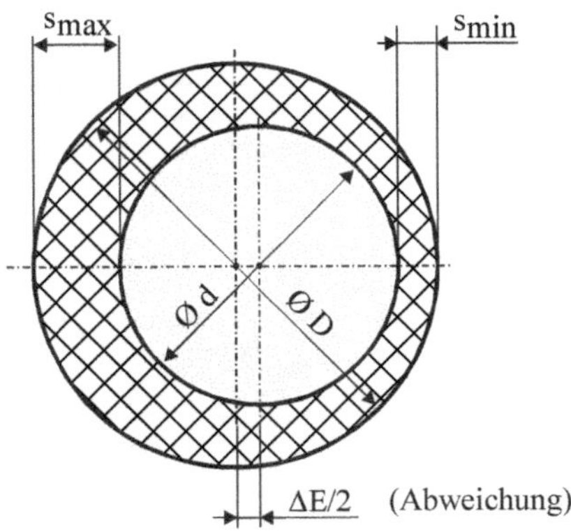

Legende: s_{max} = maximale Wandstärke, s_{min} = minimale Wandstärke, d_{nenn} = Nenn-Innendurchmesser, d_{max} = gemessener max. Innendurchmesser, D_{nenn} = Nenn-Außendurchmesser, D_{min} = gemessener min. Außendurchmesser

Bild 4.7: Definition der Koaxialität bzw. Konzentrizität bzw. Abweichung in einem Hohlquerschnitt

- Maße und Toleranzen für Platten/Flächenstäbe

  Als normale Herstelltoleranzen für *Platten und Flachstäbe* kann in etwa eingehalten werden:

  Breitentoleranz + 0,5 % bis + 4 % vom Maß für B
  bzw.
  Längentoleranz + 0 % bis + 3 % vom Maß für L.

Für Abweichungen von der Geradheit sind in der Norm dickenabhängige Grenzwerte gegeben, die wiederum auf eine Messlänge von 1.000 mm bezogen werden.
Gemessen werden müssen: die Geradheit über die Länge, die Breite und über jede Seite. Ein Beispiel gibt hierzu *Bild 4.8*.

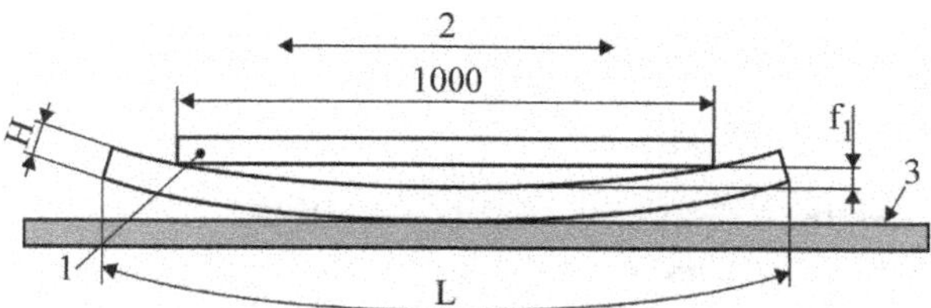

Legende: 1 = Messlineal, 2 = Extrusionsrichtung, f_l = Geradheitsabweichung, 3 = plane Messtischplatte, H = Dicke, B = Breite, L = Länge,

Bild 4.8: Geradheitsprüfung über die Länge einer Platte bzw. eines Flachstabes mit einem Normlineal von 1.000 mm

Die Platte/der Flachstab muss zwangsfrei auf eine ebene Messplatte gelegt werden, so dass die konkave Seite nach oben zeigt. Der Messwert (f) ist dann der größte Abstand zwischen der konkaven Seite und einem aufgelegten Messlineal und stellt nach Norm das erreichte Geradheitsmaß dar. In der DIN EN 15860 sind zulässige Werte für die Geradheitsabweichung tabelliert.

4.7 Maschinenbau-Allgemeintoleranzen

Bisher unterlagen die Maschinenbau-Allgemeintoleranzen der (zurückgezogenen) Norm ISO 2768. Die Schwachstelle dieser Norm war, dass die tabellierten Werte Durchschnittswerte für alle möglichen Fertigungsverfahren und insofern zu grob waren.

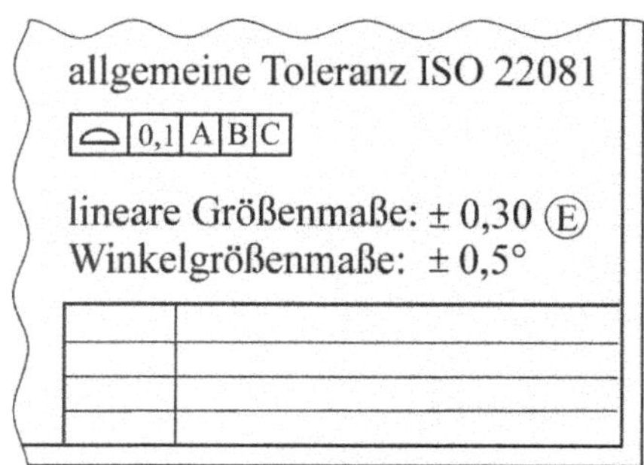

Bild 4.9: Vereinbarung einer spezifischen Allgemeintoleranz

Mit der neuen ISO 22081 wird ein spezifischeres Prinzip für Allgemeintoleranzen eingeführt, die individuelle Toleranzen in den Vordergrund stellt. Neu ist somit, dass Unternehmen eigene Toleranzgrenzen für Größen- und Winkelmaße sowie F+L-Toleranzen (einschließlich Flächenform-Toleranzen für integrale Geometrieelemente = Oberflächen nicht jedoch für integrale Linien auf Oberflächen) festlegen müssen. Die Norm ist in den Fällen anzuwenden, wo für besondere Verfahren eigene Allgemeintoleranzen festgelegt worden sind.

5 Maßtoleranzen für formgebende Werkzeuge

5.1 Toleranzzuordnung

Die Qualität eines Formteils wird überwiegend vom Werkzeug bestimmt, insofern gilt es, die Maße und Toleranzen sorgfältig abzustimmen. Für Press- und Spritzgießwerkzeuge gibt es zunächst bezüglich der Maßtolerierung die ältere Norm DIN 16749 und ergänzend das Normenwerk ISO 8015 und ISO 1101. Die in der DIN 16749 eingegrenzten Toleranzen sind auf Werkzeugmaße anzuwenden, wobei das herzustellende Produkt maßlich nach der ISO 20457 bzw. DIN EN 15860 abgestimmt sein soll. Ausgenommen sind hiervon allgemeine „Maschinenbaumaße" von Werkzeugen, für die die ISO 22081 heranzuziehen ist.

Zur Interpretation der DIN 16749 bzw. der zugehörigen Tabelle (siehe *Bild 5.6*) muss jetzt ein Bezug zur neuen ISO 20457 (TR 1 – 4) hergestellt werden:

- Alle Toleranzen der Tabelle/lfd. Nr. 1 gelten für alle formgebenden Werkzeugmaße, die Formteilmaßen *ohne* Toleranzangabe nach TR 1 (Normalfertigung) entsprechen. Diese Maße werden auch ohne Toleranzangabe (= Allgemeintoleranzen) in die Werkzeugzeichnung eingetragen.

- Alle Toleranzen nach Tabelle/lfd. Nr. 2 und 3 gelten für alle formgebenden Werkzeugmaße, die den Formteilmaßen *mit* Toleranzangabe der TR 2 (Genaufertigung) und TR 3 (Präzisionsfertigung) entsprechen.

- Alle Toleranzen nach Tabelle/lfd. Nr. 4 gelten somit für alle formgebenden Werkzeugmaße, die den Formteilmaßen mit Toleranzangaben (ggf. Feinwerktechnik) nach TR 4 (Präzisionssonderfertigung) entsprechen.

Im Weiteren soll beispielhaft im *Bild 5.1* angedeutet werden, wie Werkzeugmaße ausgehend von einem Rohformteil abzustimmen sind.

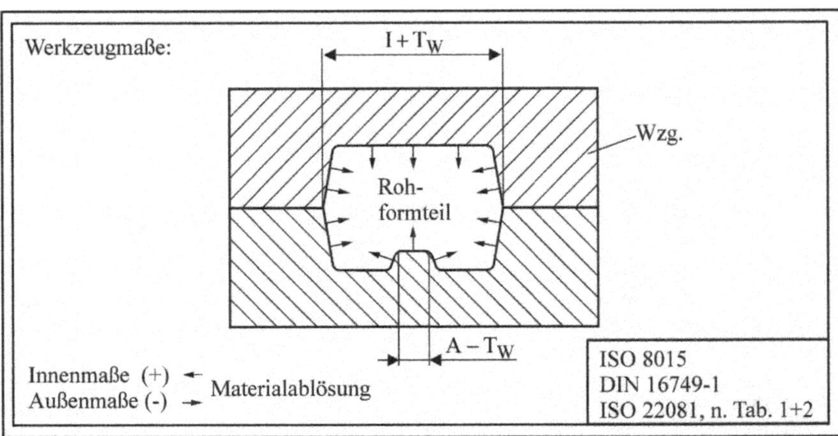

Bild 5.1: Funktionsorientierte Festlegung von Formteil- bzw. Werkzeugmaßen (Anm.: Werkzeugmaße nach alter DIN 16749 - zurückgezogen seit 9/2010)

Wenn in Fertigungs- und Bestellunterlagen für Werkzeuge Maße ohne Toleranzangaben gegeben sind und die Toleranzen nach der vorstehenden Norm gelten sollen, dann wurde dies früher im Zeichnungsschriftfeld eingetragen, z. B. Toleranz DIN 16749-1, d. h. Werkzeugtoleranzen nach Reihe 1. Wird hingegen auf mehrere Normen für Allgemeintoleranzen (z. B. noch auf ISO 22081) hingewiesen, so gelten im Zweifelsfall die größeren Toleranzwerte, welches dann auf der Zeichnung (s. DIN 30630: Toleranzregel) vermerkt werden muss.

a) *Berücksichtigung der Verarbeitungsschwindung bei einem Werkzeugmaß (Lw)*

Die Verarbeitungsschwindung muss bei der Werkzeugkonstruktion durch ein Aufmaß berücksichtigt werden:

$$L_F' = L_F / (1 - VS/100)$$

mit L_F' = korrigiertes Formteilmaß ≤ Lw
L_F = Formteilmaß
VS = Verarbeitungsschwindung (s. Kap. 4)

Ein Werkzeugmaß – gleich ob Innen- oder Außenmaß – muss stets an das zu formende Formteilmaß angepasst werden. Hierbei gilt insbesondere:

- Von einem Werkzeuginnenmaß schwindet die Formmasse ab, d. h., das Formteil löst sich von der Kontur und wird kleiner.
- Auf einen Kern oder Werkzeugaußenmaß wird die Formmasse stets aufschwinden und dabei elastische Spannungen einfrieren, die nach der Entformung das Maß des Formteils aufweiten.

b) *Ermittlung des Werkzeug-Nennmaßes nach alter DIN 16749*

Das Prinzip für die Festlegung des Werkzeugmaßes ist es, die Nulllinie bzw. das Mittenmaß zu ermitteln und dann das Maß gemäß den folgenden Regeln neu festzulegen:

- Formteil-Außenmaß = Werkzeug-Innenmaß

  Von den Grenzmaßen des Formteils wird das Mittenmaß C (entspricht dem arithmetischen Mittel $(G_o + G_u)/2$) gebildet. Von diesem Mittenmaß wird die halbe Werkzeugmaßtoleranz $T_W / 2$ subtrahiert, womit das Werkzeug-Nennmaß bestimmt ist:

  $$N_W = \left(\frac{G_o' + G_u'}{2} \right) - \frac{T_W}{2}.$$

  Das tolerierte Werkzeugmaß ergibt sich dann zu

  $$M_W = N_W \quad + T_W / 0 .$$

  Hierin bezeichnet jeweils G_o', G_u' die korrigierten Formteilmaßen.

- Formteil-Innenmaß = Werkzeug-Außenmaß

Wie zuvor wird aus den Formteil-Grenzmaßen das Mittenmaß C gebildet und hierzu die halbe Werkzeugtoleranz $\frac{T_W}{2}$ addiert:

$$N_W = C + \frac{T_W}{2}$$

bzw.

$$M_W = N_W \quad 0/-T_W.$$

- Formteil-Symmetrien, Mittenabstände und Ansatzmaße

  Ziel sollte sein, möglichst mit symmetrischen Abmaßen zu operieren:

  $$M_W = N_W \quad \pm T_W/2,$$

  d. h., als Werkzeugmaßtoleranz ist je zur Hälfte ein positives und ein negatives Abmaß vorzusehen, wodurch Korrekturen möglich werden.

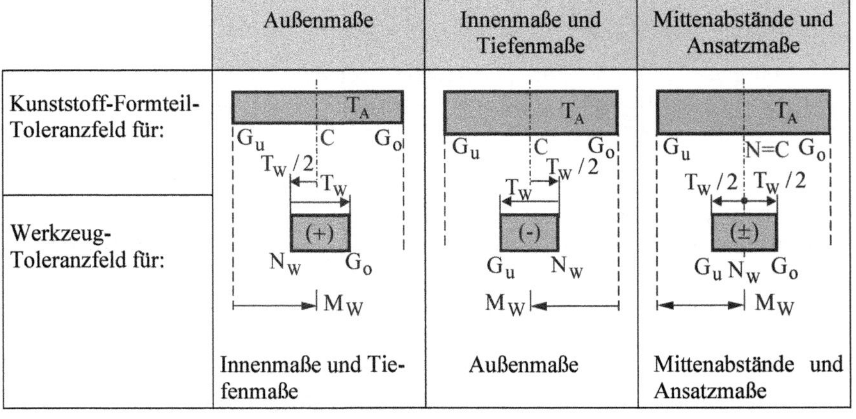

	Außenmaße	Innenmaße und Tiefenmaße	Mittenabstände und Ansatzmaße
Kunststoff-Formteil-Toleranzfeld für:			
Werkzeug-Toleranzfeld für:	Innenmaße und Tiefenmaße	Außenmaße	Mittenabstände und Ansatzmaße

Bild 5.2: Regeln für die Lage des Werkzeugtoleranzfeldes zum Toleranzfeld des Kunststoff-Formteils (Formteilanwendungstoleranz = AWB) nach DIN 16749

5.2 Abstimmungsprobleme

Bei jeder Übertragung von Formteiltoleranzen in das Werkzeug stellt sich immer das Abstimmungsproblem. Angestrebt wird meist am Formteil ein Mittenmaß festzulegen, um bei der Formteil-Fertigung einen Streubereich von Plus/Minus zur Verfügung zu haben. Der gleiche Effekt kann auch über symmetrisierte Abmaße erreicht werden.

In dem folgenden Beispiel soll die Ableitung von Werkzeugmaßen unter Berücksichtigung der Bearbeitungsrichtung exemplarisch entwickelt werden. Der Weg ist hierbei:

- Vom Formteilmaß aus wird das Mittenmaß bestimmt.
- Unter der Voraussetzung, dass für das Formteilmaß Toleranzen festgelegt worden sind, können die Werkzeugtoleranzen nach der Systematik der DIN 16749 ermittelt werden.
- Bei der Aufteilung der Toleranzen sollten Formteil-Innenmaße bevorzugt ins Plus und Formteil-Außenmaße bevorzugt ins Minus gelegt werden.

A) Formteilmaße (AWB)

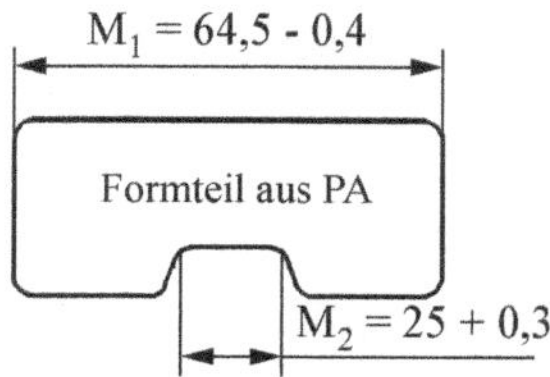

B) Werkzeugmaße für PA (VS = 1,65 %)

B1) Korrigierte Formteilmaße (= Werkzeugmaße)

$$G_{o1}' = \frac{G_{o1}}{(1 - VS/100)} = \frac{64{,}5}{(1 - 1{,}65/100)} = 65{,}58; \quad G_{o2}' = \frac{25{,}3}{0{,}9835} = 25{,}72$$

$$G_{u1}' = \frac{G_{u1}}{(1 - VS/100)} = \frac{64{,}1}{0{,}9835} = 65{,}18; \quad G_{u2}' = \frac{25{,}0}{0{,}9835} = 25{,}42$$

B2) Mittenmaße

$$C_1 = \frac{G_{o1}' + G_{u1}'}{2} = \frac{65{,}58 + 65{,}18}{2} = 65{,}38; \quad C_2 = 25{,}57$$

B3) Werkzeugtoleranzen nach DIN 16749

$T_{W_1} = 0{,}1$ mm (lfd. Nr. 3); $T_{W_2} = 0{,}07$ mm (lfd. Nr. 3)

B4) Festlegung der Werkzeugmaße

$$N_{W_1} = C_1 - \frac{T_{W_1}}{2} = 65{,}38 - 0{,}05 = 65{,}33; \quad N_{W_2} = 25{,}57 + 0{,}035 = 25{,}61$$

$$M_{W_1} = N_W\ (+)/(0) = 65{,}33 + 0{,}1/0; \quad M_{W_2} = 25{,}61\ 0/-0{,}07$$

$$\boxed{M_{W_1} = 65{,}38 \pm 0{,}05} \quad \boxed{M_{W_2} = 25{,}575 \pm 0{,}035}$$

Bild 5.3: Ableitung der Werkzeugmaße zu einem Formteil gemäß der DIN 16749

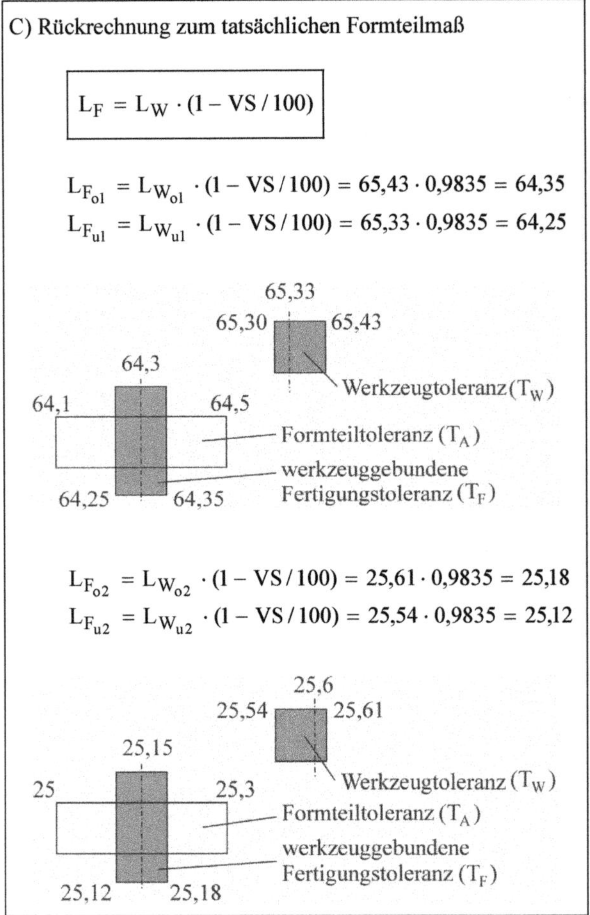

Bild 5.4: Rückrechnung vom Werkzeug zur tatsächlichen Formteiltoleranz

Bei der durchgeführten Auslegung ist das Prinzip in etwa umgesetzt worden, dass die Werkzeugtoleranz nur etwa 25 – 30 % der Formteiltoleranz betragen soll. Meist ist dies in der Praxis mit etwas erhöhtem Aufwand immer möglich.

Werkzeugkonstrukteure haben demgemäß die Aufgabe, die gegebenen Formteiltoleranzen in Werkzeugtoleranzen umzusetzen. hierbei gilt es auch die Aspekte des Verschleißes zu berücksichtigen, weshalb die Aussage möglichst „symmetrische Toleranzen" anzustreben, nicht immer zielführend ist. Im vorstehenden Beispiel sind Normenforderungen umgesetzt worden, die bei dem gegebenen Formteil eben nicht zu symmetrischen Toleranzen führen.

Bei der Tolerierung von Formteil- und Werkzeugmaßen wird heute oftmals noch nicht berücksichtigt, dass die einfachen „Plus-Minus-Tolerierungen" nicht mehr in jedem Fall erlaubt sind, weil dies vielfach zu nicht eindeutigen Messergebnissen führt. Im folgenden *Bild 5.5* ist das alte und das neue Prinzip am Beispiel einer „Positionstolerierung" gegenübergestellt worden.

Gemäß internationaler Normung (ISO/TR 16570 und ISO 14405-2) muss in zwei Kategorien unterschieden werden, u.zw. in

- „Größenmaße" (engl. „sizes") erfassen in sich geschlossene Geometrieelemente, dies sind Durchmesser, Weiten, Breiten oder Dicken, welche weiter mit Plus/Minus-Toleranzen eingegrenzt werden dürfen.
- „Nicht-Größenmaße" (engl. „non-sizes"), dies sind Stufenmaße, Mittenabstände, Radien und Maße zur Konturbestimmung von Freiformflächen, welche nur durch geometrische Toleranzen (Position, Profil- und Flächenform) bestimmt sind.

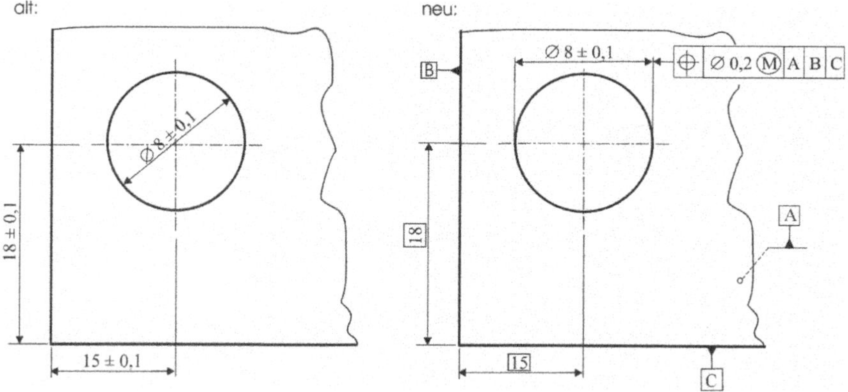

Bild 5.5: Übergang von der Plus-Minus- zur Positionstolerierung (ISO 5458)

Im vorstehenden Beispiel müssen die Mittenabstände in sogenannte TED-Maße (theoretisch exakte Maße) umgewandelt werden. Ein derartiges Maß ist umrahmt und legt die Mitte einer Toleranzzone fest, um der sich jetzt die Positionstoleranz (t_{PS} = Ø 0,2, d. h. r = 0,1; mit Ⓜ zum Toleranzausgleich) der Bohrung erstreckt. Das TED-Maß hat insofern keine Toleranz (es unterliegt auch nicht der Allgemeintoleranz). Der Vorteil der Positionstolerierung ist, dass bei richtiger Anwendung auf Geometrieelemente keine Toleranzaddition entstehen kann und somit genauere Formteile produziert werden können.

Bei der bisher gewählten Tolerierung wurden noch recht grobe Toleranzen benutzt. Wenn Formteile einer höheren Genauigkeit verlangt werden, kann innerhalb der Toleranzreihen der DIN 16749 variiert werden. Einem etwas höheren Werkzeugaufwand, steht dann ein sicherer Prozess gegenüber, welches meist ein erheblicher Kostenvorteil bedeutet.

Obwohl die Werkzeugnorm ersatzlos zurückgezogen ist, gibt die umseitige Tabelle doch eine Hilfe bei der Festlegung von Werkzeugen.

Lfd. Nr	Toleranzzuordnung für	Toleranzen für Nennmaßbereich																
		über	6	10	15	22	30	40	53	70	90	120	160	200	250	315	400	500	630
		bis	10	15	22	30	40	53	70	90	120	160	200	250	315	400	500	630	800
1	Werkzeugmaße ohne Toleranzangabe entsprechend den Formteilmaßen ohne Toleranzangabe		0,12	0,12	0,12	0,14	0,14	0,16	0,19	0,22	0,25	0,28	0,34	0,4	0,5	0,6	0,6	0,6	0,6
2	Werkzeugmaße mit Toleranzangabe entsprechend den Formteilmaßen mit Toleranzangabe, Reihe 1 gemäß DIN 16901		0,06	0,07	0,07	0,09	0,1	0,11	0,13	0,15	0,18	0,21	0,25	0,3	0,35	0,4	0,4	0,4	0,4
3	Werkzeugmaße mit Toleranzangabe entsprechend den Formteilmaßen mit Toleranzangabe, Reihe 2 gemäß DIN 16901		0,04	0,05	0,06	0,07	0,07	0,08	0,1	0,12	0,12	0,14	0,16	0,18	0,2	0,25	0,3	0,3	0,3
4	Werkzeugmaße mit Toleranzangabe entsprechend den Formteilmaßen mit Toleranzangabe, Feinwerktechnik, gemäß DIN 16901		0,02	0,03	0,03	0,04	0,05	0,06	0,07	0,08	0,09	0,1							

In der Regel gelten: Für Werkzeug-Innenmaße, Tiefenmaße und Außenrundungen - positive Abmaße
Für Werkzeug-Außenmaße und Innenrundungen - negative Abmaße
Für Mittenabstände und Ansatzmaße - positive und negative Abmaße

Bild 5.6: Auszug mit Anhaltswerte aus der zurückgezogenen DIN 16749

6 Fertigungs- und anwendungsbedingte Maßabweichungen

6.1 Maßbezugsebenen

Nur in den seltensten Fällen werden bei Kunststoff-Formteilen die Abnahmebedingungen nach der Herstellung (ABF = Abnahmebedingungen der Fertigung) und die Anwendungsbedingungen (AWB = Anwendungsbedingungen) übereinstimmen. Ursache hierfür sind: Wärmedehnung, Quellen, Nachschwindung, Verschleiß oder mechanische Verformung.

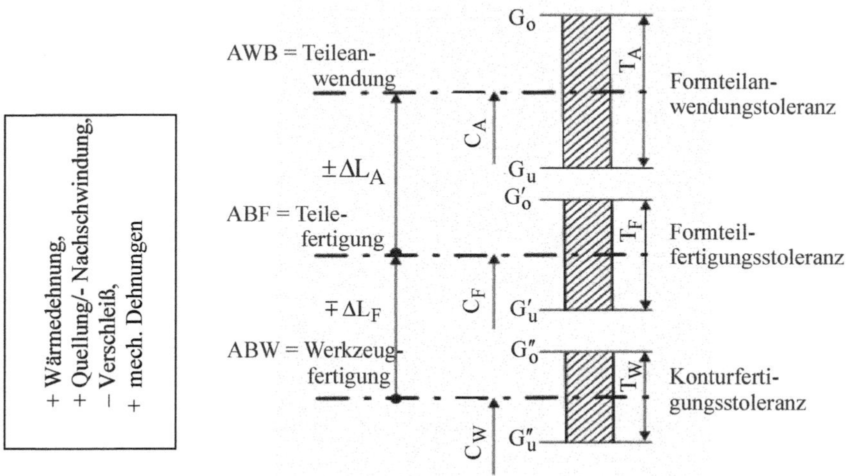

Legende: ΔL = Maßverschiebung, T_F = Formteilfertigungstoleranz, T_A = Formteilanwendungstoleranz, T_W = Konturfertigungstoleranz , C = Mittenmaß

Bild 6.1: Maßverschiebung und Vergrößerung der Maßstreuung beim Übergang von der Ebene der Werkzeugfertigung (ABW), der Teilefertigung (ABF) bis zur Ebene der Teileanwendung (AWB) nach DIN ISO 20457

Bei der Festlegung eines Toleranzfeldes muss der spätere Anwendungsbereich schon im Vorfeld dimensionell berücksichtigt werden.

- Temperaturabweichungen vom Normklima (ISO 291:2008, $23°C \pm 2K$)

  Hinsichtlich möglicher Temperaturabweichungen sind zwei Fälle zu unterscheiden:

  a) abweichende Einsatztemperatur in einer Gebrauchsumgebung,
  b) in einem Formteil gespeicherte Reibungswärme.

  Zum Problemkreis unter b) gehören gewöhnlich mechanische Funktionsteile, wie Gleitlager, Zahnräder oder Nocken, die kurz andiskutiert werden sollen.

Bei *Kunststoffgleitlagern* (z. B. PA, POM) berechnet sich die entstehende relative Temperaturerhöhung näherungsweise zu

$$\Delta\vartheta = p \cdot v \cdot 2.680 \cdot \mu / (1/s + 25/3 \cdot b) \ [°K].$$

Hierin ist: p = Flächenpressung in N/mm^2, v = Gleitgeschwindigkeit in m/s, μ = Gleitreibungskoeffizient, s = Lagerwanddicke in mm, b = Lagerbreite in mm

Die Erhöhung der *Zahnradtemperatur* errechnet sich näherungsweise zu

$$\Delta\vartheta \approx [P \cdot \mu \cdot 100\,(i+1) \cdot 23.200] / [(z + 5 \cdot i) \cdot z \cdot b \cdot v \cdot m] \ [°K], \text{ für } v \geq 5\ m/s,$$

für PA6 gegen Stahlrad bei Trocken- bzw. Fettschmierung bei Umgebungskühlung.

Hierin ist: P = Leistung in kW, μ = Gleitreibungskoeffizient, i = Übersetzungsverhältnis, z = Zähnezahl des Kunststoffrades, b = Zahnbreite, v = Umfangsgeschwindigkeit in m/s, m = Modul in mm

Die Korrektur der Maßverschiebung erfolgt nach der einfachen Beziehung

$$C_A = C_F + \Delta L = C_F + \alpha_L \cdot \Delta\vartheta \cdot L.$$

Im *Bild 6.2* sind für einige ausgewählte Kunststoffe die linearen Wärmeausdehnungskoeffizienten zusammengestellt worden.

Wärme- bzw. Längenausdehnungskoeffizienten α_L $[1/K \cdot 10^{-6}]$			
PE-HD	120 ... 150 (200)		
PE-LD	230 ... 250	PMMA	80
PP	110 ... 170	PF-Formmassen	35
PP; Glaskugeln,		UP-Formmassen	25
-GF, Talkum	100 / 200	EP, mattenverstärkt	15 ... 18
PET	70	EP, gewebeverstärkt	12
PBT	130 ... 160	UP, mattenverstärkt	20 / 30
PBT GF 30	25 / 30	UP, gewebeverstärkt	12 ... 18
PC	70	PUR RIM	180
PC-GF	20 ... 30	PUR RRIM	40 ... 150
POM	80 ... 120	Polyarylate	-40 ... 80
POM GF 25	25 / 30	PPE	60 ... 70
PA 6	70	PPE-GF	30
PA 6 GF 30	23 / 65	PEEK	40
PA 66	70 ... 100	PPS	22 ... 28
PA 66 GF 35	18 / 65	PES	55
PA 610	80 ... 100	PES-GF	23
PA 12	150	PSU	56
PS	80	TPU	110 ... 210
SAN	70	PTFE	120 ... 250
ABS	95	PVC-U (hart)	70 ... 80
ABS GF 20	30 / 35	PVC-P (weich)	150 ... 210

Bild 6.2: Wärmeausdehnungswerte für Kunststoffe und Harze nach ISO 11359

Mittels kleiner Beispiele soll kurz die entstehende Größenordnung der Maßverschiebung transparent gemacht werden.

Beispiel: Ein Kunststoffgleitlager aus PA 66 erfährt im Einbau eine Temperaturerhöhung um 52 °C (≙ 52 °K)[*]. Das Lager ist unter der Abnahmebedingung (ABF) bei 23 °C mit einem Bohrungsdurchmesser von d = 24 + 0,28/0 toleriert worden. Wie vergrößert sich die Bohrung im Betrieb (AWB)?

Daten: $L_{F1} = 24{,}0$, $L_{F2} = 24{,}28$, $\Delta\vartheta = 52\,°K$, $\alpha_L = 85 \cdot 10^{-6}$

Damit wird

$$L_{A1} = L_{F1} + \Delta L_1 = 24{,}0 + 85 \cdot 10^{-6} \cdot 52 \cdot 24{,}0 = 24{,}1061 \approx 24{,}11,$$

$$L_{A2} = L_{F2} + \Delta L_2 = 24{,}28 + 85 \cdot 10^{-6} \cdot 52 \cdot 24{,}28 = 24{,}3873 \approx 24{,}39.$$

Unter Betriebstemperatur wird die Bohrung das Maß 24 + 0,39/+ 0,11 linear-proportional aufweiten.

Beispiel: Ein Kunststoffrad aus PA 6 GF mit einem Modul von m = 5,0 mm und z_2 = 84 Zähnen wird im Betrieb (AWB) um 60 °C erwärmt. Es ist zu kontrollieren, wie sich das Flankenspiel verringert.

Bezug: Zahndicke am Teilkreis

$$s_o = \frac{\pi \cdot m}{2} = \frac{\pi \cdot 5{,}0}{2} = 7{,}85\,\text{mm}$$

Damit wird

$$\Delta s_A = \alpha_L \cdot \Delta\vartheta \cdot s_o = 40 \cdot 10^{-6} \cdot 60 \cdot 7{,}85 = 0{,}02\,,$$

bzw. das Flankenspiel wird um $f = \Delta s_A / 2 = -0{,}02$ mm verringert.

- Quellen

Die häufigsten Kontaktmedien für Kunststoffe sind Wasser oder wässrige Lösungen. Dies führt in Verbindung mit den Umgebungsbedingungen zum Quellen. Generell führt jedes Eindiffundieren eines Mediums zu Quellinhomogenitäten, mit denen Masse- und Maßabweichungen einhergehen.

Zur Abschätzung der Maßänderung kann von der folgenden Betrachtung ausgegangen werden:

– Eine Masseänderung durch Quellen kann näherungsweise gleich einer Volumenänderung gesetzt werden:

---

[*] Anmerkung: Temperaturskala $\vartheta_{Kelvin} = 273{,}15 + \vartheta_{Celsius}$

$$\Delta m / m \approx \Delta V / V .$$

- Die lineare Längenänderung ist bei isotropem Verhalten in allen drei Raumrichtungen gleich und etwa von der Größe

$$\alpha_Q = \frac{\Delta V}{3\,V} .$$

- Für die Maßänderung infolge Quellen ist daher anzusetzen:

$$\Delta L = \alpha_Q \cdot L \text{ mit } \alpha_Q \cdot 10^{-2} .$$

Quellfaktoren: ΔV/V von Kunststoffen in Prozent			
CA	1,75	PP	0
CAB	1,00	PE - LD	<0,01
CP	1,25	PE - HD	<0,01
POM	0,35	PS	0,05
PA 6	4,50	SAN	0,16
PA 12	0,50	ABS	0,50
PC	0,15		
PET	0,25		
PMMA	0,60	EP - Reinharz	< 0,09
PVC - U	< 0,05	PF 13	0,1
PVC - P	0,28	PF 31	1,1
PTFE	0	MF 152	1,3
		UP - Reinharz	< 0,15

Bild 6.3: Werte für die Volumenquellung von Kunststoffen nach ISO 62

Beispiel: Ein Formteil aus PA 6 wird spritztrocken (ABF) hergestellt. Im Gebrauch stellt sich ein Gleichgewichts-Feuchtigkeitsgehalt mit 4,5% Quellung ein. Wie verändert sich ein Längemaß von 100 mm (AWB)?

$$\frac{\Delta V}{V} = 4{,}5, \quad \alpha_Q = 4{,}5 / 3 = 1{,}5\,\%\text{ bzw. } 0{,}015$$

$$L_A = L_F + \Delta L = L_F + \alpha_Q \cdot L_F = 100 + 0{,}015 \cdot 100 = 101{,}5\text{ mm}$$

- Mechanische Beanspruchung

Wie jedes technische Bauteil dehnen sich auch Kunststoffe unter einer äußeren Beanspruchung. Die zulässige Beanspruchungsgrenze liegt bei Kunststoffen unterhalb der Streckgrenze im annähernd linear-elastischen Bereich (siehe DIN EN ISO 527). Bezieht man sich auf die Mikroschädigungsgrenze als ertragbare Belastungsgrenze, so sind nur die im *Bild 6.4* aufgeführten Dehnungen zulässig. Man sieht, dass zwischen den einzelnen Sorten (hart bis zäh-weich) große Unterschiede in der Dehnbarkeit liegen, die eine Spannweite von spröde bis extrem-weich abdecken.

Kunststoff	Reißfestigkeit R_m (MPa)	Reißdehnung ε_{zul} (min./max. %)	E-Modul E (MPa)
PS	55	2-3	3.200
ABS	45	8-10	2.400
PMMA	70	3-5	3.000
PC	60	80	2.300
PP	30	500	1.500
PA6	80	50-150	2.500
PA66	85	40-150	3.200
PA6 GF30	90	3-5	8.400
POM	72	25	3.200
⋮			

Bild 6.4: Einige Richtwerte für die mechanische Beanspruchbarkeit von Kunststoffteilen

Die Ausnutzung der zulässigen Dehnung führt somit zu mechanisch induzierten meist nichtreversiblen Maßabweichungen, diese sollten über die nichtlineare „Piola-Kichhoff-Beziehung" bestimmt werden:

$$\Delta L = \varepsilon_{wahr} \cdot L\text{, mit } \varepsilon_{wahr} = \ln(1+\varepsilon), \quad \text{bei Bruch } \varepsilon = \varepsilon_{zul}.$$

Beispiel: Eine Profilstütze aus ABS wird als Aussteifung für ein Erdkabelschacht eingesetzt. Von Interesse ist abzuschätzen, um welches Maß sich ein 300 mm langer Stab (ABF) verkürzt oder verlängert, wenn eine Zug-/Druck-Kraft von $\pm$ 4.000 N wirkt, die $\varepsilon = 6$ % Dehnung (AWB) erzeugt:

$$\pm \Delta L_A = \varepsilon_{wahr} \cdot L_F = \ln(1+0{,}06) \cdot 300 = 17{,}48 \text{ mm, mit } \varepsilon \approx 6\ \%.$$

Die zuvor aufgeführten (Einzel-)Effekte können unter Anwendungsbedingungen stets zufällig auf ein Bauteil einwirken. Weshalb sich die Gesamtabweichung als quadratische Abweichung (folgt aus dem *Fehlerfortpflanzungsgesetz* nach Gauß /KLE16/) ergibt:

$$C_A = C_F + \sqrt{\sum_3 \Delta L_i^2} = C_F + \sqrt[2]{\Delta L_{Wi}^2 + \Delta L_{Qi}^2 + \Delta L_{Mi}^2}$$

Zusammengefasst sind jetzt die Maßänderungen bei AWB durch die Effekte für Wärmeausdehnung (ΔL_{Wi}), Quellen (ΔL_{Qi}) und mechanischer Beanspruchung (ΔL_{Mi}), die deshalb mit dem quadratischen Ansatz nach DIN 7186 überlagert werden können, da sie voneinander unabhängig sind, gleichzeitig und zufällig wirken können.

6.2 Toleranzabstimmung

Für die normgerechte Festlegung von Bauteilen ist das DIN-ISO-Toleranzsystem (DIN 7172 bzw. ISO 286) heranzuziehen. Den „Nennmaßbereichen" (nach Norm 13 Hauptbereiche) sind einzelne Toleranzklassen und Toleranzfeldern zugeordnet. Die Toleranzklassen sollen ein „Genauigkeits- oder Qualitätsgrad" ausdrücken. Das Normenwerk hat hierfür 20 Toleranzklassen geschaffen, die von IT 01 bis IT 18 reichen. Die Klasse IT 01 ist die „feinste" und die Klasse IT 18 ist die „gröbste", siehe hierzu *Bild 6.5.*

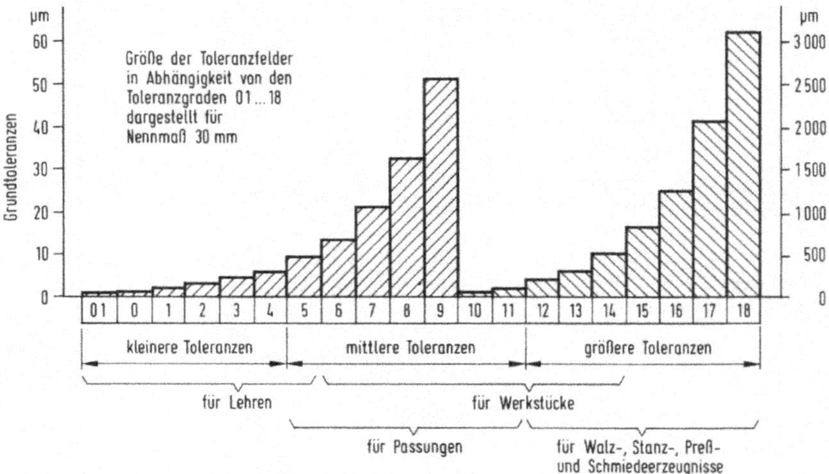

Bild 6.5: Toleranzklassen nach DIN7151 für Nennmaße

Bei der Wahl einer Toleranzklasse geht ein Konstrukteur meist von einer Funktionsanforderung aus, d. h., er wählt eine geeignete Klasse für eine Lehre, ein Bauteil oder eine Fügung. Hierbei gilt die *Regel:* Ein Werkzeug sollte etwa zwei bis drei IT-Klassen genauer sein als das Bauteil.

Neben der Größe einer Toleranz ist auch die Lage zur Nulllinie festzulegen. Dies erfolgt mit Buchstaben (Wellen = Kleinbuchstaben, Bohrungen = Großbuchstaben), wodurch letztlich auch die Möglichkeit zur Kombination geschaffen wurde.

6.3 Passungen

Um letztlich wirtschaftlich fertigen zu können, ist es sinnvoll, die Kombinationsmöglichkeiten einzugrenzen. Dies erfolgt jeweils durch die DIN 7154 (Passungen für Einheitsbohrung) und die DIN 7155 (Passungen für Einheitswelle). Das Prinzip besteht einmal darin, eine Bohrung mit einer festen Toleranzlage „H" (Einheitsbohrung) mit Wellen der erwünschten Funktion zu paaren. Umgekehrt können auch Passungen mit einer Welle einer festen Toleranzlage „h" (Einheitswelle) mit unterschiedlichen Bohrungen hergestellt werden, wobei die Toleranzlage der Bohrung der Funktion angepasst wird. Damit können drei funktionale Passbedingungen abgegrenzt werden:

- *Spielpassungen* weisen ein Spieltoleranzfeld auf, dessen Höchstpassung positiv und dessen Mindestpassung mindestens null sein muss.

Spielpassungen	Eigenschaft
H8/d9	reichliches Spiel vorhanden
H8/e8	mit reichlichem Spiel
H8/f7	merkliches Spiel vorhanden
H8/h9	mit geringem Spiel
H7/g6	ohne merkliches Spiel
H7/h6	sehr geringes Spiel vorhanden

- *Übergangspassungen* weisen ein Toleranzfeld auf, dessen Höchstpassung positiv und dessen Mindestpassung negativ ist. Je nach Lage des Istmaßes kann entweder Spiel oder Übermaß vorliegen.

Übergangspassungen	Eigenschaft
H7/j6	leicht füg- und demontierbar
H8/n6	mit geringem Druck fügbar

- *Press- oder Übermaßpassungen* weisen ein Übermaßtoleranzfeld auf, dessen Mindestpassung negativ und dessen Höchstpassung höchstens null sein muss.

Presspassungen	Eigenschaft
H7/p6	mit Druck fügbar
H7/r6	mit größerem Druck fügbar
H7/s6	mit großem Druck fügbar

Weitere Passungen sind in der DIN 7157 zusammengestellt. Eine gewünschte Lehrung muss nach DIN 14405 durch Ⓔ zusätzlich vereinbart werden, weil ISO-Code-Angaben neuerdings als Zweipunktmaße auszuwerten sind.

6.4 Anwendungstoleranzen

Kunststoffe haben sich in der Praxis in bestimmten Anwendungen besser bewährt als Metalle. Hierzu gehört der Einsatz als Gleitlager, Zahnräder, Rohre, Profile, Gewinde und Dichtungen. Jeder Einsatzfall ist insbesondere mit einer Toleranzwahl verbunden.

6.4.1 Kunststoff-Gleitlager

Kunststoffe eignen sich als Gleitlagermaterial nur, wenn sie über die folgenden Eigenschaften verfügen:

- gute Gleit- und Notlaufeigenschaften,
- hohe Verschleißbeständigkeit,
- ausreichende Druckfestigkeit

und

- hinreichende Temperatur- sowie Maßbeständigkeit.

Im folgenden *Bild 6.6* sind Eigenschaftsprofile von üblichen Gleitlager-Kunststoffen zusammengestellt. Viele Thermoplaste erhalten zu einer Verbesserung ihrer Notlaufeigenschaften, höheren Druckbelastbarkeit, Wärmeabführung und Verschleißfestigkeit verschiedene Zusätze an Molybdänsulfid, Graphit und Kohlenstofffasern. Gleitpartner sind vorzugsweise gehärtete bzw. verchromte Stahlwellen. Nichteisenmetall-Wellen sind dagegen nur geeignet, wenn sie eine glatte Oberfläche und Oberflächenhärten größer 50-60 HRC haben.

Ku-Gleitlagerwerkstoffe	Anwendungen
PA (Polyamid)	Stoß- und schwingbeanspruchte Lager, Gelenke in Kupplungen, Bremsgestängebuchsen, Federaugenbuchsen
POM (Polyoxymethylen/ Polyacetal)	Präzisionsgleitlager für Feinwerktechnik, Lager für Haushaltsgeräte (Trockenlauf und Mangelschmierung)
PET, PBT (Polyethylenterephthalat, Polybutylenterephthalat)	Präzisionsgleitlager für Feinwerktechnik mit T < 70 °C, Lager für Mangelschmierung und Trockenlauf, Gleitlager für Unterwasser, Führungsbuchsen, Gleitlager für oszillierende Bewegungen
PE-UHMW, PE-HD (Polyethylen, ultrahochmolekular bzw. hohe Dichte)	Gleitlager für Anlagen mit Sand führenden Gewässern, Gleitlager in Straßenbau- und Landmaschinen sowie Chemieanlagen, Tieftemperaturlager
PTFE (Polytetrafluorethylen)	Hochtemperaturlager, Niedrigst-Reibwert-Anwendungen, Brückenlager, Lager für kleinste Reibgeschwindigkeiten, Gleitlager in Lebensmittelmaschinen
PRFE-Verbund	Gleitlager für oszillierende Bewegungen, Anlaufscheiben unter Trockenlauf oder Mangelschmierung
PI (Polyimid)	Leitlager für Hochtemperaturanwendungen, Ofenbau
PF (Phenol-Formaldehyd-Harz)	Gleitlager für Kräne mit Förderanlagen, Bergbaugeräte

Bild 6.6: Kunststoffe zur Verwendung als Gleitlager (nach /STA 04/)

Gleitlager aus Duromeren werden gewöhnlich gegossen und spanend fertig bearbeitet. Meist werden sie in Gehäuse eingepresst oder verklebt. Damit eine verlässliche Klebung gewährleistet werden kann, werden oft am Umfang Kleberillen angebracht. Toleranztabellen zu Duromer-Lagern finden sich in der DIN 1870, T. 5. Im folgenden *Bild 6.7* sind die vorzugsweise zu wählenden Toleranzfelder wiedergegeben.

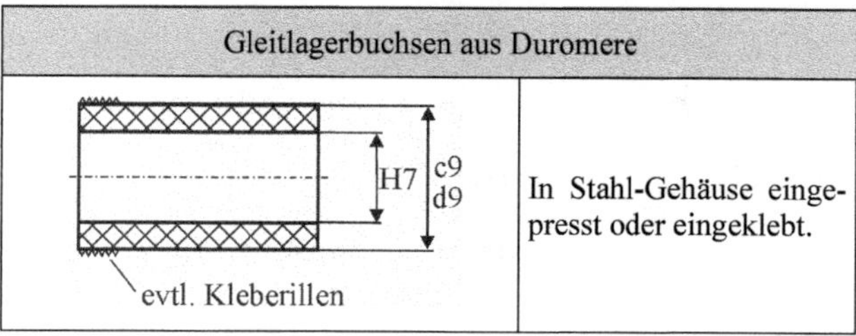

Bild 6.7: Passungen für Gleitlagerbuchsen aus Duromere

Toleranzen für Gleitlager aus Thermoplasten können der DIN 1850, T. 6 entnommen werden. In Spritzgussqualität ist die Toleranzgruppe A und in Zerspanungsqualität die Toleranzgruppe B erreichbar. Ergänzend hierzu gibt *Bild 6.8* die vorzugsweise zu währende Passmaße wieder.

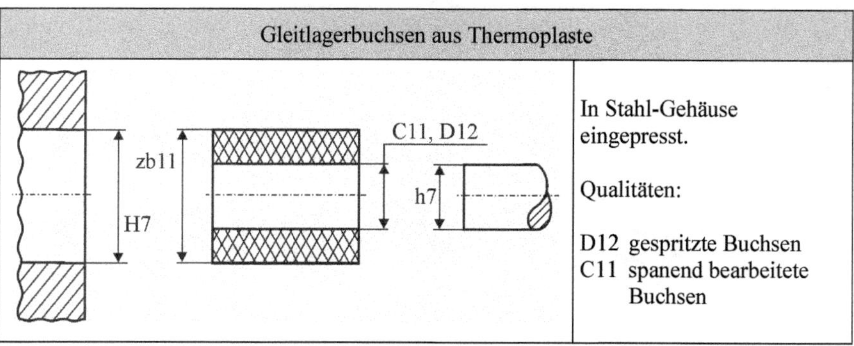

Bild 6.8: Passungen für Gleitlagerbuchsen aus Thermoplaste

Durch das Einpressen von Kunststoffbuchsen in starre Gehäuse ändert sich der Innendurchmesser der Buchse, welches bei der Toleranzabstimmung zu berücksichtigen ist. Nach Strickle/Erhard lässt sich das Änderungsmaß abschätzen zu

$$\Delta d_{Li} = \frac{\Delta D}{D_{La}} \cdot (d_{Li} + 3 \cdot s),$$

mit

ΔD = Einpressübermaß

D_{La} = Lager-Außendurchmesser

d_{Li} = Lager-Innendurchmesser

s = Wanddicke

6.4.2 Kunststoff-Zahnräder

Kunststoff-Zahnräder haben gegenüber Stahl-Zahnrädern einige Vorteile, wie

- geringe Massenbeschleunigung wegen der geringen Dichte,
- geeignet für Trockenlauf und Mangelschmierung,
- Korrosions- und Chemikalienbeständigkeit,
- hohes Dämpfungsvermögen

sowie

- rationelle Herstellung in Großserie.

Dem stehen werkstoffbedingte Grenzen entgegen, wie

- eingeschränkte mechanische und thermische Belastbarkeit,
- größere fertigungsbedingte Maßabweichungen.

Zahnräder werden bevorzugt aus thermoplastischen Kunststoffen (PA 6, PA 66, POM, PET, PBT, PC, PP und PE-HD) unverstärkt, faserverstärkt oder gefüllt im Spritzgießen hergestellt. Die hiermit erzielbaren Genauigkeiten in der Zahngeometrie und im Flankenspiel genügen oft nicht den maschinenbautechnischen Anforderungen, weshalb eine Nachbearbeitung (meist nur ein Schnitt) erforderlich ist. Teilkristalline Kunststoffe müssen hierzu vorher getempert werden.

Eine kritische Größe für die Maßhaltigkeit ist die Temperatur im Zahnfuß und an den Zahnflanken. Im Betrieb hat man bei PA-Rädern Zahnflankentemperaturen zwischen 45 °C und 85 °C gemessen. Hierdurch ändert sich das Zahnflankenspiel aber nur, wenn Werkstoffe mit unterschiedlichen Wärmeausdehnungskoeffizienten gewählt wurden. Die Temperaturerhöhung gegenüber $\vartheta_0 = 293$ °K im Betrieb lässt sich wie folgt abschätzen:

$$\Delta\vartheta \approx \left\lfloor 2{,}32 \cdot 10^6 P \cdot \mu \cdot (i+1) \right\rfloor / \left[(z + 5 \cdot i) \cdot b \cdot z \cdot v \cdot m \right] \quad [°K].$$

Hierin ist P = Getriebeleistung in kW
μ = Gleitreibungskoeffizient
i = Übersetzung
z = Zähnezahl des Ku-Rades
b = Flankenbreite
v = Umfangsgeschwindigkeit (m/s)
m = Modul

Durch die Erwärmung nimmt auch die elastische Verformbarkeit zu, wodurch sich ein Teilungsfehler ergibt. Im Betrieb darf die Zahnverformung nicht mehr als $f_{k\ zul} \leq 0{,}1 \cdot m$ sein, darüber hinaus entstehen größere Zahngeräusche.

Die Zahnteilung kann durch Änderung des Flankenspiels angepasst werden. Dies erfolgt durch Zandicken- oder Achsabstandsänderungen. In der DIN 3964 ist als System der Einheitsachsabstand festgelegt worden, womit letztendlich Feinanpassungen über die Zahndicke erfolgen müssen.

7 Maße und Toleranzen für Fertigteile aus Gummi

Gummi (Elastomer) wird aus natürlichem oder synthetischem Kautschuk und einigen Zusatzstoffen hergestellt. Die weitmaschige Vernetzung (jedes hundertste C-Molekül) erfolgt durch Vulkanisation mit einem Vernetzungsmittel bei Temperaturen über 140 °C unter hohem Pressdruck. Die Toleranzproblematik ist daher noch etwas kritischer als bei Thermoplasten einzuschätzen.

Der verwendete Kautschuk bestimmt im wesentlichen die mechanischen Eigenschaften und die chemische Widerstandsfähigkeit der Gummiqualität. Vulkanisierungsmittel sind Schwefel oder bei Sonderkautschuken Peroxide. Durch die Bildung von Schwefelbrücken erfolgt die Vernetzung der linearen Kautschukmoleküle. Die Menge an Vulkanisierungsmitteln bestimmt den Vernetzungsgrad und dadurch die Festigkeitseigenschaften (Weichgummi, Hartgummi). Die Farbe wird durch Füllstoffe mitgegeben, beispielsweise für schwarze Gummisorten wird Ruß und für helle Gummisorten Kieselsäure, Magnesiumcarbonat oder Kaolin hinzugegeben. Gemäß der folgenden Auflistung werden in der Technik eine Vielzahl von Sorten eingesetzt.

Naturkautschuk (NR)	Ethylen-Propylen-Kautschuk (EPM/EPDM)
Styrol-Butadien-Kautschuk (SBR)	Silicon-Kautschuk (MVQ)
Polychloropren-Kautschuk (CR)	Fluor-Kautschuk (FKM)
Acrylnitril-Butadien-Kautschuk (NBR)	press- und gießbare Polyurethan-Elastomere (PUR)
Acrylat-Kautschuk (ACM) Butyl-Kautschuk (HR)	thermoplastische Elastomere (TPE)

Um in der Praxis auch bei Gummi-Formteilen einen hohen Qualitätsanspruch realisieren zu können, wurde die DIN ISO 3302:2018 geschaffen, die im Teil 1 auf *Maßtoleranzen* und im Teil 2 *(zurückgezogen)* auf *Form- und Lagetoleranzen* eingeht. Die Norm ist gültig für technische Formteile, jedoch nicht für ringförmige Präzisionsdichtringe oder für kalandrierte zusammengesetzte Produkte (gummibeschichtetes Gewebe) oder für Produkte, bei denen eine Gummibeschichtung aufgebracht werden soll.

7.1 Herstelltoleranzen für Formteile

Gummi kann in einem Warmformprozess zu formgepressten Teilen verarbeitet werden. Hierbei unterliegt das Gummiteil ebenfalls einer Schwindung ($VS \approx 0{,}8 - 3{,}5\,\%$) nach der Abkühlung und dem Entformen, welches auch bei der Teile- und Formkonstruktion zu berücksichtigen ist.

Der Betrag der Schwindung ist von der Art des Kautschuks und der Mischung abhängig. Meist zeigen Silikonkautschuk und Fluorkautschuk eine recht große Schwindung, so dass meist die Toleranzklassen M1 und M2 nur schwer einzuhalten sind. Weiche Vulkanisate (kleiner 60 Shore-A-Härte) benötigen daher größere Abmaße als härtere.

7.1.1 Toleranzklassen

In der Norm DIN ISO 3302 werden vier Toleranzklassen für an die *Form gebundene(F)* und an den *Formschluss gebundene Maße (C)* an Formteilen aus Gummi abgegrenzt. Ein Auszug aus der Norm ist im *Bild 7.1* wiedergegeben.

- Toleranzklasse M1 für Formteile mit dem Genauigkeitsgrad *sehr fein*. Diese Formteile erfordern Präzisionsformen mit wenigen Nestern und eine genaue Kontrolle der Mischung, was mit hohen Kosten verbunden ist.
- Toleranzklasse M2 für Formteile mit dem Genauigkeitsgrad *fein*, d. h. etwas zurückgenommenen Anforderungen.
- Toleranzklasse M3 für Formteile mit dem Genauigkeitsgrad *mittel*.
- Toleranzklasse M4 für Formteile mit dem Genauigkeitsgrad *grob*, bei denen eine Maßkontrolle nicht kritisch ist.

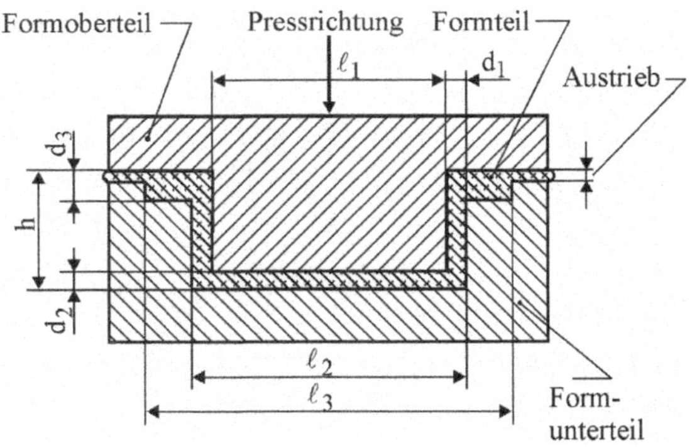

Nennmaß		Toleranzklasse M1		Toleranzklasse M2		Toleranzklasse M3		Toleranzklasse M4
über	bis	F	C	F	C	F	C	F und C
0	4,0	± 0,08	± 0,10	± 0,10	± 0,15	± 0,25	± 0,40	± 0,50
4,0	6,3	± 0,10	± 0,12	± 0,15	± 0,20	± 0,25	± 0,40	± 0,50
6,3	10	± 0,10	± 0,15	± 0,20	± 0,20	± 0,30	± 0,50	± 0,70
10	16	± 0,15	± 0,20	± 0,20	± 0,25	± 0,40	± 0,60	± 0,80
16	25	± 0,20	± 0,20	± 0,25	± 0,35	± 0,50	± 0,80	± 1,00
25	40	± 0,20	± 0,25	± 0,35	± 0,40	± 0,60	± 1,00	± 1,30
40	63	± 0,25	± 0,35	± 0,40	± 0,50	± 0,80	± 1,30	± 1,60
63	100	± 0,35	± 0,40	± 0,50	± 0,70	± 1,00	± 1,60	± 2,0

Bild 7.1: Formteilherstellung und Grenzabmaße für Formteile (F,C) nach Norm

7.1.2 Grenzabmaße

Beim Pressen von Gummi-Formteilen wird stets mehr Gummi verwendet, als für die Füllung der Form erforderlich ist. Dieser Überschuss wird hierbei ausgetrieben. Durch diesen Austrieb wird die Form daran gehindert, vollständig zu schließen, welches sich auf die Maße des fertigen Formteils auswirken. Im Weiteren ist daher zu unterscheiden in:

- Grenzabmaße bei an die Form gebundenen Maßen „F". In der vorstehenden Tabelle sind einige Maße (ℓ_1, ℓ_2, ℓ_3) angerissen, welche auf die Dicke des Austriebs oder der seitliche Versatz der Werkzeugteile oder eines Kerns keine maßlichen Auswirkungen zeigen.
- Grenzabmaße bei an den Formschluss gebundenen Maßen „C". Einige Maße (wie z. B. d_1, d_2, d_3 und h) können sich durch die unterschiedliche Dicke des Austriebs oder seitlichen Versatz der verschiedenen Formteile ändern.

Bei der Tolerierung von Maßen ist teilespezifisch zu prüfen, ob die Maße voneinander unabhängig sind, ansonsten müssen diese Toleranzen abgestimmt werden.

7.2 Herstelltoleranzen für Extrusionsteile

Mit der Gummi-Extrusionstechnik werden stranggepresste Teile als Profile (s. DIN 16941) hergestellt. Beim Austritt aus der Düse weiten sich die Profilquerschnitte auf und bei der nachfolgenden Vulkanisation tritt eine weitere Verformung und Schwindung ein.

Die Verformung kann durch die Verwendung von Unterstützungen während der Vulkanisation reduziert werden, wobei die Art der Unterstützung von dem herzustellenden Profil und dem Grad der erforderlichen Kontrolle abhängig ist. Diese Merkmale bestimmen in der Hauptsache die Toleranzklasse, die bei gegebenen Maßen anwendbar ist.

Für Extrusionsteile aus Gummi existieren 11 Toleranzklassen (s. ISO 3302), und zwar:

- drei Toleranzklassen (fein, mittel, grob) für Maße an Nennquerschnitten von Extrusionsteilen ohne Unterstützung,
- drei Toleranzklassen (sehr fein, fein, mittel) für Maße an Nennquerschnitten von auf einem Dorn gefertigten Extrusionsteile,
- zwei Toleranzklassen (sehr fein, mittel) für Außenmaße geschliffener Extrusionsteile (Schläuche) zusammen mit zwei Toleranzklassen für die Wanddicken,

und

- drei Toleranzklassen (sehr fein, mittel, grob) für geschnittene Längen von Extrusionsteilen und drei Toleranzklassen für die Dicke geschnittener Abschnitte von Extrusionsteilen.

Extrudierte Formteile weisen i. d. R. größere Maßabweichungen auf als formgepresste Teile.

7.3 Herstelltoleranzen für Kalandrierte Bahnen

Für kalandrierte Bahnen gelten in etwa die gleichen Bedingungen wie für Extrusionsteile. Ebenso wie bei Profilen tritt nach dem Kalanderwalzen wieder eine Rückformung und eine Verformung bei der Vulkanisation auf.

Die Grenzabmaße sind im Wesentlichen abhängig von der Oberfläche der Bahn. Größere Abmaße für die Dicke sind bei mit Gewebe bedeckten Bahnen zu wählen bzw. kleinere Abmaße können bei glatten oder gepressten Bahnen vorgesehen werden.

7.4 Herstellbare Form- und Lagetoleranzen

In Ergänzung zu bestehenden Normen wurden in der DIN ISO 3302-2 zusätzlich einige Form- (z. B. Ebenheit) und Lagetoleranzen (z. B. Parallelität, Rechtwinkligkeit, Koaxialität) festgelegt und ein direkter Bezug genommen auf die Positionstolerierung nach ISO 5458, mit der viele Situationen eingegrenzt werden können.

Für die einzuhaltenden F+L-Toleranzen wurden drei Toleranzklassen „P = fein, M = mittel und N = grob“ festgelegt. Die einzuhaltende Toleranzklasse ist jeweils abhängig von der Anwendung. Für die Toleranzklassen M und P ist entsprechender Mehraufwand bei der Herstellung und Fertigbearbeitung (z. B. Schleifen) vorzusehen.

Weiter ist zu beachten, dass enge Toleranzen in Bezug zur Gummihärte zu sehen sind. Im Allgemeinen lässt sich feststellen, dass Teile aus weichen Vulkanisaten größere Toleranzen erfordern als härtere Teile.

Eine Messung auf Einhaltung von Maßen und Toleranzen darf nicht vor Ablauf von 16 Stunden nach der Vulkanisation erfolgen. In Streitfällen ist diese Zeit auf 72 Stunden auszudehnen. Die Messungen sind nach der Konditionierung (ISO 471) bei Normaltemperatur an vorschriftsmäßig gelagerten und unverzerrten Teilen durchzuführen.

7.4.1 Ebenheitstoleranz

Die Ebenheitstoleranz wird gewöhnlich auf flächige Teile angewandt und stellt eine Formtoleranz dar. Die Toleranz grenzt somit die Form einer Fläche „in sich“ ein, in dem verlangt wird, dass die Ist-Fläche innerhalb zweier paralleler Ebenen vom vorgegebenen Abstand t liegen muss.

Für die Ausrichtung der Fläche gibt es keine Vorgabe, wenn dies erforderlich sein sollte, ist auf die Parallelität oder die Profilform zurückzugreifen.

Im *Bild 7.2* ist der Tolerierungsfall mit den zulässigen Werten an einer Oberfläche eines Gummiformteils gegeben. Die Messtechnik zur Erfassung der Ebenheit von Oberflächen ist in der ISO 12781 festgelegt worden, ergänzend gilt hier auch die ISO 1101.

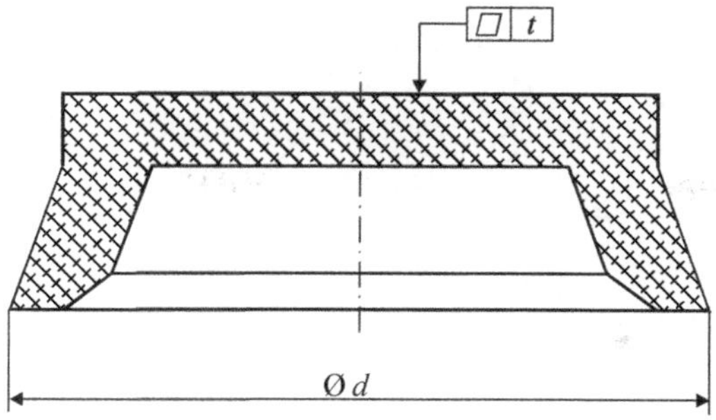

Nennmaß *d*		Toleranzklasse P	Toleranzklasse M	Toleranzklasse N
über	bis	Ebenheitstoleranz *t*		
0	16	0,1	0,15	0,25
16	25	0,15	0,20	0,35
25	40	0,15	0,25	0,4
40	63	0,2	0,35	0,5
63	100	0,25	0,4	0,7
100	-	0,3 %	0,5 %	0,8 %
Maße in Millimeter (wenn nicht anders angegeben)				

Bild 7.2: Zugelassene Ebenheitstoleranzen nach Norm

7.4.2 Parallelitätstoleranz

Mit der Parallelitätstoleranz soll die Lage einer Fläche ausgerichtet werden, welches normalerweise für Dichtflächen wichtig ist. Deshalb soll die tolerierte Fläche zwischen zwei parallele Ebenen liegen, die den Abstand t voneinander haben und welche parallel zu einer Bezugsfläche auszurichten sind.

Später wird noch darauf eingegangen, dass der Bezug nicht am Teil zu nehmen, sondern am Teil *zu bilden* ist. Gewöhnlich benötigt man dazu einen Hilfsbezug, der beispielsweise in einer Messtischplatte besteht. (Dieser Hinweis ist insofern wichtig, da Bezüge in der Praxis oft falsch abgenommen werden.) Unabhängig von der Bezugsproblematik ist eine „Bezugsfläche" natürlich auch real, d. h., sie kann zusätzlich mit einer Formtoleranz (z. B. Ebenheit) versehen werden.

Im *Bild 7.3* sind zulässige Parallelitätstoleranzen bei einer Schichtenstruktur angegeben. Schichten ergeben sich beispielsweise durch das Zusammenbringen von Stahl mit Gummi (Verbundteile), wobei die Gummischicht oft bestimmte Dämpfungsfunktionen zu erfüllen hat. Die Bezugsbildung hat an der gegenüberliegenden Fläche zu erfolgen.

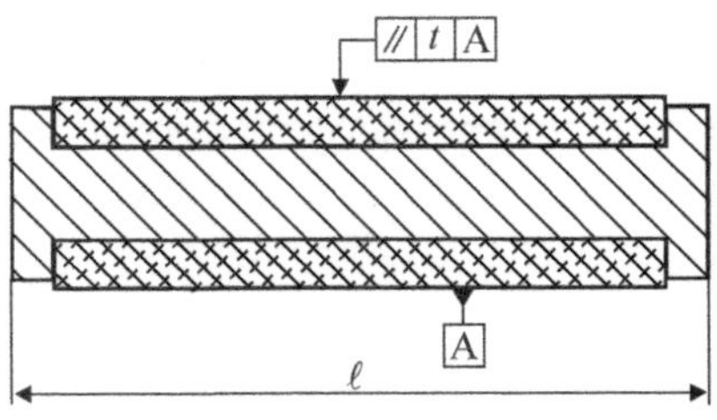

Nennmaß ℓ		Toleranzklasse P	Toleranzklasse M	Toleranzklasse N
über	bis	Parallelitätstoleranz *t*		
0	40	0,15	0,2	0,35
40	100	0,2	0,35	0,5
100	250	0,35	0,5	0,8
250	-	0,15 %	0,25 %	0,4 %
Maße in Millimeter (wenn nicht anders angegeben)				

Bild 7.3: Zugelassene Parallelitätstoleranz bei einer Schichtenstruktur nach Norm

Die Angaben seien im *Bild 7.4* ergänzt für extrudierte Teile, welche beispielsweise abgestochen oder geschnitten werden.

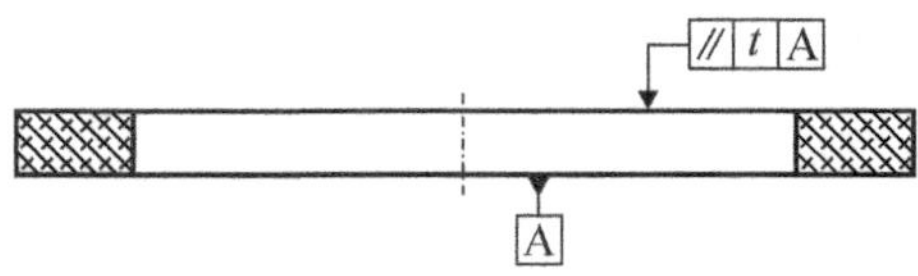

Toleranzklasse P	Toleranzklasse M	Toleranzklasse N
Parallelitätstoleranz *t*		
0,1	0,2	0,3
Maße in Millimeter (wenn nicht anders angegeben)		

Bild 7.4: Zugelassene Parallelitätstoleranz für geschnittene extrudierte Teile nach Norm

7.4.3 Rechtwinkligkeitstoleranz

Rechtwinkligkeitstoleranzen können beispielsweise bei Metall-Gummi-Elementen wirksam werden, wenn eine aufzubringende Gummischicht eine Dicht- oder Dämpfungsfunktion erhalten soll.

Demgemäß muss die tolerierte Fläche eines Teils zwischen zwei parallele Ebenen vom Abstand t liegen, die rechtwinklig zu einer Bezugsachse sind. Zugelassene Rechtwinkligkeitstoleranzen sind im *Bild 7.5* aufgelistet.

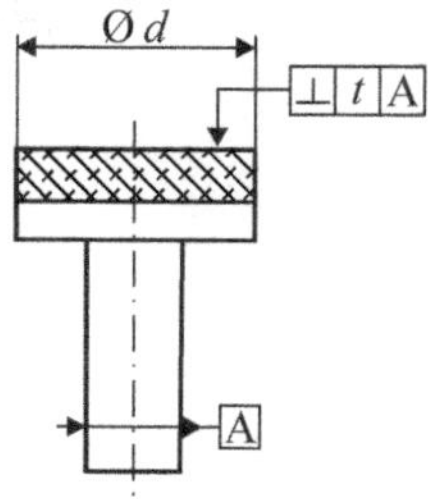

Nennmaß *d*		Toleranzklasse P	Toleranzklasse M	Toleranzklasse N
über	bis	Rechtwinkligkeitstoleranz *t*		
0	16	0,1	0,15	0,25
16	25	0,15	0,25	0,4
25	40	0,25	0,4	0,7
40	63	0,4	0,6	1,0
63	100	0,7	1,0	1,6
100	-	0,7 %	1,0 %	1,6 %
Maße in Millimeter (wenn nicht anders angegeben)				

Bild 7.5: Zugelassene Rechtwinkligkeitstoleranzen an Verbundteilen nach Norm

7.4.4 Koaxialitätstoleranz

Eine Koaxialitätstoleranz ist gewöhnlich bei zylindrischen Hohlteilen festzulegen. Beispielsweise zeigt *Bild 7.6* ein Formteil, welches über einen Dorn hergestellt wird. Die Mittelachse jedes Zylinders, der mit dem Toleranzrahmen verbunden ist, liegt hierbei in einer zylindrischen Zone mit dem Durchmesser t_C bzw. t_F, die koaxial zur Bezugsachse verlaufen. Hierbei ist zu unterscheiden:

- Toleranzen von an der Form gebundenen Maßen (F), welches die Maße an einem Formteil sind, die nicht durch die Dicke des Austriebs oder einen seitlichen Versatz (oberer und unterer Teil oder Kern), wie z. B. die Durchmesser a und b, beeinflusst werden.

- Toleranzen von an den Formschluss gebundenen Maßen (C), welches die Maße sind, die sich ändern können durch die Schwankungen der Dicke des Austriebs oder durch seitlichen Versatz der Formteile, z. B. Durchmesser c.

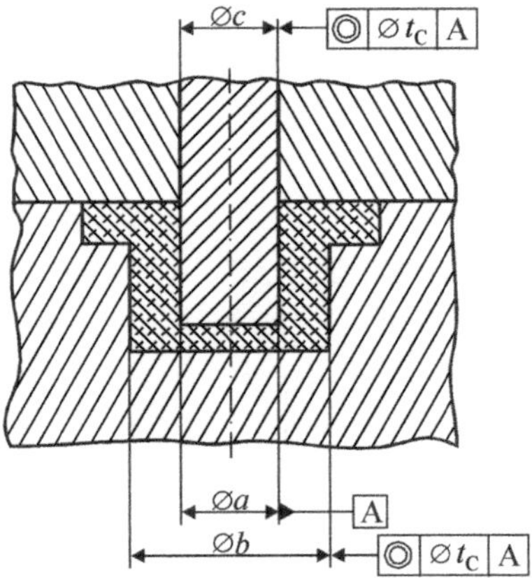

Nennmaß*)		Toleranzklasse P		Toleranzklasse M		Toleranzklasse N	
		Koaxialitätstoleranz t					
über	bis	t_F	t_C	t_F	t_C	t_F	t_C
0	16	0,1	0,2	0,15	0,3	0,2	0,4
16	25	0,15	0,3	0,2	0,4	0,25	0,5
25	40	0,2	0,4	0,25	0,5	0,3	0,6
40	63	0,25	0,5	0,3	0,6	0,35	0,7
63	100	0,3	0,6	0,35	0,7	0,4	0,8
100	-	0,4	0,7	0,5	0,9	0,6	1,2

*) Koaxialitätstoleranzen werden durch das größte Maß bestimmt.
Legende: Maße in Millimeter (wenn nicht anders angegeben)

Bild 7.6: Zugelassene Koaxialitätstoleranzen für Formteile nach DIN

Die Angaben im *Bild 7.6* werden in der Norm noch ergänzt um Koaxialitätstoleranzen für auf einem Dorn gefertigte extrudierte Formteile.

7.5 Funktionstoleranzen bei nachgiebigen Teilen

Wegen ihres hohen Flexibilitätsgrades zählen zu verbauende Gummibauteile sowie die meisten Kunststoffe zur Kategorie der „nicht-formstabilen Teile“ und fallen somit in die ISO 10579. Das Merkmal derartiger Teile (Gummi, Kunststoffe, dünne Metallteile) ist, dass diese sich nicht nur unter Einbauverhältnissen, sondern auch schon in einem freien Zustand (unter Eigengewicht) verformen können. Diese Verformungen sind regelmäßig mit Geometrieänderungen verbunden.

Die Norm legt daher sowohl Einbautoleranzen als auch Prüftoleranzen fest. Hierzu ist es erforderlich die Mess- und Einbaubedingung zu definieren.

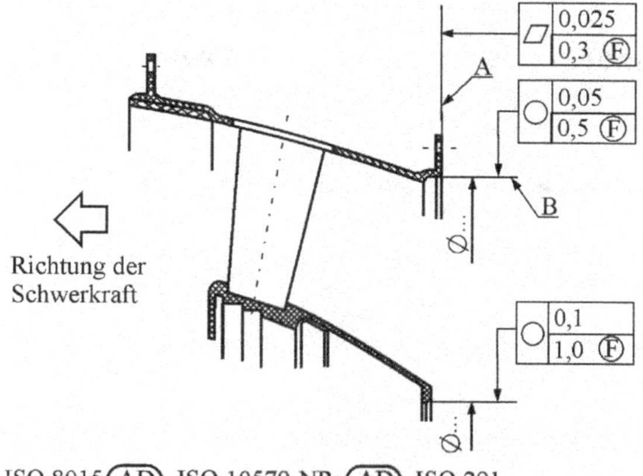

ISO 8015 (AD) -ISO 10579-NR; (AD) -ISO 291
Allgemeintoleranzen DIN ISO 20457 - TG6, DIN ISO 3302-1
DIN 30630

Bild 7.7: Tolerierung eines hybriden Kunststoff-Gummi-Bauteils durch einen gestapelten Toleranzindikator und *Aufhebung* der ISO 8015 Anforderungen (starres Teil, Messung bei Raumtemperatur). Allgemeintoleranzen für hybride Kunststoff-Formteile

Die Norm verlangt die folgenden *Bedingungen* zur Kennzeichnung der Verhältnisse bei nicht starren Bauteilen:

a) Im oder in der Nähe des Schriftfeldes ist der Hinweis *„ISO 10579 - NR“* anzubringen,
b) mit dem Bezug auf die ISO-Norm wird anerkannt, dass die gesamte Zeichnung dem ISO/GPS-System unterliegt,
c) die Form- und Lagetoleranzen, die im freien Zustand zugelassen sind, müssen im Toleranzrahmen nach ISO 1101 das Symbol Ⓕ erhalten,
d) die Bedingungen (Richtung der Schwerkraft, Aufnahme etc.) für die Messung von Maß-, Form- und Lagetoleranzen im *freien Zustand* sind anzugeben,
e) Bezugsbedingungen zur Beschreibung der Mess- und/oder Einbausituation sind auf der Zeichnung zu vermerken,
f) falls ein Maß durch zwei Allgemeintoleranzen beeinflusst wird, soll nach DIN 30630 die größere Allgemeintoleranz gelten.

Für die *Messbedingung* gilt: Das Bauteil ist ohne Zwang auf die Messtischplatte (Angabe: Richtung der Schwerkraft) aufzulegen, um die angegebenen Toleranzen zu messen.
Text für mögliche *Einbaubedingung*: Das Bauteil ist an dem Flansch „A“ mit 8 Schrauben M10x35 mit einem Anzugsmoment von 50 Nm zu verschrauben. Hierbei ist die Zentrierung am Bund „B“ zu überprüfen.

Ansonsten gelten alle Maß- und Geometrienormen (alle ISO/GPS-Normen zur Bemaßung und Tolerierung sind werkstoffunabhängig) auch für Gummi-Formteile und deren verschiedenen Herstellformen.

8 Geometrische Produktspezifizierung

Aus der Erfahrung heraus, dass die in einer technischen Zeichnung festgelegte Idealgestalt (Soll-Geometrie) eines Produktes in der Herstellung (Ist-Geometrie) nicht erreichbar ist, müssen in einer Zeichnung die zulässigen Abweichungen begrenzt werden. Vorstellung ist hierbei, ein Produkt innerhalb definierter Grenzabweichungen /KLE 15/ herstellen zu wollen. Diese Grenzabweichungen müssen festgelegt werden durch eine:

- Tolerierung von Längenmaßen mit direkten (+/-)-Abweichungen,
- Angabe von Form- und Lagetoleranzen mit Bezugskonvention,
- Funktions- und Positionstoleranzen,
- Paarungs- und Passungsbildung

sowie

- Oberflächenqualitäten.

Die zulässige Größe von Toleranzen, insbesondere Form- und Lagetoleranzen, muss gegebenenfalls zwischen Abnehmer und Hersteller (s. ISO 20457) vereinbart werden.

8.1 Entstehung von Maß- und Geometrieabweichungen

In jedem Herstellprozess entstehen in unterschiedlicher Art und Weise maßliche und geometrische Abweichungen. Hierfür können eine Vielzahl von Ursachen angeführt werden, die unterschiedlich starke Auswirkungen haben. Prinzipiell lassen sich Toleranzen infolge *systematischer Einflüsse* und in größerem Umfang infolge von *Zufallseinflüssen* eingrenzen:

- Systematische Einflüsse resultieren aus Werkzeugungenauigkeiten oder veränderlichen Zustellbewegungen von Werkzeugen, wodurch sich vorhersehbare Maßabweichungen ergeben.

- Zufallseinflüsse entstehen aus Umwelteinflüssen, dem Werkstoffverhalten, der Maschineneigenart und dem Prozessverhalten. Im Allgemeinen lassen sich diese nicht eindeutig vorhersehen, sie können aber auch nicht unbeschränkt zugelassen werden, weil dann mögliche Funktionseinschränkungen entstehen.

Im umseitigen *Bild 8.1* ist exemplarisch versucht worden, einige Zufallswirkungen auf die Bauteilgeometrie herauszustellen:

- Höhere oder verschiedene Temperaturen bzw. ungleiche Schwindung können zu Effekten führen, die mit Instabilitätsformen vergleichbar sind. Meist geht dann bei Bauteilen die Gradheit, Ebenheit oder die Parallelität verloren.

- Jede Art von Urformung und mechanische Bearbeitung ist mit Temperaturerhöhung und in der Folge mit Schwindung verbunden. Durch unterschiedliche Massen- und Steifigkeitsverteilung kann sodann eine ungleichmäßige Schwindung bzw. Verzug eintreten, wodurch wieder die Gradheit, Ebenheit oder auch die Zylindrizität beeinträchtigt wird.

- Durch mechanische Bearbeitung wirken Schnittkräfte auf ein Bauteil ein. Da dieses elastisch ist und zusätzlich warm wird, kann die Ursprungsform verloren gehen. Hierdurch kann die Gradheit oder Rechtwinkligkeit beeinträchtigt werden.

- Wenn urgeformte Bauteile, die unter hoher Temperatur im Werkzeug erkalten, entnommen oder weiterbearbeitet werden, können Eigenspannungen freigesetzt werden. Beispielsweise können sich dünne, plattenförmige Bauteile verziehen, so dass die Ebenheit verloren geht.

Die skizzierten Formabweichungen stellen nur Beispiele dar. In der Praxis sind eine Vielzahl weiterer Geometrieabweichungen möglich.

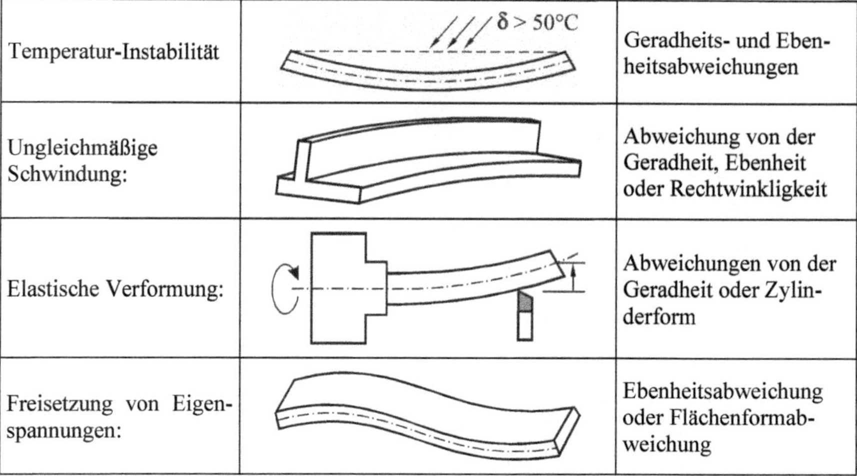

Temperatur-Instabilität	$\delta > 50°C$	Geradheits- und Ebenheitsabweichungen
Ungleichmäßige Schwindung:		Abweichung von der Geradheit, Ebenheit oder Rechtwinkligkeit
Elastische Verformung:		Abweichungen von der Geradheit oder Zylinderform
Freisetzung von Eigenspannungen:		Ebenheitsabweichung oder Flächenformabweichung

Bild 8.1: Geometrieabweichungen durch Werkstoff- und Herstelleffekte

Während die systematischen Einflüsse weitestgehend abgestellt werden können, existieren nur wenige Möglichkeiten, die Zufallsereignisse auszuschalten. An einem Bauteil können daher zwei Arten von Abweichungen erfasst werden: maßliche Abweichungen und Abweichungen von der Form- und Lage der Geometrieelemente /TRU 97/.

8.2 Vereinbarungen zur Maßtolerierung

In einer technischen Zeichnung soll die Ideal- oder Sollgeometrie eindeutig dargestellt und fertigungsgerecht (s. ISO 128) bemaßt werden. Hierbei gilt das übergeordnete Prinzip:

... durch eine Maßtoleranz werden nur die mittels einer Zweipunktmessung zu erfassenden örtlichen Istmaße begrenzt, nicht aber die möglichen Formabweichungen. Die zulässigen Formabweichungen müssen in einer gesonderten Messung ermittelt werden.

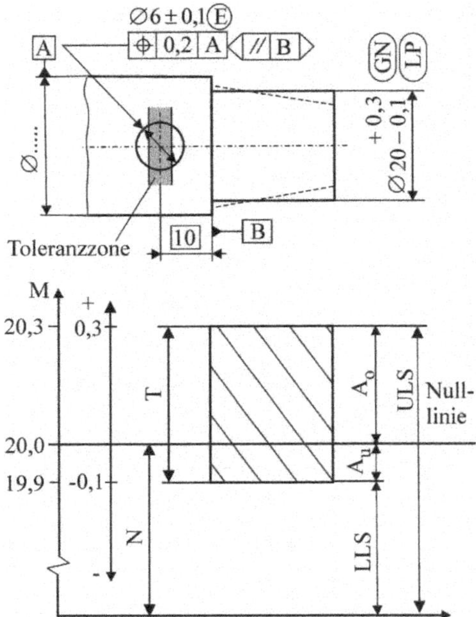

Bild 8.2: Maß und Geometrie tolerierte Teilezeichnung nach ISO/GPS

Wie sind nun die Zeichnungsangaben in Bild 8.2 zu interpretieren: Das Zweipunkt-Maß (LP) weist auf die untere Toleranzgrenze von 19,9 mm und darf nicht unterschritten werden. Der Modifikator (GN = Hüllzylinder) beschränkt den Zylinder auf das Höchstmaß von 20,3 mm. Oft herrscht die irrige Vorstellung vor, dass das Durchmesserzeichen (siehe ISO 128) die geometrischen Abweichungen einschließt, was laut Norm natürlich so nicht geregelt ist. Der messtechnische Nachweis des Durchmessers hat gemäß der angegebenen Maßmodifizierer nach ISO 14405 zu erfolgen.

Zusätzlich ist in der Zeichnung die Lage einer Bohrung über eine Positionstoleranz (nach ISO 5458) mit einem rechteckig eingerahmten Abstandsmaß angegeben worden. Man bezeichnet dies als „theoretisch exaktes Maß (TED)“ dieses legt die Mitte der Toleranzzone fest. Die Ausrichtung der Toleranzzone zum Bezug B ist durch einen Orientierungsebenen-Indikator (siehe ISO 1101) festgelegt worden.

8.3 Theoretisch exaktes Maß

Das „theoretisch exakte Maß (TED)[*)]“ dient ausschließlich zur Angabe des theoretisch genauen Ortes, der theoretisch genauen Richtung oder des theoretisch genauen Profils eines Geometrieelementes in einer Zeichnung. Theoretisch exakte Maße werden rechteckig umrahmt und dürfen nicht toleriert werden (es gelten auch nicht die Allgemeintoleranzen).

[*)] Anm.: Nach ISO 14405-2 dürfen *Funktionsradien* nur noch als TED-Maß mit Linien- oder Profilformabweichung angegeben werden.

Im vorhergehenden *Bild 8.2* ist die ideale Position einer in den Bolzen einzubringenden Bohrung vermaßt worden. Ein TED-Maß (s. ISO 1101) bemaßt immer die Mitte der Toleranzzone und wird vom Bezug abgegriffen. Sinnvoll ist die Angabe somit bei Positions-, Neigungs- und Profiltoleranzen. Unzulässig ist die Übertragung auf Rechtwinkligkeits- und Parallelitätstoleranzen sowie auf Längen- bzw. Stufenmaße.

Merke: Zuordnung von „theoretisch exakten Maßen" (TED)

Nach der ISO 1101 muss die ideale Solllage eines Geometrieelementes mit einem „theoretisch exakten Maß" festgelegt werden. Ein derartiges Maß ist mit einem rechteckigen Rahmen hervorzuheben und hat keine Abweichungen. Die Anwendung ist aber nur sinnvoll bei ausgewählten Toleranzen.

Position	⌖	Winkeligkeit	∠
(*Parallelität*	//)	Linienprofil	⌒
(*Rechtwinkligkeit*	⊥)	Flächenprofil	⌓

Ein TED-Maß ist bei den geklammerten Symbolen nicht vorgesehen, obwohl praktische Anwendungen denkbar wären. Neuerdings (s. ISO 5459) dürfen für die Begrenzung von Toleranzzonen und die Festlegung von Bezügen ebenfalls TED-Maße genutzt werden.

8.4 Geometrietoleranzen

Die Form- und Lagetolerierung nach ISO 1101 und ISO 20457 hat die Festlegung von „spezifizierten" Toleranzzonen zum Prinzip. *Bild 8.3* zeigt den Vergleich zwischen geometrisch idealer Form, Toleranzzone und Ist-Profil für ein Kreis-Linienprofil. Mittels einer Toleranzzone sollen die Ist-Soll-Abweichungen eingegrenzt werden.

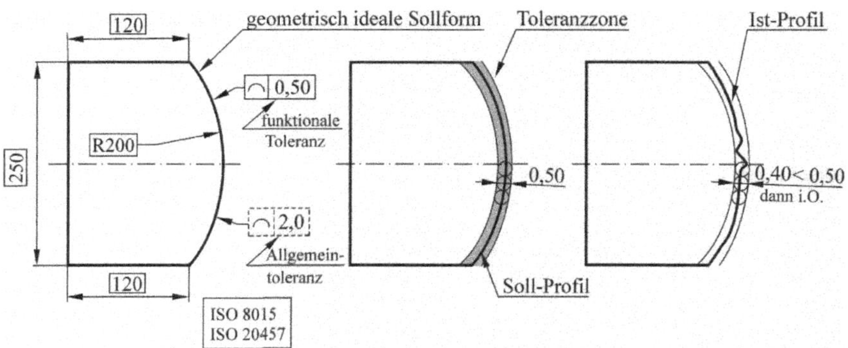

Bild 8.3: Vergleich zwischen geometrisch idealer Sollform, Toleranzzone und Ist-Profil an einem Kunststoffteil. Toleranz gilt nur für den Kurvenzug

Eine Geometrieabweichung fällt stets unabhängig von einer Maßabweichung an, wobei zwischen Form- und Lagetoleranzen sowie dem verwandten Tolerierungsprinzip Hüll- oder Unabhängigkeitsprinzip zu unterscheiden ist. Im vorstehenden Beispiel muss die gesamte Profillinie (in einer festzulegenden Anzahl von Schnitten über die Dicke) innerhalb der Toleranzzone (s. Bild 8.4) liegen.

Toleranzzonen sind stets symmetrisch zum Soll- bzw. Nennwert vereinbart. Mit dem Zeiger „UZ“ (s. ISO 1101) ist auch eine beliebige Aufteilung der Toleranzzone möglich.

Merke: Toleranzzone von Geometrieelementen

Das hergestellte Geometrieelement muss sich innerhalb der Toleranzzone befinden. Als Toleranzzone kann ein Abstand, eine Fläche oder ein Raum dienen. Begrenzt wird die Toleranzzone durch zwei Grenzlinien bzw. Grenzebenen oder Grenzkreisen, die der idealen Form des Geometrieelementes entsprechen.

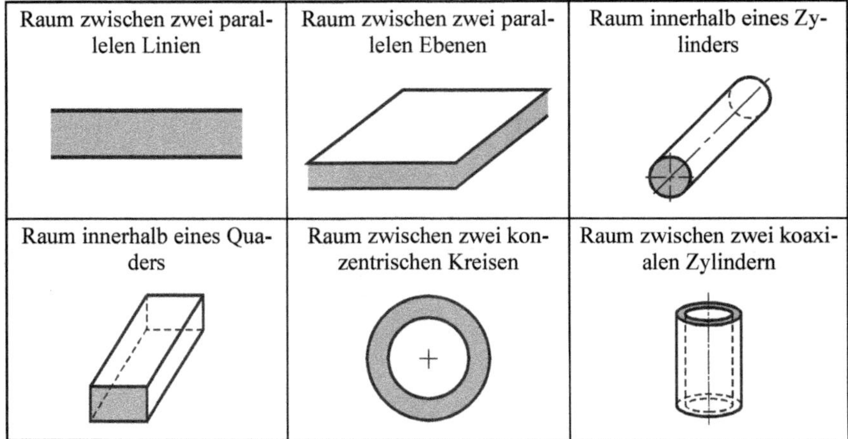

Bild 8.4: Darstellung der Toleranzzonen nach ISO 1101

Die Angabe einer Geometrietoleranz soll also dafür sorgen, dass ein Geometrieelement von der gedachten Idealform nur innerhalb seiner Toleranzzone abweicht. Dies ist bei einer Paarungs- oder Passfunktionalität unbedingt notwendig. Ungewollte Abweichungen mindern die Ausführungsqualität und sind daher zu vermeiden.

Wie später noch gezeigt werden wird, gibt es zwei unterschiedliche Betrachtungsweisen für das Zusammenwirken von Maßen und Geometrie:

Nach dem Unabhängigkeitsprinzip von DIN EN ISO 8015 (s. Kapitel 11.6) begrenzt die Maßtoleranz eines Geometrieelementes nicht die auftretenden Geometrieabweichungen.

Das heißt, ein Bauteil kann zwar maßlich in Ordnung aber trotzdem nicht funktionsfähig sein, da zu große Abweichungen von der idealen geometrischen Form vorliegen. So sei z. B. bei der Welle im *Bild 8.5* durchaus an jeder beliebigen Stelle die Durchmessertoleranz eingehalten worden, die Funktionsfähigkeit könnte aber aufgrund der starken Geradheitsabweichung eingeschränkt oder nicht mehr gegeben sein, da hier auch das Gegenstück zu berücksichtigen ist.

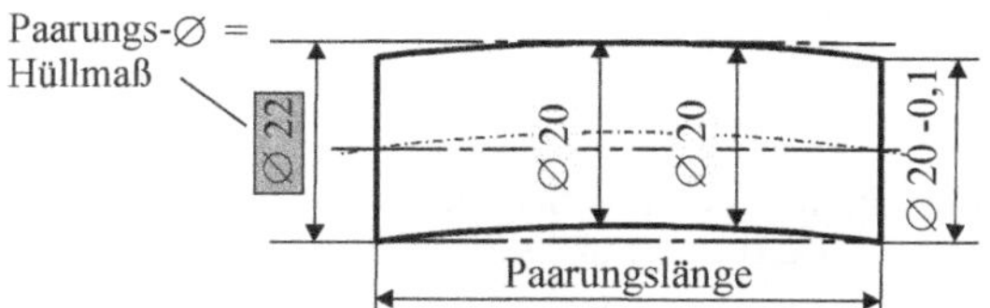

Bild 8.5: Nicht eindeutig spezifiziertes Maßelement

Bei der alten Hüllbedingung nach DIN 7167 bzw. der neuen ISO 14405-1 dürfen die Formabweichungen und die Parallelitätsabweichung über die Paarungslänge den Betrag der Maßtoleranz zwar erreichen, aber nicht überschreiten.

Sollte das von der Hülle umschlossene Maßelement mit seiner Abweichung für eine Gewährleistung der Funktionsfähigkeit zu groß sein, so muss zusätzlich zur Maßtoleranz eine engere Formtoleranz gewählt werden. (Die Hülle ist gleich dem kleinsten umschließenden Maßzylinder.) Das Prinzip der Formeinschränkung findet beispielsweise bei Wellen Anwendung. Alle Abweichungen von der Gradheit oder Rundheit führen zu Fügeproblemen bei aufgesetzten Zahnrädern, Lüftern oder Werkzeugen, die dann ebenfalls ihre Funktion nur schlecht wahrnehmen können. Es hat sich gezeigt, dass die meisten Qualitätsprobleme von nicht beherrschten Geometrieabweichungen ausgehen und daher unnötige Qualitätskosten verursachen.

8.5 Minimum-Bedingung

Die Minimum-Bedingung dient der Ermittlung der tatsächlich vorhandenen Formabweichung eines Bauteils vom geometrisch idealen Maß mithilfe eines zweckgerechten Messverfahrens (z. B. ein Formmessgerät oder eine 3-D-Koordinatenmessmaschine). Das Messprinzip ist im Anhang der ISO 1101 erläutert.

Merke: Minimum-Bedingung für die Formabweichung

Die tatsächlich vorhandene Formabweichung ergibt sich, indem Grenzflächen bzw. Grenzlinien so an das tolerierte Geometrieelement herangeschoben werden, dass sie es einschließen und ihr Abstand zueinander ein *Minimum* wird. Dieser Abstand stellt die **Formabweichung f** dar. Damit ist die Grenzbedingung

Tschebyschew-Bedingung: Formabweichung f $\leq$ Toleranzzone t

zu überprüfen.

Alle an Maß- und Geometrieelementen angegebenen Toleranzen und Toleranzzonen müssen durch geeignete Messmethoden (s. DIN EN ISO 14253) überprüft werden. Für den Nachweis von Geometrietoleranzen ist gewöhnlich eine „Lehrung" erforderlich.

Merke: Grenzflächen, Grenzlinien, Grenzabweichung

Abweichungen liegen stets innerhalb von Grenzlinien oder Grenzflächen:
Beispiele hierfür sind die Geradheit, Ebenheit, Rundheit und Zylindrizität.

Grenzabweichung:
Bei Formtoleranzen entspricht die **Geometrietoleranz t** der *Grenzabweichung*, d. h. der größten zulässigen Abweichung. Das Formelement ist „gut", wenn die Formabweichung f kleiner oder gleich der Grenzabweichung t ist.

Beispielsweise werden zur Bestimmung der *Geradheitsabweichung* zwei parallele Geraden so an die Istkontur*) eines Geometrieelementes herangeführt, dass sie diese einschließen und ihr Abstand zueinander minimal wird. Dies ist die Voraussetzung zur Überprüfung der Minimum-Bedingung (nach Tschebyschew bei Formtoleranzen).

Muss stattdessen die Ebenheit einer Fläche bestimmt werden, so verwendet man sinngemäß parallele Ebenen (s. DIN EN ISO 1101), die die Fläche tangieren. Der kleinste Abstand der Flächen zueinander stellt die tatsächliche Ebenheitsabweichung dar.

Beispiel: Prüfung auf Einhaltung der Geradheitstoleranz

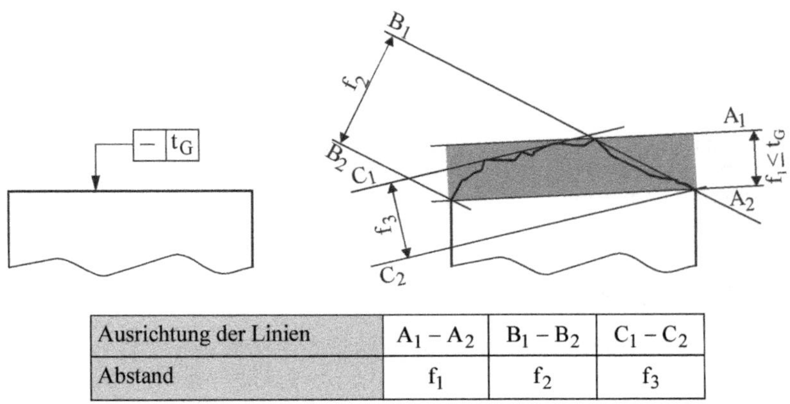

Ausrichtung der Linien	$A_1 - A_2$	$B_1 - B_2$	$C_1 - C_2$
Abstand	f_1	f_2	f_3

Bild 8.6: Ausrichtung der Bezugslinien zur Bestimmung der Geradheit nach der Minimum-Bedingung (nur bei Formabweichungen)

*) Anmerkung: Die Istkontur muss nicht als geschlossener Kurvenzug vorliegen, sondern nach ISO 1101 genügt auch eine aus Einzelpunkten bestehende Istlinie.

Im Beispiel soll die Geradheit einer einzelnen Kante ermittelt werden. Deshalb werden mögliche Ausrichtungen durch die Parallelen A_1 und A_2, B_1 und B_2, sowie C_1 und C_2 dargestellt. Den zahlenmäßigen Wert der Geradheitsabweichung kann man nur mit einer Messmaschine bestimmen. Ein Haarlineal ist dazu ungeeignet, da hier nur Werte ≥ 3 µm abgeschätzt werden können.

Die Relation dieser Abstände ergeben sich aus *Bild 8.6* zu $f_1 < f_3 < f_2$. Das heißt, die Toleranzabweichung von der Geradheit wird durch den *minimalen Abstand* aus allen möglichen Abständen gegeben. Die korrekte Ausrichtung der Geraden zur Bestimmung des minimalen Abstandes f ist also $A_1 - A_2$ und bestimmt somit die Größe der Abweichung. Als Bedingung ist somit zu überprüfen, ob $f_1 \leq t_G$ ist.

Ein häufiges Problem ist die *Rundheit.* Das Messprinzip ist in der DIN ISO 6218 beschrieben. Ziel ist es die „Kreise kleinster Ringzone" zu finden. Hierzu sind tangierte Kreise (Inkreis und Umkreis) zu bilden, deren Abstand die Toleranzzone beinhaltet. Auch hier ist es so, dass letztlich die kleinste Differenz (MZC = minimum zone circles) die Rundheitsabweichung angibt.

Beispiel: Prüfung auf Einhaltung der Rundheitstoleranz

In *Bild 8.7* wird die Rundheitsabweichung eines Gleichdicks*) bestimmt, welche in einer Drehoperation entstanden sein kann. Die konzentrischen Kreise sind A_1 und A_2 sowie B_1 und B_2.

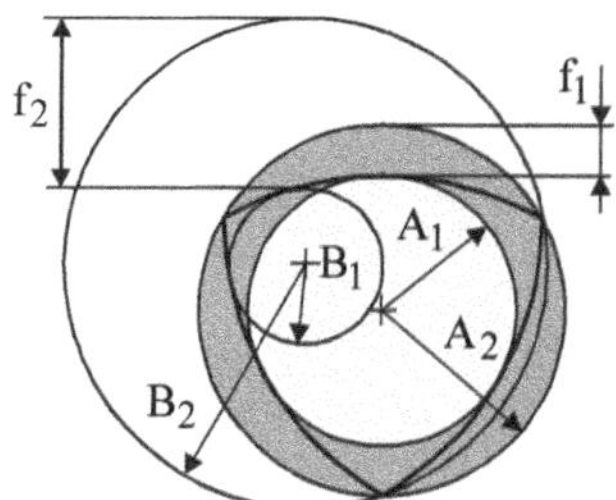

○ | t_K

konzentrische Kreispaare	$A_1 - A_2$	$B_1 - B_2$
Abstand	f_1	f_2

Bild 8.7: Bestimmung der Rundheitsabweichung nach der Minimum-Bedingung

Aus der Zeichnung ist zu entnehmen, dass bei der Anordnung der Kreise A_1 und A_2 der Abstand f zwischen den Kreisen minimal ist: $f_1 < f_2$. Der Abstand f_1 entspricht also der Rundheitsabweichung und kennzeichnet so die Größe der Toleranzzone. Die zu überprüfende Bedingung ist somit $f_1 \leq t_K$.

*) Anmerkung: Bei normalen Bearbeitungen auf Drehmaschinen treten i.d.R. Gleichdickformen (Dreibogen-, Fünf-, Sieben- und Neunbogen-Gleichdick etc.) auf.

8.6 Stufenmaße

In der Praxis werden traditionell „Stufenmaße" (d. h., Absatzmaße) mit Plus-Minus-Toleranzen versehen. Ein Stufenmaß entsteht durch einen Ausschnitt in einem vollständigen Geometrieelement oder mathematisch exakt: Es wird von einem vollständigen Geometrieelement subtrahiert, wodurch sich eine Stufe wie im *Bild 8.8 a* ergibt. Die gezeigte Angabe ist mehrdeutig, da nicht eindeutig festgelegt ist, wie das Längenmaß abzugreifen ist. Im Bild sind drei Möglichkeiten der Messung angedeutet worden.

a) nicht mehr zulässig (mehrdeutig):

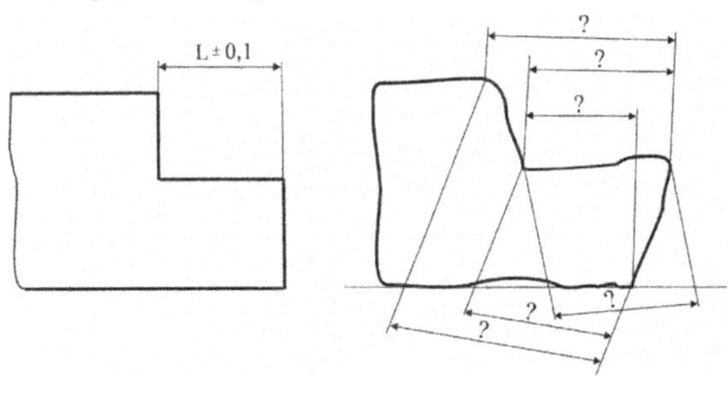

b) empfohlen (eindeutig):

c) nicht empfohlen

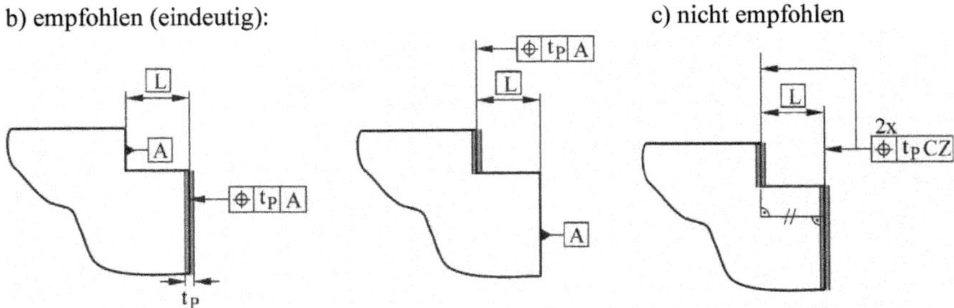

Bild 8.8: Mehrdeutige und eindeutige Angabe eines Stufenmaßes

Seit 1999 wird im Normenwerk (ISO 5458) darauf hingewiesen, dass Stufenmaße in die Kategorie der sogenannten „Nicht-Größenmaße" (s. ISO 14405-2) fallen. Derartige Maße müssen ausnahmslos als „Positionsmaße" festgelegt werden.

In den skizzenhaften Darstellungen von *Bild 8.8 b* ist dies beispielhaft gezeigt. Hier ist abwechselnd einmal der Bezug auf die Innenseite bzw. Außenseite gelegt worden. Weiter ist eine Maßsituation mit einer sogenannten schwimmenden Maßangabe dargestellt worden. Dies ist nach norm zwar zulässig, wird aber nicht empfohlen.

8.7 Zeichnungseintragung

Im Weiteren soll die Eintragung von Maßen und Toleranzen in technische Zeichnungen beschrieben werden. Die Zeichnungseintragung der Maße erfolgt nach ISO 128 bzw. DIN 406. Die Zeichnungseintragung von Geometrietoleranzen (F+L) ist in der DIN EN ISO 1101 festgelegt. Die Form, Ausführung und Größe grafischer Symbole erfolgt nach DIN ISO 7083. Die Anwendung dieser Normen ist werkstoff- und verfahrensunabhängig.

8.7.1 Angabe von Maßen in einer Zeichnung

Anhand des im *Bild 8.9* gezeigten fiktiven Bauteils sollen die verschiedenen Maßarten in einer Fertigungszeichnung mit einer positionstolerierten Bohrung gezeigt werden.

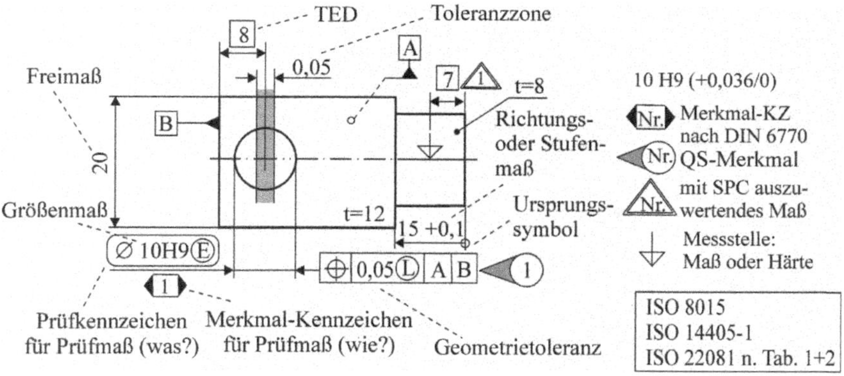

Bild 8.9: Angabe von Maßen in einer normgerechten Fertigungszeichnung

- ***Theoretisch exakte Maße (TED = Theoretically Exact Dimension)*** werden in einem rechteckigen Rahmen angegeben und unterliegen keiner Abweichung. Sie legen den idealen Ort der Toleranzzone fest. In der Zeichnung ist dies der Abstand der Bohrungsachse von der Bezugskante aus. Ein TED-Maß darf nur von einem Bezug abgegriffen werden.

- ***Prüfmaße*** (DIN 30-10) wurden früher durch einen abgerundeten Rahmen („Blase") markiert. Das sind Maße, die in der Qualitätssicherung mit SPC besonders zu überwachen sind. Mit Ⓔ wird festgelegt, dass die Hülle der Bohrung zu Lehren ist, um die *Passungsfähigkeit* zu gewährleisten. Heute erfolgt die Kennung nach DIN 6770.

- ***Freimaße*** werden nicht besonders gekennzeichnet. Diese Maße unterliegen den angegebenen Allgemeintoleranzen (i. d. R. ISO 2768, T. 1). Dies ist bei dem Bauteil der angegebene Abstand der beiden Seitenflächen von 20 mm in der „Toleranzklasse m" mit genau $\pm 0,2$ mm.

- ***Stufenmaß*** (nach ISO 128) ist der Abstand zwischen Kanten oder Flächen die versetzt und/oder parallel zueinander sind. (meist wird das Maß vom Ursprung aus gemessen).

- ***Toleranzzone*** der Position ist in diesem Fall ein 0,05 mm breiter Bereich um das ideale Maß (TED), welche rechtwinklig zum Bezug A steht. Mit der Minimum-Material-Bedingung L, wird die Restwandstärke (s. Kapitel 9.7) gesichert.

8.7.2 Beschreibung der Angaben am tolerierten Element

Die Angaben zu den Toleranzen des Geometrieelementes findet man im Toleranzindikator. Dieser Rahmen ist rechteckig. Er hat mindestens zwei, höchstens fünf Felder. Der Toleranzindikator wird in der Zeichnung behandelt wie Schrift. Er soll also waagerecht bzw. von unten links lesbar sein. Insofern darf er auch gedreht werden. Zusätzlich können Texte angefügt werden. Der Toleranzindikator wird mit dem tolerierten Element mittels einer Hinweislinie mit Hinweispfeil verbunden.

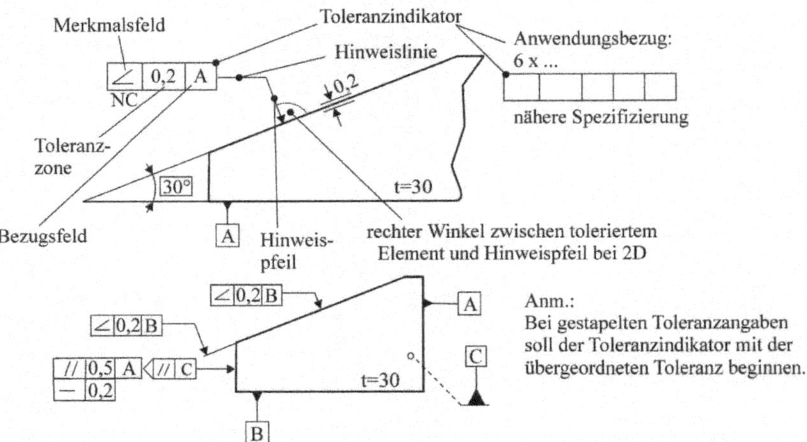

Bild 8.10: Toleranzangaben an einem tolerierten Element und verschiedene Stellungen des Hinweispfeils und dessen Bedeutung

Es gelten die folgenden Normvereinbarungen:

- Im ersten Merkmalsfeld steht das Symbol der Toleranzart. Im zweiten Feld wird der Wert der Toleranzzone in [mm] eingetragen. Die Einheiten hängt hierbei immer von der Maßeinheit der Größenmaße ab.
- Das Bezugsfeld enthält bei den Lagetoleranzen Kennbuchstaben für Bezüge. Es sind drei Bezüge möglich, wobei i.d.R. die größte Fläche der Primärbezug sein soll.
- Der Toleranzpfeil wird auch als Hinweis- oder Bezugspfeil bezeichnet. Dieser muss mittig aus dem Toleranzindikator austreten, in seiner Richtung muss die Toleranzzone *gemessen* werden (Ausnahme bei 3D-CAD-Zeichnungen).
- Wenn für ein Geometrieelement mehrere Toleranzeigenschaften festgelegt werden sollen, so dürfen Toleranzindikatoren auch mehrfach untereinander gestapelt werden.

- Soll eine Toleranz für mehr als ein Geometrieelement gelten, so kann über dem Toleranzindikator die Quantität (z. B. 6 x) angegeben werden. Weitere Angaben zur Qualität müssen unter dem Toleranzrahmen stehen.

Angemerkt sei, dass Toleranzen immer kompatibel zueinander sein müssen, wie Geradheit und (Linien-)Parallelität. Die Parallelität ist dann in Schnitten zu einer Schnittebene (hier C gekennzeichnet durch den Schnittebenen-Indikator) nachzuweisen.

8.8 Festlegung der Toleranzzone

8.8.1 Zuweisung der Toleranzzone

Entsprechend der Norm ist der Hinweispfeil direkt auf die Konturlinie oder eine Maßhilfslinie eines tolerierten Elements zu setzen, wenn sich die Toleranzzone auf eine Linie oder Fläche bezieht. Der Hinweispfeil darf auch auf einer Bezugslinie stehen, die zur tolerierten Fläche gehört. Der Hinweispfeil bzw. die Hinweislinie kann auch an der Verlängerung einer Maßlinie angetragen werden, wenn sich die Toleranz auf die Achse oder Mittelfläche des bemaßten Elementes bezieht.

Merke: Zeichnungseintragung an realen Geometrieelementen und abgeleiteten Geometrieelementen (Mittellinien/Mittelebenen)

Reales Geometrieelement: Bei der Tolerierung eines realen Geometrieelementes steht der Toleranzpfeil ***mindestens 4 mm vom Maßpfeil entfernt***.
Reale Geometrieelemente sind Kanten und Flächen.

Abgeleitetes Geometrieelement: Wenn ein abgeleitetes Geometrieelement toleriert wird, steht der Toleranzpfeil ***unmittelbar auf dem Maßpfeil*** (d. h. in der Verlängerung des Maßpfeils). Er kann auch mit dem Maßpfeil zusammenfallen.
Abgeleitete Geometrieelemente sind Achsen, Mittelebenen oder Symmetrieebenen o. Ä.

a) Tolerierung des realen Geometrieelementes (Gesamtlauf)

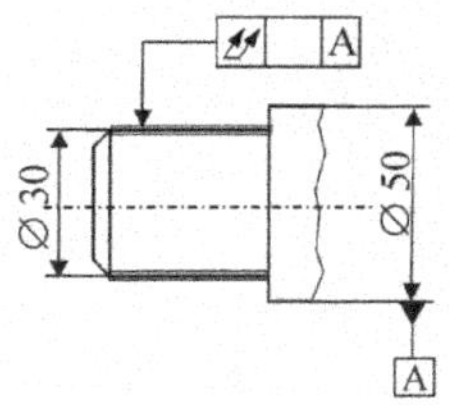

b) Tolerierung eines abgeleiteten Geometrieelementes (Achse für Koaxialität)

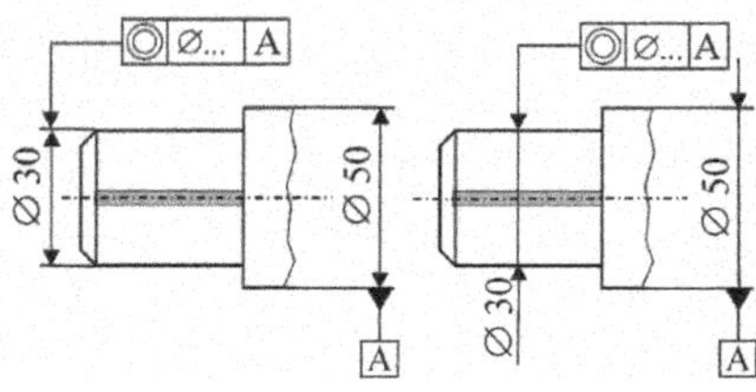

Bild 8.11: Stellung des Hinweispfeils erzeugt eine unterschiedliche Bedeutung

Falls eine Situation in einer ungünstigen Ansicht eines Teils toleriert werden muss, kann die in *Bild 8.12* gezeigte Hilfskonstruktion mit einer „Fahne" benutzt werden.

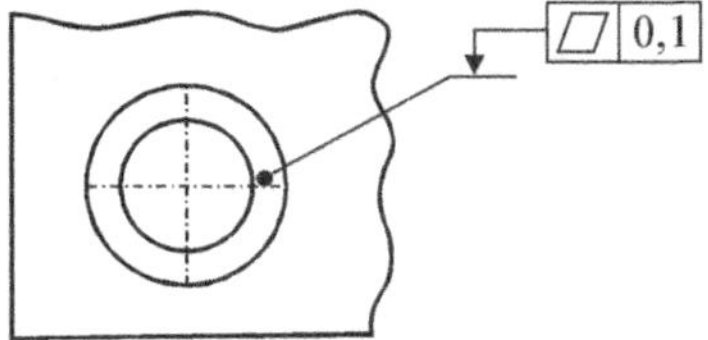

Bild 8.12: Tolerierung einer gesenkten Ringfläche

Im Toleranzindikator muss die Dimensionalität einer Toleranzzone erkennbar sein, da hierdurch unterschiedliche Abweichungen eingeschränkt werden sollen.

Paarungsprobleme

a) Tolerierung einer Mittelebene
Toleranzzone ebenflächig begrenzt

b) Tolerierung einer Achse
Toleranzzone kreiszylindrisch

0,1
t = 0,1
20 ± 0,1 Ⓔ
Ø 0,1
t = Ø 0,1
Ø 20±0,1 Ⓔ
Toleranzzone

Bild 8.13: Gestalt der Toleranzzonen innerhalb des Hüllkörpers

Form der Toleranzzone: Die Beispiele in den Bildern *Bild 8.13* und *8.14* sind wie folgt zu interpretieren: Die Angabe des Toleranzmaßes mit „Ø" eine kreiszylindrische Toleranzzone. Die Angabe der Toleranz ohne „Ø" ergibt eine ebenflächig begrenzte Toleranzzone. Fallweise erstreckt sich die Toleranzzone über die ganze Länge bzw. Breite eines Geometrieelementes. Die Zuweisung auf einer Mittelebene ist typisch für Paarungsprobleme.

Lage der Toleranzzone: Der Hinweispfeil sollte immer rechtwinklig auf der Toleranzzone stehen; durch eine falsche Orientierung des Hinweispfeils wird aber die Ausrichtung der Toleranzzone nicht verändert.

Zeichnungsvereinfachung: Sollen für ein Geometrieelement mehrere Toleranzangaben gelten, zeichnet man den Toleranzindikator im Block und verbindet Block und Element mit einem gemeinsamen Toleranzpfeil. Die Eintragung soll von oben nach unten erfolgen.

Soll die gleiche Toleranzangabe für mehrere Geometrieelemente gelten, so können von einem Toleranzindikator aus mehrere Toleranzpfeile ausgehen oder die Bezugslinien können verzweigt werden. Man kann auch die Toleranzpfeile mit einem Querstrich abbrechen und durch einen Großbuchstaben kennzeichnen.

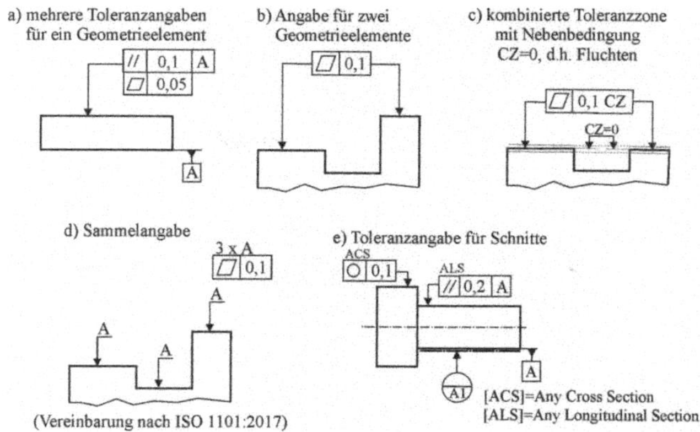

Bild 8.14: Verschiedene Möglichkeiten der Zuweisung einer Toleranz

Im **Fall a)** werden an die Fläche unabhängige Forderungen bezüglich „der Parallelität zu der gegenüberliegenden Bezugsfläche A“ und der „Ebenheit der Fläche in sich“ gestellt. Hiermit wird also die ganze Körperausdehnung erfasst. Im **Fall b)** wird durch die beiden Hinweispfeile eine „Ebenheitsforderung“ an zwei getrennt zu bearbeitenden Flächen (bzw. **Fall c)** gemeinsame Bearbeitung) gestellt. Ähnliches gilt für **Fall d)**, wobei jetzt zur Vereinfachung eine indirekte Zuordnung über Buchstaben gewählt worden ist. Im **Fall e)** bezieht sich die Parallelität auf eine Linie [LE], welche am Umfang in Längsschnitten [ALS] nachzuweisen ist.

Wenn Buchstaben für den Bezug herangezogen werden, kann es möglicherweise einen Konflikt zu „Schnitten“ geben. Zweckmäßig ist es dann, für Schnitte die Buchstabenfolge A, B, C und für die Bezüge X, Y, Z usw. zu wählen.

8.8.2 Gemeinsame Toleranzzone

Es besteht auch die Möglichkeit, eine Toleranzzone auf mehrere Geometrieelemente auszudehnen. Während dies früher als GTZ (= Gemeinsame Toleranzzone) über dem Toleranzindikator stehen musste, ist dies jetzt mit CZ im Toleranzindikator zu vereinbaren. Dies bedeutet:

CZ = „Common Zone“ oder „neu: kombinierte Toleranzzone“.

Die „CZ-Forderung“ ist heute mit Nebenbedingungen des Ortes und der Richtung verknüpft, diese sorgen dafür, dass die „theoretisch exakte Geometrie (TEG)“ eingehalten und Übergänge zwischen Toleranzzonen erfolgen.

Beispiel: Angabe von Toleranzzonen

Der umseitig im *Bild 8.15* gezeigte einen Strömungsverteiler mit Dichtfläche die an einen Filter geschraubt werden. für die Dichtheit müssen die Oberflächen der Flansche möglichst eine gemeinsame glatte Ebene bilden. Diese Forderung kann mit der Gemeinsamen Toleranzzone „CZ“ oder „UF“ (zusammengefasste Geometrie) erzwungen werden.

a) Einzelne Toleranzzonen für jedes Geometrieelement verlangen: Jede Fläche muss in sich eben sein.

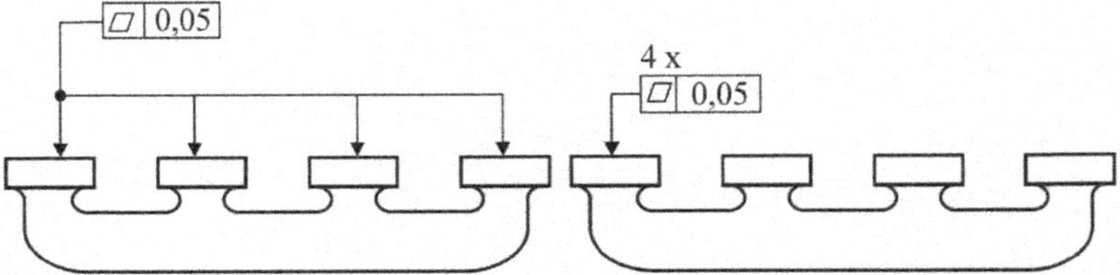

b) Nach ISO 1101 kann über mehrere Geometrieelemente eine gemeinsame Toleranzzone (= CZ) gelegt oder die betroffenen Geometrieelemente (=UF) zusammengefasst werden..

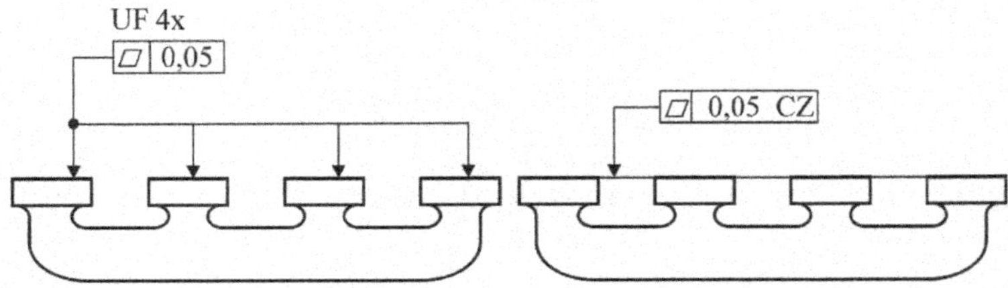

c) Gemeinsame Toleranzzonen mit demselben Wert auf unterschiedliche Flächenniveaus Bedeutung wie unter b), für jede Fläche in einer Aufspannung mit Prüfanforderung.

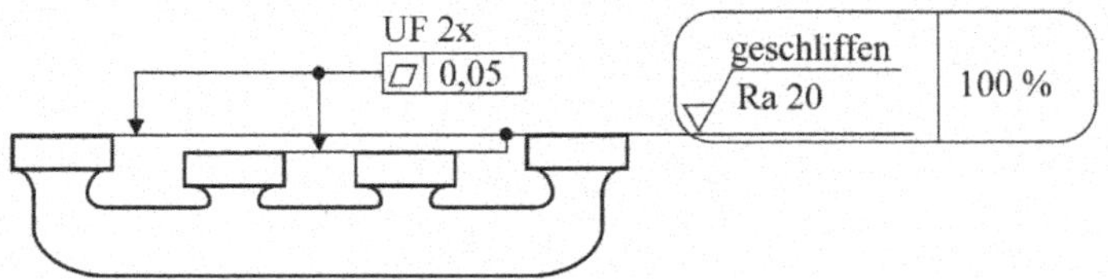

Bild 8.15: Zeichnungseintragung von Toleranzzonen an einem Strömungsverteiler

In der Praxis sind die Eintragungen oft nicht eindeutig, wodurch Folgeprobleme in der Funktion oder im späteren Einsatz entstehen können. Hier bietet die DIN 30-10 noch die Möglichkeit, verschiedene Kennungen anzubringen.

8.8.3 Begrenzung der Toleranzzone

Eine Toleranzzone gilt immer nur für ein Geometrieelement und erstreckt sich über die ganze Ausdehnung des Geometrieelementes. Die Ausdehnung kann aber durch zusätzliche Angaben eingeschränkt werden. Diese maßliche Einschränkung ist dann im Toleranzrahmen zu vereinbaren und gegebenenfalls am Geometrieelement darzustellen.

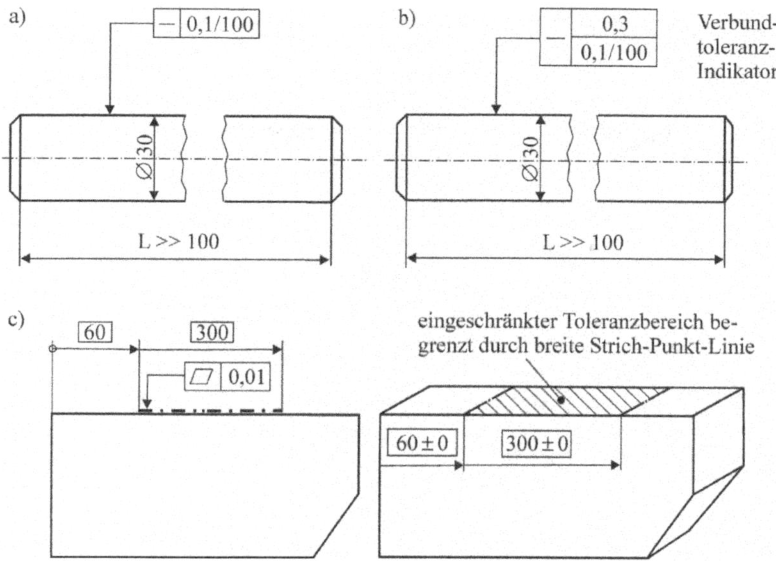

Bild 8.16: Angaben zur begrenzten Länge einer Toleranzzone

In *Bild 8.16* sind die Möglichkeiten der Einschränkung von Toleranzzonen gezeigt:

a) Die Geradheitsabweichung des Bolzens darf auf einer Länge von 100 mm nur um 0,1 mm abweichen, dies gilt an beliebigen Längenabschnitten des Bolzens.

b) Wie a), zusätzlich beträgt jedoch die zulässige Gesamtgeradheitstoleranz über die ganze Länge des Bolzens 0,3 mm.

Die vorstehenden Angaben sind nur sinnvoll, wenn bestimmte Funktionsabschnitte benötigt werden und die Länge des bemaßten Elementes wesentlich länger ist als der separat zu tolerierende Teilbereich.

c) Die Ebenheitstoleranz gilt nur im bemaßten Funktionsbereich, aber über die ganze Tiefe des Werkstückes. In der Zeichnungsebene ist dies durch eine außen *liegende breite Strichpunklinie*[*)] zu kennzeichnen. Die Maße sind dabei vom Ursprung abzunehmen.

8.8.4 Projizierte Toleranzzone

Die Toleranzzone kann auch nach außerhalb des Werkstücks verschoben werden. Dies kann durch eine Paarung mit anderen Teilen nötig werden. Gleichfalls sind auch veränderte Toleranzzonen (s. ISO 10579 ersetzt durch ISO 1101) möglich, wenn das Teil selbst sehr elastisch ist.

[*)] Anm.: Eine außerhalb der Körperkanten liegende Strichpunktlinie wird nach der DIN 6773 auch zur Kennzeichnung von „Härteangaben“ genutzt.

Beispiel: Angabe projizierte Toleranzzone

In der Bohrung der Nylonscheibe soll später ein Mitnehmerbolzen eingefügt werden, der in ein anderes Teil greifen soll. Die Lage der Achse der Bohrung ist deshalb für die Funktion des Werkstückes nicht so wichtig, wesentlich ist die Position, an der sich später der Bolzen befindet. Deshalb muss in diesem Fall die Position des Bolzens toleriert und geprüft werden.

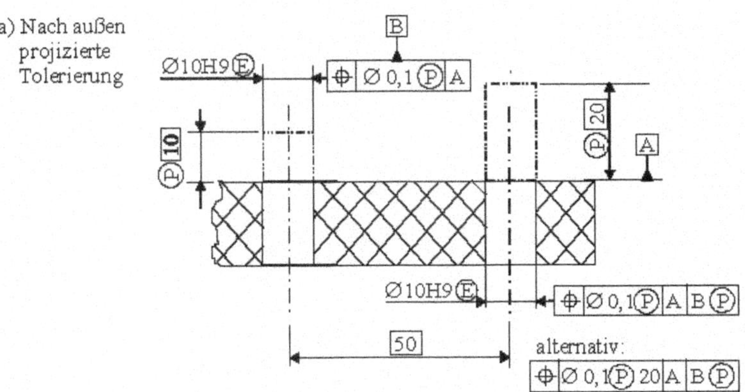

b) Darstellung der Toleranzzone

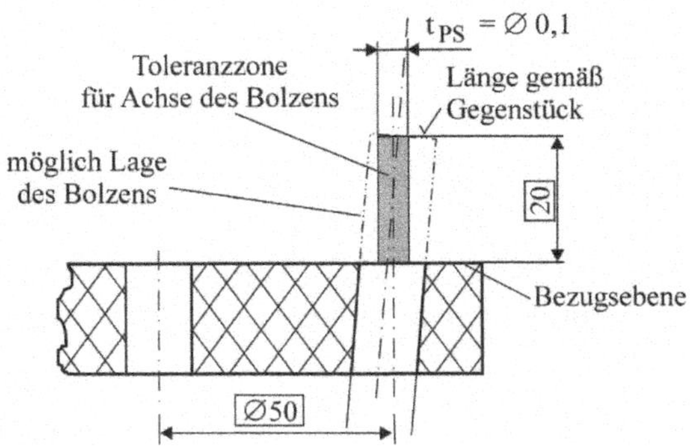

Bild 8.17: Projizierte Toleranzzone am Beispiel eines Zentrierstifts

Die Projizierung der Toleranzzone wird gekennzeichnet durch das mit dem Kreis markierte Ⓟ hinter dem Toleranzwert im Toleranzrahmen und vor dem Maß, das die Projizierung festlegt. Die Länge ist als TED-Maß festzulegen.

Projizierte Toleranzen werden nur bei Ortstoleranzen und nur bei abgeleiteten Geometrieelementen (insbesondere Achsen) angewendet (zur Positionstolerierung s. Kapitel 7.6.2.1).

Die Angabe der Toleranzzone über Ⓟ ist auch messtechnisch sinnvoll, da sich die Schiefstellung über einen spielfrei sitzenden Lehrdorn gut prüfen lässt.

8.9 Bildung von Bezügen

8.9.1 Grundlagen

Zu jeder Lagetoleranz gehören mindestens zwei Geometrieelemente, nämlich das tolerierte Element und das Bezugselement. Um die Lage und/oder Richtung einer Toleranzzone eindeutig festzulegen, müssen geeignete Bezüge *gebildet* werden. Nach der DIN EN ISO 5459[**)] stellt ein Bezug „eine theoretisch genaue Soll-Geometrie" dar, welches eine Ebene, Gerade oder ein Punkt sein kann. Als Beispiel dient hier ein Bauteil, bei dem die Parallelität der Deckflächen funktionswichtig ist. Parallelität muss stets *zu dem gegenüberliegenden Geometrieelement* erfüllt werden.

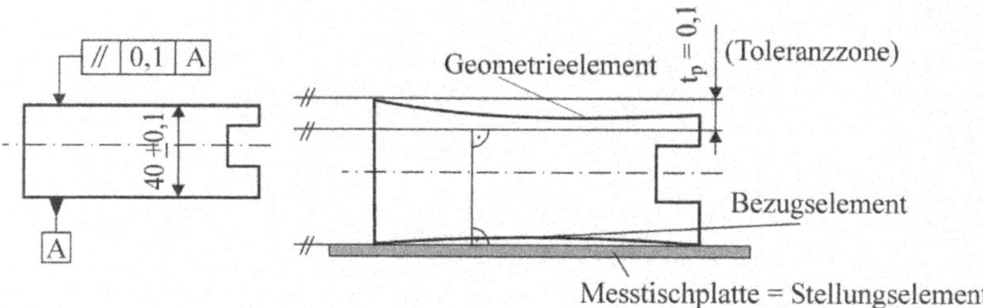

Bild 8.18: Bezugsangabe und reale Bezugsbildung mit perfekter Form

Merke: Bezugselement und Bildung von Bezügen

Das ***Bezugselement*** wird gekennzeichnet durch einen Bezugsindikator. Es ist ein reales Geometrieelement, welches auch noch Formabweichungen haben kann, die aus der Bearbeitung resultieren und die gegebenenfalls eingeschränkt werden müssen, da diese das tolerierte Geometrieelement beeinflussen.

Die ***Bezugsbildung*** ist stets über eine *theoretisch genaue* Sollgeometrie (meist Punkt, Gerade oder Ebene) vorzunehmen, auf das die Lage eines anderen tolerierten Elements bezogen wird.
In der Praxis ist es heute üblich, Bezüge mit Hilfe der Koordinaten-Messtechnik (M. d. k. Q. nach Gauß) direkt vom Werkstück abzuleiten.

Zur „Bildung von Bezügen" ist die Minimum-Bedingung zu benutzen, die hier fordert, dass der größte Abstand zwischen dem Bezugselement und dem Hilfsbezugselement den *kleinst-*

[**)] Anmerkung: In Ergänzung zur DIN EN ISO 5459 wird in der ISO 129 die Problematik der „Stufenmaße" geregelt. Gewöhnlich ist hier ein Bezug über das Ursprungssymbol (⌀→|) zu vereinbaren.

möglichen Wert einnimmt. Sollte das Bezugselement nicht aufliegen, so muss das Bauteil mit geeigneten Auflagern unterlegt werden.

8.9.2 Bezugselemente

8.9.2.1 Kanten und Flächen

Bei der Bezugsbildung ist die Krümmung von Kanten bzw. Flächen die häufigste Formabweichung. Es treten zwei Arten der Krümmung auf:

- **konkav:** Ist das Bezugselement konkav verformt, dann ergibt das an den Ecken berührende Hilfsbezugselement direkt Richtung und Ort des Bezugs an.

und

- **konvex:** Ist das Bezugselement konvex, dann ergibt sich die Bezugsrichtung durch Abstützung des Bezugselements. Die Abstützung muss so erfolgen, dass die beiden Abstände *h* zum Hilfsbezugselement gleich groß werden. Messtechnisch ist hier die Min-Max-Bedingung (früher: Minimum-Wackel-Bedingung;*) heute: Minimax-Bedingung für das Werkstück) zu realisieren.

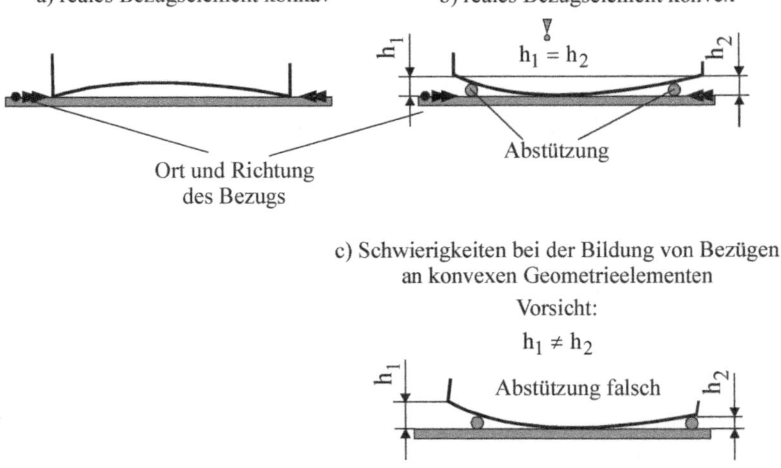

Bild 8.19: Gerade Kante als Bezugselement - konvexe und konkave Formabweichung

An einer konvexen Krümmung kann man praktisch nur schlecht einen einwandfreien Bezug bilden, da für eine waagerechte Ausrichtung des Bauteils eine Abstützung notwendig ist (*Bild 8.19 b + c*). Deshalb sollte man konvexe Bezugskanten möglichst vermeiden. Gemäß DIN EN ISO 1101 kann man konvexe Formabweichungen dadurch ausschließen, dass man „nicht konvex“ an den Toleranzrahmen vermerkt.

---

*) Anmerkung: Mit der Neufassung der ISO 5459: 2012 ist die alte Minimum-Wackel-Bedingung näher spezifiziert worden als „Min-Max-Bedingung“.

Mit Koordinaten-Messmaschinen werden Bezüge durch Gauß'sche Ausgleichsflächen nachgebildet. Beispielsweise würde die Ausgleichsfläche im Bild 8.19 bei $h_i/2$ liegen. Das Messergebnis muss später um diesen theoretischen Abstand korrigiert werden. Die Messmaschinen-Software führt diese Korrektur automatisch durch.

8.9.2.2 Mittelachsen als Bezüge

Als Bezug für eine Bohrung ist die Mittelachse des *kleinsten einbeschriebenen Zylinders* (Pferchkreis) zu nehmen, wobei die Bewegungsmöglichkeit in beliebiger Richtung überall gleich groß sein muss.

Entsprechend ist bei einer Welle die Mittelachse des *kleinsten umschreibenden Zylinders* (Hüllkreis) zu nehmen. Die realen Geometrieelemente stellen daher nie den Bezug dar.

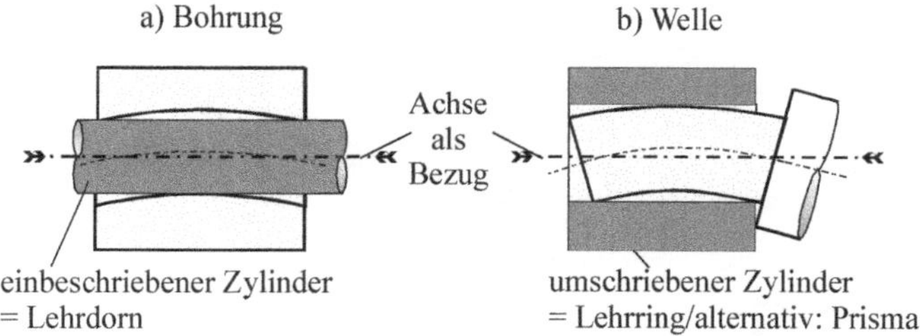

Bild 8.20: Verkörperung der Bezugsachse über einen Dorn bzw. einen Ring

Wie schon hervorgehoben, werden Bezüge in der Praxis meist falsch interpretiert; nach der ISO-Norm sind Bezüge stets wie folgt zu bilden:

- ***Achse einer Bohrung:*** Die Bezugsachse wird gebildet aus der Mittelachse eines spiel- und zwangsfrei in der Bohrung sitzenden (hinreichend idealen) Lehrdorns. Dies ist z. B. ein sich aufdehnender Dorn (bzw. bei Ⓜ ein fester Dorn).
- ***Achse eines Wellenzapfens:*** Die Bezugsachse ist die Mittelachse einer spiel- und zwangsfrei sitzenden Lehrrings. Dies ist z. B. ein Messfutter oder ein fester Ring.
- ***Kegelflächen:*** Analog zu Bohrung und Zapfen ist der Prüfkegel ein anliegendes Nachbarbauteil mit Nennkegelwinkel in hinreichend genauer Gestalt.
- ***Parallelebenen:*** Bei Innenflächen kann z. B. eine Nut das Bezugselement sein, bzw. bei Außenflächen kann dies auch ein Keil sein.

Der Bezug wird somit immer durch ein ideales Hilfs-Geometrieelement (perfekter Form) verkörpert, welches gewöhnlich nicht identisch ist mit dem realen Geometrieelement. Daher sagt die Norm auch: *Ein Bezug ist entsprechend zu bilden.*

8.10 Zeichnungseintragung von Bezügen

Ein Bezugselement ohne Formanforderung wird durch ein Bezugsindikator markiert. Das Bezugsdreieck kann sowohl ausgefüllt als auch nur als Umriss ausgeführt werden. Auf dieses Bezugsdreieck weist ein Bezugsbuchstabe im quadratischen Rahmen (*Bild 8.21*) hin.

Die für Geometrieelemente geltenden Regeln können sinngemäß auch auf Bezugselemente übertragen werden. Hierzu gehört insbesondere die Eingrenzung von Fertigungsabweichungen durch Geometrietoleranzen, da auch Bezugsflächen real sind. D. h., dass auch Bezüge mit geometrischen Toleranzen versehen werden können.

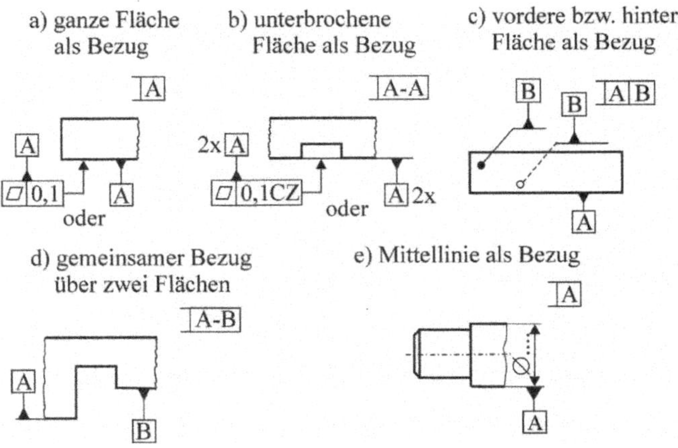

Bild 8.21: Kennzeichnung eines Bezugselements nach DIN EN ISO 5459

Für Bezüge gilt ebenso wie für Geometrieelemente:

- Steht das Bezugsdreieck direkt auf dem Maßpfeil, so ist das Bezugselement ein abgeleitetes Geometrieelement, d. h. eine Achse oder Mittelebene.
- Bei realen Bezugselementen (neu: integrale Geometrieelemente, d. h. Oberflächen oder Linien auf Oberflächen) steht das Bezugsdreieck mindestens 4 mm vom Maßpfeil entfernt.

Früher wurde vielfach der so genannte „direkte Bezug" (Bezugsdreieck stand direkt auf der Achse, Mittelebene oder Fläche) genutzt. Mit der Neufassung der Bezüge-Norm soll aber der direkte Bezug nicht mehr verwandt werden.

Die Problematik des Bezuges ist auch überlagert mit der Referenzbildung (ISO 16570 für Referenzflächen und ISO 129 für Ursprungssymbol), welche für Stufen-[*)], Abstands- und Winkelmaße außerhalb der ISO 1101 einzuführen ist. Referenzen werden weiter benötigt, um von Kanten ausgehende Geometrieelemente oder NC-gerecht von einem festen Nullpunkt aus zu vermaßen.

[*)] Anm.: Ein Stufenmaß ist definiert als Abstand zwischen einer Bezugsfläche und einem gegenüberliegenden Punkt auf einer Fläche.

In der Neufassung der Bezüge-Norm sind als Neuerung auch *bewegliche Bezugsstellen* eingeführt worden. Dieser Modifikator soll benutz werden, wenn größere Maßabweichungen (z. B. Spritzguss, Schmiede- oder Gussteile, Dünnbleche) auftreten und dennoch eindeutig für einen Bezug gelagert werden soll.

Bezugsstellen werden somit benutzt, wenn für einen Bezug nicht das ganze Geometrieelement, sondern nur Teile (Punkte, Linien, Flächen) herangezogen werden soll, dies ermöglicht reproduzierbare Messergebnisse. Im *Bild 8.22* ist ein derartiger Anwendungsfall konstruiert worden, auf den sich im Weiteren noch Lagetoleranzen beziehen können.

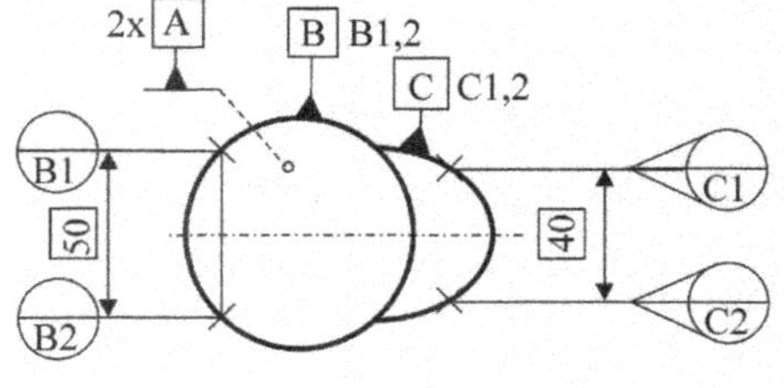

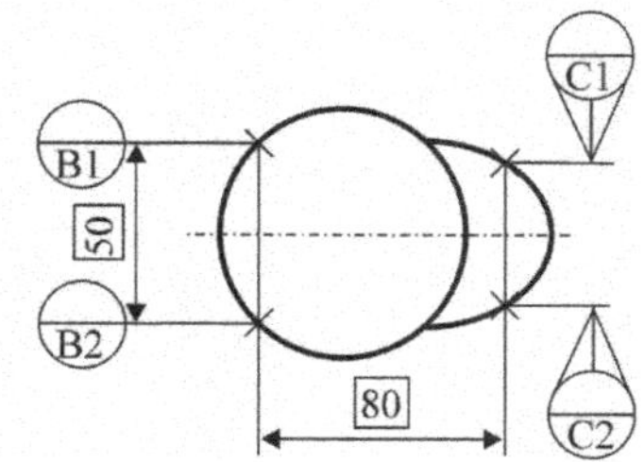

a) Das Formteil soll auf dem Primärbezug 2xA (gemeinsame Auflage von zwei Flächen) aufliegen, an den beiden festen sekundär Bezugsstellen B1,B2 anliegen und mittels den beiden beweglichen Tertiär-Bezugsstellen C1,C2 in einem festen Abstand fixiert werden. Die Beweglichkeit soll rechtwinklig zu den Bezugsstellen unterdrückt werden.

b) es soll dasselbe Formteil wie unter a) vorliegen.

Die Beweglichkeit soll nun parallel in einem festen Abstand zu B1,B2 unterdrückt werden.

Bild 8.22: Einführung beweglicher Bezugsstellen an Kunststoff-, Schmiede- oder Gussformteilen

Die in dem Beispiel benutzen *„festen Bezugsstellen“* und *„beweglichen Bezugsstellen“* werden in der Praxis durch Hilfselemente gebildet

8.10.1 Mehrere Bezugselemente

Soll ein einzelner Bezug aus mehreren gleichberechtigten Elementen (so genannter gemeinsamer Bezug) gebildet werden, so ist für jedes Element ein Bezugsdreieck mit eigenem Buchstaben zu verwenden. Eine Eintragung „GTZ“ (alte Norm) oder „CZ“ (neue Norm) wie bei den Toleranzen ist bei Bezügen seitens der Normung jedoch *nicht* vereinbart.

Die Norm bietet hier die Möglichkeit mehrere Flächen, die für einen gemeinsamen Bezug heranzuziehen sind, diese werden mit einer „Maßhilfslinie“ verbunden und neben der Bezugsangabe die Anzahl der zusammengefassten Flächen angegeben. In der ISO 1101 sind hierzu verschiedene Beispiele gegeben.

Im Weiteren ist der einfachere Fall des „gemeinsamen Bezugs“ gegeben. Dieser Fall ist beispielsweise zweckmäßig bei dynamischen Toleranzen, wenn sich wie in der nachfolgenden Konstruktion, ein Geometrieelement in der Anwendung um bestimmte Lagerstellen (A und B) drehen muss.

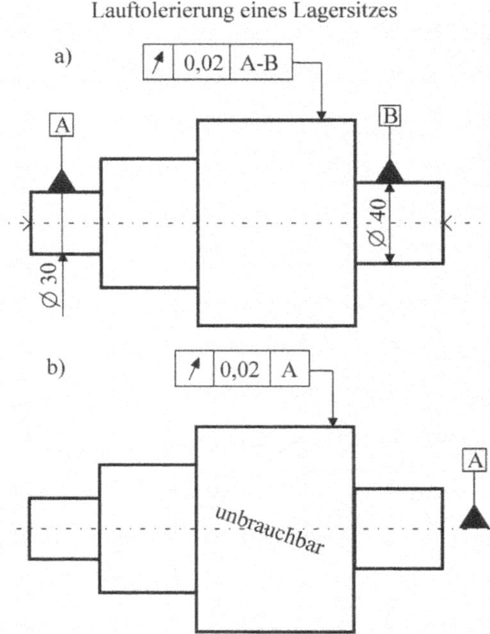

Wird ein Bezug z. B. aus den Buchstaben **A** und **B** gebildet, heißt er gemeinsamer Bezug **A - B**.

Dies ist gewöhnlich bei Nabensitzen notwendig, die eine bestimmte Ausrichtung zu den Lagerstellen benötigen.

Der im *Bild 8.23* verlangte gemeinsame Bezug kann entweder durch umschließende Aufnahmen mittels *Prüfprismen* oder zwischen *zwei koaxiale Spitzen* dargestellt bzw. ausgeführt werden. Nach Norm sind beide Möglichkeiten zulässig.

Bild 8.23: Gemeinsame Bezugsbildung zur Lauftolerierung eines Lagersitzes (Aufnahme zwischen den Spitzen ist angedeutet).

Die Angabe nach **Version *b)*** findet man oft in der Praxis, ist aber unbrauchbar, da man aus dieser Angabe nicht entnehmen kann, wo die Welle zur Messung des Rundlaufs gelagert werden soll. Es ist somit nicht klar erkennbar, wie der Bezug zu bilden ist.

Die Angabe zur **Version *a)*** gibt hingegen eindeutig an, dass für die Welle zur Messung des Rundlaufs ein gemeinsamer Bezug aus den Lagersitzen zu bilden ist. Bei Angaben des *einfachen Laufs* ist je Messung nur eine Umdrehung der Welle erforderlich, welche recht gut über die Spitzen eingeleitet werden kann. Wird hingegen der Gesamtlauf gefordert, so muss eine permanente Rotation eingeleitet werden, welches besser über die Lagerspitzen erfolgen kann.

8.10.2 Bezug aus mehreren Bezugsflächen

Wenn eine Bezugsebene aus mehreren einzelnen Flächen zu bilden ist, gibt es verschiedene Möglichkeiten der Zeichnungseintragung, und zwar über

a) ***Einzelne Kennbuchstaben*** für jede Einzelfläche: Im Toleranzrahmen bedeutet dies oft „gemeinsamer" Bezug.

b) ***Kennbuchstabe auf der Maßhilfslinie:*** In der ISO 5459 ist der gemeinsame Bezug über eine Maßhilfslinie noch zulässig, wenn dies nicht zu Unklarheiten führt. Besser ist dann, die Anzahl der Bezugsflächen anzugeben.

Kennbuchstabe auf außenliegender Strichpunktlinie: Dies entspricht dem Vorgehen für gemeinsame Toleranzzonen (s. dazu auch ISO 1101:2008). Angewendet wird dies, wenn die Bezugsflächen durch Bearbeitung entstehen.

und

c) **Begrenzte Bezüge:** Sollen an Werkstücken nur einzelne durch genaue Bearbeitung hergestellte Bezüge benutzt werden, so sind diese durch eine außenliegende bemaßte Strichpunktlinie zu kennzeichnen.

a) einzelne Kennbuchstaben

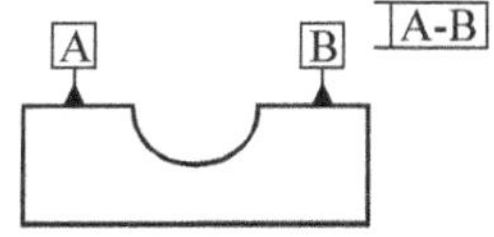

b) Kennbuchstabe für gemeinsamen Bezug

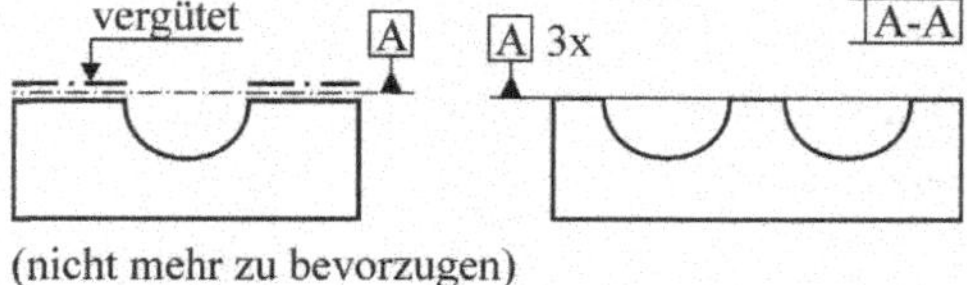

(nicht mehr zu bevorzugen)

c) eingeschränkte Bezugsflächen

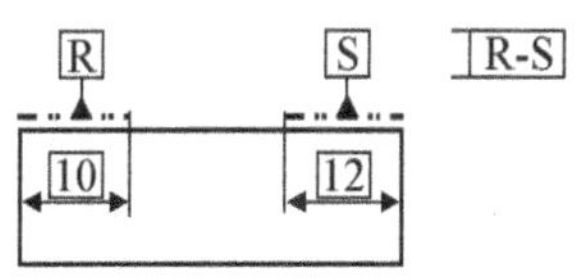

(Rohteile: R, S, T nach DIN 406)

Bild 8.24: Möglichkeiten zur Angabe von Bezugsflächen bei spanender Bearbeitung an Bauteilen/Werkzeugen

Die Bezüge im *Bild 8.24* gelten immer über die ganze Ausdehnung (hier Tiefenausdehnung) eines Formelementes, insofern handelt es sich vereinbarungsgemäß um Bezugsflächen. Bei der Prüfung darf das Bezugselement nie mit dem tolerierten Element vertauscht werden.

8.10.3 Bezugsstellenangaben

Bei ur- oder umgeformten Bauteilen (Spritzguss, St-Guss, Dünnbleche) können die Bezüge teils beträchtlich von ihrer idealen Form abweichen, deshalb kann die Festlegung einer Gesamtfläche als Bezug zu erheblichen Abweichungen und mangelnder Reproduzierbarkeit führen. Sinnvoll ist daher eine Begrenzung auf Bezugsstellen. (s. ISO 5459).

In diesem Zusammenhang ist zwischen bearbeiteten Bezugsstellen (A, B, C) oder rohen Bezugsstellen (R, S, T) zu unterscheiden, siehe DIN 406-11:2000 bzw. die Darstellungen im folgenden *Bild 8.25.*

Merke: Bearbeitete oder rohe Bezugsstellenangabe

Bei ungenauen Bezugsflächen müssen Bezugsstellen festgelegt werden:
Wenn die Bezugsflächen an einem Bauteil im Vergleich zu den sonstigen Geometrietoleranzen relativ große Formabweichungen aufweisen und diese nicht eingeengt werden sollen, so können Bezugsstellen (ISO 5459) angegeben werden.

Möglichst sollten bearbeitete (A,B,C) mit Strich-Punkt- und rohe Bezugsstellen (R,S.T) mit Strich-Zweipunkt-Umrahmung unterscheidbar gekennzeichnet werden.

Bezugsstellen müssen mit „theoretisch genauen Maßen" festgelegt werden, und zwar von einer reproduzierbaren Kante oder Fläche aus:

a) **Flächig:** Eingezeichnet mit einer schraffierten Fläche, die von einer *Strich-Zweipunkt-Linie* umrandet ist.
Beispiel: Auf vordere bzw. hintere Stirnfläche

b) **Linienförmig:** Dargestellt als Linie zwischen zwei Kreuzen oder geschlossener Kreis
Beispiel: Auf einer gewölbten Fläche bzw. Vorderfläche

und

c) **Punktförmig:** Gekennzeichnet als Kreuz
Beispiel: Beweglicher Punkt auf der Oberfläche einer Halbkugel

a) Vorderansicht b) Seitenansicht c) Draufsicht auf Kuppel

15 x 12
A1
□8
A2
A A1, 2, 3
⌀10
A3
20
25
B2
B B1, 2
20
B1
S⌀20
R R1
R1
R
(R = roh)

ISO 8062 (SUP)
(Angabe: Zwischenbearbeitet vom Hersteller)

Bild 8.25: Zeichnungseintragung von Bezügen über Bezugsstellen; Verwendung von Bezugsstellenrahmen, einer beweglichen Bezugsstelle und des Ursprungssymbols

8.11 Bildung von Bezugssystemen

Um ein unregelmäßiges Teil im Raum*) zu fixieren, benötigt man sechs Aufnahmepunkte (3-2-1-Regel/ RPS-Bezugsstellen) bei eigensteifen Teilen. Die ersten drei spannen die Primärebene auf. Die nächsten zwei Punkte bilden die Sekundärebene. Durch den letzten Punkt wird die Tertiärebene aufgespannt. Alle drei Ebenen (s. *Bild* 8.26) stehen senkrecht zueinander. Somit sind sechs Freiheitsgrade blockiert.

Bezugssystem auf der Messtischplatte:

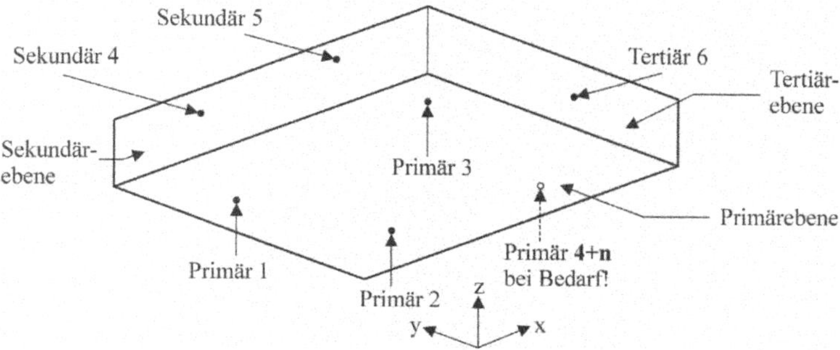

Bild 8.26: Festlegungen im Referenz-Punkte-System

Die Bezugsstellen sollen so weit wie möglich auseinander liegen. Eventuell ist ein vierter oder n-ter Primärpunkt notwendig, z. B. bei nicht-eigensteifen Teilen (weiche Kunststoffe, Gummi o.ä.).

Merke: Eintragung von Bezügen und Bezugssystemen

Eintragung von gemeinsamen Bezügen A und B oder n × A mit gleicher Rangordnung (die nicht unbedingt in einer Ebene liegen müssen):

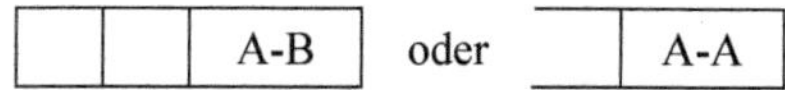

Eintragung eines rechtwinkligen Bezugsystems aus den Bezügen A, B und C mit unterschiedlicher Rangordnung:

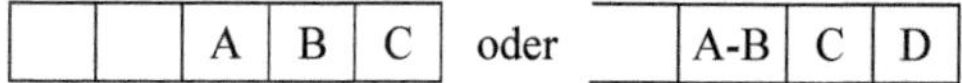

Eintragung eines Bezuges A, welcher aus einer Gruppe von Geometrieelementen mit *festem* bzw. *veränderlichem* Abstand gebildet wird:

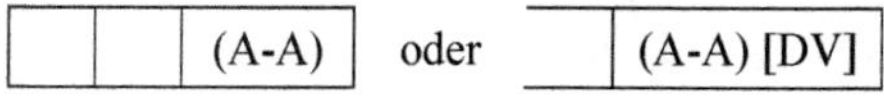

Im *Bild 8.27* und *Bild 8.28* sei die Positionierung eines Bauteils prinziphaft diskutiert.

---

*) Anmerkung: Der ASME-Standard (bzw. VW-Norm 01055) verlangt für alle Bauteile die 3-2-1-Regel, während ISO 5459 für Richtungstoleranzen nur ein oder zwei Bezüge bzw. für Lagetoleranzen drei senkrechte Ausrichtungsebenen fordert.

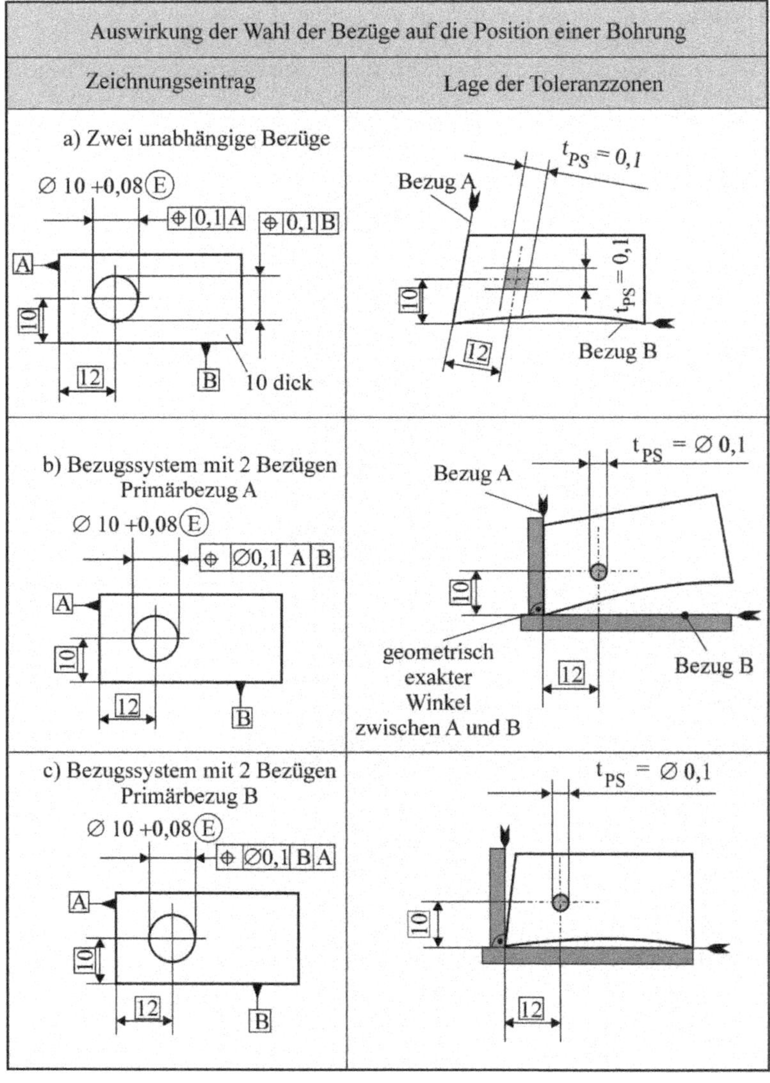

Bild 8.27: Festlegung der Position einer Bohrung durch Bezüge
a) mit zwei unabhängigen Bezügen
b) und c) mit einem rechtwinkligen Bezugssystem in der Ebene
(Schraffur hebt das Bezugssystem und den Toleranzzylinder hervor.)

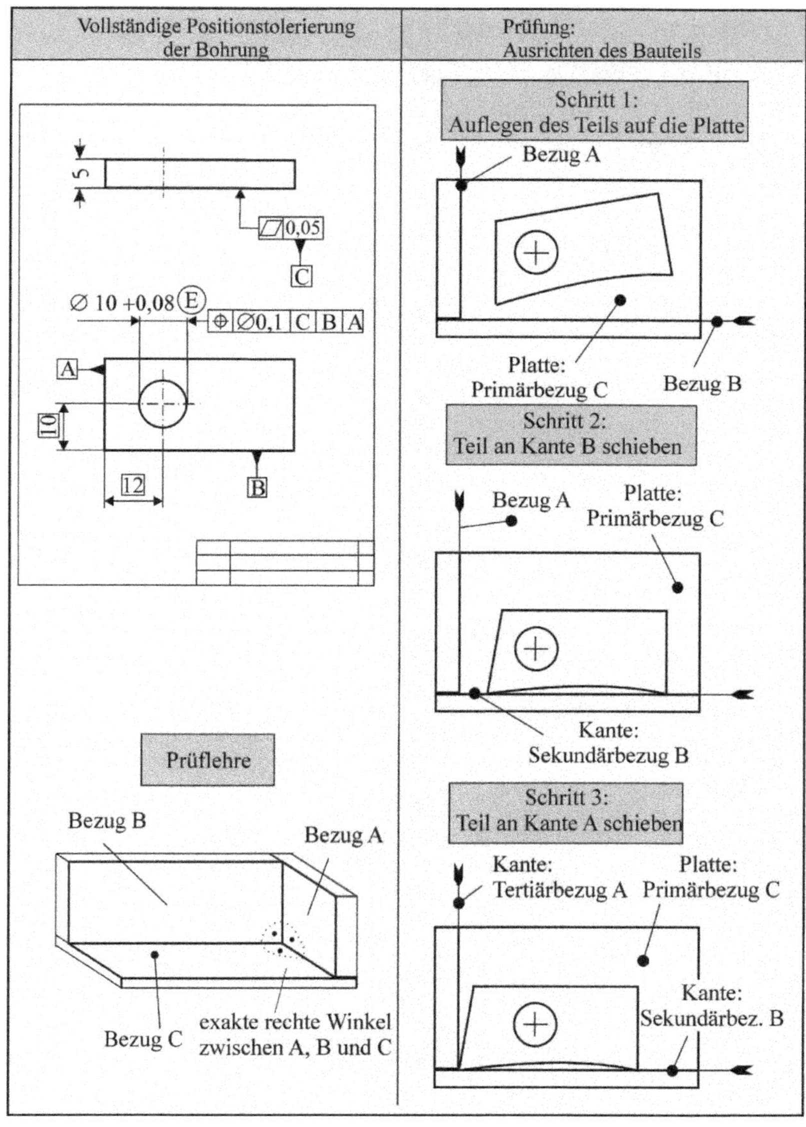

Bild 8.28: Positionstolerierung und eindeutige Ausrichtung eines dünnen Bauteils in einem vollständigen räumlichen Bezugssystem (drei senkrecht aufeinanderstehende Ebenen)

8.12 Referenzen als Hilfsbezüge

Im Normenwerk war bisher der Richtungsbezug bei sogenannten Stufen- und Abstandsmaßen (s. *Bild 8.29*) oder die Referenzierung durch Punkte, Linien oder Hilfsflächen nicht geregelt.

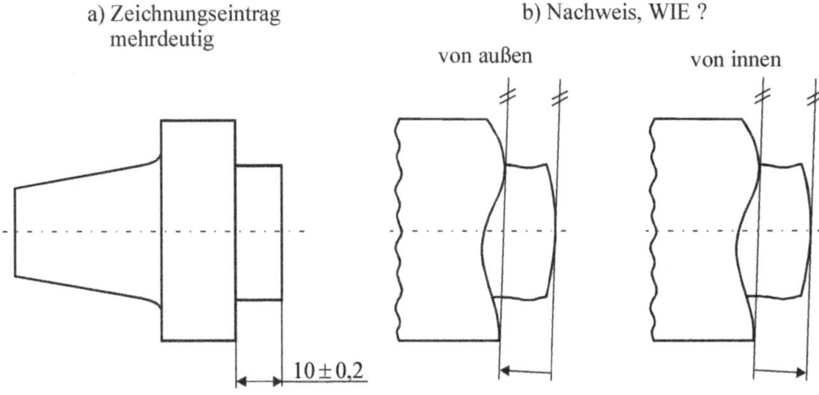

Bild 8.29: Referenzproblematik bei Stufenmaßen

Bei Stufenmaßen muss beispielsweise eine Fläche als Referenz für die Messrichtung genommen werden. Referenzen sind wie Bezüge am Bauteil nach der bekannten „Minimum-Wackel-Bedingung" zu bilden. Hiermit ist ein Ausgleich über die gesamte Länge eines Bezuges mit einem Hilfsbezugselement gemeint

Im *Bild 8.30* ist für die Richtung eines Maßes über das Ursprungssymbol nach ISO 129 (s. auch DIN 406-T.11) festgelegt worden.

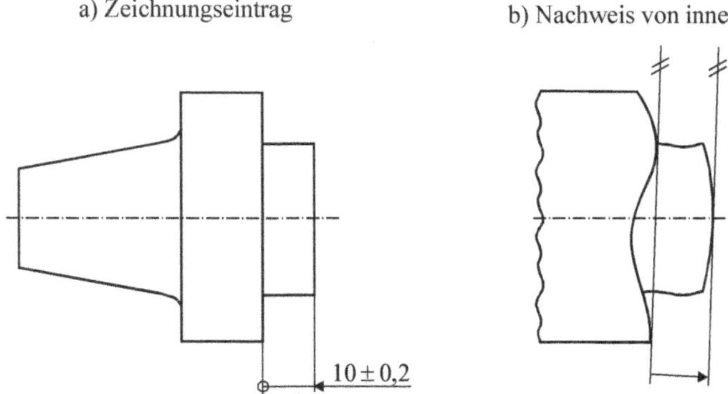

Bild 8.30: Stufenmaß mit Ursprungssymbol

Über das Ursprungssymbol ist die Referenzebene und die gewollte Messrichtung eindeutig gekennzeichnet. Falls das Ursprungssymbol nicht benutzt wird, sind die beiden Referenzmöglichkeiten zulässig.

Alternativ zum Ursprungssymbol kann die Situation auch eindeutig mit einer Positions- oder Flächenformtoleranz bemaßt werden.

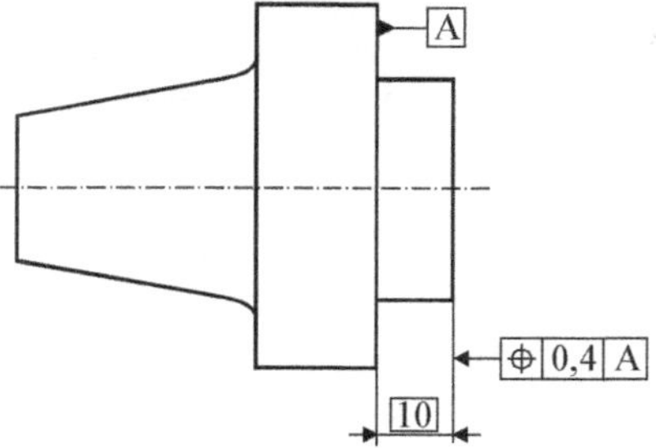

Bild 8.31: Stufenmaßfestlegung mittels Positionstoleranz

Weitere Referenzierungen im Zusammenhang mit Form- und Lagetoleranzen für Punkte, Geraden/Achsen und Hilfsebenen zeigt das folgende *Bild 8.32,* auch hier sollen die Spezifizierungen des Bezugs durch A[xx] für eine größere Eindeutigkeit beim messtechnischen Nachweis sorgen.

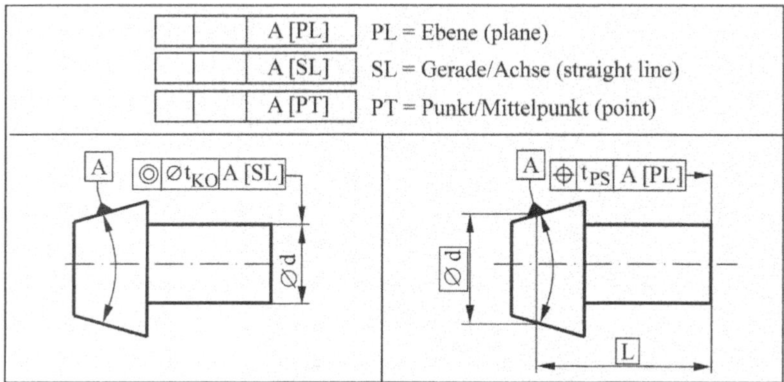

Bild 8.32: Besondere Referenzen nach ISO 5459

9 Tolerierungsprinzipien

9.1 Anforderungen an Zeichnungen

Das Prinzip jeder Herstellung von Produkten in Serie beruht darauf, dass nach vereinbarten Vorgaben (d. h. CAD-Datensätze oder Hand-Zeichnungen) gefertigt werden kann. Dazu müssen Zeichnungen eindeutig und vollständig sein. Dies bedingt nicht nur eine richtige Darstellungsweise, sondern auch die Angabe aller Maße, Maßtoleranzen, Form- und Lagetoleranzen, Allgemeintoleranzen sowie die Wahl eines Tolerierungsgrundsatzes. Innerhalb einer Zeichnung muss ein durchgängiges Prinzip verwandt werden, woraus weiter abgeleitet werden kann, dass in einem Unternehmen möglichst nur ein Prinzip vorherrschen sollte. Im Normenwesen hat man zwei Tolerierungsgrundsätze festgeschrieben, die im Zusammenspiel mit den wichtigen geometriebestimmenden Form- und Lagetoleranzen zu völlig unterschiedlichen Ergebnissen mit entsprechenden Folgekonsequenzen führen.

9.2 Funktionsbeschreibung

Die zuvor eingeführten Geometrietoleranzen müssen nicht nur mit der Maßtolerierung harmonieren, sondern auch Funktionsanforderungen, wie beispielsweise die Passungsfähigkeit, gewährleisten /BOH 98/ können. Mit diesem Ziel sollen im Weiteren einige Grundbegriffe (siehe *Bild 9.1*) zur dimensionellen und geometrischen Dimensionierung (siehe ISO 14660) eingeführt und beschrieben werden.

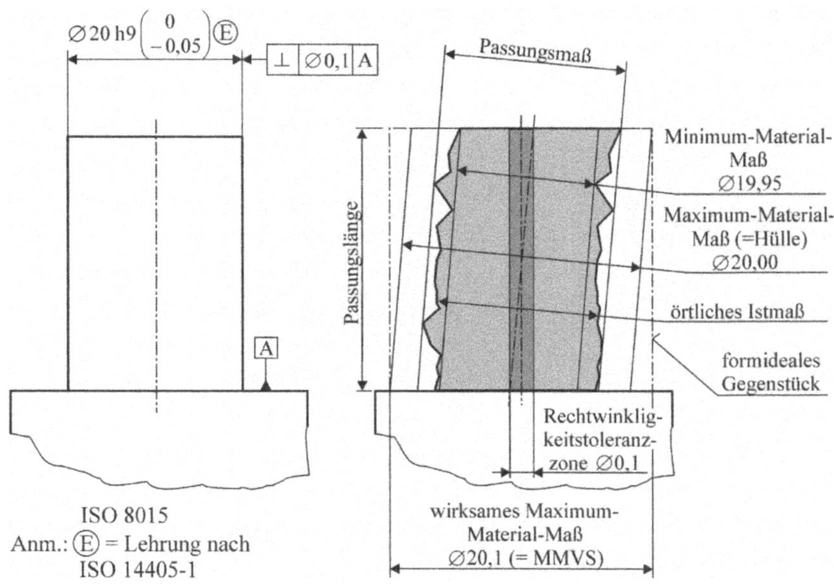

Bild 9.1: Normgerechte Maß- und Zustandsdefinitionen an einem Geometrieelement

9.2.1 Maximum-Material-Zustand/ MMC

MMC ist nach DIN EN ISO 2692 der Zustand, in dem das Istmaß des Geometrieelementes überall gleich dem maximalen Grenzmaß ist. Das Material des Geometrieelementes hat dann sein Maximum (MMC), welches die *geometrische ideale Hülle* definiert.

Bei einer Bohrung ist MMC das Mindestmaß, bei einer Welle ist MMC das Höchstmaß. Für eine Bohrung wird dies einsichtig, wenn man sich um die Bohrung einen Kontrollraum denkt, der bei der kleinsten Bohrung somit maximales Volumen aufweist.

Nach ISO 8015 darf ein Geometrieelement im Maximum-Material-Zustand seine Form- und Lagetoleranzen noch voll ausnutzen. Der wirksame Zustand mit MMVS (als fiktives Umschreibungsvolumen) begrenzt dies jedoch. In Verbindung mit einer *Lagetoleranz* liegt aber keine aufgeweitete Hülle vor. Die Hülle erstreckt sich nur über das Formelement.

9.2.2 Maximum-Material-Maß

Englisch: **m**aximum **m**aterial **s**ize Abkürzung: **MMS**

MMS ist das Grenzmaß, bei dem ein Maximum an Material eines Geometrieelementes vorliegt – bei einer Welle ist dies immer das Höchstmaß, bei einer Bohrung immer das Mindestmaß. Mit MMS wird der *Maximum-Material-Zustand* beschrieben.

9.2.3 Minimum-Material-Zustand/ LMC

LMC ist (analog zum Maximum-Material-Zustand) der Zustand, bei dem das Istmaß des Geometrieelementes an jeder Stelle gleich dem minimalen Grenzmaß ist. Das Material des Geometrieelementes hat sein Minimum. Bei einer Bohrung ist dies das Höchstmaß, bei einer Welle ist dies das Mindestmaß.

9.2.4 Minimum-Material-Maß

Englisch: **l**east **m**aterial **s**ize / Abkürzung: **LMS**

LMS ist das Maß, bei dem das Geometrieelement den Minimum-Material-Zustand bzw. das Minimum-Material-Maß hat.

9.2.5 Material-Bedingungen

Die Materialbedingungen (nach ISO 2692: Ⓜ, Ⓛ evtl. Ⓡ) haben bei der Bauteilauslegung die wichtige Aufgabe, die Paarbarkeit, Funktionssicherheit und Wirtschaftlichkeit sicherzustellen:

- Die Maximim-Material-Bedingung (MMR) wird herangezogen, um durch erweiterte F+L- Toleranzen zu einer insgesamt funktions- und paarungsgerechten Auslegung zu gelangen.

- Die Minimum-Material-Bedingung (LMR) wird herangezogen, um z. B. die Mindestwandstärke zwischen zwei symmetrisch oder koaxial liegenden Maßelementen zu sichern.

- Die Reziprozitäts- oder Wechselwirkungsbedingung (RPR) wird zusätzlich zur MMR oder LMR herangezogen, um die Maßtoleranz um die nicht ausgenutzte Geometrietoleranz erweitern zu können.

9.2.6 Wirksames Maximum-Material-Maß

Englisch: **m**aximum **m**aterial **v**irtual **s**ize / Abkürzung: **MMVS**

Die Maximum-Material-Virtual-Grenze oder der „wirksame Zustand" ist das Maß der gedachten Umhüllung und entspricht dem Maß des zu paarenden formidealen Gegenstücks. Dieses Maß ergibt sich aus der gemeinsamen Wirkung des Maximum-Material-Maßes (MMS) und der Form- und Lagetoleranz (Form, Richtung, Ort) des *abgeleiteten* Geometrieelementes desselben Maßelementes.

Für Wellen: MMVS = MMS + (Form- oder Lagetoleranz)
Für Bohrungen: MMVS = MMS – (Form- oder Lagetoleranz)

Entsprechend existiert auch eine wirksame Minimum-Material-Virtual-Grenze (LMVS).

9.3 Der Taylor'sche Prüfgrundsatz

Seit Beginn der industriellen Produktion erfolgt die maßliche Überprüfung der Werkstückgeometrie durch „physische Lehrung". Sie ist stets eine funktionsorientierte Prüfung, und es soll so geprüft werden, wie es der spätere Einsatz erfordert. Der hieraus abgeleitete Taylor'sche Prüfgrundsatz entstand somit, bevor Form- und Lagetoleranzen festgelegt wurden. Er basiert auf der Tatsache, dass das Mindestspiel bei Maximum-Material-Grenzmaßen nur dann vorhanden ist, wenn das Bauteil *keine zusätzlichen Formabweichungen* aufweist. Nach Taylor gilt folgender *Grundsatz*: Die Gutseite einer starren Lehre muss dem idealen Gegenstück eines Geometrieelementes entsprechen, um die Paarungsmöglichkeit des Werkstücks zu prüfen. Die Ausschussseite braucht nur punktweise das Gegenstück zu prüfen, um örtliche Maßüberschreitungen festzustellen, welche die Toleranz überschreiten.

Merke: Taylor'scher Prüfgrundsatz: Gutprüfung nach ISO R 1938 : 1971

Die ***Gutprüfung*** wird als Paarungsprüfung mit einer „starren" Lehre, die über die ganze Länge des Geometrieelementes geht, durchgeführt. Die Gutseite MMS stellt demnach das **formideale Gegenstück** zur Bohrung mit Maximum-Material-Virtual-Maß MMVS dar. Die Gutseite einer Taylor'schen Prüflehre verkörpert somit die „Hülle". Es ist für die Gutprüfung ***notwendig***, dass die Prüfbedingung ***über die Paarungslänge erfüllt*** wird.

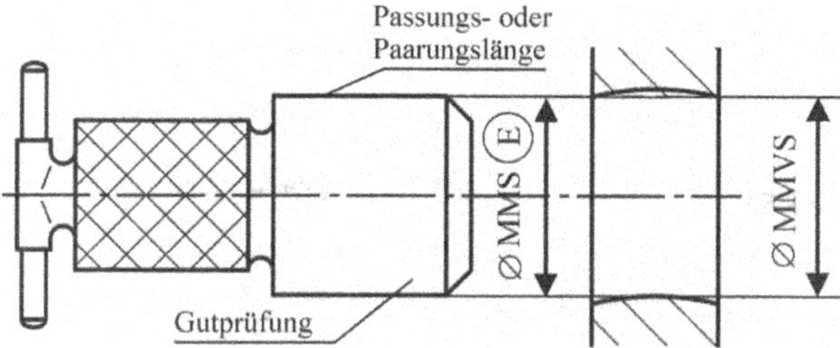

Bild 9.2: Starre Lehre nach Taylor (engl. Pat. Nr. 6900 von 1905) für Bohrungen

Bild 9.2 und Bild 9.3 zeigen eine Lehre, die zur Gut- und Ausschussprüfung einer Bohrung nach dem Taylor'schen Prüfgrundsatz dient.

Bei der Bohrung wird stets geprüft, ob die Form eingehalten wird, d. h. das ideale Gegenstück mit Maximum-Material-Maß (MMS) gepaart werden kann. Weiter wird im Zweipunkt-Messverfahren nach ISO 14405*) geprüft, ob das Minimum-Material Maß (LMS = größte Bohrung) nicht überschritten wird.

Merke: Taylor'scher Prüfgrundsatz: Ausschussprüfung nach ISO R 1938

Die Ausschussprüfung ist eine Einzelprüfung im Zweipunktmessverfahren.
Es ist für die Ausschussprüfung ***hinreichend***, dass die Gutbedingung ***an einer Stelle nicht erfüllt*** wird, d. h. die Bohrung zu groß ist (nach ISO: Default Definition).

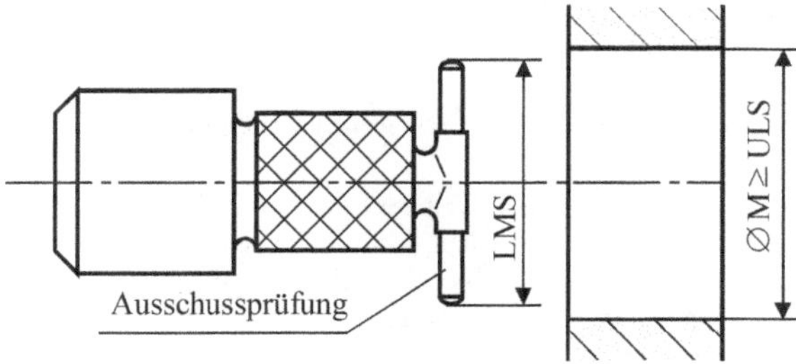

Bild 9.3: Ausschussprüfung nach Taylor als LML-Prüfung

Die Darstellung beruht auf einer physischen Lehrung, welches heute aber weitestgehend durch die Koordinaten-Messtechnik abgelöst worden ist. Es liegt hiernach in der Kompetenz der Messtechnik, ob physische oder virtuelle mit einem KMG gelehrt wird.

*) Anmerkung: Zur Definition von Paarungen, Passungen und der Hüllbedingung s. ISO 14405-1: Standardspezifikation „LP“ = Zweipunktmaß, „E“ für Hülle (Passungen etc.)

Merke: Taylor'scher Prüfgrundsatz: Messprinzip

Der Taylor'sche Prüfgrundsatz /TRU 97/ definiert: Bei umhüllend zu paarenden Bauteilen ist auf der Gutseite die Paarbarkeit zu prüfen. Mit der Ausschussseite sind sämtliche voneinander unabhängige Istmaße getrennt zu erfassen.

Messprinzip: ***Gut*** = Prüfbedingung ***überall*** erfüllt.
Ausschuss = Prüfbedingung ***an mindestens einer Stelle nicht*** erfüllt.

Diese Aussage gilt für starre Lehren und natürlich auch für so genannte Spreizdorne (können auch MMVS prüfen).

Im Laufe der Jahre ist der *alte* Taylor'sche Prüfgrundsatz von *Weinhold* erweitert worden, und zwar sollen Lehren neben der Form auch die Lage von Geometrieelementen prüfen können. Wenn beispielsweise eine Bohrung auch einer Rechtwinkligkeitsforderung bezüglich einer Werkstückebene genügen muss, muss auch der Prüfdorn senkrecht zu dieser Ebene stehen. In der erweiterten Formulierung ist deshalb zu fordern:

„Die Gutlehre muss alle Elemente, die bei der Paarung zugleich beteiligt sind, gemeinsam erfassen. Es müssen bei der Lehrung Werkstück und Gutlehre alle Relativlagen einnehmen, die zwischen dem Werkstück und seinem Gegenstück vorkommen können oder durch zusätzliche Lagebedingungen vorgeschrieben sind /PFE 01/.“

9.4 Unabhängigkeitsprinzip

Das Unabhängigkeitsprinzip ist als Tolerierungsgrundsatz in der DIN EN ISO 8015:2011 genormt. Fehlte auf einer technischen Zeichnung der Hinweis auf den verwendeten Tolerierungsgrundsatz, so galt früher in Deutschland automatisch das Hüllprinzip nach DIN 7167.

***Merke: Obligater Zeichnungseintrag* „Tolerierung ISO 8015“**

Neue Zeichnungen sollten nach ISO 8015 aufgebaut werden. Diese regelt den Zusammenhang zwischen den Maßtoleranzen und *allen* Form- und Lagetoleranzen. Soll für eine technische Zeichnung das Unabhängigkeitsprinzip gelten, so muss auf dieser ein Hinweis auf die Norm gegeben werden.

Das Unabhängigkeitsprinzip sagt aus: „*Jede* in einer Zeichnung angegebene Anforderung für Maß-, Form- und Lagetoleranzen muss *unabhängig* voneinander eingehalten werden, falls nicht eine besondere Beziehung (s. ISO 2692) angegeben wird.“ Wird hingegen eine Beziehung, z. B. ein Toleranzausgleich, gewünscht, so kann dieser über Ⓜ, Ⓛ oder eventuell Ⓡ hergestellt werden. Mittels eines derartigen Kompensationsprinzips kann regelmäßig ein Kostenvorteil erzielt werden. Für den Nachweis gilt: Gemäß dem Tolerierungsprinzip müssen die eingrenzenden Toleranzen mit einer Zweipunktmessung und Lehrung nachgewiesen werden. Die Lehre ist so abzustimmen, dass sowohl die Geometrie als auch die Funktion nachgewiesen werden kann. Es ist meist nicht ausreichend, nur eine Messung durchzuführen. Soll für ein Maß eine *Hülle* gelten, so ist das „Spezifikations-Modifikationssymbol Ⓔ" anzugeben, welches in der dimensionellen Tolerierung auch direkt über die Maßgrenzen (s. Kapitel 9.5) angegeben werden kann.

Unterschiedliche Angaben:	geom. Tolerierung nach ISO 1101		dim. Tolerierung nach ISO 14405
äußeres Maßelement mit: Hüllkreis:	$\varnothing 40^{\ 0}_{-0,25}$ Ⓔ	oder	$\varnothing 40^{\ 0}_{-0,25}$ (GN) (LP)
inneres Maßelement mit: Pferchkreis:	$\varnothing 40^{+0,25}_{\ 0}$ Ⓔ	oder	$\varnothing 40^{+0,25}_{\ 0}$ (LP) (GX)

Merke: Toleranzprüfung beim Unabhängigkeitsprinzip

Das ***Unabhängigkeitsprinzip*** besagt: Jede angegebene GPS-Anforderung an ein Geometrieelement ist separat einzuhalten und zu überprüfen. Maßtoleranzen sind hierbei **unabhängig** von den Form- und Lagetoleranzen.

Für die Prüfung einer Maßtoleranz reicht eine Zweipunktmessung aus. Eine Form- oder Lagetoleranz muss hingegen **immer** mit einer *Lehre* überprüft werden. Die Gutprüfung ist stets eine Paarungsprüfung, die über das ganze Formelement geht. Die Lehre entspricht somit dem formidealen Gegenstück.

Die folgenden Darstellungen zeigen beispielsweise die Auswirkungen einer unvollständigen Tolerierung auf die zulässige Formabweichung bei der Ebenheit eines Bauteils.

a) unvollständige Bauteil-Tolerierung

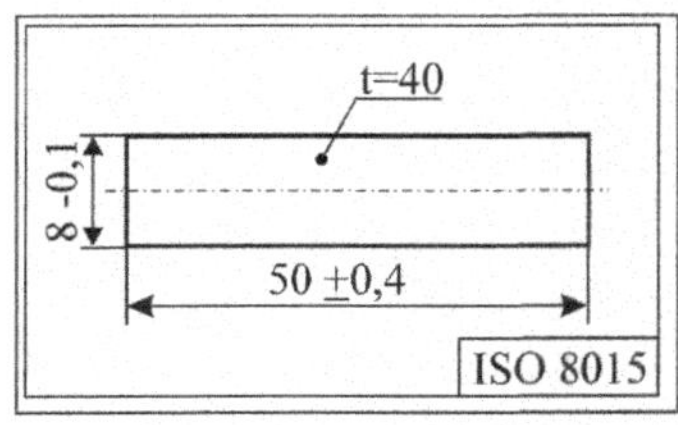

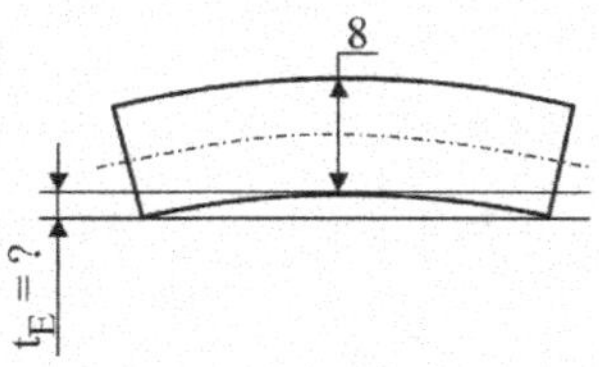

b) vollständige Tolerierung eines Paarungsfalls

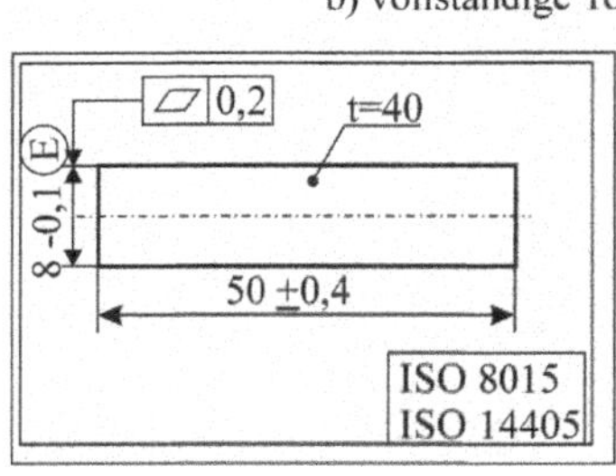

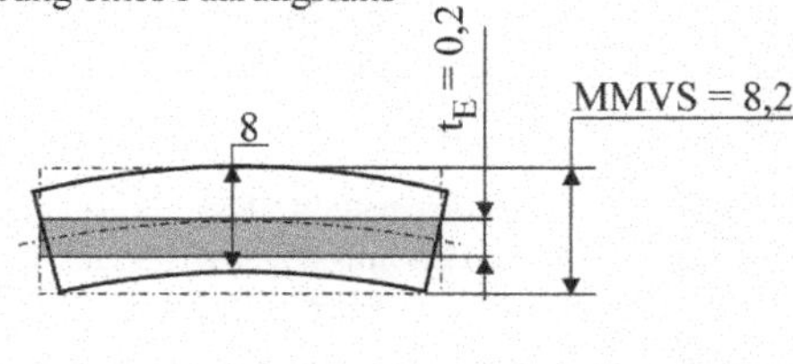

Bild 9.4: Unvollständige bzw. vollständige Ebenheitstolerierung nach ISO 8015

Die Tolerierung des Teils aus *Bild 9.4 a)* ist mit „Plus-Minus-Toleranzen“ vorgenommen worden und ist insofern unvollständig, da keine Aussage über die Ebenheitstoleranz t_E getroffen wird. Das Teil darf beliebig uneben sein, auch wenn es überall die Dicke des Maximum-Material-Grenzmaßes MMS = 8 mm aufweist. Für eine Paarung ist das Teil somit ungeeignet.

Die Ebenheit könnte hingegen auch durch die Angabe einer Allgemeintoleranz ISO 2768 – mK, hier durch K begrenzt werden. (Da zukünftig die ISO 22018 gilt, ist das so nicht mehr möglich).

Nach der alten ISO 2768, T. 2, ist dann die größte Seitenlänge des Werkstücks (Bereich: 30-100 mm; K = 0,2 mm) entscheidend. Es ist also auf die Toleranzklasse und die Längendimension zu achten, wobei sich zum gewählten Toleranzwert keine Änderung ergeben würde.

Im *Bild 9.4 b)* ist die Ebenheitstoleranz mit $t_E = 0{,}2$ auf die Mittelebene gelegt worden und darf hier nicht überschritten werden. Das Maß MMS und t_E bestimmen somit den wirksamen Zustand, womit die Passungsfunktionalität gewährleistet wird. Immer dann, wenn die Konstruktionsabsicht eine Fügung notwendig macht, muss die Formtoleranz auf die Mittelebene gelegt werden.

Das Pass- oder Paarungsmaß ist nämlich in diesem Fall hauptsächlich durch die Längenausdehnung (Krummheit) und weniger durch die Dickenausdehnung gegeben.

In den umseitigen Darstellungen sollen die Auswirkungen des Unabhängigkeitsprinzips auf die Rundheit eines Wellenquerschnittes dargestellt werden.

- In *Bild 9.5 a)* ist eine Welle lediglich maßtoleriert. Die Durchmesserangabe ist aber nicht ausreichend für die „Rundheit“. Nach DIN symbolisiert ein Durchmesserzeichen nur, dass es sich um ein rundes Teil in der Darstellung handelt.

- *Bild 9.5 b)* zeigt die erlaubte Formabweichung. Die Welle wäre mit dieser gleichdick förmigen Formabweichung $(d_{\text{Hüllmaß}} \approx 1{,}1547 \cdot d)$ nur paarungsfähig mit einem Gegenstück, d. h. einer Bohrung mit einem Durchmesserbereich von d = 34,64 mm. Wenn hierbei noch als Funktion Schmieren mit Öl oder Fett bzw. Dichten zu gewährleisten ist, so wäre diese Situation technisch nicht zu vertreten.

Die Angabe einer Rundheitstoleranz wie in *Bild 9.5 c)* schränkt jedoch die zulässige Formabweichung ein.

Im *Bild 9.5 d* ist herausgestellt, dass die Rundheit in Radialschnitten senkrecht zur Längsachse gemessen werden muss. Der Zeigerausschlag der Messuhr zeigt die Rundheitsabweichung an, wobei $f_R \leq 0{,}4\,\text{mm}$ einzuhalten ist. Gleichzeitig sei daran erinnert, dass für die Messung der „Taylorsche Grundsatz“ gilt und einzuhalten ist. D. h., durch eine Zwei-Punktmessung muss auch die Maßeinhaltung kontrolliert werden.

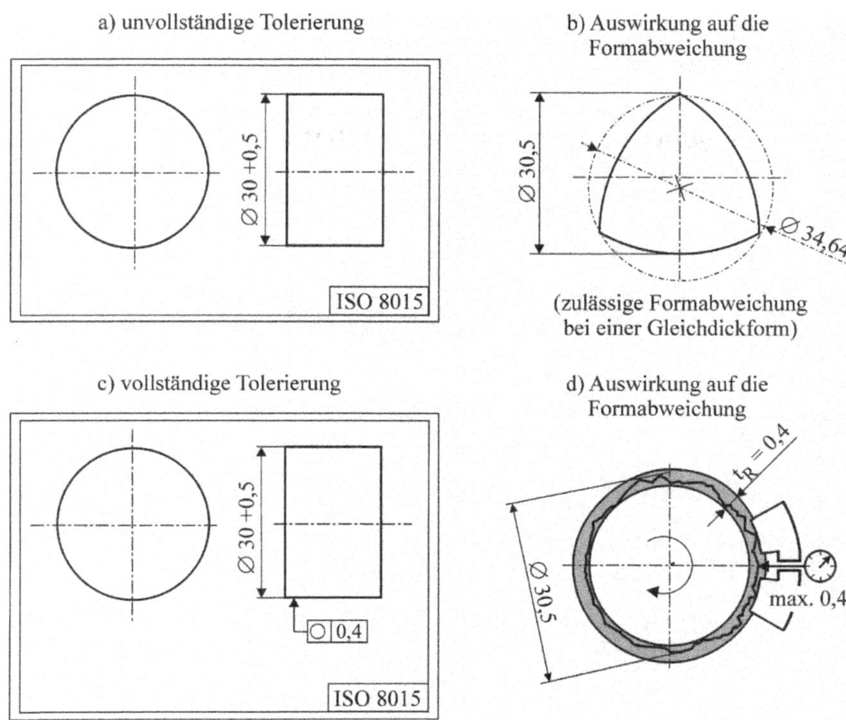

Bild 9.5: Unvollständige bzw. vollständige Rundheitstolerierung

Nach der ISO 8015 muss nämlich jedes gemessene örtliche (Zweipunkt-)Istmaß der Welle innerhalb der Maßtoleranz (von 30-30,5 mm) liegen und zusätzlich darf noch eine Unrundheit in *jedem radialen Schnitt* auftreten. Das heißt, das Maximummaterialmaß darf 30,5 mm sein und der radiale Ausschlag maximal 0,4 mm bei einer Umdrehung der Welle. Durch diese Angabe ist aber die Form der Welle über die Paarungslänge (z. B. Geradheit t_G) nicht festgelegt worden. Der Gleichdickdurchmesser ist um 15,47 % größer.

9.5 Hüllprinzip

Enthält eine technische Zeichnung keine anders lautenden Hinweise oder Festlegungen (z. B. auf DIN EN ISO 8015), so galt ***früher*** in Deutschland automatisch das Hüllprinzip nach DIN 7167. Diese Norm war als nationaler Tolerierungsgrundsatz vereinbart worden und beschrieb den Zusammenhang zwischen „Maß-, Form- und Parallelitätstoleranz“. Ziel war es vor allem, die Passungsfähigkeit herzustellen. Dazu wurde gefordert, „dass die Hüllbedingung“ einzuhalten sei, *wonach ein einzelnes Geometrieelement (in DIN 7167: Zylinder oder zwei gegenüberliegende parallele ebene Flächen) die geometrisch ideale Hülle von Maximum-Material-Maß nicht durchbrechen dürfe.*

Merke: Definition der Hülle in der alten DIN 7167 (ist im Januar 2012 vom DIN zurückgezogen worden)

Die Hülle entspricht dem Maximum-Material-Maß MMS über der Paarungslänge. Dies ist das Grenzmaß, bei dem das Material des Geometrieelementes seine größte Ausdehnung besitzt. Ein Geometrieelement hat nur ***eine*** Hülle. Ein ***Wellen***element darf nur ***innerhalb*** seiner Hülle bleiben, ein ***Bohrungs***element nur ***außerhalb***. Die Hüllbedingung soll die Pass- oder Paarbarkeit garantieren.

Nach dem Taylor'schen Prüfgrundsatz wird so das Maximum-Material-Maß MMS eingehalten und damit die Paarungsfähigkeit gesichert. *Zusätzlich muss der Minimum-Material-Zustand LMC eingehalten werden.* Dies ist nach dem Zweipunktmessverfahren zu prüfen.

Merke: Hüllprinzip und Zeichnungsangabe

Hüllprinzip: Für einfache Geometrieelemente (*Kreiszylinder und Parallelebenenpaare*) gilt die Hüllbedingung über die Paarungslänge. Die Hüllbedingung ist identisch mit dem Taylor'schen Prüfgrundsatz (s. Kapitel 9.2) und stimmt auch mit der **Hüllbedingung nach ISO 8015** überein.

Zeichnungsangabe: Wenn in einer alten Zeichnung DIN-Normen für Toleranzen und Passungen verwendet wurden, so gilt das Hüllprinzip, wenn kein anderer Tolerierungsgrundsatz angegeben ist. Aus Gründen der Eindeutigkeit sollte dies jedoch vermerkt werden, wie: *„Tolerierung DIN 7167*[*)]*“*.

Seit Mitte April 2011 hat das DIN-Institut darauf hingewiesen, dass die Norm DIN 7167 ersatzlos zurückgezogen wird. Eine Hülle ist somit nach der DIN EN ISO 8015 bzw. der DIN EN ISO 14405-1:2016 zu vereinbaren, wie: „Maße nach ISO 14405 Ⓔ“, oder nur „ISO 14405 Ⓔ“

Das Hüllprinzip schränkt eine Fertigung allerdings ein, da jetzt alle Abweichungen eines Formelementes innerhalb der Hülle liegen müssen. Meist benötigt eine Fertigung den halben Toleranzraum für Form- und Lageabweichungen, sodass für Maßabweichungen nur relativ wenig Spielraum übrigbleibt. In ca. 5–10 % aller Fälle wird tatsächlich eine Hüllbedingung benötigt, nämlich dort, wo eine Passfunktion erforderlich ist.

Die Bedeutung der Hülle für zylindrische und parallele Geometrieelemente (DIN 7167/ISO 14405 Ⓔ) sind den Beispielen aus der folgenden Tabelle zu entnehmen.

Eine Hülle ist somit immer dann erforderlich, wenn ein Bauteil „gefügt“ werden soll. Die Hülle darf über die Fügelänge nicht durchbrochen werden, sie erstreckt sich daher über die gesamte Länge eines Geometrieelementes. Damit ist verbunden, dass nur ein Hüllmaß (innen oder außen) existieren kann. Bei einer Welle ist dies der Hüllkreis (kleinster umschreibender Kreis, der das Rundheitsprofil umschließt) und bei einer Bohrung ist dies der

[*)] Anmerkung: Die DIN 7167 ist im Januar 2012 zurückgezogen worden. Bei Wieder- oder Weiterverwendung einer alten Zeichnung unter DIN 7167 muss am Schriftfeld unbedingt „Maße nach ISO 14405 Ⓔ“ als Hüllbedingung vereinbart werden.

Pferchkreis (größter einbeschriebener Kreis im Rundheitsprofil), die beide aber als Zylinder extrudiert werden.

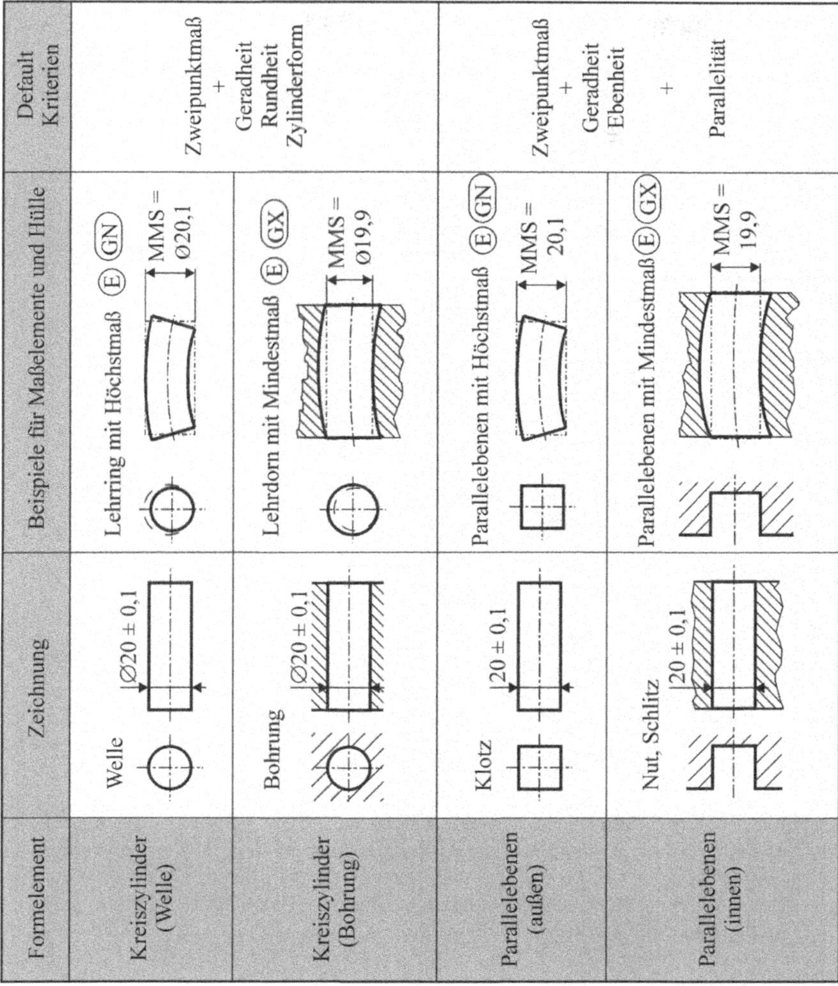

Formelement	Zeichnung	Beispiele für Maßelemente und Hülle	Default Kriterien
Kreiszylinder (Welle)	Welle Ø20 ± 0,1	Lehrring mit Höchstmaß Ⓔ (GN) MMS = Ø20,1	Zweipunktmaß + Geradheit Rundheit Zylinderform
Kreiszylinder (Bohrung)	Bohrung Ø20 ± 0,1	Lehrdorn mit Mindestmaß Ⓔ (GX) MMS = Ø19,9	
Parallelebenen (außen)	Klotz 20 ± 0,1	Parallelebenen mit Höchstmaß Ⓔ (GN) MMS = 20,1	Zweipunktmaß + Geradheit Ebenheit + Parallelität
Parallelebenen (innen)	Nut, Schlitz 20 ± 0,1	Parallelebenen mit Mindestmaß Ⓔ (GX) MMS = 19,9	

Bild 9.6: Darstellung der Hülle für Geometrieelemente nach DIN 7167. Maßtoleranz schränkt die Form- und Parallelitätsabweichung ein.

Die Beispiele beziehen sich dem Wortlaut der Norm auf *Zylinder* und *gegenüberliegende parallele ebene Flächen.* Im folgerichtigen Sinn werden hierzu auch Kugeln gezählt. Für andere Geometrieelemente als die oben aufgeführten ist jedoch weder nach ISO 8015 noch nach ISO 14405 eine Hülle definiert.

Im Folgenden sollen einige Fälle betrachtet werden, bei denen die Hüllbedingung /WEC 01/ näher spezifiziert werden soll:

- **Lagetoleranzen:** Für Lageabweichungen ist keine Hülle definiert und somit funktional auch nicht nutzbar.

  Die Hülle bezieht sich stets nur auf ein *einzelnes Geometrieelement und ein Geometriemerkmal*, eine Lageabweichung wird aber durch mindestens zwei Elemente bestimmt. Es sind dies das Bezugselement und das tolerierte Element.

  Bei Lagetoleranzen muss jedoch der „wirksame Zustand (MMVS)“ geprüft werden. Dies kann mit einer *Prüflehre nach Weinhold* erfolgen. Bei der im *Bild 9.7* gezeigten Lagetoleranz ist letztlich zu prüfen, ob MMVS eingehalten wird. Es besteht hingegen keine Forderung an die Form, sodass MMS und Formabweichungen ausgeschöpft werden dürfen.

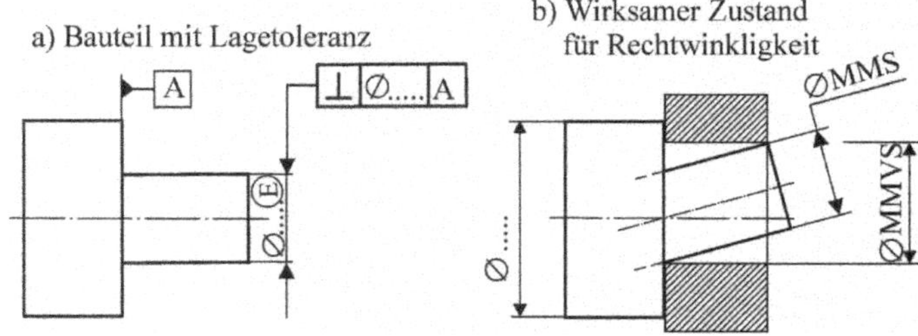

Bild 9.7: Prüfung der Rechtwinkligkeitsabweichung mit einem Lehrring nach Weinhold

- **Hüllkörper:** Da sich die Hüllbedingung nur auf ein einzelnes Geometrieelement bezieht, folgt auch, dass es *keinen geometrisch idealen Hüllkörper gibt*, der *mehrere Geometrieelemente* umschließt.

- **Hülle als Begrenzung:** Jedes einzelne Geometrieelement hat nur eine einzige Hülle. Diese Hülle hat immer das Maximum-Material-Grenzmaß. Die Hülle begrenzt die größte Ausdehnung des Materials. Es gibt **keine** zweite Hülle mit Minimum-Material-Grenzmaß, die im Innern des Materials liegen müsste. Folglich existiert also auch kein Toleranzraum zwischen diesen Hüllen.

- **Rechtwinkligkeit:** Die Überprüfung der Rechtwinkligkeitsabweichung von Geometrieelementen ist in einfachen Fällen mit einem Lehrring möglich, wenn der Lehrring am Bezug aufliegt. In der vorstehenden Skizze ist dies angedeutet.
  Anmerkung: In der alten DIN 7167 wurde die Rechtwinkeligkeit als ein Sonderfall angesehen und von der Hüllbedingung ausgenommen, Da dies im Widerspruch zur ISO 8015 stand, wurde diese Bedingung später aufgegeben.

Merke: Bildung einer normgerechten Hülle

Eine geometrische **Hülle** im Sinne des Hüllprinzips ist nur dort definiert und wirksam, wo zwei direkt bemaßte und tolerierte *Funktionsflächen eines Geometrieelementes* gegenüberliegen. Dies sind Planflächen oder auch Mantellinien von Zylindern.

Für die folgenden Elemente ist demnach auch keine Hülle /JOR 09/ definiert:

- **Schräg liegende Funktionselemente:** Für einen Kegel ist keine Hülle definiert. Das gilt auch für die Rundheit der Kegelquerschnitte. Auch für eine Schrägfläche, die keine parallele Gegenfläche hat, ist keine Hülle definiert.

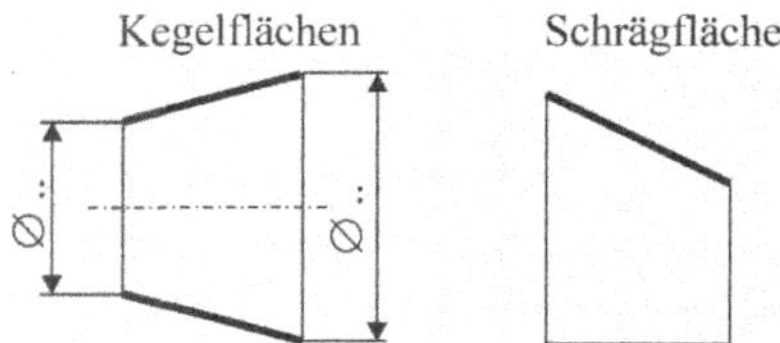

Bild 9.8: Keine Hülle definiert für Kegel und Schrägen

- **Ungleich lange oder versetzte Funktionselemente:** Für ungleich lange Kanten und versetzte Kanten ist ebenfalls keine umschließende Hülle definiert.

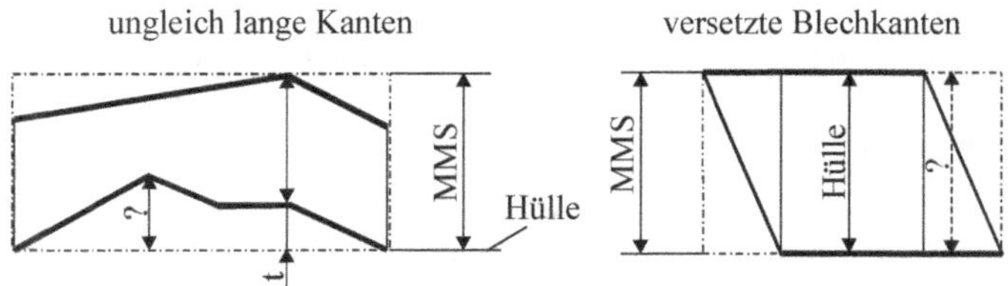

Bild 9.9: Keine Hülle für ungleich lange und versetzte Kanten

- **Nicht gegenüberliegende Funktionselemente:** Wenn zwei Flächen zwar parallel sind, sich aber nicht direkt gegenüberliegen, ist das Maß zwischen ihnen ein Stufenmaß. Hier kann keine Hülllehre verwendet werden.

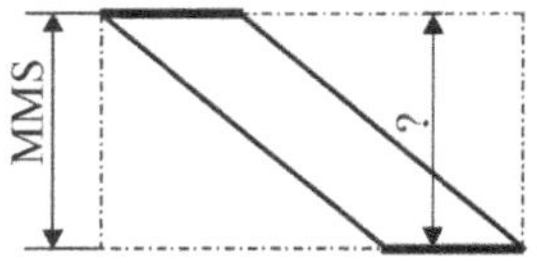

Bild 9.10: Keine Hülle für nicht gegenüberliegende Kanten oder Flächen

- **Nicht direkt bemaßte Funktionselemente:** Wenn zwischen zwei Flächen kein direktes Maß eingetragen ist, existiert weder ein Maßtoleranz noch ein MMS. Somit gibt es auch keine Hülle.

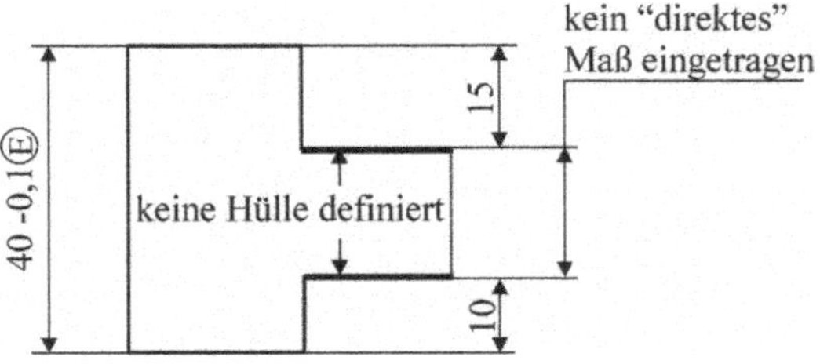

Bild 9.11: Keine Hülle für nicht direkt bemaßte Kanten oder Flächen

Bei allen tolerierten Maß- und Geometrieelementen, für die die Hüllbedingung aus Paarungs- oder Passungsgründen notwendig ist, muss entsprechend dem Taylor'schen Grundsatz auf Einhaltung der Toleranzen und der Form geprüft werden.

Merke: Überprüfung der Hüllbedingung

Die Hüllbedingung kann ***nicht*** alleine mit einem ***Zweipunktmessmittel*** (z. B. Messschieber, Bügelmessschraube) überprüft werden!

Ihre Überprüfung ist ***nur*** mit einem speziellen Messaufbau bzw. einer ***Paarungslehre*** oder einer ***Messmaschine*** möglich. Die rechnerische Nachbildung der Hülle mit einer Messmaschine wird auch virtuelle Hülle genannt.

Die Hüllbedingung ist schrittweise zu überprüfen: Für die Gutprüfung ist das Maximum-Material-Maß (Paarungsmaß) und die ideale Form zu erfassen. Für die Ausschussprüfung muss das Minimum-Material-Maß bestimmt werden. Der messtechnische Nachweis umfasst somit die folgenden Schritte /TRU 97/:

1. Man ermittelt eine Paarungslehre für die Hüllfläche

Dies ist das geometrisch ideale Gegenstück zum Geometrieelement mit MMS, ausgeführt als hinreichend genaue Prüflehre.

2. Man prüft, ob das Geometrieelement mit der Hülle gepaart werden kann

Hierbei ist Spiel 0 gerade noch zulässig.

3. Die Einhaltung der Minimum-Material-Grenze an jeder Stelle wird im Zweipunktmessverfahren überprüft

Dieses Maß darf bei Außenmaßen nicht überschritten und bei Innenmaßen nicht unterschritten werden.

Entsprechend der Auswertung handelt es sich fallweise um ein Gutteil oder ein Ausschussteil.

Die Hüllbedingung kann unter bestimmten Bedingungen aufgehoben /SYZ 93/ werden, wenn eine übergroße Genauigkeit entsteht. Die Aufhebung erfolgt durch die ISO 1101-Symbolik. In der alten Norm DIN 7167 steht hierzu der folgende Hinweis: *... die Parallelitäts- und Formabweichungen werden durch die Maßtoleranz begrenzt, wenn für die Geometrieelemente keine erweiternden Formtoleranzen mit der Symbolik nach ISO 1101 angegeben sind, deren Betrag größer als die Maßtoleranz des Geometrieelements ist.*"

Beispiel:

Ein Schleifer soll eine Walze aus hochfestem Stahl der Länge 950 mm mit ∅ 50h7 fertigen. Auf diese Welle wird ein Kunststoffrohr der Länge 800 mm, auf das zwei Flansche geklebt sind, geschoben (Körper für eine Bürstenwalze). Die Flansche haben den Innendurchmesser 50E9, wodurch eine Spielpassung (0,075 bis 0,137 mm) entsteht.

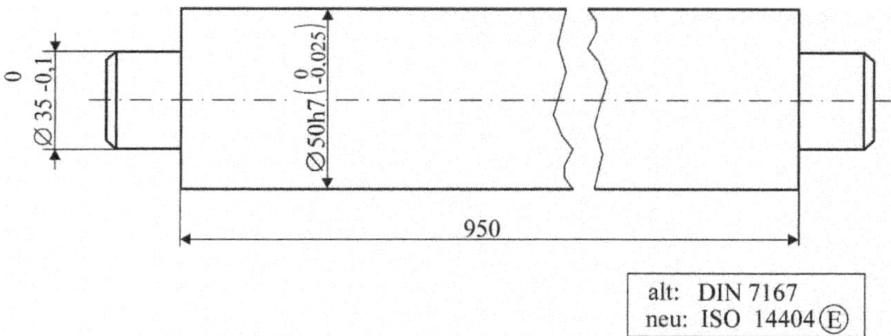

Bild 9.12: Bemaßte Zeichnung einer Bürstenwalze für eine „deutsche Fertigungsstätte" nach /JOR 01/[*)]

Der Schleifer beendet beispielsweise die Bearbeitung, wenn der Durchmesser 49,98 mm erreicht ist. Nun dürfte die Abweichung der Geradheit der Welle nur 0,02 mm über die Länge betragen. Dies ist aufgrund der Elastizität des Materials und der freigesetzten Eigenspannungen fertigungstechnisch kaum möglich. Da die weitere Montage der Walzenbürste aber sehr robust ist, ist eine Geradheitsabweichung von 0,1 mm zu vertreten. Die Anforderungen durch die Hüllbedingung sind hier also zu hoch, weshalb sie aufgehoben werden sollte.

[*)] Anm.: Durch die Angabe von Ⓔ im Schriftfeld, ist das Geometrieelement (Durchmesser und Länge) auf sein Hüllmaß = MMS begrenzt worden.

Im *Bild 9.13* ist eine fertigungstechnisch mögliche krumme Walze innerhalb seiner Hülle mit ∅ 50 mm dargestellt. Nach der ISO 14405-1 ist MMS das „größte umschriebene Maßelement“ und messtechnisch über die ganze Länge nachzuweisen.

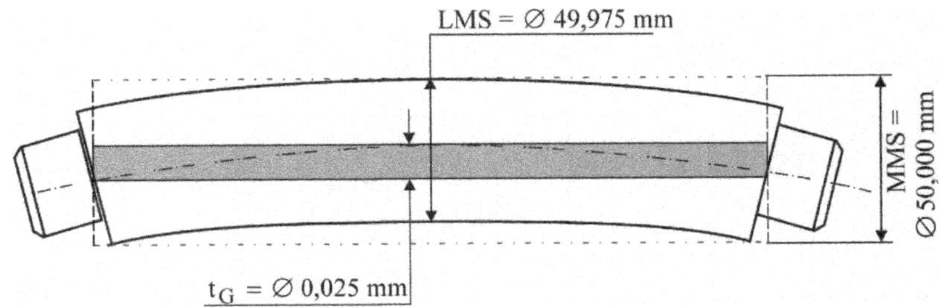

Bild 9.13: Walze mit zulässiger Formabweichung von der Geradheit nach alter DIN 7167

Die maßlich festgelegte Hülle mit 50 mm kann durch die Angabe einer größeren Formtoleranz als Maßtoleranz aufgeweitet werden. Dies kann durch die Symbolik nach ISO 1101 erfolgen.

Im *Bild 9.14* ist die Hülle des mittleren Geometrieelements auf den wirksamen Zustand MMVS mit 50,1 mm aufgeweitet worden. Die Lagerzapfen sind hiervon nicht betroffen, da es sich hier um eigenständige Geometrieelemente handelt.

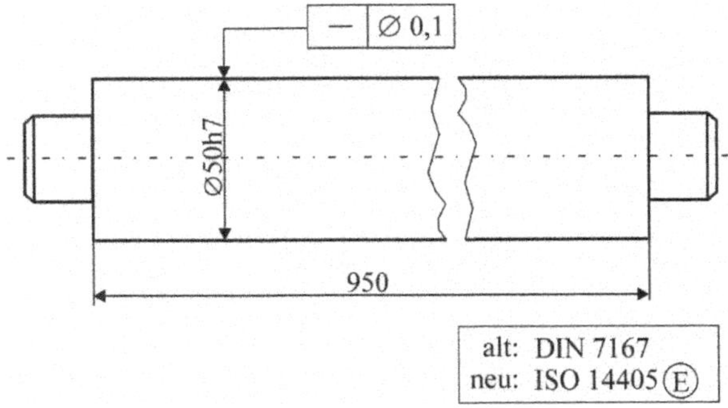

Bild 9.14: Partielle Aufhebung des Hüllprinzips durch Angabe einer vergrößerten Geradheitstoleranz (Zeichnung der Walze)

Die Aufweitung auf einen „virtuellen Zustand“ erfolgt immer dadurch, dass eine größere F+L-Toleranz zugelassen wird, als die Maßtoleranz kompensieren könnte. Insofern ist beim Hüllprinzip immer zu prüfen, ob die Geometrietoleranz in der Maßtoleranz liegen kann. Wenn nicht, liegt die Geometrietoleranz außerhalb.

Nach dieser Zeichnungsangabe sind die folgenden Ausführungen entweder am Maximum oder am Minimum zulässig:

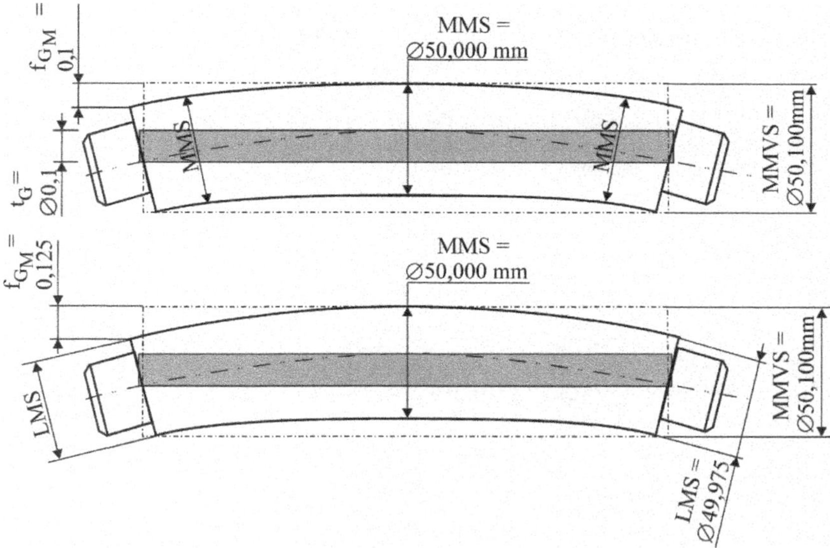

Bild 9.15: Zulässige Toleranzen bei partieller Aufhebung des Hüllprinzips

Die Achse der Walze kann also eine maximale Geradheitsabweichung von $f_G \le t_G = 0{,}1\,\text{mm}$ und eine lokale Formabweichung von f_{GM} = 0,125 mm haben. Bei der resultierenden Formabweichung der Mantellinie besteht eine Abhängigkeit vom Ist-Durchmesser der Walze, während die Geradheitsabweichung der Achse ein Maximalwert ist.

Daraus ergeben sich folgende Schlussfolgerungen zur partiellen Aufhebung der Hüllbedingung in Bezug auf Geradheit:

- Durch die Erweiterung der Geradheit für die Achse wird also auch die *Geradheitsforderung für alle Mantellinien* erweitert.

  Wenn die Walze die Hüllbedingung einhalten und auf 0,025 mm gerade sein müsste, dürfte auch die Achse keine größere Abweichung haben. Dies ist aber funktionell nicht erforderlich, deshalb erfolgt die Erweiterung auf MMVS.

- Die größte Ausdehnung berechnet sich nun aus dem Maximum-Material-Zustand und der größtmöglichen Geradheitsabweichung. Daraus ergibt sich das „wirksame Maß" bzw. der „wirksame Zustand":

  $$\text{MMVS} = \text{MMS} + t_G\,.$$

  Im Beispiel ist dies MMVS = 50,00 + 0,10 = 50,10 mm.

Die Geradheitsabweichung der Achse muss diese Toleranz (im Beispiel 0,1 mm) einhalten; einzelne Mantellinien können diesen Wert jedoch überschreiten.

- Als Folge des erweiterten Zustands fällt auch die Zylindrizitätsabweichung aus der Begrenzung durch die Maßtoleranz, aber

- die Rundheitsabweichung ist nicht betroffen. Die Rundheitsabweichung unterliegt weiter der Hüllbedingung. Kein Querschnitt darf also den Hüllkreis (im Beispiel ∅50,00 mm) durchbrechen. Die Rundheitsabweichung darf nicht größer werden als die Maßabweichung (im Beispiel 0,025 mm).

Merke: Partielle Aufhebung der „alten" Hüllbedingung

Wenn bei Gültigkeit des Hüllprinzips nach DIN 7167 eine einzeln eingetragene Formtoleranz größer ist als die dazugehörige Maßtoleranz desselben Geometrieelementes, dann wird für genau diese Formeigenschaft die Hüllbedingung aufgehoben: *Diese Formtoleranz darf auch dann ausgenutzt werden, wenn das Formelement Maximum-Material-Zustand hat.*

Bei allen F+L-Eintragungen ist somit immer zu prüfen, ob diese Verhältnisse gelten, ansonsten gilt die einschränkende Hüllbedingung.

Die Wirkung der Ebenheitstoleranz ist analog zur Geradheitstolerierung zu sehen, weil beides Formtoleranzen sind. Das folgende Beispiel in *Bild 9.16* zeigt die Auswirkungen der partiellen Aufhebung der Ebenheitstoleranz an einem kleinen Führungsklötzchen in Übereinstimmung mit dem Normenkommentar.

a) Tolerierung der Mittelebene wegen Paarungsfähigkeit
Zeichnungsdarstellung und zulässige Ausführung
(führt zum wirksamen Zustand MMVS)

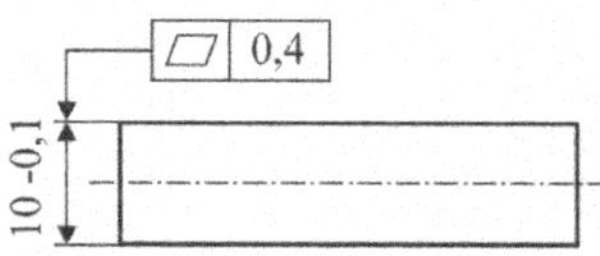

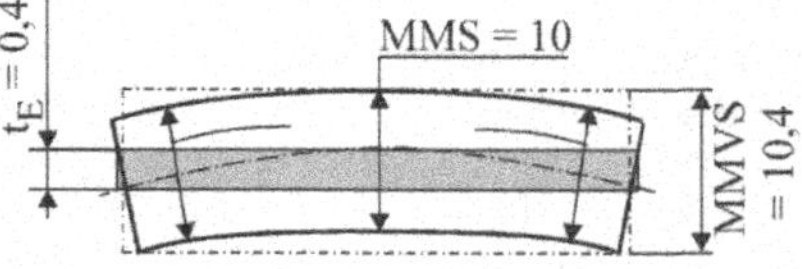

b) Tolerierung der oberen Fläche keine Paarungsfähigkeit verlangt!
(kein wirksamer Zustand definiert, keine Hülle)

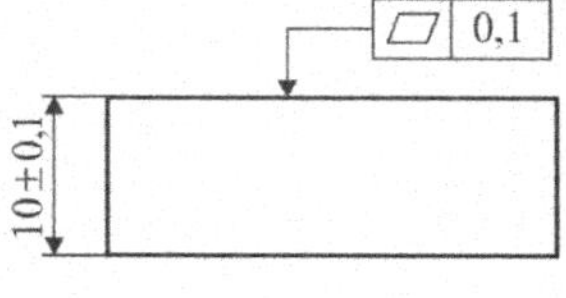

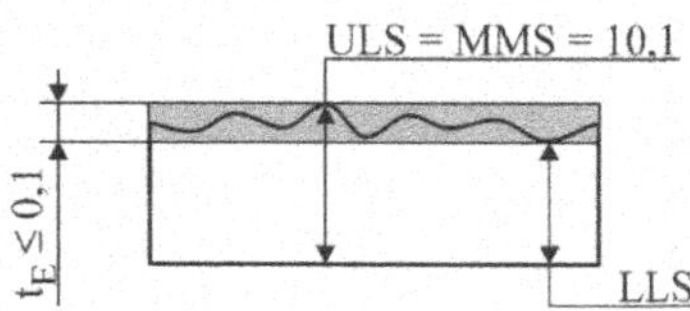

Bild 9.16: Partielle Aufhebung der Hüllbedingung für Ebenheit bei einem Führungsklotz nach alter DIN 7167 (oder nach neuer ISO 14405)

Es gibt keine andere Möglichkeit, bei der Tolerierung nach dem Hüllprinzip eine unnötig enge Hüllbedingung aufzuheben. Da diese Vorgehensweise sehr unübersichtlich ist und außerdem eine Fehlerquelle birgt, wenn man den Zusammenhang zwischen Form- und Maßtoleranz nicht erkennt, sollte man in solchen Fällen besser das Unabhängigkeitsprinzip verwenden.

Das Unabhängigkeitsprinzip ist nicht auf die Paarbarkeit von Bauteilen hinsichtlich der Gewährleistung einer Passfunktion ausgerichtet. Wenn jedoch ein Spiel zu gewährleisten ist, so muss nicht nur die jeweils größte Ausdehnung durch MMVS der beteiligten Geometrieelemente eingegrenzt werden, sondern auch die Form. Die ISO 8015 bietet hierzu die *Hüllbedingung* (Ⓔ = Envelope) an und stellt damit eine Verknüpfung zwischen der Maßtoleranz und „der Form bzw. der Parallelität" von Geometrieelementen her.

Für die mit Ⓔ gekennzeichneten Geometrieelemente (nach ISO 8015 sind dies Zylinder oder zwei gegenüberliegende parallele ebene Flächen) wird damit eine „Hüllbedingung" spezifiziert, diese fordert:

> „Ein reales Geometrieelement darf die geometrisch ideale Hüllfläche vom Maximum-Maß an keiner Stelle durchbrechen und das Minimummaß unterschreiten."

Die Bedingung wird in der Praxis oft unterschiedlich gedeutet und ausgelegt. In der alten DIN 7167 ist die Hüllebedingung näher spezifiziert (d. h. die Dimensionierung mit Aufweitung) und beschrieben, und zwar ausschließlich bei der Anwendung auf Form- und Parallelitätsabweichungen. Darüber hinausgehende Lageabweichungen sind somit nicht erfasst und unterliegen der ISO 8015.

Im *Bild 9.17* ist die Vereinbarung der Hüllbedingung (bei ISO mit dem Maß-Spezifikationssymbol Ⓔ) bei den beiden konkurrierenden Tolerierungsprinzipien gezeigt. Bei der gewählten Bemaßung bezieht sich dies auf die Maßtolerierung bzw. das Maximum-Material-Maß (MMS), welches bei der Form zwingend eingehalten werden muss.

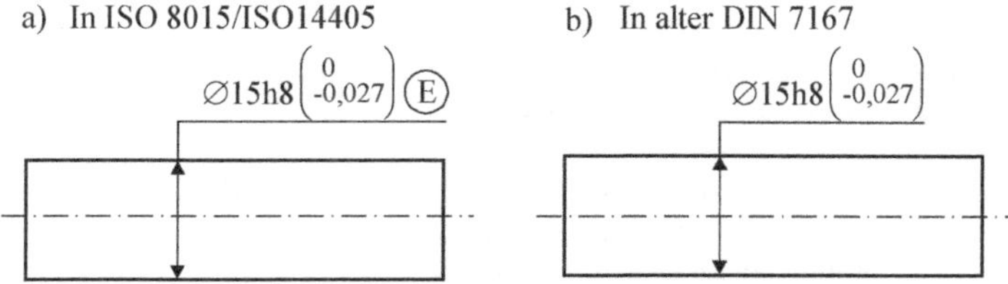

Bild 9.17: Festlegung der Hüllbedingung nach den beiden Tolerierungsprinzipien bei einem zylindrischen Geometrieelement mit Passfunktionalität

Mit den Maßangaben sind somit die folgenden Funktionsanforderungen verbunden:

- Die Zylindermantelfläche darf die geometrisch ideale Hülle vom Maximum-Material-Maß mit ∅15 mm nicht durchbrechen.
- Kein örtliches Istmaß darf kleiner als ∅14,973 mm sein, d. h., die Maßtoleranz muss natürlich überall eingehalten werden.

und

- Das Werkstück muss innerhalb der Formtoleranz von $t_G = 0{,}027$ mm über seine Paarungslänge gerade sein.

Da die Hülle sich über die ganze Paarungslänge erstreckt, sind innerhalb der Maßtoleranz alle anderen Fälle zulässig, wenn die MMS-Forderung eingehalten ist.

Soll eine Altzeichnung, die unter DIN 7167 erstellt worden ist, wieder in die Fertigung gebracht werden, so besteht heute die Forderung dies mit

„Tolerierung ISO 14405 Ⓔ"

besonders zu kennzeichnen. Hiermit ist vereinbart, dass für alle Geometrieelemente (Zylinder oder Elemente mit gegenüberliegenden parallelen Flächen) weiter die Hüllbedingung gelten soll.

9.6 Maximum-Material-Bedingung

Die Maximum-Material-Bedingung (MMR) nach der DIN EN ISO 2692 ist ein sehr wirtschaftlicher Tolerierungsgrundsatz, da hiermit Kompensationen möglich sind. Prinzipiell ist die Maximum-Material-Bedingung auf Geometrieelemente und Bezüge anwendbar, d. h. auf Abweichungen, die durch eine Mittellinie, Achse oder Mittelebene begrenzt werden können.

9.6.1 Beschreibung der Maximum-Material-Bedingung

Mit der Maximum-Material-Bedingung wird eine direkte Wechselwirkung zwischen den Maß- sowie den Form- und Lagetoleranzen an einem Werkstück hergestellt.

Durch die Maximum-Material-Bedingung ist es gestattet, die mit dem Kompensator Ⓜ eingetragene Toleranz zu überschreiten, solange die Toleranzsumme eingehalten wird und die Funktion gewahrt bleibt. *Die Form- bzw. Lagetoleranz kann also überschritten werden, wenn die Maßabweichung geringer ist.* Dies ist in der Regel bei Spielpassungen der Fall. Bei Passungen mit Übergangsmaß, Übermaß, oder wenn es auf kinematische Genauigkeit ankommt, ist diese Bedingung in der Regel unbrauchbar. Hier würde eine Vergrößerung der Lagetoleranz die Funktion beeinträchtigen, auch wenn die Maßtoleranz nicht ausgenutzt würde. Ebenso kann die Anwendung auch auf Bezüge (mit Spiel) erfolgen.

Eine sinnvolle Anwendung ist bei Geometrieelementen gegeben, die eine **Achse** oder **Mittelebene** haben. Dies sind zylindrische oder prismatische Werkstücke /JOR 09/. Ein Beispiel soll die Anwendung der Maximum-Material-Bedingung erläutern: Ein gespritzter Flachstecker soll in einen entsprechenden Schlitz eines Kontaktschalters passen.

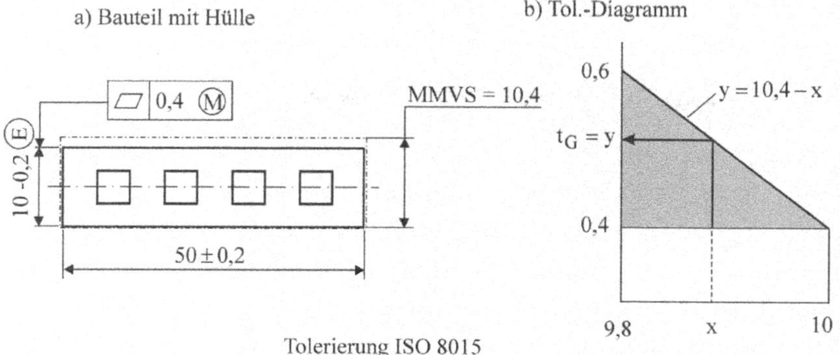

Bild 9.18: Beispiel für Maximum-Material-Bedingung (MMR) an einem dünnen Kunststoff-Flachstecker
a) Festlegung der Hülle,
b) Toleranzdiagramm

Für den Stecker ergibt sich nun aus der größten Materialdicke MMS = 10 mm und der größten Ebenheitsabweichung $t_E = 0{,}4$ mm das Grenzpaarungsmaß

$$MMVS = MMS + t_G = 10{,}4 \text{ mm}.$$

Die MMR ist ein sehr wirtschaftliches Prinzip, da es die Aufweitung enger F+L-Toleranzen zulässt. Bei der Ermittlung des wirksamen Grenzmaßes MMVS bleibt dieses aber unbeachtet. Die kleinste Grenzgestalt ist ein völlig ebener Stecker mit LMS = 9,8 mm Dicke. Jede Zwischentoleranz kann aus dem *dynamischen Toleranzdiagramm* abgelesen (nach 1. Strahlensatz) werden.

In der Anwendung der Maximum-Material-Bedingung sind im Wesentlichen drei Fälle möglich. Diese sind in den nachfolgenden Bildern dargestellt.

a) *Das Zeichen Ⓜ steht hinter der Formtoleranz:* Diese darf gegebenenfalls überschritten werden um die nicht ausgenutzte Maßtoleranz.

   Im *Bild 9.19* bedeutet dies: Wenn der Stecker 9,9 mm dick ist und die Ebenheitsabweichung $t_E = 0{,}5$ mm beträgt wird das wirksame Grenzmaß von 10,4 trotzdem nicht überschritten. Der Stecker kann seine Funktion erfüllen. Dies ist anschaulich auch gut vorstellbar:

   Ist der Stecker etwas dünner, kann er auch etwas krummer sein, der Kontakt ist dann trotzdem gewährleistet. Die Sollmaß-Abweichungen für die Steckerdicke müssen aber eingehalten werden, denn dort steht kein Ⓜ.

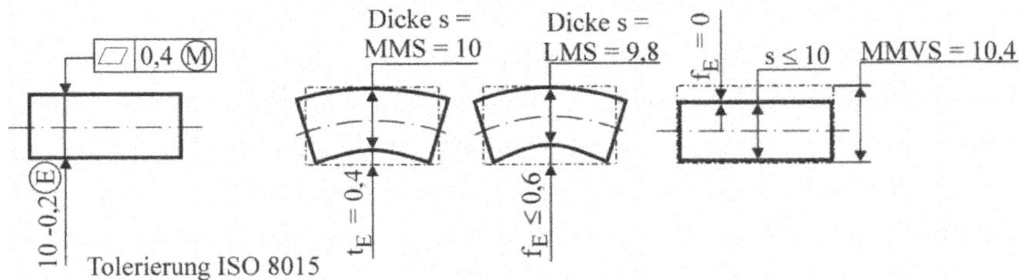

Bild 9.19: Tolerierung einer Ebenheitstoleranz nach der Maximum-Material-Bedingung und deren praktische Auswirkung

b) *Das Zeichen Ⓜ steht bei der Maßtoleranz (findet man gelegentlich in älteren Zeichnungen)*: Im *Bild 9.20* würde dies bedeuten, dass *„der Stecker dicker sein darf, wenn er nicht so uneben ist"*. Dies könnte für die Paarung Stecker und Kontaktfedern zwar erlaubt sein, kann aber z. B. zu Fehlern bei der Produktion führen, weil beispielsweise ein bestimmtes Spritzvolumina dosiert werden muss.

Die Ebenheitstoleranz muss mit $t_E = 0{,}4$ jedoch eingehalten werden. Dies ist hier wie in den meisten Fällen sinnwidrig und aus diesem Grunde nicht normgerecht.

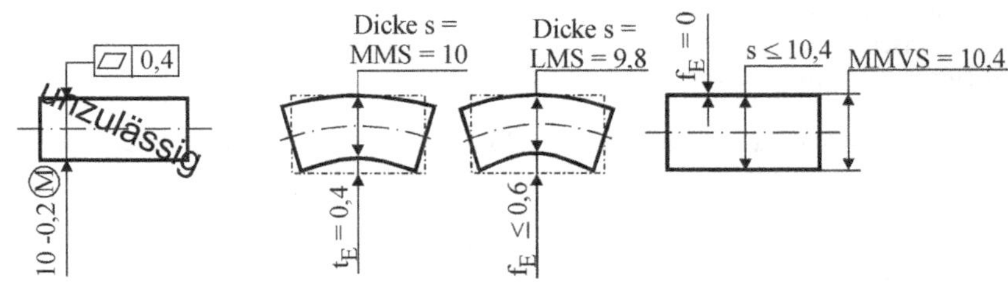

Bild 9.20: Nicht zulässige Eintragung von Ⓜ an die Maßtoleranz

c) *Dieser Fall beschreibt nun einen „Toleranzpool"* (s. Kap. 9.8): Zusätzlich zum Fall a) steht hier im Toleranzrahmen ein Ⓡ. Dies bedeutet, die Toleranzsumme von 0,6 mm für Maßabweichung und Ebenheit darf beliebig aufgeteilt werden, solange das wirksame Grenzmaß MMVS eingehalten wird. Dieser Fall erweitert die ISO 129-1 (ZPM).

Schaffung eines Toleranzpools (Hüllbedingung nicht möglich)

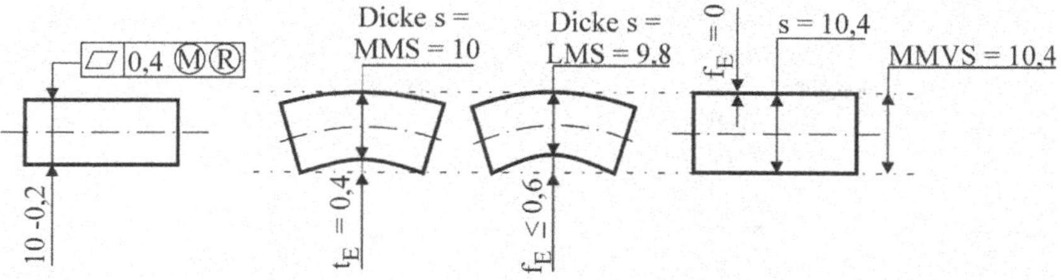

Tolerierung ISO 8015

Bild 9.21: Reziprozitätsbedingung und deren Interpretation als Toleranzpool

Die hier benutzte MMR beschreibt einen **wirksamen Grenzzustand**. Dieser ist entscheidend für die Paarungs- bzw. Passungsfähigkeit eines Formelementes. Der hierauf begründete *MMVS-Zustand* ergibt sich aus der Summe des Maximum-Material-Grenzmaßes MMS und einer Form- oder Lagetoleranz:

$$\text{MMVS} = \text{MMS} \pm t$$ (Vorzeichen: "+" für Welle; "-" für Bohrung).

Im Zusammenwirken mit der Reziprozitätsbedingung ergibt sich weiterhin eine sinnvolle Anwendung, wenn die Maßaufweitung (extrem auf MMVS) nicht zu Fertigungs- und Funktionsstörungen führt. Die Anwendung einer Hüllbedingung ist hier sinnlos.

Merke: Wirksames Maximum-Material-Maß

Das ***wirksame Maximum-Material-Maß*** bzw. der ***wirksame (Grenz)-Zustand*** ist die begrenzende Umhüllung der geometrisch idealen Form, die sich aus allen Toleranzangaben für das Formelement ergibt. Dies wird durch die gemeinsame Wirkung von MMS und t_{F+L} bewirkt. Das sich ergebende Maß MMVS verkörpert in der Messtechnik die ideale *Prüflehre* (= formideales Gegenstück).

Im vorstehenden Beispiel stellt dieser wirksame Grenzzustand einen Schlitz von 10,4 mm Höhe dar. Damit kann die Ebenheit durch Lehrung geprüft werden. Die Einhaltung der beiden Grenzmaße G_o = 10 mm und G_u = 9,8 mm muss aber trotzdem durch Zweipunktmessung geprüft werden. Der Vorteil der MMR ist somit leicht zu erkennen: Die für die Fertigung verfügbaren Toleranzen werden insgesamt größer. Im Beispiel müsste sonst ein Stecker, der um 0,5 mm uneben, aber nur 9,9 mm dick ist, verworfen werden, obwohl er funktionstüchtig ist. Die Kompensation sorgt somit für mehr Gutteile.

Merke: Zweck der Maximum-Material-Bedingung (MMR)

Die MMR kann sinnvoll angewendet werden, wenn ein Grenzpaarungsmaß bzw. wirksames Grenzmaß durch die Summe aus einer Maß- und einer Form- und einer Lagetoleranz bestimmt werden soll. In diesem Fall ist also die Toleranzsumme entscheidend. *Die MMR kann mit gleicher Wirksamkeit innerhalb der DIN 7167 und der ISO 8015 angewandt werden, wenn die Fügbarkeit (und zwar „Fügen ohne Kraft!") von Bedeutung ist.*

Der zweite wesentliche Vorteil der MMR ist die Möglichkeit, Form und Lagetoleranzen durch die Verwendung einer starren Prüflehre zu prüfen. Hier muss dann sinnvollerweise MMR auch am Bezug vereinbart werden.

Merke: Prüfung mit starrer Lehre (Formelement und Bezug)

Bei der konventionellen ***Prüfung mit starrer Lehre*** ist immer die MMR vorteilhaft (außer wenn die Lehre allein die Hülle prüft). Falls Geometrieelemente ohne die MMR geprüft werden sollen, ist eine „istmaßbezogene Lehre" (z. B. Spreizdorn) notwendig.

Die MMR ist somit *funktions-*, *fertigungs-* und *prüfgerecht.* Selbst wenn die mechanische Lehrung durch die Messmaschine ersetzt wird, ist die Paarungsfähigkeit mit dem jeweiligen Grenzzustand - d. h. dem Gegenelement - in jedem Fall *gegeben.*

9.6.2 Eingrenzung der Anwendung

In einer Vielzahl von Anwendungen kann die MMR zweckgerecht angewendet werden. Hierdurch wird das Ausschussrisiko gemindert und die Wirtschaftlichkeit der Fertigung verbessert.

Merke: Toleranzüberschreitung bei MMR

Die Maximum-Material-Bedingung gestattet die Überschreitung einer mit Ⓜ gekennzeichneten Form- oder Lagetoleranz, die mit einem Längenmaß zusammen ein wirksames Grenzmaß MMVS bestimmt. Die Überschreitung ist genau um den Betrag gestattet, um den das Längenmaß von seiner Maximum-Material-Grenze abweicht.

Bei der MMR ist es also nur entscheidend, dass die wirksame Grenzgeometrie eingehalten wird. Der Sinn der MMR ergibt sich dann aus einem einfachen *Wenn-Dann-Satz* /JOR 01/. Er beginnt mit dem Maß, von dem die Überschreitbarkeit der Form- und Lagetoleranz abhängt:

Wenn die Maßtoleranz nicht ausgeschöpft wird, ***dann*** darf die Form- oder Lagetoleranz etwas größer sein.

Für das Beispiel des Steckers folgt also:

Wenn der Stecker etwas dünner ist, ***dann*** darf die Mittelebene etwas krummer sein.

Aus dem Beispiel ergibt sich mit der folgenden Konsequenz die wichtige Leitregel:

Merke: Sinnvolle Anwendung der MMR

Toleranzarten: Die MMR wird **nur** auf *abhängige Form- und Lagetoleranzen* angewendet. Sollen die Maßtoleranzen mit einbezogen werden, so erfolgt dieses über die *Reziprozitäts- bzw. Wechselwirkungsbedingung.*
Kompensationsfälle: Die MMR wird ausschließlich nur auf abgeleitete Achsen und Mittelebenen angewendet.

Die MMR kann nur sinnvoll für die im *Bild 9.22* gezeigten abhängigen Geometrietoleranzen herangezogen werden.

		Formtoleranzen		Lagetoleranzen					
		⏤	⏥	∠	//	⊥	⌖	◎	⌯
tol. Element	Achse	x		x	x	x	x	x	x
	Mittelebene		x	x	x	x	x		x
Bezüge	Achse			x	x	x	x	x	
	Mittelebene			x	x	x	x		x

Bild 9.22: Anwendung der Maximum-Material-Bedingung nur auf abgeleitete Geometrieelemente

9.6.2.1 Hüllbedingung

Für einzelne Geometrieelemente kann innerhalb der ISO 8015 eine Hüllbedingung Ⓔ bzw. Passfunktion definiert werden. In diesem Fall muss sich die *Geometrieabweichung* innerhalb der Maßtoleranz bewegen:

$$f_F \leq MMS - LMS.$$

Merke: Ausschlussbedingung für MMR

Die **MMR** kann auf die ***Formtoleranz eines einzelnen Geometrieelementes***, d. h. dessen Mittellinie/Mittelebene, nur angewendet werden, wenn dort ***nicht*** die ***Hüllbedingung*** herrscht. Für Formtoleranzen schließen sich Hüllbedingung Ⓔ und Ⓜ gegenseitig aus.

Bei den zuvor angeführten Beispielen des Flachsteckers wäre bei der Hüllbedingung Ⓔ die Dicke des Steckers auf das vom MMS bestimmte Maß von 10 mm begrenzt, während der wirksame Zustand weiter durch MMVS begrenzt wird.

Anm.: Lageabweichungen unterliegen i.d.R. nicht der Hüllbedingung (Aussnahme: Rechtwinkligkeit).

Merke: Anwendung der MMR auf Lagetoleranzen

Wird die MMR auf eine **Lagetoleranz** angewandt, so sollte für das Geometrieelement, von dem die Achse bzw. Mittelebene des Bezuges abgeleitet wird, zweckmäßigerweise die Hüllbedingung Ⓔ vorgeschrieben werden.

9.6.2.2 Wirkung der Hülle im Tolerierungsgrundsatz

Als Beispiel für das Zusammenwirken des Tolerierungsgrundsatzes mit der Maximum-Material-Bedingung und der Hülle soll der folgende Fall eines Bolzens dienen.

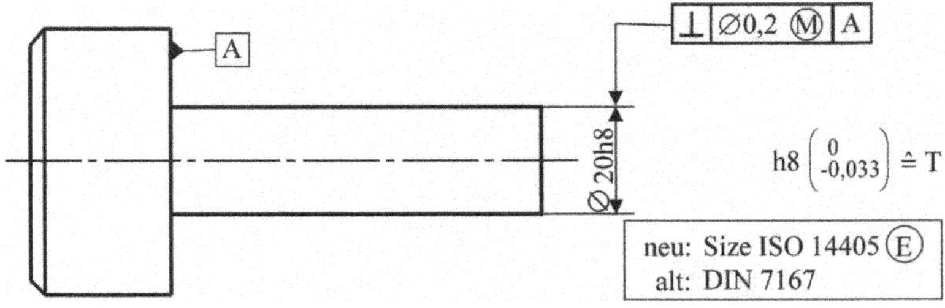

Bild 9.23: Rechtwinkligkeitstoleranz mit MMB bei aufgehobener „Hüllbedingung“

Bereit zuvor wurde darauf hingewiesen, dass bei Passungsfällen zu prüfen ist, ob eine Geometrietoleranz überhaupt innerhalb der Maßtoleranz liegen kann, da ansonsten die Hülle aufgeweitet werden muss. Die Toleranzangabe*) im *Bild 9.24* nach ISO 1101 hebt somit die durch das Maximum-Material-Maß gebildete Hülle auf, da durch die Rechtwinkligkeitsangabe mit t_R > T ein wirksamer Zustand (Ø ULS) entsteht, der jetzt zu lehren ist.

*) Anmerkung: Innerhalb der DIN 7167 konnten früher alle ISO 1101-Symbole (einschließlich Ⓜ) verwendet werden.

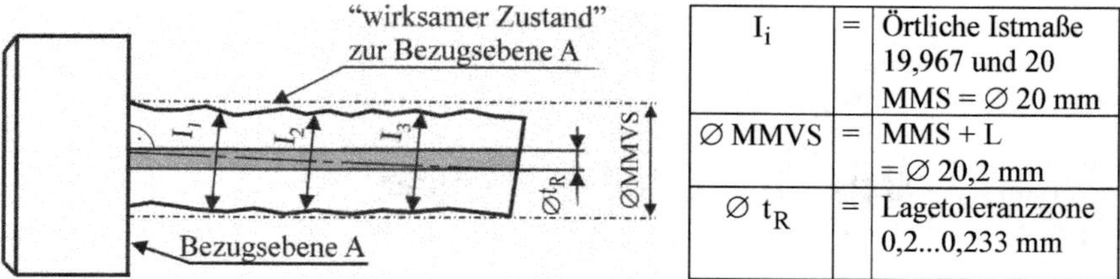

I_i	=	Örtliche Istmaße 19,967 und 20 MMS = ∅ 20 mm
∅ MMVS	=	MMS + L = ∅ 20,2 mm
∅ t_R	=	Lagetoleranzzone 0,2...0,233 mm

Bild 9.24: Begrenzung der Rechtwinkligkeitstoleranz durch den „wirksamen Zustand"

Über den Zapfen im *Bild 9.24* muss sich somit ein geometrisch idealer Lehrring vom Durchmesser MMVS = 20,2 mm (∅ 20 + 0,2) schieben lassen, der am Bezug anliegt. Alle Istmaße müssen in einem Bereich von ∅ 19,967 mm und ∅ 20 mm liegen. Daraus kann man schließen, dass die Rechtwinkligkeitsabweichung der Achse nicht größer sein darf als die Differenz zwischen den örtlichen Istmaßen und dem wirksamen Maß ∅ 20,2 mm. Da jedoch MMR vereinbart ist, ist die Größe der Richtungstoleranzzone aber abhängig von der augenblicklichen Maßabweichung.

Weisen zum Beispiel (siehe *Bild 9.25*) alle örtlichen Istmaße einen Durchmesser von 20 mm auf, so darf die Rechtwinkligkeitsabweichung der Mantellinien maximal 0,2 mm betragen, damit der Zapfen auf jeden Fall noch innerhalb vom ∅ ULS = MMVS liegt.

a) minimale Rechtwinkligkeitsbweichungen des Zapfens

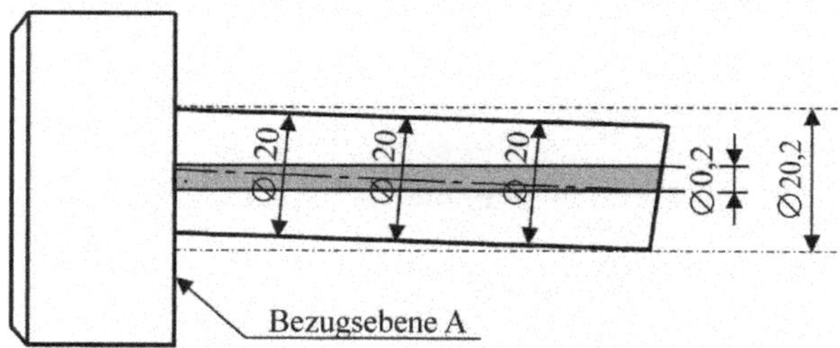

b) maximale Rechtwinkligkeitsabweichungen des Zapfens

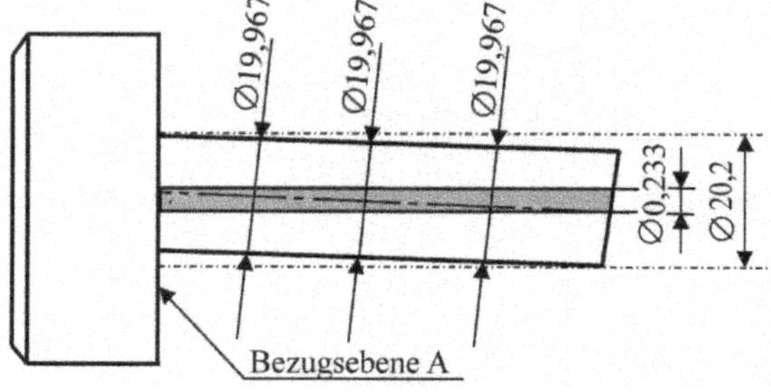

Bild 9.25: Interpretation der Maß- und Lageabweichung

Haben hingegen alle örtlichen Istmaße einen Durchmesser von 19,967 mm, so darf die Rechtwinkligkeitsabweichung der Mantellinien bzw. der Achse nicht größer als 0,233 mm sein, dies ist die erweiternde MMR.

In dem beschriebenen Fall ist jedoch die Rundheitstoleranz nicht eindeutig begrenzt. Für die Hüllbedingung gilt im Grenzfall, dass die Rundheitsabweichung maximal die Größe der Maßtoleranz $(f_R = T)$ erreichen darf. Dies gilt jedoch nicht für ISO 8015, da hier die Formtoleranz unabhängig von der Maßtoleranz ist. Um Montageprobleme auszuschließen, sollte daher die Rundheit eingegrenzt werden.

Im *Bild 9.26* ist als weitere Möglichkeit gezeigt, das Formelement durch die zusätzliche Anforderung der Hüllbedingung Ⓔ nach ISO 14405 auf die geometrisch ideale Hüllfläche des Durchmessers mit einem Maximum-Material-Maß von ∅ 20 mm einzugrenzen.

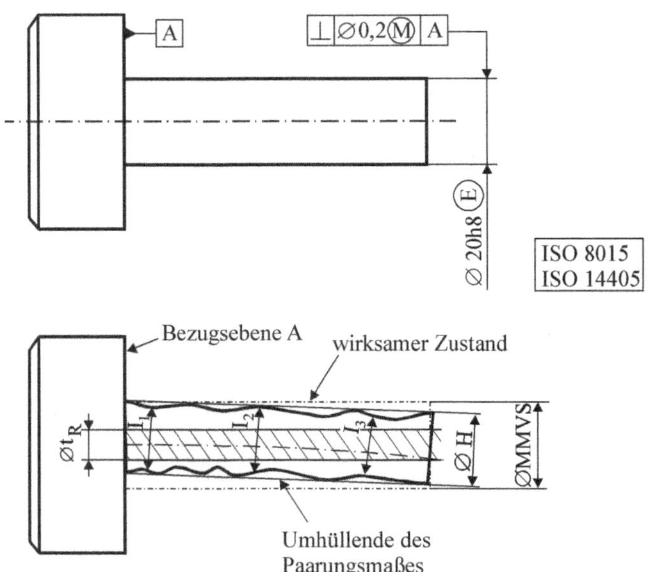

I_1 bis I_3	= örtliche Istmaße = 19,967 (LLS) ... 20 mm (ULS)
∅ H bzw. MMS	= Hülle bzw. Maximum-Material-Maß = ∅ 20 mm
∅ MMVS	= wirksames Maß ∅ 20,2 mm (Hülle für Rechtwinkligkeit)
∅ t_R	= Richtungstoleranzzone = 0,2 ... 0,233 mm

Bild 9.26: Festlegung einer Hülle für den Zylinder durch die Hüllbedingung

Das heißt zwingend, dass die örtlichen Istmaße zwischen 19,967 und 20 mm liegen müssen. Die Rechtwinkligkeits- und Rundheitsabweichung dürfen zusammen auch nicht bewirken, *dass das Formelement den wirksamen Zustand durchbricht.* Parallele Schnitte durch das Element müssen immer innerhalb einer Hülle vom Durchmesser 20 mm liegen.

Durch Ⓔ wird also nur die *Rundheit* des Zylinders eingegrenzt, d. h., die Umfangslinie darf abhängig von den örtlichen Istmaßen einen Wert von 0 (wenn fast alle örtlichen Istmaße ∅20 sind) bzw. 0,033 mm (wenn fast alle örtlichen Istmaße ∅19,967 sind) nicht überschreiten. Unabhängig davon darf die Abweichung der Rechtwinkligkeit zwischen 0,2 mm (bei örtlichen Istmaßen von ∅20 mm) und 0,233 mm (bei örtlichen Istmaßen von ∅19,967 mm) betragen.

9.6.3 Prüfung der Maximum-Material-Bedingung

Die Maximum-Material-Bedingung sollte in einer Produktionsumgebung mit einer einfachen starren Lehre überprüft werden können. Exemplarisch soll dazu das umseitige Beispiel einer Schaltbrücke (siehe *Bild 9.27*) herangezogen werden.

Die Schaltbrücke benötigt funktional zwei exakt positionierte Bohrungen, in die später eine Steuergabel eingreift. Bohrung und Stifte müssen daher aufeinander abgestimmt werden, bzw. es muss eine sinnentsprechende Prüfung erfolgen. Für die Prüflehre bedeutet dies, dass die Prüfstifte der (Bohrungs-)Hülle entsprechen müssen. Die zuvor schon eingeführte Beziehung für das wirksame Grenzmaß (MMVL) kann somit direkt übertragen werden, d. h., für die Auslegung einer Prüflehre gilt im Regelfall:

„Lehrenmaß" für toleriertes Element*) = Max.-Mat.-Maß ± Lagetoleranz

„Lehrenmaß" für Bezugselement = Max.-Mat.-Maß.

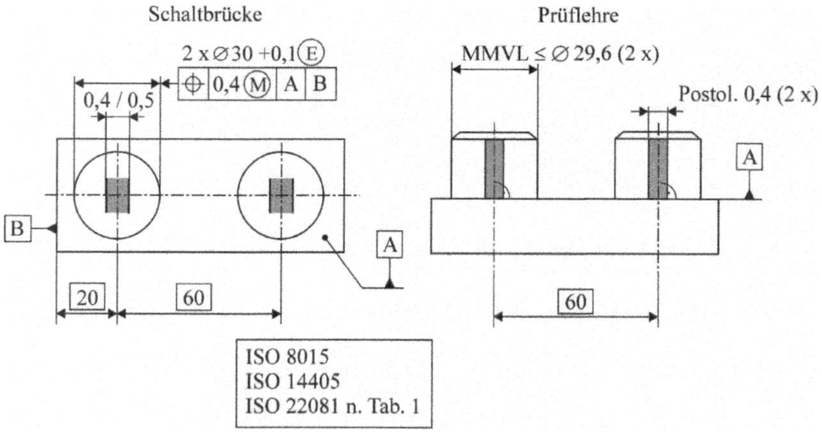

Bild 9.27: Positionstoleriertes Lochbild und Prüfung mit starrer Lehre

Bei dem angegebenen Lochbild soll der Lochabstand mit der skizzierten starren Stecklehre durch Selbstprüfung durch den Werker kontrolliert werden. Zur Auslegung der Lehre geht man zweckmäßigerweise systematisch vor:

*) Anmerkung: Außenmaß +, Innenmaß -

1. Analyse der Toleranzangabe

Mit dem angegebenen Maßbild ist eine bestimmte Funktion verbunden, weshalb auch die Maximum-Material-Bedingung verwandt worden ist. Damit ist verbunden:

- Wenn die Bohrung Maximum-Material-Maß hat, also ∅30 mm ist, darf der Achsversatz beider Bohrungen 0,4 mm sein.

- Ist die Bohrung jedoch 30,1 mm, dann darf der Achsversatz größer, und zwar 0,5 mm sein.

2. Funktionsmaßbeeinflussung

Das *reale* Achsmaß streut somit zwischen 60 ± 0,5 mm bis 60 ± 0,4 mm. Das ideale Mittenmaß ist 60 mm. Bei der zu fertigenden Prüflehre muss diese Streuung im Achsabstand und über die Durchmesser der Stehbolzen bzw. deren Lage kompensiert werden.

3. Wirksamer Grenzzustand

Zu den tolerierten Geometrieelementen muss das formale Gegenmaß ermittelt werden. Bei der Stecklehre sind dies die Stiftdurchmesser, deren wirksames Grenzmaß $(\mathrm{MMVS} = \mathrm{MMS} - t_P)$ zu 29,6 mm bestimmt werden kann. Im Grenzfall passt dann die Lehre genau in die beiden Bohrungen.

4. Grenzverhältnisse überprüfen

Nach Abstimmung der Lehre ist es notwendig, die Auslegung unter den extremen Toleranzsituationen zu überprüfen. Nachfolgend wird dies für das Maximum (MMS)- und Minimum (LMS)-Material-Maß durchgeführt.

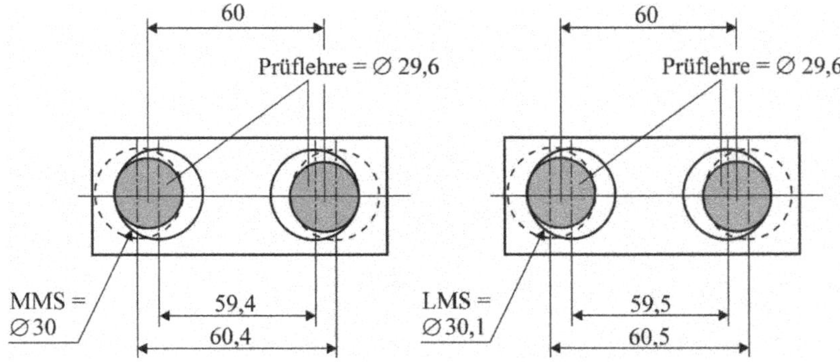

Bild 9.28: Grenzgestaltprüfung für Bauteil und Lehre

Die einfachste Toleranzanalyse besteht in der Mini-Max-Rechnung für das Stichmaß der Lehre in Abhängigkeit von den Bauteiltoleranzen.

5. Funktionsanforderungen festlegen

Da an die Lehre höhere Anforderungen gestellt werden müssen als an das Bauteil, muss diese funktionsgerecht und toleranztreu ausgelegt werden.

Im vorliegenden Fall muss die Stecklehre mit einer kleineren Positionstoleranz und dem zweckentsprechenden Achsmaß herstellt werden.

9.6.4 Tolerierung mit dem Toleranzwert „0"

Eine Tolerierung mit dem Toleranzwert t = „0" mm erscheint zunächst praktisch unsinnig. In Kombination mit einer „Gemeinsamen Toleranzzone (CZ)" und der Maximum-Material-Bedingung lässt sich „Fluchten" von Geometrieelementen erreichen.

Bekanntlich gilt die Hüllbedingung nur für ein einzelnes Formelement. In einigen Anwendungen ist es zweckmäßig, eine „erweiterte Hülle" über zwei Elemente zu definieren. Dies lässt sich über „CZ" mit $t_G = 0$ mm und MMR bei einer durchgehenden Bohrung sinnvoll anwenden.

Die umseitigen Anwendungen in *Bild 9.29* zeigen zwei Bohrungssituationen, wo eine durchgehende Hülle und fallweises Fluchten erforderlich ist.

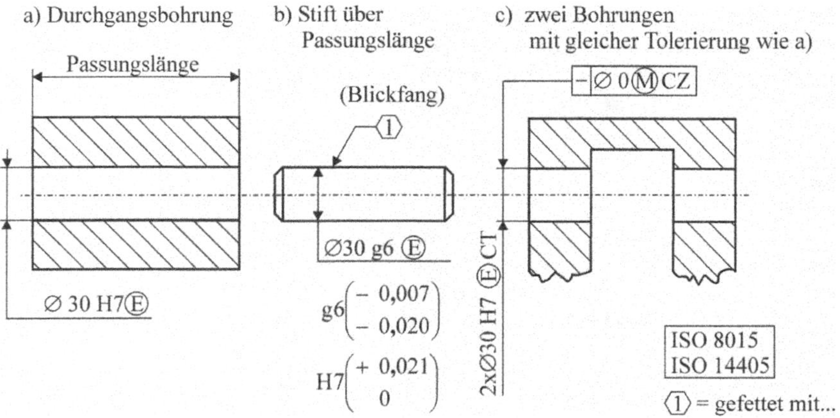

Bild 9.29: Anwendung des Toleranzwertes "0„ in Verbindung mit Ⓜ

a) Durchgangsbohrung unterliegt der Hüllbedingung Ⓔ
b) Prüfdorn für Fall a) und c)
c) abgesetzte Bohrung (mit unterbrochener Hülle), aber vereinbarter gemeinsamer bzw. kombinierter Toleranzzone (CZ)

Für die durchgehende Bohrung wird mit Ⓔ die Hüllbedingung gefordert. Dies bedeutet, dass die Bohrung keinerlei Abweichungen haben darf, wenn sie Maximum-Material aufweist. In der Praxis wird dieser Zustand zumindest in der Serienfertigung nicht oft vorkommen; die Bohrung wird meist vom MMS abweichen und größer sein. Für die Paarbarkeit ist es dann vorteilhafter, wenn durch die MMR vereinbart wird:

Wenn sie etwas **größer** ist, **dann** darf sie **etwas krumm** oder **unrund** ausfallen, solange die Hülle nicht unterschritten wird.

Für eine durchgehende Bohrung verkörpert der Prüfdorn die Hüllbedingung. In obigem Beispiel ist dies ein Dorn mit $\varnothing\ d$ von der Größe *MMS = 30,0 mm.*

Für die abgesetzte Bohrung ist eine Hülle über zwei Formelemente definiert. Mit der Geradheitstoleranz $t_G = 0$ mm ist das wirksame Grenzmaß

$$\text{MMVS} = \text{MMS} - t_G = \text{MMS} = 30{,}0 \text{ mm}.$$

Der Dorn prüft in diesem Fall also die Hülle der einzelnen Bohrungen und auch das exakte Fluchten der Bohrungen über den wirksamen Grenzzustand. Das Prinzip der Nulltoleranz ist auch auf Lagetoleranzen (z. B. Position von Lochbildern) anwendbar.

9.6.5 Festlegung von Prüflehren

Die Maximum-Material-Bedingung wird durch eine Prüflehre verkörpert, die den verfügbaren Raum für die Werkstückgestalt umschließt und den wirksamen Grenzzustand umfasst.

Prüflehren können für Formtoleranzen und für die gemeinsame Prüfung von Form- und Lagetoleranzen (siehe erweiterter Prüfgrundsatz von Weinhold) herangezogen werden. Sie haben dem idealen Gegenstück zu entsprechen.

Merke: Prüflehre für MMR

Die Prüflehre verkörpert den wirksamen Grenzzustand mit MMVS für alle Toleranzarten am tolerierten Element.
Bei Lagetoleranzen verkörpert sie außerdem das am Bezugselement anliegende ideale Gegenelement (Erweiterung des Taylor'schen Prüfgrundsatzes nach Weinhold).
Alle Elemente der Prüflehre stehen in exakten abgestimmten geometrischen Verhältnissen zueinander.

Die Toleranzen der Lehre müssen so gewählt sein, dass keine unzulässigen Werkstücke für gut befunden werden. Die Toleranzen der Prüflehre gehen also von den Werkstücktoleranzen ab; sie müssen deshalb auch mindestens eine Größenordnung enger gewählt werden.

Es gibt zwei Möglichkeiten, eine Prüflehre für ein Bezugselement zu bilden. Dies ist von der Art des Bezugselementes abhängig.

1. Der Bezug ist eine gerade Kante, Linie oder eine ebene Fläche. Dann verkörpert die Lehre das anliegende Gegenelement.

2. Der Bezug ist die Achse eines Kreiszylinders. Dann muss die Prüflehre die Bezugsachse korrekt ermitteln. Dies wäre ein aufdehnender Dorn für eine Bohrung, bzw. ein sich verengendes Futter für eine Welle. Ist der Dorn konisch und starr, so bleibt die Ermittlung der Achse unvollständig. Einfacher zu fertigen und zu handhaben ist eine Prüflehre, die an der Bezugsbohrung auch einen starren zylindrischen Dorn hat. Dieser Dorn unterliegt dann der Maximum-Material-Bedingung.

Bei einem Bezugselement mit Maximum-Material-Bedingung geht das Spiel zwischen Bohrung und Prüfdorn in die Prüfung ein und vergrößert zusätzlich die größte zulässige Abweichung des tolerierten Elementes. Voraussetzung hierfür ist, dass der Bezug ein abgeleitetes Element ist.

Das folgende Beispiel verdeutlicht die Bedeutung der Maximum-Material-Bedingung unter Einschluss der Bezugsbildung und der zweckgerechten Konstruktion von Prüflehren.

Beispiel: Vereinfachung durch Lehrenprüfung

Die nachfolgend dargestellte Kolbenstange soll mit ihrem Schaft in einen gewickelten Hydraulikzylinder eingeführt werden. Der Kopf wird über ein Abstreifgummi geführt, er kann deshalb eine größere Abweichung der Koaxialitätstoleranz zum Schaft haben.

Da der Zylinder in Serie hergestellt werden soll, gilt es, eine einfache Funktionslehre für eine fertigungsbegleitende Prüfung auszulegen.

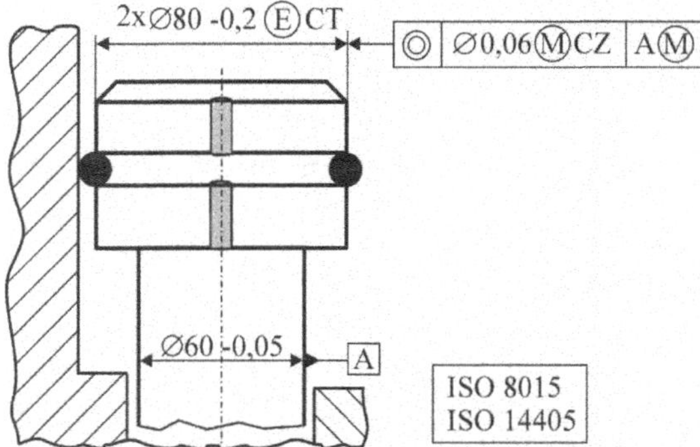

Bild 9.30: Stempel mit MMB-Bezug (CT = gemeinsame Maßtoleranz, CZ = kombinierte Geometrietoleranzzone)

Für die Bemaßung wurde das Prinzip der ISO 14405-1 angewandt und mit der erforderlichen Lagetoleranz (Koaxialität) kombiniert. Insofern steht das Beispiel auch für eine sinnvolle Kombination mit der ISO 1101.

Eine zu konzipierende Prüflehre /HEN 99/ ist zweckmäßigerweise so auszulegen, dass sie überall den Maximum-Material-Zustand (MMS) erfasst und die Koaxialität prüfen kann. Da hier für die Toleranz mit Ⓜ und den Bezug mit Ⓜ angegeben ist, lässt sich dies mit einer einfachen starren Lehre prüfen.

Wäre der Bezug nicht mit der Maximum-Material-Bedingung gekennzeichnet, so müsste die Prüflehre die Achse des Schaftes genau ermitteln. Sie müsste daher wie ein Spannfutter konstruiert sein. Durch die Tolerierung des Bezuges A mit Ⓜ darf sich aber der Schaft in der Prüflehre radial verschieben – also Spiel haben –, wie nachfolgend gezeigt ist.

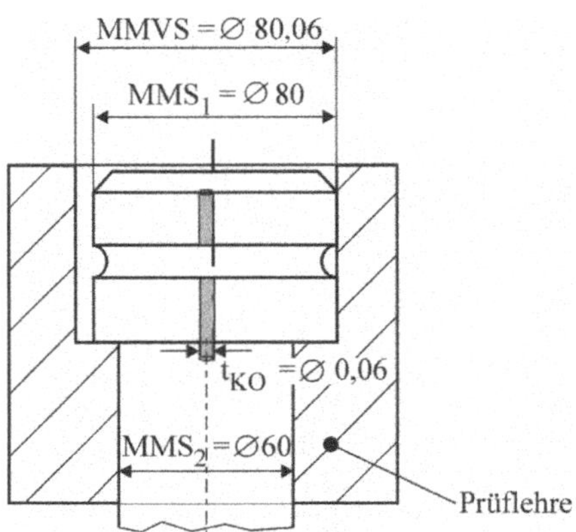

Bild 9.31: Konstruktion der Prüflehre für Bezug mit MMR

Das wirksame Grenzmaß MMVS berechnet sich wieder aus dem Maximum-Material-Maß des Stempels und der Koaxialitätstoleranz t_{KO}:

$$MMVS = MMS + t_{KO} = 80 + 0{,}06 = 80{,}06 \text{ mm.}$$

Liegen nun aber der Durchmesser des Stempels und des Schaftes auf der Minimum-Material-Grenze, so kann man aus den angegebenen Maßen auch den Achsversatz für diesen Zustand berechnen.

Merke: MMR aus Bezug

Die Angabe von Ⓜ am Bezug soll signalisieren, dass eine maßliche Überprüfung mit einer starren Lehre gewünscht wird.

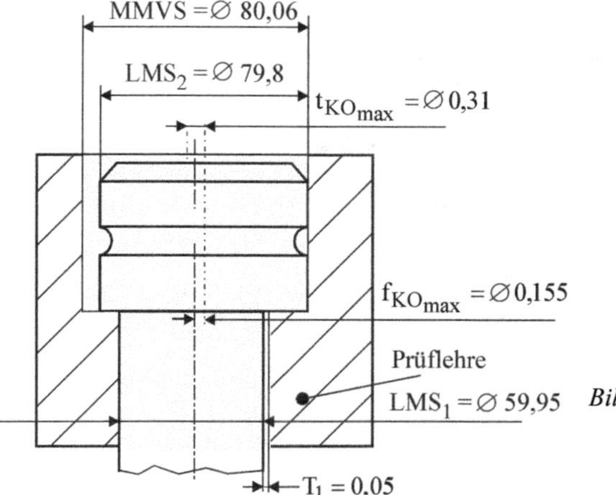

Bild 9.32: Stempel und Kopf mit Minimum-Material-Grenze LMS

Nun bestimmt man die größte Koaxialitätstoleranz. Diese berechnet sich aus der Summe der einzelnen Toleranzen:

$$t_{KO\,max} = t_{KO} + T_1 + T_2 = 0{,}06 \text{ mm} + 0{,}05 \text{ mm} + 0{,}2 \text{ mm} = 0{,}31 \text{ mm}.$$

Entsprechend folgt für den größten Achsversatz

$$f_{KO_{max}} = t_{KO_{max}} / 2 = 0{,}155.$$

9.7 Minimum-Material-Bedingung

Die Maximum-Material-Bedingung schränkt die maximale Ausdehnung eines Formelementes ein, um seine Passungs- bzw. Paarungsfähigkeit zu sichern. Die Minimum-Material-Bedingung hingegen hat die Aufgabe, die minimale Ausdehnung zu begrenzen. Dies dient z. B. dazu, eine minimale Bearbeitungszugabe oder eine Mindestwanddicke sicherzustellen.

Die Minimum-Material-Bedingung wird mit Ⓛ gekennzeichnet. Nach ISO-Nomenklatur bedeutet dies: Least Material Requirement. Deshalb wird im Folgenden „Minimum-Material-Bedingung“ mit **LMR** abgekürzt. Auch für die Minimum-Material-Bedingung kann man einen „Wenn-Dann“-Satz /JOR 09/ bilden.

Wenn die Bohrung etwas kleiner ist, **dann** kann seine Position etwas mehr abweichen und die Wandstärke ist noch gesichert.

Eine sinnvolle Anwendung ist immer nur auf Achsen oder Mittelebenen von Geometrieelementen gegeben.

Zum Vergleich mit der MMR:

> **Wenn** die Bohrung etwas größer ist, **dann** kann die Position etwas mehr abweichen und das Gegenelement passt noch durch.

Die LMR soll also bewirken, dass sich aus dem Material der Minimum-Material-Virtual-Zustand (LMVS = Ausschneidekontur bzw. Mindestwanddicke) ausschneiden lässt. Als Bedingung besteht somit:

> *Die geometrisch ideale Form vom Minimum-Material-Virtual-Maß (= Ausschneidekontur) muss vollständig im Material enthalten sein.*

Hiermit ist verbunden

„Ausschneidemaß" am tolerierten Element[*] = Min.-Mat.-Maß ∓ Lagetoleranz
„Ausschneidemaß" am Bezugselement = Min.-Mat.-Maß

Bild 9.33 zeigt die Positionstolerierung einer Bohrung nach der Maximum-Material-Bedingung und entsprechend nach der Minimum-Material-Bedingung. Die beiden unterschiedlichen Zielsetzungen werden so transparent.

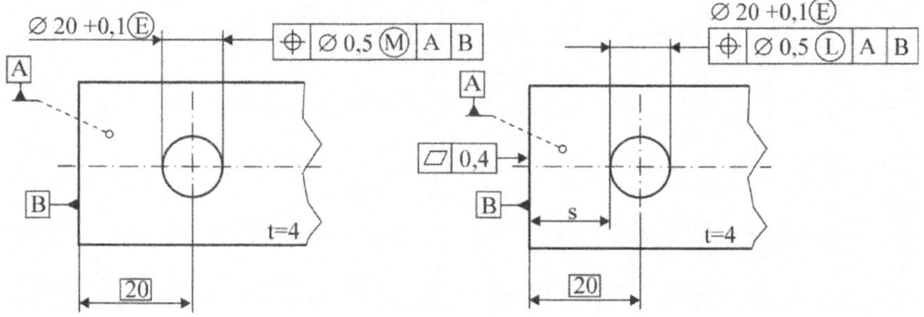

a) Maximum-Material-Bedingung (Ziel: Paarungsfähigkeit mit Stift)

b) Minimum-Material-Bedingung (Ziel: Mindestwandstärke gewährleisten)

Bild 9.33: Tolerierung nach der MMR und LMR an einem Stanzteil

Zum Verständnis der Situation soll der Leser einmal versuchen, den minimalen Randabstand (Kante - Loch) s_{min} und den maximalen Randabstand s_{max} im *Bild 9.33 b)* zu bestimmen. In diesem Fall muss die tatsächlich vorkommende Wanddicke s_{min} aus einer Maßkette berechnet werden. Berücksichtigen Sie, dass in die Maßkette auch die Formtoleranz t_E = 0,4 mm der Bezugsfläche A eingeht, da die Position von diesem Bezug aus gemessen wird. Die Form der Bezugsfläche konvex/konkav spielt hierbei keine Rolle. Eine mögliche Formabweichung der Bohrung wird in der Regel ebenfalls nicht berücksichtigt und geht daher auch nicht in die Berechnung ein.

[*] Anmerkung: Außenmaß -, Innenmaß +

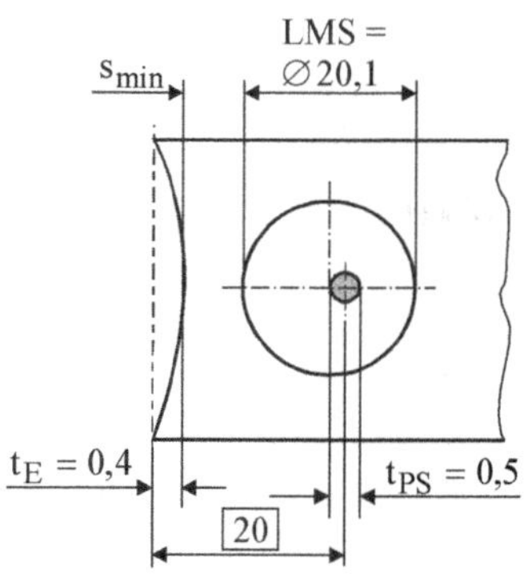

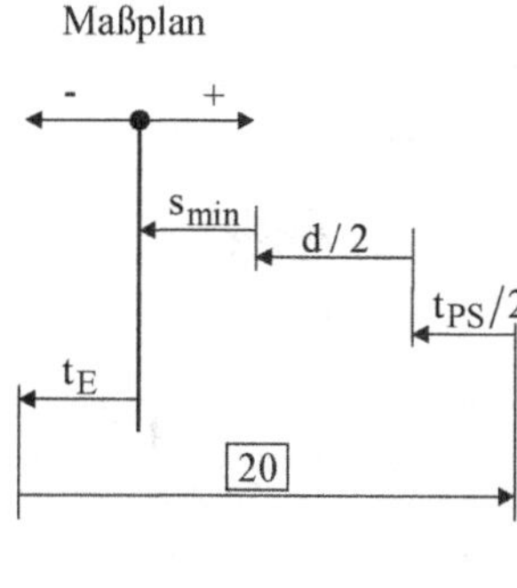

Bild 9.34: Situation zur Berechnung der Mindestwandstärke s_{min}

Die Maßkette zur Bestimmung der kritischen Wandstärke **s** kann dann jeweils mit den aktuellen Maßen wie folgt aufgestellt werden*), z. B.

$$s = -t_E + 20 - t_{PS}/2 - d/2 .$$

Mit den folgenden Maßgrößen kann somit die Wandstärke min./max. bestimmt werden:

Größe	Maß in [mm]	Anmerkung
t_E	0/0,40	minimal/maximal
$t_{PS}/2$	0,25/0,3	minimal/maximal
d/2	10,05/10,00	LMS/MMS
Abstand Kante/Bohrung	20,00	konstantes Abstandsmaß

Damit ergeben sich die beiden Extremfälle

$$s_{min} = -0,4 + 20 - 0,25 - 10,05 = 9,3 \text{ mm}, \quad \text{(bei LMS)},$$
$$s_{max} = 0 + 20 + 0,3 - 10,00 = 10,3 \text{ mm}, \quad \text{(bei } t_E = 0 \text{ und MMS)},$$

Typische Anwendungssituationen für Ⓜ bzw. Ⓛ sind:

a) Tolerierung nach der Maximum-Material-Bedingung Ⓜ
Die Bohrung dient als Aufnahme eines Stiftes an einem Gegenelement, d. h., eine größere Bohrung kann mehr abweichen.

*) Anmerkung: Siehe hierzu die Vorzeichenregel für Maßketten von S. 138, die hier zweckmäßig ist.

b) Tolerierung nach der Minimum-Material-Bedingung Ⓛ
Die Sicherung einer Mindestwandstärke, damit genügend Material auch nach Begradigung der möglichen Ebenheitsabweichung erhalten bleibt. Das heißt, eine kleine Bohrung kann mehr abweichen.

9.7.1 Anwendung

Die Minimum-Material-Bedingung ist zusammen mit der Maximum-Material-Bedingung in der überarbeiteten Norm DIN EN ISO 2692:2014 genormt.

Eine sinnvolle Anwendung (und in der Norm so eingeschränkt) ist immer in Verbindung eines Maßes mit der Ortstoleranz eines abgeleiteten Geometrieelementes gegeben. Die Norm gibt hierfür einige Anwendungen wieder.

Merke: Toleranzüberschreitung bei LMR und wirksamer Minimal-Grenzzustand

Toleranzüberschreitung bei LMR:
Eine Überschreitung einer mit Ⓛ gekennzeichneten *Ortstoleranz* (Position, Konzentrizität/Koaxialität, Symmetrie) ist um den Betrag zulässig, um den das zugehörige Längenmaß von seiner LMS abweicht.

Wirksamer Minimal-Grenzzustand LMVS: Dieser Zustand berechnet sich nach folgender Formel.:

$$\text{LMVS} = \text{LMS} \pm t$$

„t" ist hier die Toleranzzone des der Minimum-Material-Bedingung unterworfenen Formelementes.

Achtung! Im Gegensatz zur MMB gilt hier „+" für Bohrung und „-„ für Welle.

Der wirksame minimale Grenzzustand lässt sich hier **nicht** als Prüflehre /HOI 94/ verkörpern, da er im Innern des Werkstoffes liegt. Er verkörpert eine innere Grenzgestalt im Werkstoff und kann deshalb auch **nicht** direkt gemessen werden.

9.8 Reziprozitätsbedingung

Die schon in der Vorgängernorm DIN EN ISO 2692:2007 eingeführte Reziprozitätsbedingung ermöglicht die Bildung eines Toleranzpools im Zusammenhang mit der Maximum- oder Minimum-Material-Bedingung. Die Abweichungen aus Form-, Lage- und Maßtoleranzen werden zu einem gemeinsamen Bereich zusammengefasst und können fallweise beliebig aufgeteilt werden. Zur Erläuterung wird noch einmal das einfache, flache Bauteil aus *Bild 9.35* verwendet. Das im Toleranzrahmen angegebene Ⓡ ist neben Ⓜ, Ⓛ stets als zusätzlicher Modifikator zu interpretieren.

In der Praxis zeigt die Skizze ein typische Situation bei der Paarung von Stecker und Buchse, beispielsweise in EDV-Geräte mit USB-Anschluss. Die Grenzbetrachtungen zeigen, dass es für die funktion, wie auch Herstellung und Montage hilfreich ist, die Reziprozitätsbedingung in Kombination mit der Minimum-Material-Bedingung zu nutzen.

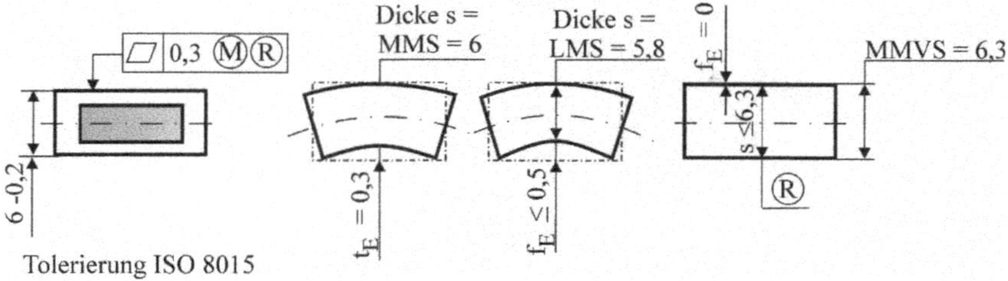

Bild 9.35: Sinnvolle Anwendung der Reziprozitätsbedingung bei einem USB-Stecker

Durch die zusätzliche Reziprozitätsbedingung wird der folgende Zustand vereinbart:

- Die Ebenheit wird nach der Maximum-Material-Bedingung toleriert.
- Das Größenmaß kann um die nicht ausgeschöpfte Geometrietoleranz erweitert werden, somit wird das Maximum-Material-Maß auf volle Ausschöpfung des MMVS vergrößert, die Bedingung für das Zweipunktmaß nach ISO 129-1 wird damit aufgehoben.

Im obigen Fall Ⓜ + Ⓡ kann somit die Toleranzsumme von 0,5 mm beliebig zwischen Form- und Maßtoleranz aufgeteilt werden. Wenn dies fertigungstechnisch akzeptiert werden kann und die Funktion nicht beeinträchtigt wird, führt dies zu mehr Gutteilen in der Herstellung und Paarung.

Merke: Reziprozitäts- bzw. Wechselwirkungsbedingung

Die *Reziprozitätsbedingung* Ⓡ (reciprocy requirement) ist im Toleranzindikator als zusätzliche Anforderung zur Mamimum-Material- Ⓜ oder zur Minimum-Material-Bedingung Ⓛ anzugeben. Hierdurch wird eine Maßerweiterung des Größenmaßes zugelassen, u.zw., um die nicht ausgenutzte Geometrietoleranz. Die Maßerweiterung ist aber nur zur *Maximum-Material*-Seite zulässig.

Im umseitigen *Bild 9.36* ist das häufig auftretende Problem der Einhaltung einer Mindeswandstärken aufgegriffen worden. Dies kommt häufig bei Spritzguß- oder Pressteilen vor bei dem beispielsweise Butzen im Zusammenwirken mit Einschraubkanälen für selbstschneidende Schrauben dimensioniert werden müssen. Ziel ist es hier, dass trotz Geometrieabweichung ausreichend „Fleisch" für die Gewindegänge übrig bleibt.

Zur Beherrschung der Dimensionierungssituation kann hier die Koaxialitätstoleranz oder alternativ die Positionstoleranz herangezogen werden. Auf die Materialbedingung hat diese Wahl jedoch keinen unmittelbaren Einfluss.

Einhaltung einer Mindestwandstärke

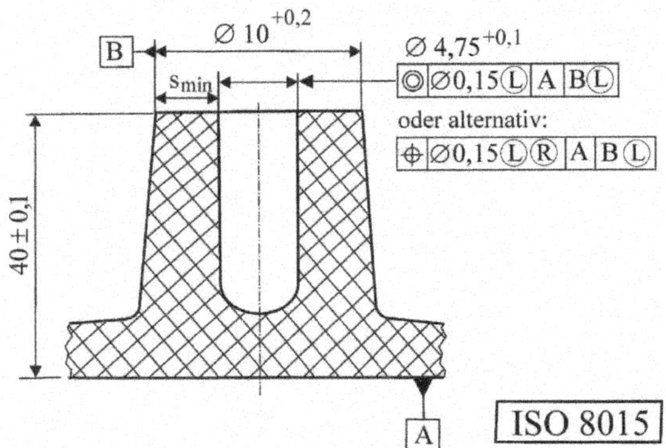

Bild 9.36: Butzen an einem Kunststoff-Formteil mit bemaßter und tolerierter Einschraubbohrung

Im *Bild 9.37* sind die beiden möglichen Einträge in ihrer maßlichen Wirkung einmal für Ⓛ und einmal für Ⓛ + Ⓡ dargestellt, wobei sich für die Reziprozitätsbedingung praktische Vorteile zeigen. Die Bestimmungsgleichung zur Ermittlung der Wandstärke ist vorstehend angegeben worden.

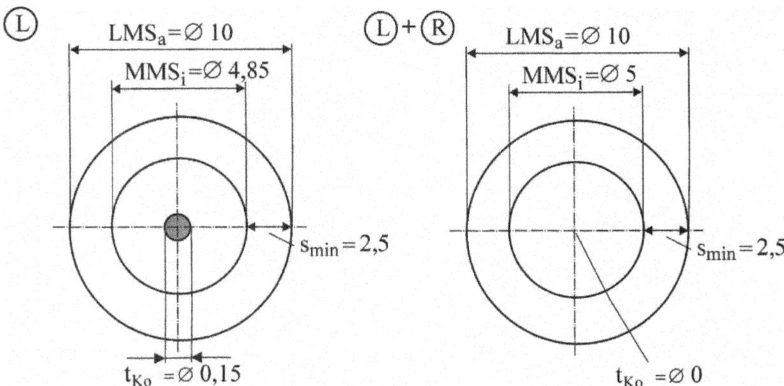

Bild 9.37: Grenzbetrachtungen zur Mindestwandstärke des Butzens

Das Prinzip von Wandstärkenberechnungen zwischen Außen- und Innengeometrien beruht stets auf den Extremfall: Mindestmaß des Außenteils (LMS) minus Größtmaß des Innenteils (MMS). Unter Berücksichtigung des Geometriemaßes mit seinen beiden Extremen ergibt sich letztlich eine Mindestwandstärke von $s_{min} = 2{,}5$ mm.

Es ist in der Messtechnik üblich, dass Material-Bedingungen mit starren Lehren geprüft werden. Dies unterstützt auch die Qualitätssicherung bei der Serienüberwachung.

9.9 Passungsfunktionalität

Eine Passung beschreibt die Paarbarkeit von mindestens zwei Teilen durch einen definierten Maßunterschied. Je nach Funktion der Teile können Spiel-, Übergangs- oder Presspassungen gewählt werden. Um den Umfang an Werkzeugen und Messmitteln zu begrenzen, sollte möglichst das System „Einheitsbohrung" verwendet werden, welches sich mittlerweile auch in großen Teilen der Industrie durchgesetzt hat.

Im Zusammenhang mit den beiden Tolerierungsgrundsätzen des Hüll- und Unabhängigkeitsprinzips sollen nachfolgend die Bedingungen für eine Passfunktion herausgearbeitet werden.

1. Fall: Paarbarkeit über Hüllprinzip (alt DIN 7167). Garantieren eines Mindestspiels

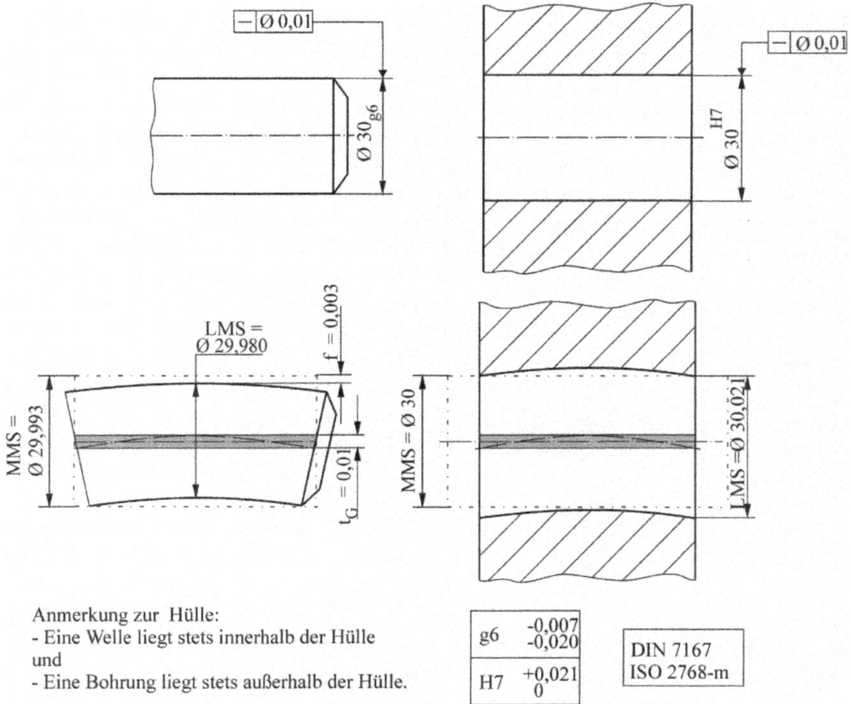

Bild 9.38: Herstellung einer funktionierenden Spielpassung bei Welle/Bohrung
a) Zeichnungsangabe
b) Hüllen vom Maximum-Material-Maß (MMS) nach DIN 7167

Beim Hüllprinzip dürfen die beiden Geometrieelemente ihre geometrische Ideal-Hülle mit Maximum-Material-Maß (MMS) nicht durchbrechen und die Minimum-Material-Grenze (LMS) nicht unterschreiten. Diese Forderung stellt sicher, dass zwischen Welle und Bohrung ein ausreichendes Bewegungsspiel vorliegt. Hierbei ist darauf zu achten, wie die Größe der Formtoleranz (innerhalb oder außerhalb der Hülle) anzusetzen ist. Im vorliegenden Fall liegt sie in der Hülle.

2. Fall: Paarbarkeit beim Unabhängigkeitsprinzip (nach ISO 8015)

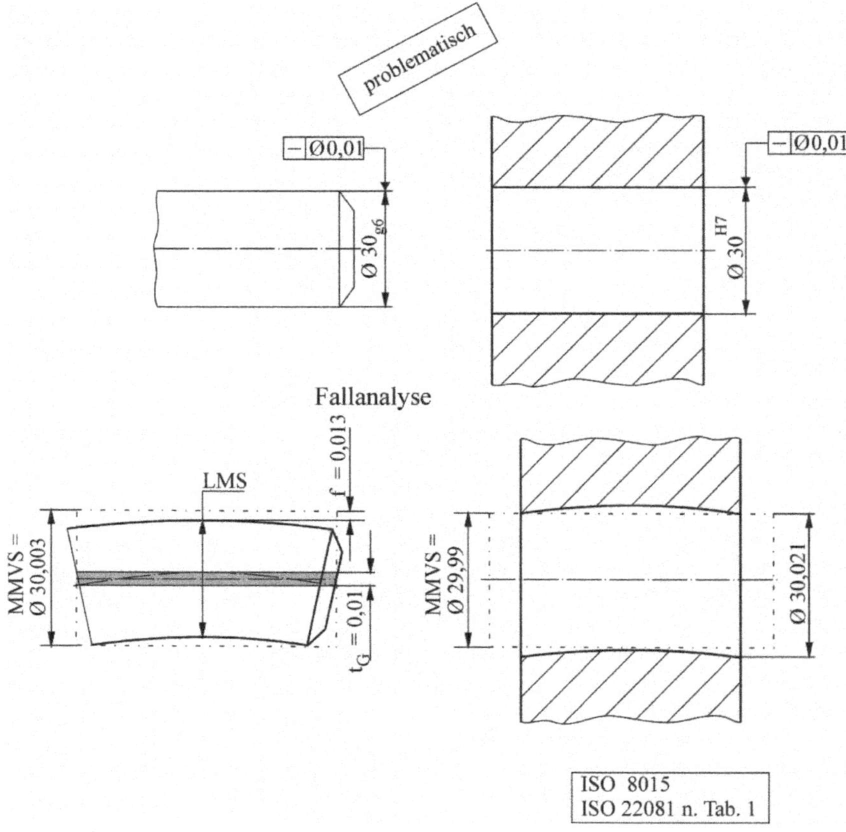

Bild 9.39: Herstellung einer Spielpassung bei Welle/Bohrung
a) Zeichnungsangabe
b) Hüllen von MMVS bei ISO 8015

Beim Unabhängigkeitsprinzip darf jedes Geometrieelement seine Form- und Lagetoleranz ausnutzen, unabhängig davon, ob das Geometrieelement Maximum-Material-Maß hat oder nicht. Der wirksame Zustand wird dann jeweils als Maximum-Material-Virtual-Maß

$$MMVS = MMS \pm t_G$$

gebildet.

Im vorliegenden Fall ist die Toleranzabstimmung aber nicht so erfolgt, dass eine Spielpassung immer gewährleistet werden kann. Wie die Kontrolle zeigt, gibt es eine Überschneidung zwischen Welle und Bohrung, und zwar

a) $MMVS_W = 29{,}993 + 0{,}01 = 30{,}003$,

b) $MMVS_B = 30 - 0{,}01 = 29{,}99$.

Es ist deshalb ein untunlicher Weg, bei alten Zeichnungen nur den Tolerierungsgrundsatz zu ändern.

3. Fall: Paarbarkeit mit Hüllbedingung beim Unabhängigkeitsprinzip (nach ISO 8015, identisch alter DIN 7167)

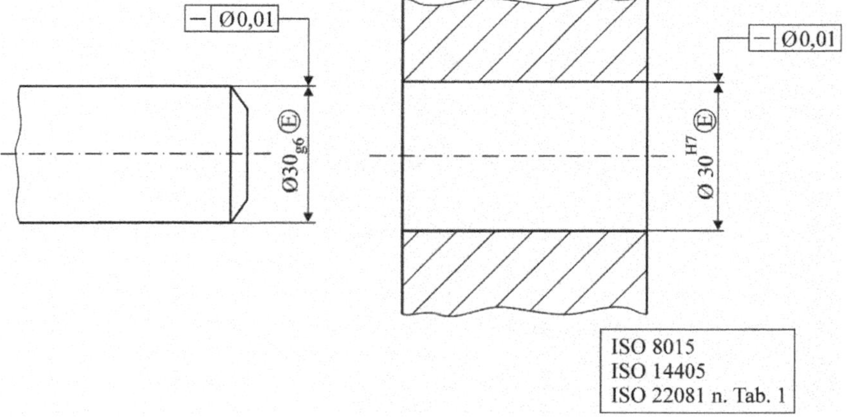

Bild 9.40: Herstellung einer Spielpassung mit definierter geometrischer Hülle

Vorstehend ist mit Ⓔ die Hüllbedingung innerhalb von ISO 8015 angezogen worden, diese hat die gleiche Konsequenz wie das Hüllprinzip in der DIN 7167. Die Geradheitstoleranz liegt somit innerhalb der Maßtoleranz und die Formteilhülle wird durch ∅MMS = 29,993 mm gegeben. Die Rundheits- und die Geradheitsabweichung dürfen nicht dazu führen, dass die Hülle durchbrochen wird. Im vorliegenden Fall ist somit die Passungsfähigkeit wieder gegeben.

10 Maß-, Form- und Lagetoleranzen

10.1 Bedeutung für die Herstellung

Um die Funktions-, Paarungs- und Passungsfähigkeit von Kunststoff-Bauteilen zu sichern und dem gemäße Werkzeuge herstellen zu können, bedarf es Kenntnisse über die Maß-, Form- und Lagetoleranzen. Nachfolgend werden deshalb die standardisierten Toleranzzonen für Form, Richtung, Ort und Lauf sowie deren Bedeutung an tolerierten Geometrieelementen nach **ISO 1101** an einigen Beispielen erläutert. Darüber hinaus wird mit der **ISO 14405** auch ein Exkurs in die dimensionelle Tolerierung gegeben. Zu dem diskutierten Problemkreis sei angemerkt, dass das ISO-Normenwerk heute von dem **„Grundsatz der bestimmten Zeichnung"** (s. ISO 8015) ausgeht. hiermit ist gemeint, dass später keine Anforderungen geltend gemacht werden können, die nicht in der Zeichnung vereinbart sind.

10.2 Toleranzbegrenzungen

Mit der Angabe der Form- und Lagetoleranz wird gleichzeitig eine Toleranzzone vorgegeben, innerhalb derer jedes tolerierte Soll-Element liegen muss. Tolerierte Geometrieelemente sind Linien, Kurven, Flächen, Achsen oder Mittelebenen, die Grenzabweichungen aufweisen.

Zu den wichtigsten Toleranzzonen sind daher zu zählen:

- der Raum zwischen zwei parallelen Geraden bzw. Ebenen,
- der Raum innerhalb eines Zylinders oder Quaders,
- der Raum zwischen zwei konzentrischen Kreisen

und

- der Raum zwischen zwei konzentrischen Kreisen oder koaxialen Zylindern.

Eine ausführliche Erläuterung zu den Geometrietoleranzzonen ist schon im vorstehenden Kapitel 8.4 gegeben worden.

10.3 Angabe der Toleranzzonen

Das *Bild 10.1* gibt einen Überblick über die genormten Geometrietoleranzen. Zu einer sinnvollen Angabe der Toleranzgrößen sollte die herstellübliche Genauigkeit bekannt sein. Die herstellübliche Genauigkeit von Form und Lage ist abhängig von den Ungenauigkeiten des Werkzeugs und von den Schwankungen der Prozessführung. In der ISO 20457 sind diese für Artikel und in der DIN 16749 für Werkzeuge festgelegt. Allgemeine Maschinenbaumaße sind ergänzend noch in der ISO 2768 spezifiziert.

In den folgenden Abschnitten werden die einzelnen Toleranzarten erläutert und es werden die häufigsten Anwendungsfälle angegeben. Weiter werden Leitregeln aufgestellt, welche die Anwendung der Tolerierungsfälle beschreiben und einige Prüfverfahren angesprochen.

Da die vollständige Angabe aller Prüfmöglichkeiten aber den Rahmen sprengen würde, wird zur Vertiefung dieses Themenbereiches auf die Literatur zur Fertigungsmesstechnik (z. B. /ABE 90/ und /PFE 01/) verwiesen.

Art	Gruppe	Symbol	Bezeichnung	Tole-ranz	Abwei-chung	Toleranzzone/ Bezug erforder-lich	Tolerierte Geometrie-elemente
Formtoleranzen	„flach"	⏤	**Geradheit**	t_G	f_G	Geradlinig / **nein**	alle, d. h. sowohl reale als auch abgeleitete
		⏥	**Ebenheit**	t_E	f_E	zwischen zwei Ebenen / **nein**	
	„rund"	○	**Rundheit**	t_K	f_K	zwischen zwei Kreisen / **nein**	nur reale
		⌭	**Zylindrizität**	t_Z	f_Z	zwischen zwei Zylindern / **nein**	
		⌒	**Profilform** einer beliebigen **Linie**	t_{LP}	f_{LP}	mittig (+/-) zum idealen Profil / **nein**	nur reale
		⌓	**Profilform** einer beliebigen **Fläche**	t_{FP}	f_{FP}		
Lagetoleranzen	Richtungs-toleranzen	∥	**Parallelität**	t_P	f_P	geradlinig: Nur Rich-tung festge-legt. Flach-form impli-zit enthal-ten. / **ja**	alle
		⊥	**Rechtwinkligkeit**	t_R	f_R		
		∠	**Winkligkeit**	t_N	f_N		
		⌒	**Profilform** einer beliebigen **Linie**	t_{LP}	f_{LP}		nur reale
		⌓	**Profilform** einer beliebigen **Fläche**	t_{FP}	f_{FP}		
	Ortstole-ranzen	⌖	**Position**	t_{PS}	f_{PS}	symme-trisch (+/-) zum idealen Ort. Rich-tung und Flachform implizit ent-halten. / **ja**	alle
		◎	**Koaxialität/ Konzentrizität**	t_{KO}	f_{KO}		nur Achsen
		⌯	**Symmetrie**	t_S	f_S		meist abgelei-tete: Symmetrie-ebenen, Achsen
		⌒	**Profilform** einer beliebigen **Linie**	t_{LP}	f_{LP}		nur reale
		⌓	**Profilform** einer beliebigen **Fläche**	t_{FP}	f_{FP}		
	dynamische Lauftole-ranzen	↗	einfacher **Lauf** Rund-, Planlauf	t_L	f_L	zylindrisch / **ja**	nur reale
		⌰	**Gesamtlauf** Rund-, Planlauf	t_{LG}	f_{LP}		

Bild 10.1: Übersicht über die 14 Toleranzarten zur Geometriebeschreibung von Formteilen nach ISO 1101:2017 beziehungsweise identisch zur ASME Y 14.5M-2018

10.4 Formtoleranzen

Formtoleranzen beziehen sich nur auf ein einzelnes Geometrieelement und benötigen daher *keinen Bezug*. Über Formtoleranzen werden nur einfache Geometrieelemente toleriert, die aus Geraden, Ebenen, Kreiszylindern und gegebenenfalls Kreisquerschnitten bestehen. Formtoleranzen charakterisieren im Allgemeinen nur Abweichungen von *einfachen Teilen* in „sich“. Für *komplexere Teile* müssen Lage- oder Lauftoleranzen herangezogen werden.

Eine Formabweichung ist als der Abstand zwischen zwei parallelen idealen Linien oder Flächen definiert, die das Geometrieelement berührend einschließen und so ausgerichtet sind, dass ihr Abstand ein Minimum wird (mathematisch definiert als „Tschebyschew-Kriterium“ s. auch Kapitel 8.5).

10.4.1 Geradheit

Die wichtigsten Anwendungen der Geradheitstoleranz sind die Tolerierungen von realen Kanten und Achsen als abgeleitete Elemente. Die Geradheitstoleranz soll dafür sorgen, dass „eine Linie oder Kante in sich hinreichend gerade ist“.

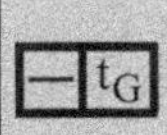

Die tolerierte Gerade (Kante, Mittellinie) oder Linie einer Fläche muss zwischen zwei parallelen geraden Linien mit dem Abstand t_G bzw. innerhalb eines Zylinders vom Durchmesser ∅ t_G liegen.

• Zeichnungseintrag und Toleranzzone

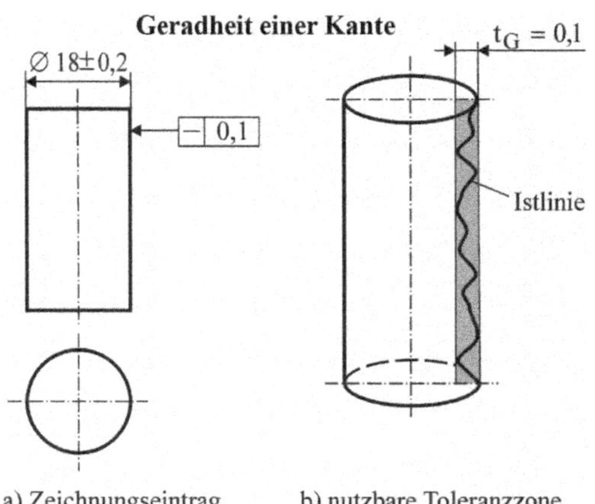

Die in die Ebene projizierte Toleranzzone wird durch zwei parallele gerade Linien mit einem Abstand t_G zueinander begrenzt.

Das Beispiel in *Bild 10.2* zeigt eine Mantellinie mit einer Geradheitsforderung auf einer Kante. Der Abstand zwischen den beiden begrenzenden Geraden darf maximal 0,1 mm betragen und von der Mantellinie voll ausgenutzt werden.

Bild 10.2: Eintragung und Interpretation der Geradheitstoleranz einer Kante

Wenn die Geradheit einer Profillinie gefordert wird, so ist diese am Umfang mehrfach nachzuweisen, d. h. für eine festzulegende Anzahl von entsprechenden Kanten (bzw. auch Schnitt bei kubischen Körpern). Der Normenkommentar zu Prüfverfahren /ABE 90b/ verlangt mindestens 2 Messungen am Umfang um 90° versetzt.

Geradheit einer Achse

Ø 18 +0,05 Ⓔ

– Ø 0,1

t_G = Ø 0,1

Ø 18,15

ISO 8015

a) Zeichnungseintrag

b) Toleranzzone

c) Hülle mit abgeleiteter Achse

Bild 10.3: Eintragung und Interpretation der Geradheitstoleranz einer Achse

In dem weiteren Beispiel muss die Lage der Ist-Achse des Bauteils (s. *Bild 10.3*) innerhalb eines Zylinders mit dem Durchmesser t_G = 0,1 mm liegen und darf darin eine beliebige Form aufweisen. Der Nachweis erfolgt über die Messung der Mantellinien an mindestens drei Positionen. Die gezeigte Angabe ist bei Paarungsproblemen notwendig.

- **Regeln für die Anwendung**

Merke: Geradheitstoleranz

Form: Die Geradheitstoleranz lässt sich sowohl auf reale Geometrieelemente wie Kanten oder Mantellinien als auch auf abgeleitete Geometrieelemente wie Achsen oder Mittellinien anwenden. Werden reale Geometrieelemente toleriert, so befindet sich die Toleranzzone in der Regel zwischen zwei Geraden vom Abstand t_G. Die Geradheitsforderung ist aber „schwächer" als die Ebenheitsforderung.

Achsen: Wird die Achse eines Kreiszylinders oder eines Rotationskörpers toleriert, so ist die Toleranzzone in der Regel zylinderförmig.

Mantellinien und Achsen: Die Achse eines Kreiszylinders kann nie krummer werden als die krummste Mantellinie.

• Prüfverfahren

Tolerierte Geometrieelemente müssen auf Übereinstimmung mit den Vorgaben geprüft werden.

1. Einfaches Prüfen durch Vergleichen mit einem Geradheitsnormal: Das Geradheitslineal (DIN 874) wird so auf den Prüfgegenstand gelegt, dass der Abstand zwischen dem Geradheitsnormal und der zu prüfenden Profillinie so klein wie möglich ist. Dieser Abstand ist dann die Geradheitsabweichung der Profillinie. Man kann den Abstand durch die Breite eines Lichtspaltes *nur abschätzen*; der kleinste gut sichtbare Lichtspalt entspricht einer Abweichung von ca. 2 µm.

2. Exaktes Prüfen mit Messuhr: Das Bauteil wird mit einer Profillinie parallel zur Prüfplatte ausgerichtet (dies ist eine Forderung des „Abbe'schen Messprinzips"). Dann wird die erforderliche Anzahl von Messwerten (6 bis 10) entlang dieser Profillinie mit einer Messuhr aufgenommen. Die Geradheitsabweichung f_G ist die Differenz zwischen dem größten und kleinsten Messwert auf der Messlinie: $f_G = y_{max} - y_{min} \leq t_G$.

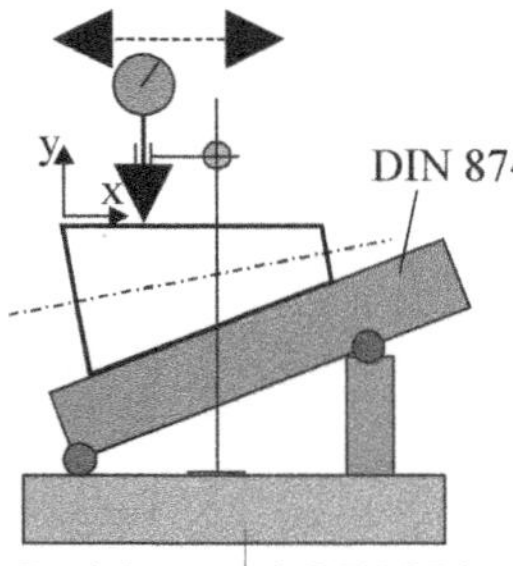

Gemäß Normenkommentar: Die Prüfung ist an der geforderten Anzahl von Profillinien durchzuführen, mindestens jedoch 2-mal am Umfang um 90° versetzt. Die Lage und Anzahl der Messlinien müssen also vereinbart werden.

Die gestrichelte Linie über der Messuhr hebt hervor, dass über die Messstrecke nur Einzelwerte aufgenommen werden brauchen. Es wird keine kontinuierliche Messung verlangt.

Bild 10.4: Prüfen einer Geradheitstoleranz mit Messuhr

Bei der Überprüfung der Geradheit von Mantellinien von Zylindern, Kegeln usw. ist dieses Verfahren an mehreren Profillinien am Umfang zu wiederholen. Die ermittelte Geradheitsabweichung f_G ist mit der Toleranz t_G zu vergleichen.

Die Messung von abgeleiteten Merkmalen (Geradheit einer Mittellinie) muss über reale Geometrieelemente erfolgen, da diese gewöhnlich nicht direkt gemessen werden können.

3. Digitale Oberflächenmessung. Heute bieten moderne Koordinatenmessmaschinen die Möglichkeit, beliebige Oberflächen digital abzutasten. Für dieses Abtastverfahren ist im GPS-Konzept die Norm ISO 12780 geschaffen worden.

10.4.2 Ebenheit

Der normale Anwendungsfall für eine Ebenheitstoleranz sind Auflagerflächen, die als Bezug für andere zu fertigende Geometrieelemente dienen. Ebenheit ist somit eine Forderung für eine Fläche „in sich".

Alle Punkte einer realen Fläche oder Mittelebene müssen zwischen zwei parallele Ebenen mit dem Abstand t_E liegen.

- **Zeichnungseintrag und Toleranzzone**

Die Toleranzzone wird begrenzt durch zwei parallele Ebenen vom Abstand t_E. Entsprechend der Geradheit ist die Ebenheitsabweichung der größte Abstand zwischen einer anliegenden Ebene und der realen Fläche. Dieser Abstand ist allerdings gegenüber der Geradheit messtechnisch schwerer zu bestimmen.

Ebenheit einer Fläche

gestapelter Toleranz-Indikator mit Schnittebenen-Indikator (alternativ)

Rz 30

0,1

0,1 // A

0,1 ⊥ A

A

$t_E = 0,1$ mm

a) Zeichnungseintrag

b) Toleranzzonen in den Schnittebenen

Bild 10.5: Eintragung und Interpretation der Ebenheitstoleranz einer Deckfläche bzw. alternative Interpretation über zwei Geradheitstoleranzen (messgerechter)

Im gezeigten Beispiel (*Bild 10.5*) muss die Ist-Fläche zwischen zwei parallelen Ebenen vom Abstand $t_E = 0{,}1$ mm liegen. Durch die Angabe ist jedoch *nicht verlangt*, dass die obere Ebene parallel zur unteren Ebene liegt. Ebenheit kann näherungsweise auch durch zwei Geradheitsangaben mit Schnittebenen-Anzeiger erreicht werden.

Nach der DIN EN ISO 1302 ist es neuerdings möglich, eine Oberflächenangabe[*)] direkt mit einer geometrischen Toleranz zu verknüpfen. Eine derartige Erweiterung des Symbols ist vorstehend für die Rauheit gezeigt. Nach der ISO 1302 sollte etwa die Relation $Rz \leq t_E$ bei geringer und $Rz \leq t_E/2$ bei hoher Oberflächenbelastung eingehalten werden.

Die Ebenheitsforderung kann auch an mehrere Flächen (s. hierzu Beispiele in Kapitel 8.8.1) gestellt werden. Hierbei ist zu vereinbaren, ob

– die Forderung für *jede Einzelfläche* mit t_E gelten soll

oder

[*)] Anmerkung: Rz = größte Höhe des Rauheitsprofils in µm (Ra als Mittelwert ist meist für eine Charakterisierung ungeeignet).

– die Forderung, auf *alle Einzelflächen* mit eingeschlossenem t_E auszudehnen ist. In diesem Fall muss dies mit der Wortangabe „CZ" kenntlich gemacht werden.

- **Regeln für die Anwendung**

Merke: Ebenheit

Form: Die Ebenheit kann auf reale und abgeleitete Flächen angewendet werden. Abgeleitete Flächen sind Mittelebenen.
Die Anwendung auf Mittelebenen ist selten, kann aber z. B. bei der Anwendung des Maximum-Material-Prinzips (s. Kapitel 9.6) vorkommen.

Eingeschlossene Geradheit: Die Ebenheitstoleranz umfasst auch die Geradheit aller Linien in der Ebene, senkrecht zur Toleranzzone gemessen. Da die Bestimmung der Ebenheitsabweichung messtechnisch schwierig ist, wird empfohlen, die Ebenheit durch die Angabe einer oder zweier Geradheitstoleranzen zu ersetzen.

- **Prüfverfahren**

Die Ebenheitstoleranz lässt sich mit einem Ebenheitsnormal (Planglasplatte, Prüfplatte in Kombination mit einem Längenmessgerät) oder durch zusammengesetzte Linearmessungen (wie bei der Geradheitsmessung) überprüfen.

Heute wird jedoch überwiegend digital gemessen. In der EN ISO 12781:2009, T. 1 +2 ist die theoretisch erforderliche Anzahl von Abtastpunkten sowie die Erfassungsstrategie zur Gewinnung und Auswertung von Messpunkten dargestellt.

10.4.3 Rundheit

Der häufigste Anwendungsfall für die Rundheit ist die Angabe der Rundheitstoleranz von Wellenzapfen oder Lagern. Es bedeutet, dass jeder beliebige Querschnitt kreisförmig sein muss. Die Messung muss also an hinreichend vielen Stellen über die Länge des Geometrieelementes durchgeführt werden.

Die Umfangslinie jedes einzelnen Querschnitts (gemessen über der Länge) muss zwischen zwei konzentrischen Kreisen mit dem radialen Abstand t_K liegen. Die Durchmesser der Kreise selbst sind nicht festgelegt.

- **Zeichnungseintrag und Toleranzzone**

Die Toleranzzone der betrachteten Querschnittsebene wird bei Vollkreisen begrenzt durch zwei konzentrische Kreise vom radialen Abstand t_K. Diese Forderung kann auch analog auf Kreisbögen übertragen werden. Wenn die Abweichung $f_K \leq t_K$ in jedem ausgewerteten Rundheitsprofil die Vorgabe nicht überschreitet, ist die Rundheitstoleranz eingehalten. Die Größe der berührenden Kreisdurchmesser ist für die Einhaltung der Rundheit jedoch nicht vorgegeben.

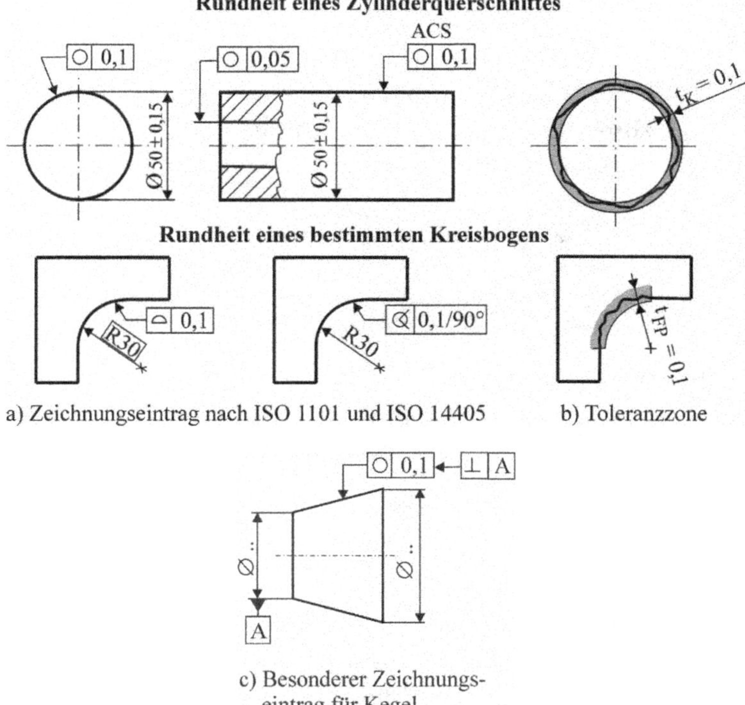

Bild 10.6: Eintragung und Interpretation der Rundheit eines Zylinderquerschnittes bzw. eines Kreisbogens über Flächenform oder Winkelsektor; Kegeltolerierung

In dem Beispiel nach *Bild 10.6* muss die Umfangslinie eines jeden Querschnittes bzw. Kreisbogens zwischen zwei in derselben Ebene liegenden konzentrischen Kreisen vom Abstand $t_K \leq 0{,}1$ mm liegen. Die Rundheit muss an zu vereinbarenden Stellen über der Länge (d. h. in Radialschnitten) nachgewiesen werden.

Nach der ISO 8015 kann die Rundheit von Wellenabschnitten auch über die Hüllbedingung $\varnothing\, 25 \pm 0{,}15$ Ⓔ erzeugt werden, wenn eine Paarung gewährleistet werden soll.

Aus funktionellen Gründen kann eine sektionale Rundheitsforderung auch an Kreisbögen oder Kreissegmenten (Winkelsektor) gestellt werden. Die Ist-Kontur des Kreisbogens muss dann innerhalb der Kreissegmentfläche verlaufen; es wird dann aber *keine* Forderung an den Übergang (z. B. „tangential“) in das Werkstück gestellt. In der Messtechnik ist dies die „Winkelsektor-Forderung“.

Ein Sonderfall stellt die Tolerierung von Kegeln dar. Der Toleranzpfeil muss hier rechtwinklig zur Mittellinie stehen. Deshalb muss ein Richtungselement-Indikator verwandt werden.

• **Regeln für die Anwendung**

Merke: Rundheit

Form: Die Rundheitstoleranz kann nur auf **reale** Geometrieelemente angewendet werden; der Toleranzpfeil darf daher nie auf dem Maßpfeil stehen.

Formabweichungen: Andere Formabweichungen wie z. B. Balligkeit oder Kegeligkeit eines Zylinders werden durch die Rundheitstoleranz nicht erfasst.

Anwendung: Da bei der Rundheitstolerierung jeder Querschnitt einzeln auf Rundheit geprüft wird, sind die Durchmesser der Kreise beliebig.

• **Prüfverfahren**

Die Rundheit kann über Formmessung durch Vergleich mit Kreisquerschnitten oder mit Aufbauten mit Messuhr erfolgen, s. hierzu die DIN EN 12181-1.

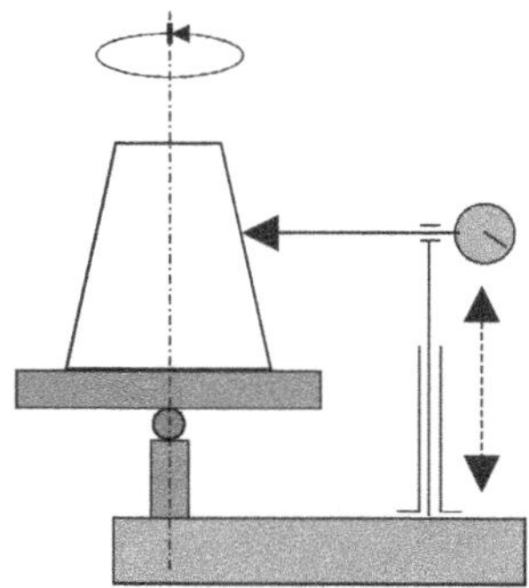

Das Bauteil muss gemäß dem Abbe'schen Grundsatz (DIN 1319) koaxial zur Messrichtung ausgerichtet werden.

Während einer ganzen Umdrehung des Messtellers werden die radialen Abweichungen in einer festgelegten Anzahl von Schnitten aufgenommen. Meist erfolgt dies an drei Querschnitten über die Länge des Bauteils.

Bild 10.6: Rundheitsmessung mit Messuhr nach DIN EN 12181-1

10.4.4 Zylinderform

Die Zylinderformtoleranz erweitert die Rundheitstoleranz um die Dimension der Länge. Die Einschränkung der Zylinderform ist meist bei Wellenabsätzen zur Sicherstellung der Funktion notwendig. Die Zylinderform auch nur auf reale Geometrieelemente angewendet werden.

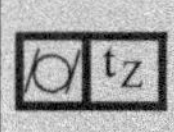

Die gesamte Zylindermantelfläche muss zwischen zwei koaxialen Zylindern mit dem radialen Abstand t_Z liegen. Die Zylinderradien werden durch die Toleranzangabe nicht festgelegt.

• **Zeichnungseintrag und Toleranzzone**

Die Zylinderformtoleranz oder Zylindrizität begrenzt die Abweichungen von der Zylinderform (einschließlich Geradheit der Mantellinien, Rundheit der Querschnitte und Parallelität der Mantellinien).

Zylindrizität einer Zylindermantelfläche

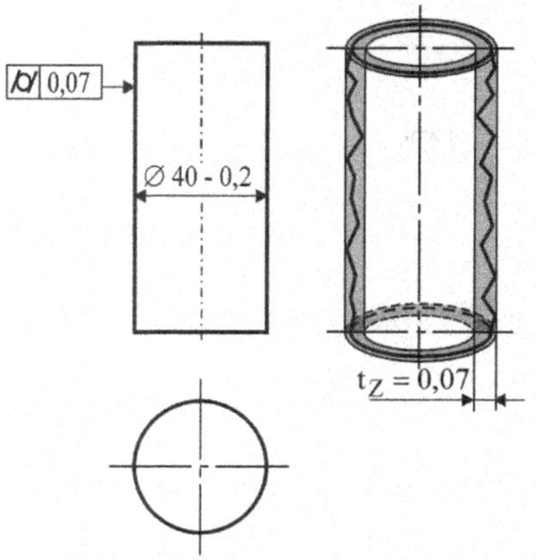

a) Zeichnungseintrag b) Toleranzzone

In dem Beispiel muss die Zylindermantelfläche zwischen zwei koaxialen Zylindern vom Abstand t_Z = 0,07 mm liegen. Die Zylinderformtoleranz umfasst somit die folgenden drei Einzeltoleranzen:

Symbol	Wert	Einzeltoleranz
—	0,07	Geradheitsabweichung der Mantellinie,
//	0,14	Parallelitätsabweichung von zwei gegenüberliegenden Mantellinien (=2xTol.-Wert),
○	0,07	Rundheit in achsparallelen Schnitten.

Insofern kann Zylindrizität als eine komplexe „Gesamttoleranz" angesehen werden.

Bild 10.7: Eintragung und Interpretation der Zylindrizität einer Mantelfläche

- **Regeln für die Anwendung**

Merke: Zusammengesetzte Zylinderformtoleranz

Form: Die Toleranz der Zylinderform kann nur auf reale Geometrieelemente angewendet werden. Der Toleranzpfeil darf daher nie auf dem Maßpfeil stehen.

Eingeschlossene Toleranzarten: Die Zylinderformtoleranz umfasst

- □ Rundheit aller Querschnitte (Grenzabweichung t_Z) über die Längsachse
- □ Geradheit aller Mantellinien und der Achse (Grenzabweichung t_Z)
- □ Parallelität der Mantellinien (Grenzabweichung $2 \cdot t_Z$)

- **Prüfverfahren**

In der Praxis beschränkt man sich bei der Messung einer vorhandenen Abweichung von der Zylinderformtoleranz auf den Nachweis, dass keine Kegel- oder Tonnenform vorliegt. In einem einfachen Verfahren wird der Prüfling auf einer drehbaren Messplatte ausgerichtet und mit einem vertikal geführten Taster der radiale Ausschlag gemessen. Für den Nachweis der Zylindrizität ist an mindestens drei Stellen über die Länge die Messung zu wiederholen. Sollte aus Funktionsgründen eine vollständige Erfassung der Zylinderformtoleranz notwendig sein, müssen zusätzlich die Abweichung von der *Geradheit* (bzw. Parallelität) an vier um jeweils 90° versetzten Mantellinien und die Abweichung von der *Rundheit* in mindestens drei Messebenen gemessen werden.

Recht einfach lässt sich die Zylinderform mit einer digitalen Messmaschine bestimmen. Das Messprinzip ist in der ISO 12180 beschrieben und zielt auf die vollständige Erfassung des Oberflächenprofils. Als Messcharakteristik wird die Vogelkäfig-Methode (d. h. ein Gitterraster) vorgeschlagen.

10.5 Profilformtoleranzen

In der Norm bilden die Profiltoleranzen (ISO 1660) eine eigene Gruppe, da sie je nach Anforderung als Form-, Richtungs- und Ortstoleranz eingesetzt werden können. Man unterscheidet hierbei zwischen einem *Linien-* und *Flächenformprofil (s. auch ISO 20457)*. Der Ursprungszweck war, einen beliebigen Profilverlauf eindeutig festlegen zu können.

Mittlerweile werden Profiltoleranzen auch für die Spezifizierung anderer Anforderungen abgewandelt. Meist lässt die Norm nämlich mehrere Möglichkeiten zu, einen bestimmten funktionalen Zweck zu erreichen. Im *Bild 10.8* ist dies herausgestellt, unter anderem durch die Relation mit einer vergleichbaren Angabe.

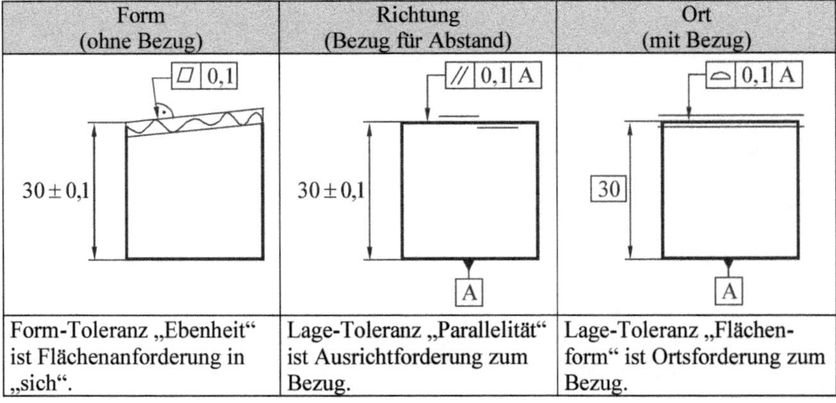

Form (ohne Bezug)	Richtung (Bezug für Abstand)	Ort (mit Bezug)
⏥ 0,1 30 ± 0,1	// 0,1 A 30 ± 0,1 A	⌓ 0,1 A 30 A
Form-Toleranz „Ebenheit“ ist Flächenanforderung in „sich“.	Lage-Toleranz „Parallelität“ ist Ausrichtforderung zum Bezug.	Lage-Toleranz „Flächenform“ ist Ortsforderung zum Bezug.

Bild 10.8: Unterschiedliche Nutzung von Toleranzforderungen als Flächeneingrenzung

10.5.1 Linienformprofil

⌒ t_{LP}	Jede Profillinie muss zwischen zwei äquidistanten Grenzlinien vom Abstand $\pm$ $t_{LP}/2$ von der theoretisch genauen Profillinie ohne oder mit Bezug liegen.

• Zeichnungseintrag und Toleranzzone

Die Toleranzzone wird durch zwei äquidistante Linien (s. ISO 1660) begrenzt. Zwischen diesen Linien liegt die Toleranzzone[*)] bzw. dazwischen muss die Ist-Kontur verlaufen.

[*)] Anmerkung: Die ISO 110 lässt für Profile auch das Symbol „rundherum“ zu, welches durch einen Vollkreis auf der Hinweislinie zu fordern ist. Die angegebene Toleranz gilt aber nicht für alle Flächen, sondern nur für die dargestellte Umlaufkontur (also ohne Stirnflächen), die durch UF zusammengefasst wird.

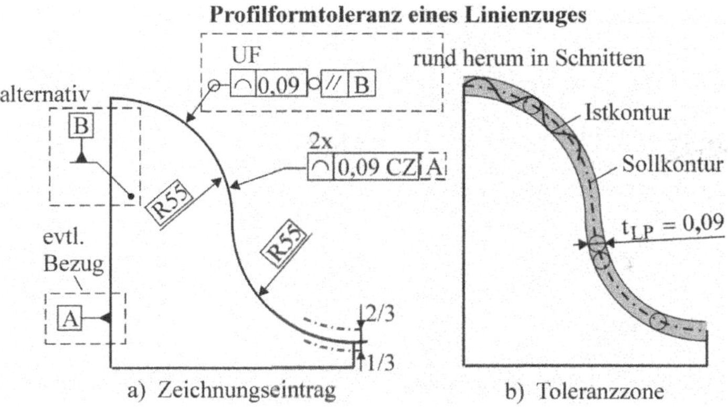

Bild 10.9: Linienformtolerierung mit Angabe für Kurve und Alternative umlaufend für ganze Kontur

Setzt man im obigen Beispiel Kreise vom Durchmesser 0,09 auf die geometrisch ideale Linienform (*Bild 10.9 b*), so muss das Profil in jedem zur Zeichnungsebene *parallelen Schnitt* zwischen zwei Linien liegen, die diese Kreise umhüllen. Die Mittelpunkte dieser Kreise liegen auf der theoretisch genauen Solllinie. Die Toleranzzone fällt also symmetrisch zur theoretisch genauen Linie. Als „Ausnahme" kann jedoch eine asymmetrische Aufteilung der Toleranzzone vereinbart werden. Dies muss dann in der Zeichnung gekennzeichnet sein, z. B. 2/3 ≙ 0,06 und 1/3 ≙ 0,03 oder neuerdings durch das Symbol mit dem Verschiebewert „UZ +0,015" im Toleranzrahmen. Das Nennprofil wird im obigen Fall durch die beiden Radien R55 als *theoretisch exakte Maße (TED)* festgelegt. Je nach Zwecksetzung kann die Profiltoleranz mit oder ohne Bezüge verwendet werden.

• **Regeln für die Anwendung**

Merke: Linienformprofil

Profil: Linienformprofile werden meist nur für reale Geometrieelemente angewandt und gelten in parallelen Schnitten zur Werkstückachse.

Bezüge: Linienformprofile können sowohl als Formtoleranzen ohne Bezüge als auch als Richtungs- oder Ortstoleranzen mit Bezügen verwendet werden.

Toleranzen und Grenzabweichungen: Die Toleranzzone liegt normalerweise mittig zum idealen Profil. Es besteht jedoch auch die Möglichkeit, die Toleranzzone *ungleich verteilt* (UZ= Wert, ohne Klammer) aufzuteilen:

Zum vorstehenden Beispiel:

⌒	0,09 UZ +0,015

+ Sollkontur aus dem Material heraus
– Sollkontur in das Material hinein

• **Prüfverfahren**

Für die Prüfung existieren mehrere Möglichkeiten:

1. Profilschablone bzw. Profilprojektor: Der maximale Abstand zwischen der Schablone und dem Ist-Profil muss innerhalb der Toleranzzone liegen.
2. Profilnormal: Abtasten von Punkten über die Länge

oder

3. Messmaschine: Vergleich von Koordinaten mit idealem Profil

10.5.2 Flächenformprofil

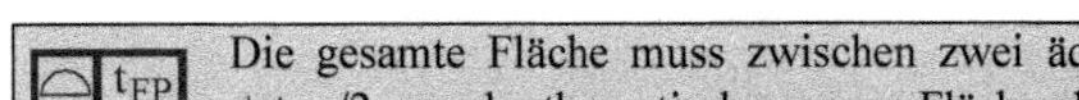

Die gesamte Fläche muss zwischen zwei äquidistanten Flächen im Abstand $\pm t_{FP}/2$ von der theoretisch genauen Fläche ohne oder mit Bezug liegen.

Die Flächenformprofiltoleranz erstreckt sich somit über die ganze Ausdehnung des Werkstücks, d. h., sie ist nicht nur begrenzt auf einzelne Schnitte.

• **Zeichnungseintragung und Toleranzzone**

Die Toleranzzone der Flächenform wird begrenzt durch zwei tangierende Flächen, die Kugeln vom Durchmesser t_{FP} einhüllen, deren Mitten auf einer Fläche von geometrisch idealer Form liegen. Diese Forderung kann auch umlaufend (s. Rahmen) über die Kontur gestellt werden.

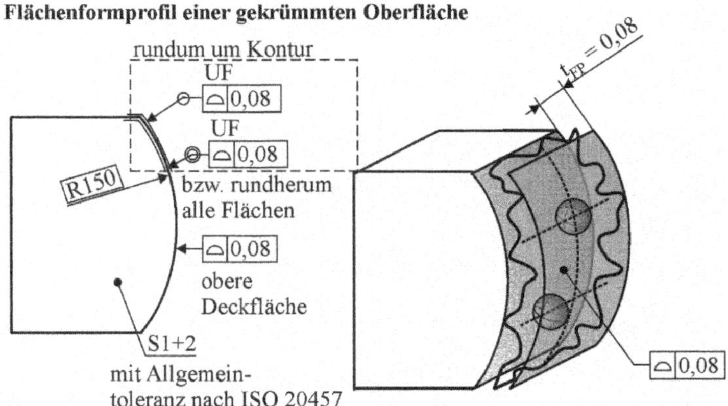

Bild 10.10: Flächenformprofil oder Flächenformtoleranz einer gekrümmten Oberfläche bzw. umlaufend mit UF zusammengefasst

In dem betrachteten Beispiel (*Bild 10.10*) muss die markierte Deckfläche zwischen zwei Flächen liegen, deren Abstand durch zwei Kugeln vom Durchmesser t_{FP} = 0,08 gegeben sind. Auf die unterschiedliche Nutzung des Flächenformprofils ist zuvor schon eingegangen worden. Als ein weiterer typischer Anwendungsfall zeigt *Bild 10.11* den Zeichnungseintrag am Beispiel einer Kugel. Auch hier erfüllen die Einträge einen bestimmten funktionalen Zweck.

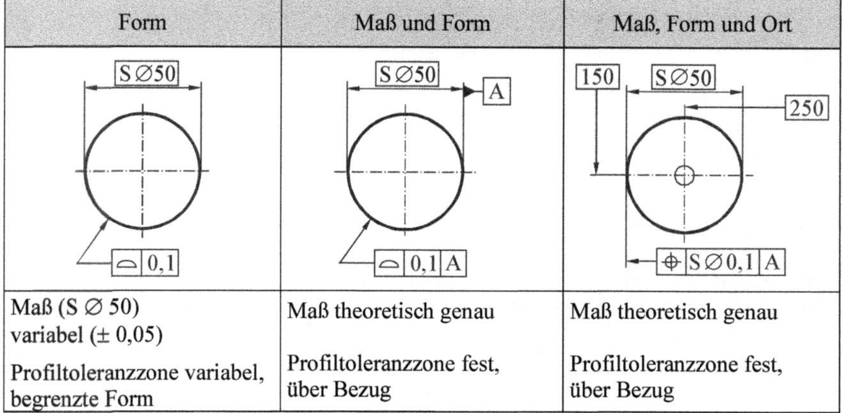

Form	Maß und Form	Maß, Form und Ort
S∅50 ⌓ 0,1	S∅50 A ⌓ 0,1 A	150 S∅50 250 ⌖ S∅0,1 A
Maß (S ∅ 50) variabel (± 0,05) Profiltoleranzzone variabel, begrenzte Form	Maß theoretisch genau Profiltoleranzzone fest, über Bezug	Maß theoretisch genau Profiltoleranzzone fest, über Bezug

Bild 10.11: Beispielhafte Übertragung der Profiltoleranz auf eine Kugel

- **Regeln für die Anwendung**

Merke: Flächenformprofil

Profil: Flächenformprofile werden in der Regel nur für reale Geometrieelemente angewendet.

Bezüge: Flächenformprofile können sowohl als reine Formtoleranzen ohne Bezüge als auch als Lagetoleranzen mit Bezügen auftreten.

Toleranzen und Grenzabweichungen: Die Toleranzzone liegt mittig zum idealen Profil. Die größte zulässige Abweichung beträgt somit $\pm 0{,}05 \cdot t_{FP}$.

- **Prüfverfahren**

Die Profilformtoleranz kann mittels einer Profilschablone (mit kurvengeführtem Messstift nach DIN 2269), einer Abtastung über ein Formnormal, optisch oder durch Koordinatenmessung mittels einer 3-D-Messmaschine (mit höhenverstellbarer Auflage) erfolgen. Der Regelfall wird aber heute aus Gründen der Genauigkeit die digitale Koordinatenmessung sein. Die Messung ist sowohl über die Profillänge als auch in mindestens drei Querschnitten über die Dicke durchzuführen.

10.6 Lagetoleranzen

Wird ein Bauteil mit einer Lagetoleranz versehen, so wird der Ort eines Geometrieelements relativ zu einem Bezug festgelegt. Deshalb gehört zu einer Lagetolerierung neben dem zu tolerierenden Geometrieelement immer auch mindestens ein Bezug. Dieser Bezug ist ein reales Element und deshalb ebenfalls mit Form- und Maßabweichungen behaftet. Zu den Lagetoleranzen zählen die Gruppen

- Richtungstoleranzen,
- Ortstoleranzen

und

- Lauftoleranzen,

die in weitere Einzeltoleranzen untergliedert werden.

10.6.1 Richtungstoleranzen

Richtungstoleranzen begrenzen die Richtungsabweichung eines Geometrieelementes von seiner Nennlage relativ zu einem zu bildenden Bezug. Als Richtungstoleranzen bezeichnet man Toleranzangaben für

- □ Neigung,
- □ Parallelität

und

- □ Rechtwinkligkeit.

Die Parallelität und die Rechtwinkligkeit können als Sonderfälle der Neigung angesehen werden.

Bei der Bewertung der Richtungsabweichung /TRU 97/ müssen die Formabweichungen des Bezugselementes eliminiert werden. Dazu müssen die wirklichen Bezugselemente durch Referenzelemente ersetzt werden. Anstelle von Ebenen, Achsen oder Symmetrieebenen der wirklichen Bezüge werden also Referenzbezüge herangezogen. Nachfolgend sollen diese Auswirkungen auf ein Geometrieelement beschrieben werden.

Merke: Richtungstoleranzen

***Richtung**:* Richtungstoleranzen begrenzen die Lage. Sie können sowohl auf reale als auch auf abgeleitete Geometrieelemente angewendet werden und benötigen einen Bezug.

Toleranzzone: Da eine Richtung nur für eine Gerade oder Ebene vorstellbar ist, folgt daraus:
„Die Toleranzzone von Richtungen ist immer geradlinig. Sie liegt zwischen zwei Ebenen, zwei Geraden oder innerhalb eines Zylinders“.

Eingeschlossene Formtoleranzen: Jede Richtungstoleranz enthält implizit auch eine Geradheitstoleranz. Wenn eine Fläche toleriert wird, ist auch eine Ebenheitstoleranz eingeschlossen.

10.6.1.1 Winkligkeit

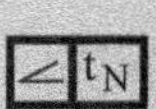

Die tolerierte Fläche bzw. Achse muss zwischen zwei parallelen Ebenen vom Abstand $\pm t_N/2$ bzw. in einem Toleranzzylinder ∅ t_N liegen, die zu einem Bezug um einen theoretisch genauen Winkel geneigt sind.

• Zeichnungseintrag und Toleranzzone der Winkligkeit

Die Toleranzzone wird begrenzt durch zwei parallele Linien oder Ebenen vom Abstand t_N, die *zum Bezug im vorgeschriebenen Winkel* geneigt sind. Normalerweise verläuft die Toleranzzone rechtwinklig zum Hinweispfeil. Es ist auch eine andere Messrichtung möglich, welche durch einen zusätzlichen Messrichtungs-Anzeiger bzw. Toleranzrichtungs-Anzeiger hinter dem Toleranzrahmen zu vereinbaren ist.

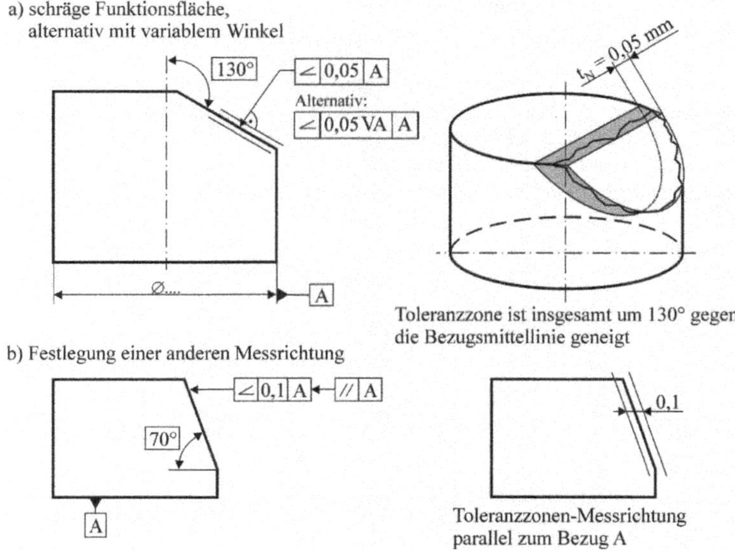

Bild 10.12: Eintragung und Interpretation einer Winkligkeitstolerierung

Der Zeichnungseintrag in *Bild 10.12 a* bedeutet, dass die tolerierte Fläche zwischen zwei parallelen Ebenen vom Abstand $t_N = 0{,}05$ mm liegen muss, die zur Bezugsachse A um den theoretisch genauen Winkel von 130° geneigt ist. *Die Toleranzzone liegt hierbei immer symmetrisch zur angezogenen Linie, wodurch die Richtung und die Form festgelegt sind (anders ist 130° ± 2°, d. h. keine Lagebegrenzung des Scheitels). Diese Vereinbarung gilt auch für Projektionen (d. h., Linie und Bezug liegen in verschiedenen Ebenen).*

Im *Bild 10.12 b* ist eine andere Richtung für die Messung der Winkligkeitsabweichung gewählt worden, d. h., die „Messrichtung" ist abweichend von der Norm gewählt worden.

• **Regeln für die Anwendung**

Merke: Winkligkeit

Lage: Die Winkligkeitstoleranz bezieht sich auf eine gerade Linie oder Ebene.

Toleranzzone: Die Begrenzung erfolgt durch geneigte parallele, gerade Linien oder Ebenen mit einem theoretisch genauen Winkel zu einem Bezug.

Anmerkung: Es besteht ein Unterschied zwischen Winkligkeits-*) und Winkeltolerierung (nach DIN 406, T. 12).

• **Prüfverfahren**

Die Nachweismessung erfolgt gewöhnlich:

1. Durch direkte Winkligkeitsmessung (nach DIN 877)
2. Indirekt durch Messung von Abständen

Das Bauteil wird mit seinem Bezugselement unter einem festen Winkel a auf der Prüfplatte so ausgerichtet, dass die Messstrecke parallel ist. Dann wird das Bauteil durch Drehen um eine Achse senkrecht zum Bezug so ausgerichtet, dass der Abstand zwischen dem tolerierten Element und der Prüfplatte minimal ist. Dann wird die so genannte Abweichungsspanne an einer ausreichenden Anzahl von Messpunkten bestimmt. Die Abweichungsspanne ist die Differenz zwischen größtem und kleinstem Messwert einer Messreihe. Die so ermittelte Abstandsspanne entspricht der Neigungsabweichung, die mit dem Toleranzwert zu vergleichen ist.

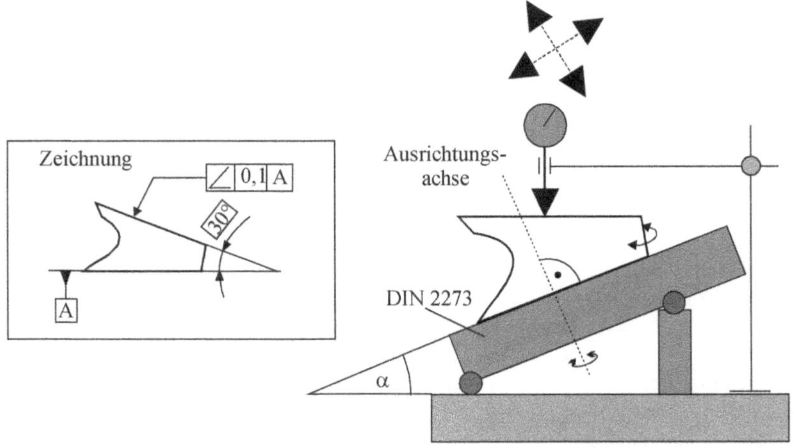

Bild 10.13: Prüfverfahren für die Winkligkeitsabweichung

*) Anmerkung: In der DIN 406, T. 1 ist ebenfalls die Neigung (Symbol ⊿) für die Kennzeichnung von abgeknickten Kanten eingeführt worden.

10.6.1.2 Parallelität

Die tolerierte Linie, Fläche bzw. Achse muss zwischen zwei zum Bezug (oder Bezugssystem) parallelen Ebenen im Abstand t_P bzw. in einem Toleranzzylinder mit ∅ t_P in der festgelegten Richtung verlaufen.

- **Zeichnungseintrag und Toleranzzone**

Eine übergroße Parallelitätsabweichung ist oft für mechanische Funktionsanforderungen von Bauteilen schädlich. Deshalb werden gewöhnlich Laufflächen, Distanzstücke und Befestigungslöcher mit einer Parallelitätstoleranz versehen.

Die Parallelitätstoleranz benötigt als Lageabweichung einen Bezug. Dieser kann entweder in einer Linie, Ebene oder einem Bezugssystem (gerade Linie und Ebene oder zwei Ebenen) bestehen.

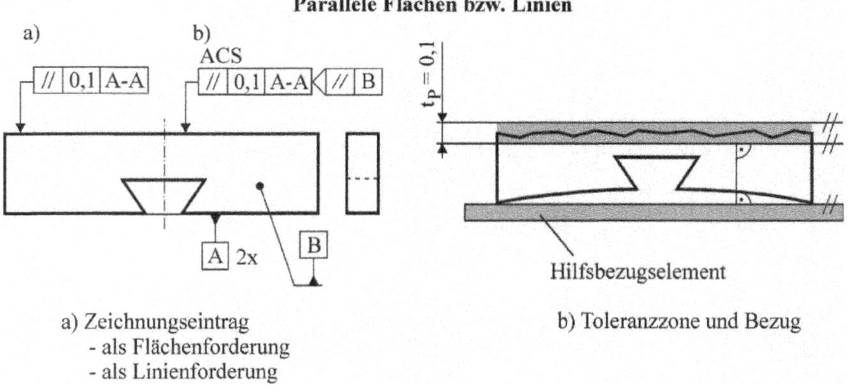

Bild 10.14: Parallelität einer Linie a) bzw. Ebene b) – Zeichnungseintragung und Toleranzzone

Die Toleranzangabe gemäß *Bild 10.14* bezieht sich normalerweise auf die Parallelität einer Fläche zu einer Bezugsfläche. Gemäß Angabe ist der Abstand der die Toleranzzone begrenzenden Ebenen $t_P = 0{,}1$ mm. Wird allerdings unter dem Toleranzrahmen die Angabe LE (Linienelement) gemacht, dann wird die Toleranzzone nur durch zwei parallele Linien begrenzt, die parallel zur Bezugsebene verlaufen. In diesem Fall ist der Parallelitätsnachweis in Schnitten über das Bauteil zu erbringen.

Falls die Bezugsfläche unterbrochen ist, wird durch eine außen liegende Strichpunktlinie angedeutet, dass dennoch eine ganze Auflage auf der Messtischplatte gefordert ist.

Nachfolgend wird ergänzend gezeigt, dass Parallelität auch sinnvoll auf Mittellinien, und zwar bevorzugt auf Bohrungsachsen angewandt werden kann. Unter Heranziehung von zwei Bezügen kann somit eine definierte Ausrichtung hergestellt werden.

Parallelität von Bohrungen

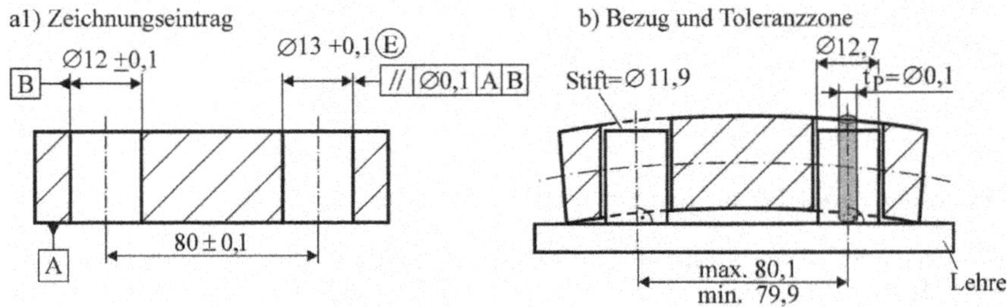

Bild 10.15: Parallelität - Zeichnungseintrag und Toleranzzone

Ein Eintrag der Parallelitätstoleranz nach *Bild 10.15* bedeutet, dass die Achse der tolerierten Bohrung innerhalb eines Zylinders von $t_P = \varnothing\ 0{,}1$ mm liegen muss, dessen Achse parallel zur Bezugsachse B und senkrecht zum Bezug A ist. Gewöhnlich wird dies durch eine starre Lehre geprüft.

Parallelität von Passstücken kann wie im *Bild 10.16* gezeigt auch durch eine umlaufende Flächenformtoleranz mit „CZ" hergestellt werden. Die Angabe „CZ" (kombinierte Toleranzzone mit Nebenbedingungen, hier: Toleranzzonen $t_{PF} = 0{,}1$ stehen rechtwinklig aufeinander) und sorgt dafür, dass die umlaufenden Toleranzzonen gleich groß und rechtwinklig zueinanderstehen.

Die Toleranzforderung ist über die Dicke des Bauteils zu prüfen, und zwar in mehreren Schnitten.

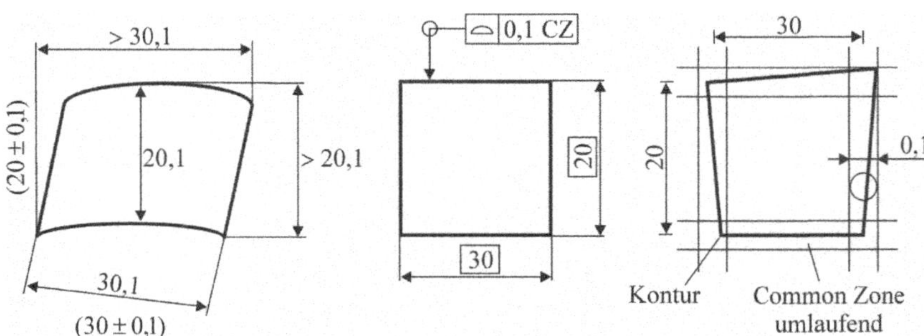

Bild 10.16: Alternative Parallelitätsforderung für ein Distanzstück (Fügeteil) über Flächenformtoleranz

• Regeln für die Anwendung

Merke: Parallelität

Lage: Die Parallelitätstoleranz soll die Lageabweichung von zwei gegenüberliegenden Geometrieelementen zueinander begrenzen. Notwendig ist hierzu ein Bezugselement.

• Prüfverfahren

Entsprechend der Vielfältigkeit der Parallelitätsangaben existieren auch eine Vielzahl von Messaufbauten. Meist haben diese eine große Ähnlichkeit zur Geradheitsmessung (Kapitel 7.4.1.3). Gewöhnlich kann Parallelität unter Nutzung einer Messreferenz über Prüfplatte, Prüfstifte (DIN 2269), Messständer und Messuhren nachgewiesen werden.

10.6.1.3 Rechtwinkligkeit

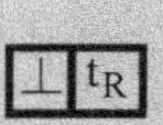

Die tolerierte Linie, Fläche bzw. Achse muss zwischen zwei parallele zur Bezugsfläche rechtwinkligen Linien/Ebenen vom Abstand t_R bzw. in einem rechtwinkligen Zylinder mit ∅ t_R verlaufen.

• Zeichnungseintragung und Toleranzzone

Die Toleranzzone wird in dem gezeigten Fall durch zwei parallele, gerade Linien vom Abstand t_R bzw. Toleranzzylinder vom ∅ t_R begrenzt, die zum Bezug senkrecht stehen.

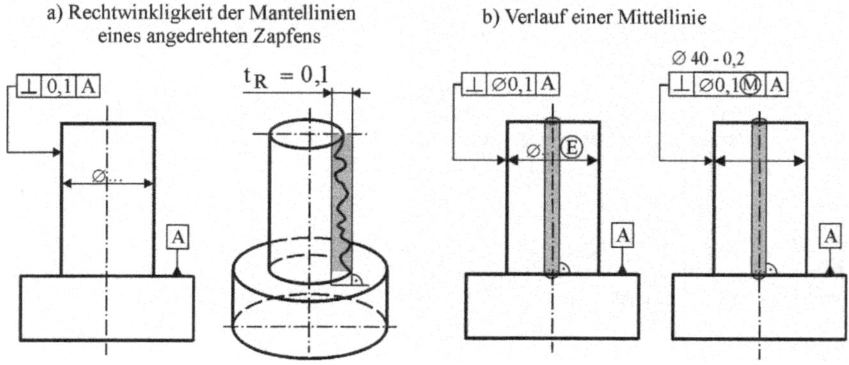

Bild 10.17: Eintragung und Interpretation der Rechtwinkligkeitstoleranz an einer Mantel- und Mittellinie

Bei diesem Beispiel (*Bild 10.17*) muss jede beliebige Mantellinie der tolerierten zylindrischen Fläche zwischen zwei parallele, gerade Linien vom Abstand t_R = 0,1 mm liegen, die auf der Bezugsfläche senkrecht stehen. Die Rechtwinkligkeit muss am Umfang an mindestens zwei Stellen nachgewiesen werden.

Meist wird die Rechtwinkligkeitsforderung auf Flächen angewandt, z. B. „im rechten Winkel" zu einer Bezugsfläche. Oft reicht aber zur eindeutigen Ausrichtung der Toleranzzone *ein* Bezug nicht aus, insofern muss dann eine weitere Bezugsebene herangezogen werden.

10.6.2 Ortstoleranzen

Ortstoleranzen legen den Nennort eines Formelementes relativ zu einem oder mehreren Bezügen fest. Man unterscheidet die folgenden Ortstoleranzen:

- □ Position,
- □ Konzentrizität und Koaxialität

und

- □ Symmetrie.

Diese können auf Linien, Achsen, Punkte und Symmetrieflächen angewandt werden.

Bei der Positionstolerierung wird der Nennort durch *theoretisch-exakte Maße* (s. ISO 5458) bestimmt, bei der Koaxialitäts- bzw. Konzentrizitätstolerierung ist der Nennort die Achse bzw. der Mittelpunkt des Bezugselementes und bei der Symmetrie ist der Nennort die Mittelebene oder -linie des Bezugselementes.

Merke: Ortstoleranzen

Ort: Bei allen Ortstoleranzen ist die Toleranzzone ortsgebunden, d. h., sie liegt symmetrisch zur Nennposition (idealer Ort). Sie ist geradlinig begrenzt durch zwei Ebenen, Geraden oder liegt innerhalb des Zylinders wie bei den Richtungstoleranzen.

Eingeschlossen Abweichungen: Jede Ortstoleranz schränkt am tolerierenden Element ein:

ORT ➔ Grenzabweichung = t/2
RICHTUNG ➔ Grenzabweichung t
FORM ➔ Grenzabweichung t

Die Angabe einer Richtungs- bzw. Formtoleranz für ein Element, das bereits durch eine Ortstoleranz begrenzt ist, ist also nur sinnvoll, wenn die Ortstoleranz größer ist als die Richtungs- bzw. Formtoleranz.

10.6.2.1 Position

Die Positionstoleranz gehört zu den wichtigsten und vielfältigsten Lagetoleranzen und ist u. a. in der ISO 20457 (*Tabelle 9:* Allgemeintoleranzen für die Position) festgeschrieben. Der häufigste Anwendungsfall ist die Tolerierung von Bohrungen und Punkten (Kugelmittelpunkt). Die Toleranzzone ist dann zylinderförmig oder kugelig begrenzt und liegt symmetrisch zur Nennposition. Innerhalb von Maßketten haben Positionstoleranzen immer dann Vorteile, wenn es ungünstige Toleranzadditionen zu verhindern gilt. Bei der alten Plus/Minus-Tolerierung pflanzen sich hingegen die Abweichungen additiv fort.

Die Kanten, Flächen oder Schnittpunkte (sich kreuzender Achsen) müssen zwischen zwei parallelen Ebenen vom Abstand t_{PS} oder ∅ t_{PS} am theoretisch genauen Ort in einer zum Bezug festgelegten Richtung liegen.
Nach ISO 20457 bestimmt sich dann die Positionstoleranz aus dem Abstand D_P, der sich aus dem Satz von Pythagoras berechnet, ausgehend vom Bezugsursprung (A,B).

• Zeichnungseintrag und Toleranzzone

Mit einer Positionstoleranz sollen die Abweichungen eines Geometrieelementes von seinem *theoretisch genauen Ort* begrenzt werden. Dies bedingt die Maßangabe mit *theoretisch genauen Maßen*, die zu einem Bezug oder mehreren Bezügen in Beziehung stehen.

Eine sehr häufige Anwendung von Positionstoleranzen ist die Festlegung von Bohrungen, Lochbildern oder Kanten in Werkzeugen. Hier gilt es, beispielsweise die ideale Lage einer Bohrung zu fixieren und die Toleranz in die Positionsabweichung zu legen. Sinnvoll ist es, dann dem Toleranzwert t_{PS} das ∅-Zeichen voranzustellen, um eine zylindrische Toleranzzone*) zu vereinbaren.

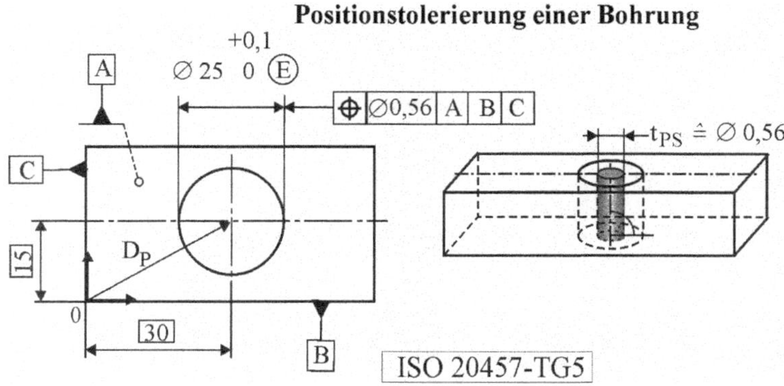

a) Zeichnungseintrag mit Positionstoleranz, Auswertung mit Lehrdorn

b) Toleranzzone steht senkrecht auf der Bezugsebene A

Bild 10.18: Eintragung und Interpretation der Positionstolerierung einer Bohrung

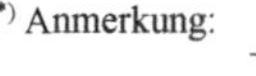

*) Anmerkung: 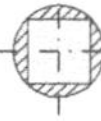 Durch die kreisförmige Toleranzzone können gegenüber einer quadratischen Toleranzzone die Anzahl der Gutteile um 57 % erhöht werden.

Im Beispiel von *Bild 10.18* sollte die Achse der tolerierten Bohrung innerhalb eines Zylinders vom Durchmesser t_{PS} = ∅ 0,56 mm (s. Kap. 7.2, Tabelle 9, TG5, W im Bereich 30-50 mm) liegen, dessen Achse sich bezogen auf die Flächen A und B am theoretisch genauen Ort befindet. Neben der Wahl der Allgemeintoleranz ist natürlich auch eine individuelle Festlegung der Toleranzzone möglich, welche aber einen erhöhten Aufwand erfordert.

Ist dem Toleranzwert kein ∅-Zeichen vorangestellt, so liegt die Toleranzzone zwischen zwei parallelen Ebenen vom Abstand t_{PS} in Richtung des Toleranzpfeils auf der Mittellinie.

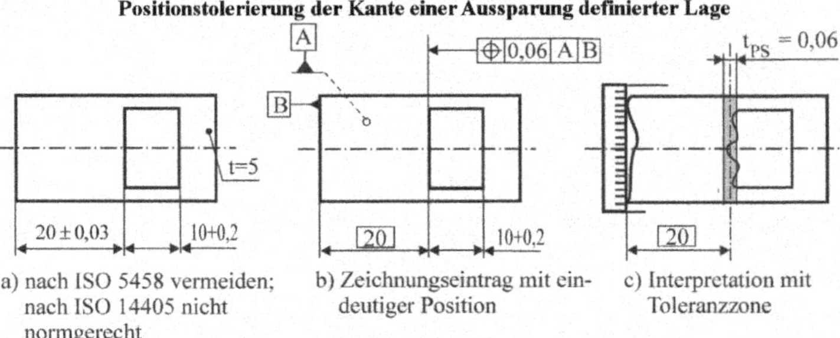

Bild 10.19: Positionstolerierung einer „festen" Kante im Inneren eines Bauteils

Die Positionstolerierung kann weiterhin auch auf Kanten[*)] angewendet werden, wie das Beispiel in *Bild 10.19* zeigt. Bei dem Bauteil muss dann die Ist-Kante der Aussparung innerhalb zweier paralleler Ebenen liegen, die jeweils 0,03 mm vom geometrisch idealen Ort entfernt liegen.

Ein Sonderfall ist gegeben, wenn ein spezieller Bezug über Punkte oder Linien gebildet werden soll. Dies muss dann durch das Modifikationssymbol [CF] herausgestellt werden, welches *Bild 10.20* zeigt. Durch [CF] (d. h., Bezugselement ist eine geometrische Ordnung unterhalb des tolerierten Elements) wird danach vereinbart, dass das Geometrieelement zur Bildung des Bezugs nicht der Zylinder, sondern linienförmige Auflagen [SL] sein sollen.

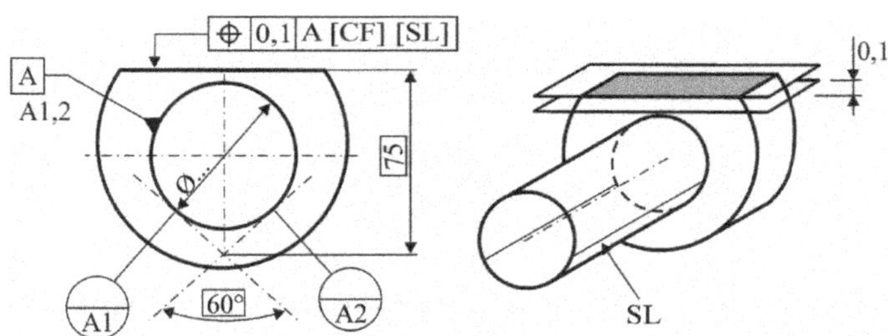

Bild 10.20: Bezugsbildung über Bezugsstellen eines Prismas (CF = Contacting Feature)

*) Anmerkung: Wenn Linien nicht gerade sein sollen oder Flächen nicht in einer Ebene liegen sollen, so ist richtiger, die Profiltolerierung nach ISO 1660 anzuwenden.

• Positionstolerierung von Lochbildern

Eine verbreitete Anwendung der Positionstolerierung findet man bei Anordnungsmustern. Hier sind mehrere Versionen von Wiederholgeometrien möglich. Häufig liegt der Fall vor, dass in einem Lochbild eine bestimmte Anordnung zu tolerieren ist, die zu einem Gegenstück passen müssen. In diesem Fall benötigt man neben der Positionstoleranz ausgerichtete Bezüge und meist die Maximum-Material-Bedingung.

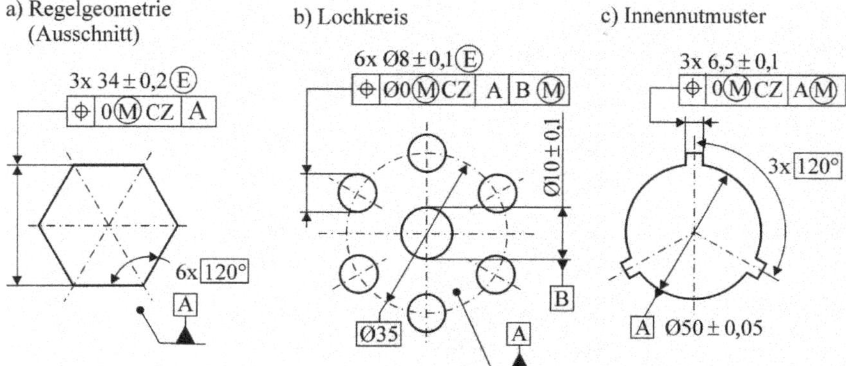

Bild 10.21: Geometrische Anordnungsmuster (CZ= gemeinsame Richtung für alle Geometrieelemente/Muster) mit Ausrichtung auf Bezug

Bei Anordnungsmustern (wie in *Bild 10.21* a) ist es wieder notwendig die Angabe „CZ" hinzuzufügen, weil hiermit die einzelnen Toleranzzonen zusammengefasst und gemeinsam ausgerichtet werden. Weiter zeigt das folgende *Bild 10.22* einige Möglichkeiten der Tolerierung von Lochmustern:

Fall a) **Positionstolerierung mit NC-orientiertem Lochmuster**
Die Position des Lochmusters zu den Bezügen A, B und C ist eindeutig und vollständig von einem „Nullpunkt" aus festgelegt.

Fall b) **Schwimmende Tolerierung ohne Bezug**
Legt nur die Position der Bohrungen zueinander fest. Hierbei ist nur eine Festlegung für die Anordnung der Bohrungen[*)] untereinander getroffen worden. Die Ausrichtung der Toleranzzonen zu einem Bezug liegt nicht fest.

Fall c) **Schwimmende Tolerierung mit Primärbezug**
Um auszuschließen, dass die Bohrungen gemeinsam gekippt werden dürfen (wie bei b)), behält man den Primärbezug bei. Dadurch stehen die Toleranzzylinder senkrecht auf dem Primärbezug.

Fall d) **Tolerierung mit fehlendem Primärbezug**
Die Bohrungen sind eindeutig festgelegt. Wegen des fehlenden Primärbezugs muss durch die Angabe von CZ eine Ausrichtung der Toleranzzylinder erfolgen.

[*)] Anmerkung: In den Fällen b) und c) sind zur Lageabstimmung „tolerierte Abstandsmaße" (über die Allgemeintoleranz) heranzogen worden. Dies ist zwar eine vielfach noch übliche Praxis, die aber nach der ISO 5458 als nicht „normgerecht" eingestuft wird.

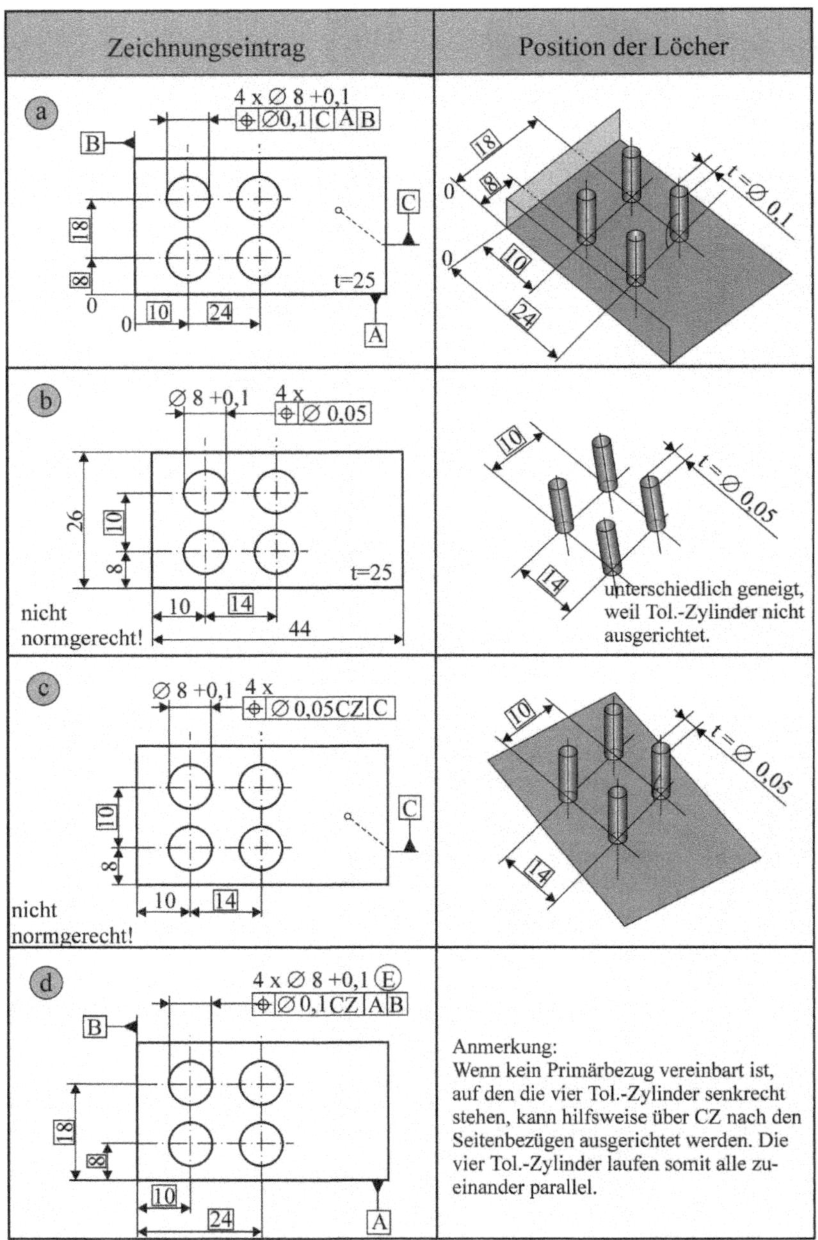

Bild 10.22: Tolerierung von Lochmuster

Merke: Positionstolerierung von Lochmustern

Nennposition: Die ideale Position des tolerierten Elementes relativ zu den Bezügen muss durch theoretisch ideale Maße angegeben werden. Die Positionstolerierung erfasst dann die Abweichungen.

Lochkreise: Wird eine Geometrie wie ein Lochmuster mit theoretischen Maßen festgelegt, dann gelten Achsenkreuze und gleichmäßige Kreisteilungen als *geometrisch exakt.*

Im Zusammenhang mit der CAD-Zeichnungserstellung sind heute die folgenden Darstellungsvereinfachungen zulässig und seien noch als Alternativen angegeben. Mit Ⓐ wird hierbei der Achsbezug hergestellt.

a) Vorderansicht eines Bolzens

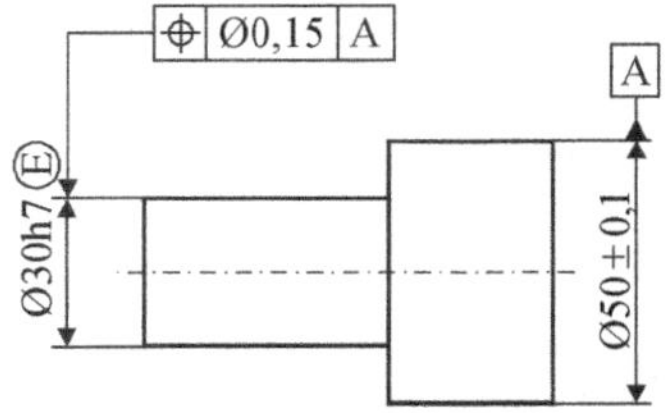

alternativ

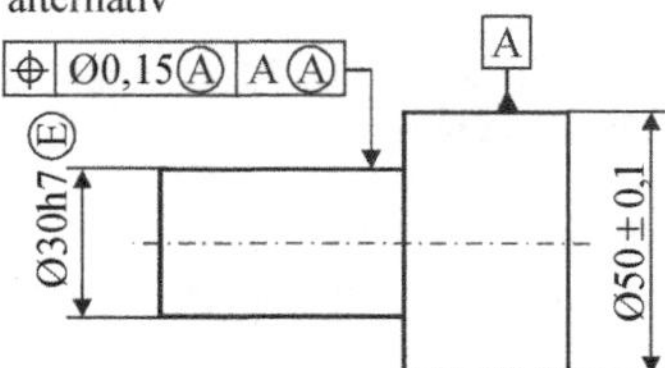

b) gleiche Seitenansicht

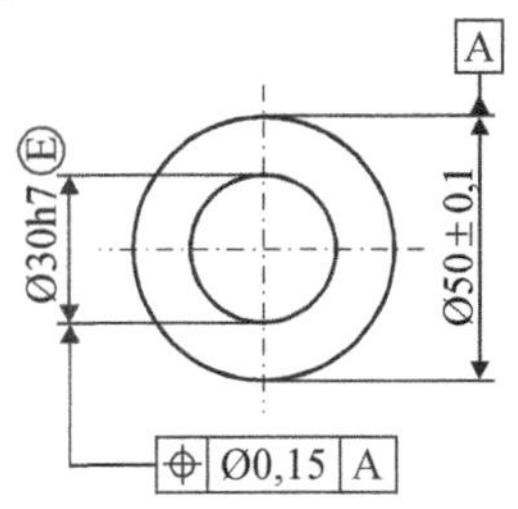

alternativ

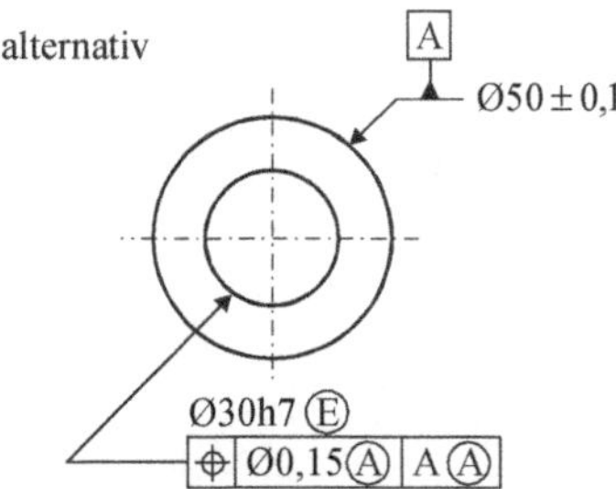

Alternativ kann hier die Koaxialität genutzt werden.

Ⓐ Kennzeichnung abgeleiteter Geometrieelemente (Achse)

Bild 10.23: Nutzung einer vereinfachten Darstellungsweise

• Prüfverfahren

Die Prüfung erfolgt durch Messung von Positionskoordinaten und Abständen gemäß

$$f_{PS} = \sqrt{(x_M - x_{theo})^2 + (y_M - y_{theo})^2} \leq \frac{t_{PS}}{2}, \text{ mit } x_M, y_M = \text{Messkoordinaten.}$$

10.6.2.2 Konzentrizität bzw. Koaxialität

Koaxialität bzw. Konzentrizität sind *Sonderformen der Positionstoleranz. Koaxialität* bezieht sich auf die Achsen von rotationssymmetrischen Formelementen. Diese Formelemente müssen also zumindest teilweise einen Kreisquerschnitt (Kreise und Kegel) haben. Konzentrizität bezieht sich hingegen nur auf Kreise in einer Ebene. In der ISO 1101 kann die Konzentrizitätsforderung mit dem Kurzzeichen ACS (Nachweis in jedem beliebigen Querschnitt) vereinbart werden.

Die tolerierte Kreismitte oder Achse muss innerhalb eines Toleranzkreises bzw. Toleranzzylinders von ∅ t_{KO} liegen, die konzentrisch oder koaxial zu einem Bezug liegen. Bei ACS gilt dies nur für Längsschnitte.

• Zeichnungseintrag und Toleranzzone

Während die Konzentrizität sich auf Kreismitten in einer Ebene bezieht, begrenzt die Koaxialität die Abweichung bzw. den Versatz von hintereinanderliegenden Außen- oder Innenzylindern. Der Mittelpunkt der kreisförmigen Konzentrizitätstoleranzzone fällt mit dem Bezugspunkt zusammen. Die Toleranzzone der Koaxialität wird durch einen Toleranzzylinder vom Durchmesser t_{KO} begrenzt, dessen Achse mit der Bezugsachse fluchtet.

a) Konzentrizität mit ACS (jeder beliebige Querschnitt)

ACS
◎ ∅0,08 A
A
∅ 0,08 (Toleranzzone des Innenkreises)

b) Koaxialität von Zylindern

◎ ∅0,08 A
so!
A
∅...
oder so!
A
– ∅0,01
a) Zeichnungseintrag

t_{KO} = ∅ 0,08
b) Toleranzzone

Bild 10.24: Eintragung und Interpretation der Konzentrizitäts- und Koaxialitätstoleranz

Am häufigsten wird in der Praxis die Koaxialität (s. *Bild 10.24 a+b*) benutzt. Die vorstehende Eintragung bedeutet, dass der tolerierte Zylinder innerhalb eines zur idealen Bezugsachse A koaxialen Zylinders vom Durchmesser t_{KO} = 0,08 mm liegt. Früher wurde die Koaxialitätsabweichung auch als Schlag oder Fluchtabweichung $(= 1/2 \cdot t_{KO})$ bezeichnet, weil sie bei der Rotation von Bauteilen deutlich sichtbar war. Hieraus folgt die Anwendung dieser Lagetoleranz auf Achsen oder Wellen mit einer entsprechenden Funktion. Koaxialität macht sich insbesondere bei Lagerstellen bemerkbar.

Die Koaxialitätstoleranz bietet auch die Möglichkeit mehrere Geometrieelemente zueinander auszurichten, was in *Bild 10.25* einschließlich ihrer Prüfung gezeigt ist.

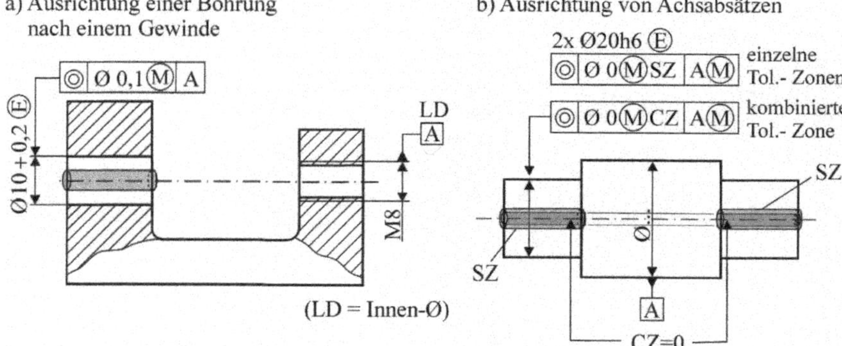

Bild 10.25: Möglichkeiten für das Fluchten einzelner Geometrieelemente

- **Regeln für die Anwendung**

Merke: Konzentrizität und Koaxialität

Der Begriff „Konzentrizität“ bezieht sich stets auf die Mittelpunkte von Kreisflächen, wobei gewöhnlich der tolerierte Mittelpunkt innerhalb eines Kreises liegen muss, der konzentrisch zum Bezugspunkt im Querschnitt liegt. „Koaxialität bezieht sich hingegen auf Achsen von räumlichen Geometrieelementen.

- **Prüfverfahren**

Die Prüfung der Koaxialität erfolgt durch Messung der radialen Abweichungen bezogen auf einen gemeinsamen Mittelpunkt, und zwar

1. durch Messen von Koordinaten oder Versätze,
2. durch Prüfung mit einer Lehre,
3. durch Prüfung mit einem Rundtisch mit anzeigendem Längenmessgerät oder digitaler Messung.

• Vorgehensweise

Das Bauteil wird mit seinem Bezugszylinder koaxial zur Achse der Messeinrichtung ausgerichtet und einmal um seine Achse gedreht. Dabei wird die größte und die kleinste radiale Abweichung ermittelt. Die Koaxialitätsabweichung bestimmt man nun zu:

$$f_{ko} = \frac{R_{max} - R_{min}}{2}.$$

Diese Abweichung vergleicht man nun mit der Toleranz $t_{KO}/2$. Die Prüfung ist an einer ausreichenden Anzahl von Messquerschnitten zu wiederholen.

10.6.2.3 Symmetrie

Symmetrie ist ebenfalls eine Sonderform der Positionstoleranz. Symmetrie bedeutet in diesem Fall Spiegelsymmetrie um die Mittellinie.

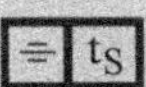

Die Mittelfläche des tolerierten Geometrieelements muss zwischen zwei parallelen Ebenen vom Abstand t_S liegen, die zum Bezug symmetrisch sind.

• Zeichnungseintrag und Toleranzzone

Über die Symmetrietoleranz können zwei Geometrieelemente über ihre Mittellinie oder -ebene zueinander ausgerichtet werden. Die Toleranzzone wird durch zwei zur Bezugsachse/Bezugsebene symmetrische Geraden/Ebenen vom Abstand t_S begrenzt.

a1) Zeichnungseintrag für ganze Tiefe

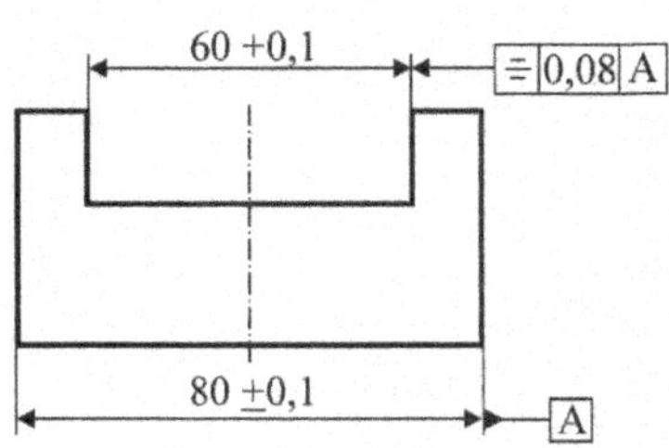

a2) alternativer Zeichnungseintrag mit ACS

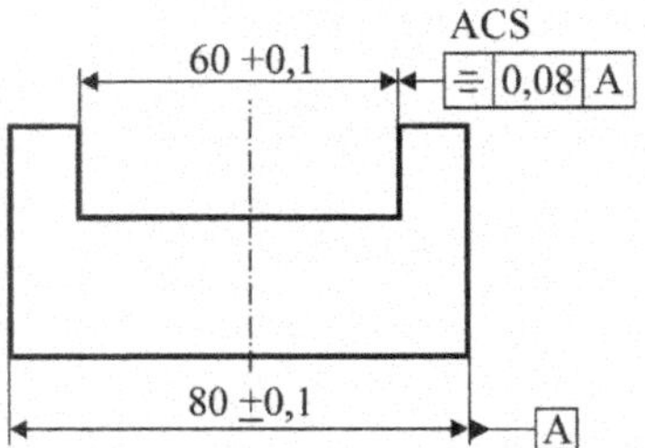

b) Toleranzzone über ganze Tiefe

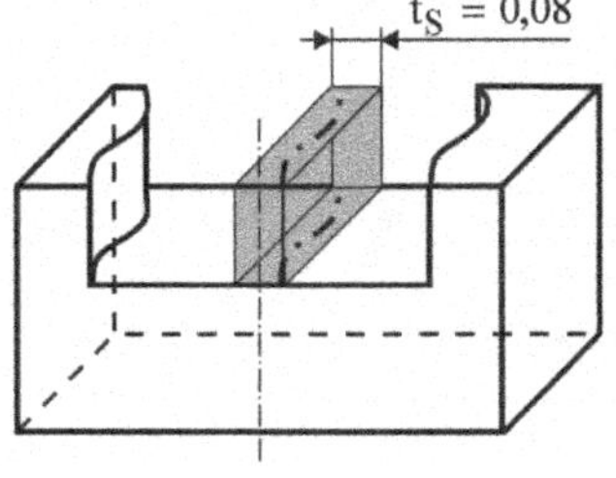

c) Symmetrie für die Mitte einer Zentrierung

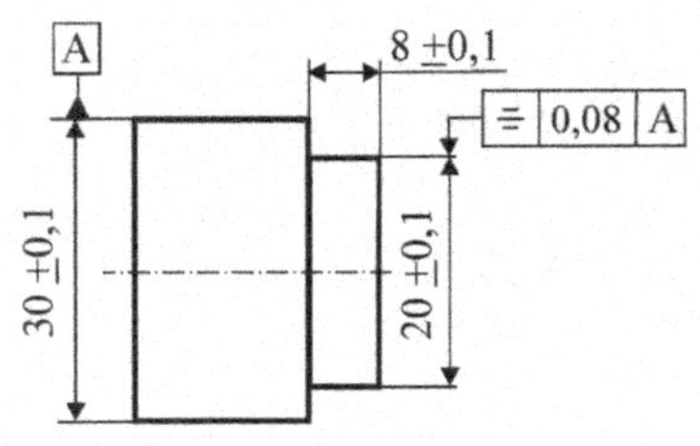

Bild 10.26: Eintragung und Interpretation der Symmetrie von Geometrieelementen

In dem gezeigten *Bild 10.26* ist die Symmetrieforderung einmal über die ganze Tiefe des Bauteils und einmal nur für noch festzulegende Längsschnitte (ACS = irgendein Querschnitt) festgelegt worden.

• Prüfverfahren

Bei der Symmetrieprüfung werden Mittelebenenabstände geprüft. Dies kann punktweise durch Koordinatenvergleich erfolgen, was den Nachteil hat, dass die Formabweichungen eingehen. Bei Benutzung des Maximum-Material-Prinzips ist auch die Prüfung mit einer Funktionslehre möglich, wobei alle Formabweichungen eliminiert werden können.

10.6.3 Lauftoleranzen

Lauftoleranzen (Rundlauf, Planlauf, Gesamtlauf) sind „dynamische Toleranzen", sie begrenzen die Abweichung der Lage eines Elementes bezüglich eines festen Punktes während einer vollen Umdrehung.

10.6.3.1 Rundlauf

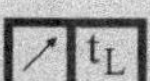

Die Lauftoleranz einer Umfangslinie oder Stirnfläche darf während einer vollständigen Umdrehung um einen Bezug die Größe t_L nicht überschreiten.

• Zeichnungseintragung und Toleranzzone

Rundlauf wird in der Regel von rotierenden Teilen verlangt. Die Toleranzzone des Rundlaufs wird in der zur Achse senkrechten Messebene durch zwei konzentrische Kreise vom Abstand t_L begrenzt, deren gemeinsame Mitte die Bezugsachse darstellt.

Rundlauf einer Welle

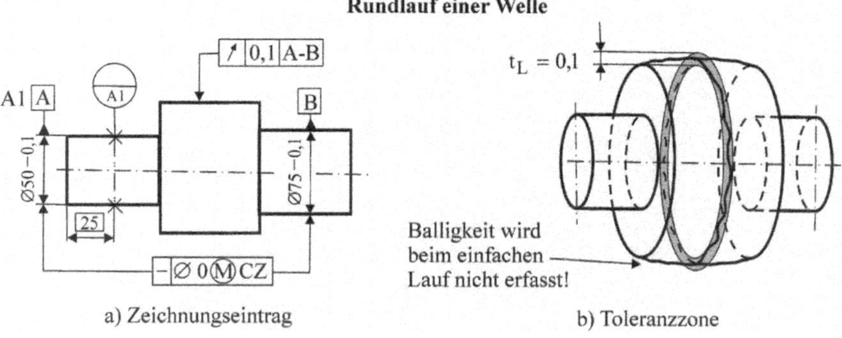

Bild 10.27: Eintragung und Interpretation der Rundlauftoleranz

Bei diesem Beispiel (*Bild 10.27*) muss die Umfangslinie in einer zur vereinbarenden Anzahl von Querschnitten der tolerierten zylindrischen Fläche zwischen zwei konzentrischen Kreisen vom Abstand t_L = 0,1 mm liegen, deren gemeinsame Mitte auf der aus A und B gebildeten Bezugsachse liegt. (Die Norm verlangt keine kontinuierliche Messung, sondern nur den Nachweis „an hinreichend vielen Stellen" bei *einer* vollen Umdrehung). Als Folge dieses Messprinzips wird gleichzeitig die *Rundheit, Konzentrizität* und *der momentane Mittelpunkt* erfasst.

• Prüfverfahren

Die Prüfung erfolgt durch Messen der Abweichungen bei einer vollen Umdrehung um die Bezugsachse. Da das Werkstück bei der Messung zu drehen ist, bieten sich alternativ folgende Verfahren an:

1. Das Werkstück wird mit seinen Bezugselementen parallel zur Prüfplatte in zwei ausgerichteten *Prüfprismen* gelegt und gegen axiale Verschiebung gesichert.
2. Es wird mit seiner Bezugsachse zwischen zwei *koaxiale Spitzen* aufgenommen.

Oder:

3. Es wird mit seinen Bezugselementen in zwei *koaxiale Spannfutter* gespannt (nicht bei den Aufbauten dargestellt).

Die Rundlaufabweichung f_L ist dann die Differenz zwischen kleinster und größter Anzeige der Messuhr während einer Umdrehung (360°) auf der Zylinderfläche. Diese Abweichung vergleicht man dann mit der Toleranz. Die Messung ist an einer ausreichenden Anzahl von Messquerschnitten durchzuführen.

Zeichnungsangabe

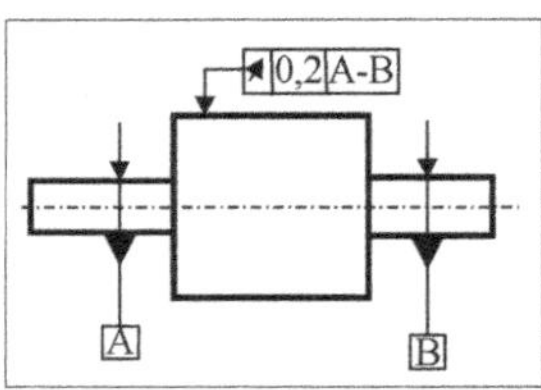

Bezugselemente liegen in ausgerichteten Prüfprismen

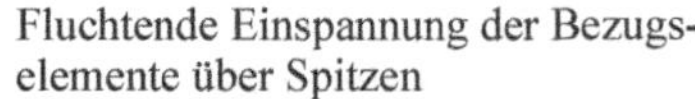

Fluchtende Einspannung der Bezugselemente über Spitzen

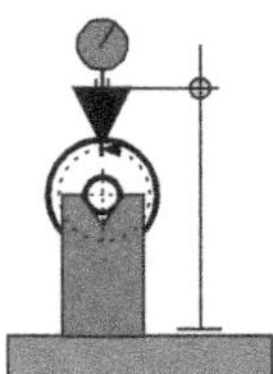

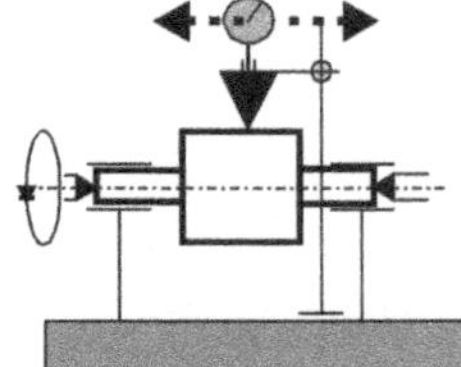

Bild 10.28: Prüfverfahren für Rundlauf in zwei alternativen Aufbauten

Mit der Rundlauftoleranz wird die Summe aus Rundheits- und Koaxialitätsabweichung gemessen.

10.6.3.2 Gesamtlauf

⌰ t_{LG}	Die Lauftoleranz einer Umfangslinie oder Stirnfläche darf bei mehrmaliger Drehung um einen Bezug die Größe t_{LG} nicht überschreiten

• Zeichnungseintragung und Toleranzzone

Bei dieser Toleranzart ist nach Gesamtrundlauf und Gesamtstirnlauf zu unterscheiden. Als beispielhafter Fall wird hier die Gesamtstirnlauftoleranz auf der Stirnfläche einer Welle angewandt. Die Toleranzzone wird durch zwei Ebenen mit dem Abstand t_{LG} begrenzt, die somit der „dynamischen" Rechtwinkligkeitstoleranz entspricht.

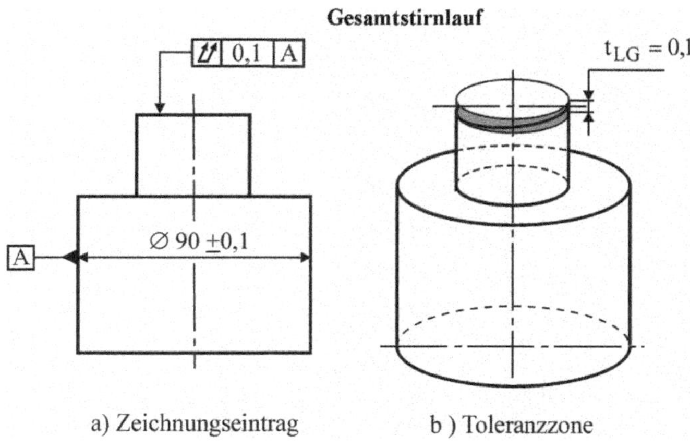

Bild 10.29: Eintragung und Interpretation der Gesamtstirnlauftoleranz

In dem Beispiel (*Bild 10.29*) muss die *tolerierte Fläche* zwischen zwei parallelen Ebenen vom Abstand t_{LG} = 0,1 mm liegen, die senkrecht zur Bezugsachse A verlaufen. Der Gesamtlauf ist bei *mehrmaliger Drehung* um die Bezugsachse und bei axialer Verschiebung des Messgerätes nachzuweisen, wodurch gleichzeitig auch die *Ebenheits-* und *Rechtwinkligkeitsabweichung* erfasst werden.

Außer bei Stirnflächen kann der Gesamtlauf auch für *Mantellinien* am Umfang gefordert werden. In diesem Fall wird gleichzeitig die Zylindrizität und Koaxialität des Formelementes geprüft.

• Prüfverfahren

Im Gegensatz zum einfachen Lauf muss das Messprinzip für den Gesamtlauf die Kontinuität der Messung bei gleichzeitiger Bewegung um die Bezugsachse realisieren. Bei dem im Messaufbau dargestellten Bauteil muss dieser in seinem Bezugselement drehbar aufgenommen werden. Bei Rotation des Bauteils muss dann bei gleichzeitiger radialer Zustellung der Messuhr der axiale Ausschlag erfasst werden. Die Gesamtplanlaufabweichung f_{LG} ist die Differenz zwischen größter und kleinster Anzeige an allen Messpositionen. Damit ist gleichzeitig die Ebenheit und Rechtwinkligkeit zur Bezugsachse bestimmt worden.

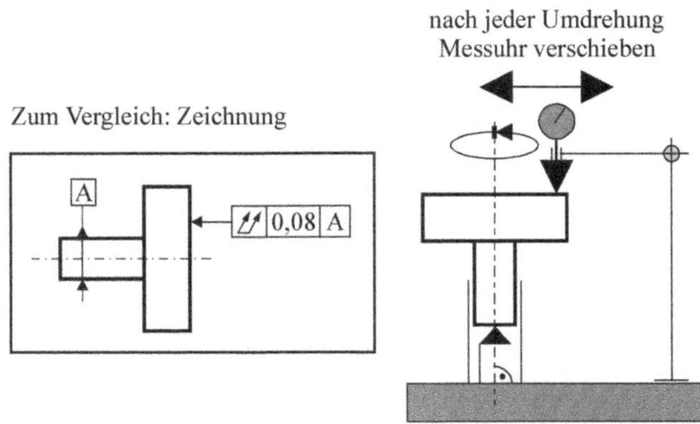

Bild 10.30: Prüfung des Gesamtstirnlaufs

10.6.4 Gewinde

Ein Sonderfall stellt nach ISO 1101 das Gewinde dar. Ohne besondere Angabe beziehen sich Lagetoleranzen und Bezugsangaben von Gewinden stets auf den „Flankendurchmesser". Sind andere Festlegungen gewünscht, so sind diese gegebenenfalls nach *Bild 10.31* zu vereinbaren.

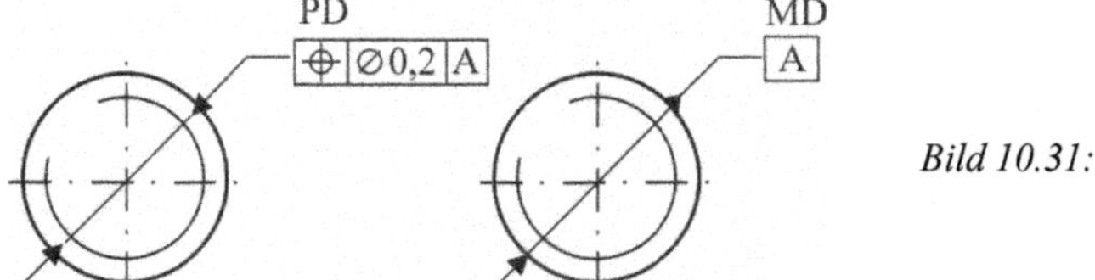

Bild 10.31: Positionstoleranz und Bezug am Gewinde

Der Flankendurchmesser ist nach Norm „der Durchmesser eines imaginären Zylinders, der koaxial zum Gewinde liegt". Die Flankenmitte halbiert den Abstand zwischen Gewinderille und Gewindekopf. Sollen die Toleranzen und Bezüge für andere Durchmesser gelten, so ist dies folgendermaßen zu vereinbaren:

MD (engl. mayor diameter) für Außendurchmesser
LD (engl. least diameter) für Innendurchmesser
PD (engl. pitch diameter) für Flanken- oder Teilkreisdurchmesser

Diese Angaben sind auch für Keilwellen und Verzahnungen geeignet.

10.6.5 Freiformgeometrien

Viele Bauteile werden heute mittels Freiformgeometrien (mathematisch nichtbeschreibbare Kurven) durch CAD-Programme beschrieben. Diese müssen später werkzeugtechnisch hergestellt und am Bauteil geprüft werden können. Wie bei jeder anderen Fertigung wird dies nur mit Abweichungen möglich sein. Je nach Anwendungsfall sollten daher Linien- oder Flächenformprofiltoleranzen vergeben werden. Auch hierfür ist natürlich die Symbolik nach ISO 1101 geeignet.

In *Bild 10.32* ist ein Segment einer Freiformkurve gezeigt, deren Abweichung aus funktionellen Gründen begrenzt werden soll. Die Nachweispunkte sind auf einen Nullpunkt bzw. Ursprungspunkt bezogen. Nach DIN ISO 129-1 sollte der Ursprungspunkt bei einer „steigenden Bemaßung" angewandt werden, wenn Platzmangel besteht.

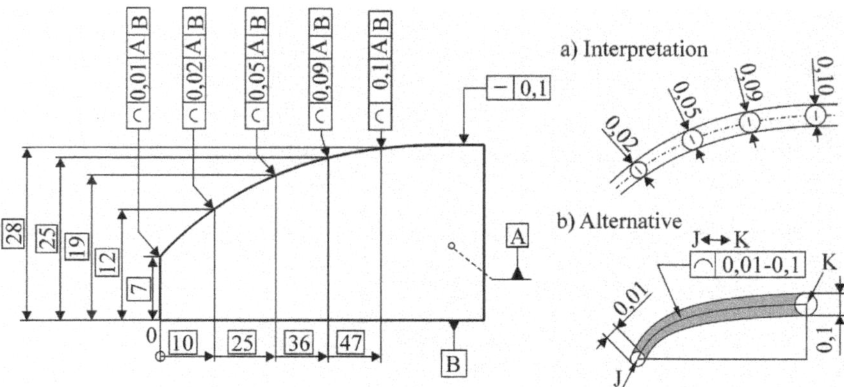

Bild 10.32: Profiltoleranz einer Freiformkurve nach ISO 1660
(Die Koordinatenbemaßung ist bewusst nach zwei Prinzipien durchgeführt worden.)

Forderung ist hiernach, dass das Ist-Profil des Bauteils in der angegebenen veränderlichen Toleranzzone liegt und letztlich tangential übergeht. Die Prüfung erfolgt in der Praxis mittels 3-D-Koordinaten-Messmaschinen, die jetzt gemäß der Vorgabe von Sollpunkten eine eindeutige Gut/Schlecht-Entscheidung treffen kann.

10.7 Tolerierung von Längenmaßen

Die bisherige Symbolik bezog sich ausschließlich auf die Tolerierung von Form- und Lageabweichungen. Vor dem Hintergrund der Spezifizierung der Geometrietoleranzen ist sichtbar geworden, dass eine gleichwertige Eindeutigkeit bei reinen Maßtoleranzen ebenfalls notwendig ist, wenn die heutigen Funktionsanforderungen und Qualitätsmaßstäbe eingehalten oder gar weiterentwickelt werden sollen. Hierfür wurde die neue ISO 14405 geschaffen, die Zeichnungseinträge für Maßelemente enthält, wenn spezielle Anforderungen an Längenmaße und deren Auswertung gestellt werden.

Intention der neuen Norm ist das unbedingte „Endgültigkeitsprinzip“, welches festlegt, dass Anforderungen, die nicht auf einer technischen Zeichnung vereinbart sind, später auch nicht „ermessen“ werden können. Hiermit ist gemeint, dass ein Auftraggeber im Nachhinein keine anderen Anforderungen (s. auch ISO 8015) stellen kann, als die in der Zeichnung festgelegten. Zeichnung ist hierbei sehr weit zu interpretieren und umfasst alle irgendwie angefertigten Fertigungsunterlagen. Die Gültigkeit der Längenmaßtolerierung ist auf die im *Bild 10.33* strukturierten Maße mit Formabweichungen ausgerichtet.

a) örtliches Maß (u. a. Zweipunktmaß)	c) berechnetes Maß
b) globales Maß	d) Rangordnungsmaß (kleinstes, mittleres, größtes)

Bild 10.33: Anwendungsbereich der dimensionellen Tolerierung

Die Notwendigkeit, Maße und Toleranzen eindeutiger zu spezifizieren, ist eine Folge der heute verbesserten Messtechnik, welche die Qualitätssicherung in den Unternehmen immer öfter vor dem Problem stellt, wie die Funktionalität messtechnisch bestätigt werden kann.

An dem folgenden Beispiel eines Bolzens in *Bild 10.34* der eine vorgesehene Funktion zu erfüllen hat und daher einen bestimmten Durchmesser (globales Maß) ausweisen soll, sei die Problematik der Maßerfassung transparent gemacht.

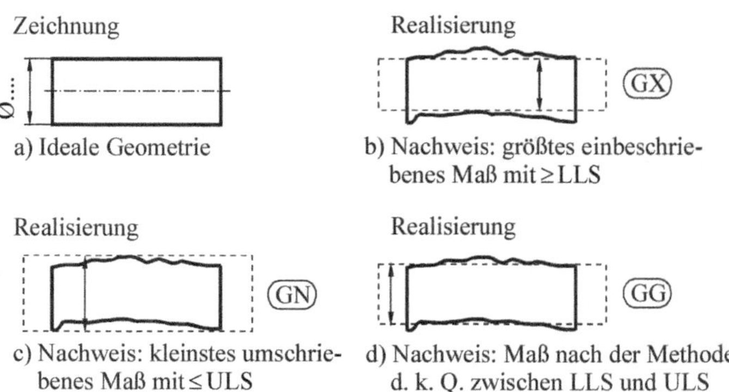

Bild 10.34: Darstellung eines globalen Maßes über ein Maßelement

In der Norm ISO 14405 wird unterstellt, dass ein Konstrukteur mit der Anforderung von Maßen in einer Zeichnung eine bestimmte Absicht verfolgt, deshalb wird in *Querschnittsmaße*, *Teilbereichsmaße*, *globale Maße* und *Rangordnungsmaße* unterschieden. Hiernach ist ein *Querschnittsmaß* nur in Schnitten, ein *Teilbereichsmaß* nur über eine eingeschränkte

Länge und ein *globales Maß* über die ganze Länge eines Maßelements[*)] nachzuweisen. Ein Rangordnungsmaß ist hingegen ein Merkmal, welches mathematisch aus einer Anzahl von gemessenen Werten für ein örtliches Maß festzulegen ist.

Am häufigsten werden in technischen Zeichnungen globale Maße und Rangordnungsmaße auftreten.

Globale Maße sollen gemäß dem vorstehenden Bild in einer bestimmten Weise nachgewiesen werden, und zwar als

- direktes globales Längenmaß,
- Maß nach der „Methode der kleinsten Quadrate",
- größtes einbeschriebenes Maß bzw. Maßelement (Pferchkreis),
- kleinstes umschriebenes Maß bzw. Maßelement (Hüllkreis)

und

- indirekt (berechnetes) globales Maß.

Die Beurteilung von Messwerten über die Methode der kleinsten Quadrate ist ein Standardverfahren der Messtechnik und soll bezogen auf Längenmaße kurz diskutiert werden:

- □ Annahme ist hierbei, dass n Maße M_i $(i = 1, ..., n)$ an verschiedenen Positionen gemessen wurden; gewöhnlich werden diese Werte unabhängig und normalverteilt sein.

- □ Für den besten Ausgleichwert gilt dann die Forderung: Summe der kleinsten Abweichungsquadrate muss ein Minimum sein

$$Q = \sum_{i=1}^{n} (M_i - \tilde{\mu})^2 = \text{Minimum}.$$

- □ Bedingung für ein Minimum ist gewöhnlich „erste Ableitung gleich null":

$$\frac{dQ}{d\tilde{\mu}} = -2\sum_{i=1}^{n} (M_i - \tilde{\mu}) = 0.$$

Hierin kann aber nur der Klammerausdruck null werden, was zu der neuen Bedingung

$$\sum_{i=1}^{n} (M_i - \tilde{\mu}) \equiv \sum_{i=1}^{n} M_i - n \cdot \tilde{\mu} = 0$$

führt.

- □ Der beste Mittelwert für die erfassten Messwerte ist somit

[*)] Anmerkung: In der ISO 14405 werden ein Zylinder, eine Kugel, zwei parallele sich gegenüberliegenden Flächen, ein Kegel oder Keil als Maßelement bezeichnet. Diese werden durch eine Längen- oder Winkelmaßangabe festgelegt.

$$\tilde{\mu} = \frac{1}{n} \sum_{i=1}^{n} M_i .$$

Eine ebenfalls große Bedeutung haben örtliche *Rangordnungsmaße*, die mathematisch aus einer Menge von Werten festgelegt werden müssen und entlang eines Maßelements und/ oder um ein solches herum erhalten werden. Auch diese müssen nachgewiesen werden als

- größtes Rangordnungsmaß,
- kleinstes Randordnungsmaß,
- mittleres Randordnungsmaß,
- Median des Rangordnungsmaßes,
- Intervallmitte eines Rangordnungsmaßes

und

- Spanne eines Rangordnungsmaßes.

Wie zuvor soll auch hier kurz dargelegt werden, wie das Medianmaß zu bilden ist.

□ Vorgabe ist, dass geordnete Daten M_i $(i = 1, ..., n)$ aufsteigend (d. h. Min.-Max.) vor liegen.

□ Fall 1: n/2 ist *nicht ganzzahlig*, so ist der Median

$$\tilde{\mu} = M_i, \text{ wobei } \frac{n}{2} < i < \frac{n}{2} + 1 .$$

□ Fall 2: n/2 ist *ganzzahlig*, so ist der Median

$$\tilde{\mu} = \frac{M_{i-1} + M_i}{2}, \text{ wobei } i = \frac{n}{2} + 1 .$$

Merke: Maßspezifikationen

□ **Maß** ist ein wesentliches Merkmal eines Maßelements, welches gewöhnlich für ein Nennmerkmal festgelegt wird.

□ **Örtliches Maß** (Längenmaß) ist ein **globales** Maßmerkmal, welches kein eindeutiges Ergebnis der Auswertung entlang eines Maßelements und/oder um ein Maßelement herum besitzt.

□ **Zweipunktmaß** (örtliches Längenmaß) ist als Abstand zwischen zwei ein- ander gegenüberliegender Punkte festgelegt auf einem Maßelement.

□ **Querschnittsmaß** (örtliches Längemaß) ist ein globales Maß für einen vor gegebenen Querschnitt.

□ **Teilbereichsmaß** (örtliches Längenmaß) ist ein globales Maß für einen vor gegebenen Teilbereich.

□ **Rangordnungsmaß** (indirektes Maß) wird mathematisch aus einer Anzahl von Werten berechnet und soll ein globales Maß ersetzen.

Als Normalfall wird in der Norm unterstellt, dass ein Maß als Zweipunktmaß für die untere (LLS) und obere (ULS) Spezifikationsgrenze nachzuweisen ist. Wird dies jedoch aus funktionellen Gründen als nicht ausreichend angesehen, so sind Spezifikations-Modifikationssymbole anzuwenden, welche im *Bild 10.35* aufgeführt sind.
Mit diesen Symbolen soll eindeutig festgelegt werden, welches Maß wie vereinbart und messtechnisch nachzuweisen ist. Die Symbole stehen aber nicht in Konkurrenz zu der ISO 1101 – Symbolik und Spezifizieren nur in Ausnahmefällen (Hüllbedingung) die vollständige Form eines Geometrieelementes, sondern dessen Maß.

Anwendung	Modifikationssymbol
(LP)	Zweipunktmaß
(LS)	örtliches Maß, festgelegt durch die Pferchkugel
(GG)	„Best Fit Maß" nach Gauß *(Maß bestimmt nach der Methode der kleinsten Quadrate)*
(GX)	größtes einbeschriebenes Element *(Maximum des einbeschriebenen Maßes für das Mindestmaß, d. h. max. Pferchform)*
(GN)	kleinstes umschriebenes Element *(z. B. Minimum des umschriebenen Maßes für das Höchstmaß, d. h. min. Hüllform)*
(CC)	umfangsbezogener Durchmesser
(CA)	flächenbezogener Durchmesser
(CV)	volumenbezogener Durchmesser
(SX)	größtes Rangordnungsmaß
(SN)	kleinstes Rangordnungsmaß
(SA)	mittleres Rangordnungsmaß (Mittelwert)
(SM)	Median des Rangordnungsmaßes
(SD)	Intervallmitte des Rangordnungsmaßes
(SR)	Spanne des Rangordnungsmaß

Bild 10.35: Auswahl von Spezifikations-Modifikationssymbolen für Längenmaße

Wie die Maße als „Default-Kriterien" (Annahmekriterien) in einer Zeichnung zu behandeln sind, muss im, oberhalb oder in der Nähe des Schriftfeldes vermerkt werden, ansonsten ist die Zeichnung nicht eindeutig. Es gelten die folgenden Regeln:

– bei Verwendung einer Alt-Zeichnung nach dem Hüllprinzip als

Maße nach ISO 14405 Ⓔ (entspricht DIN 7167 oder ISO 2768-mK-E bei Allgem. Tol.)

Wenn wirtschaftlich vertretbar, sollen Alt-Zeichnungen nach Möglichkeit an das Unabhängigkeitsprinzip (ISO 8015) angepasst werden.

– Für eine angepasste Zeichnung ist dann einzutragen:

ISO 8015 und ISO 14405.

Ohne weitere Spezifizierung sind ± -Toleranzen und ISO-Kode-Angaben (z. B. H7) jetzt als „Zweipunktmaße" zu interpretieren.

Spezielle Beispiele für Angaben sind noch:

- Maße ISO 14405 (GG): Maße unterliegen nicht der Zweipunktmaß-Bestimmung, sondern der "Methode der kleinsten Quadrate" nach Gauß,
- Maß ISO 14405 Ⓔ: für Maße ist die Hüllbedingung vereinbart,
- Maß ISO 14405 (CC): Maße sind als umfangsbezogener Durchmesser vereinbart,
- Maß ISO 14405 Ⓔ ((LP)(SA)Ⓔ/0): möglich ist auch die gesamte Liste der verwendeten Modifikationssymbole aufzuführen.

Ergänzend zeigt *Bild 10.36* Eintragebeispiele für ein Maß 40 ± 0,1 unter Verwendung der vorstehenden Symbolik.

Beschreibung	Symbole	Eintragungsbeispiele
Hüllbedingung	Ⓔ	∅ 40 ± 0,1 Ⓔ
beliebige eingeschränkte(s) Länge/Teil	/Länge	∅ 40 ± 0,1 (GG) /10
eine beliebige Querschnittsfläche für einen beliebigen Längsschnitt	ACS ALS	∅ 40 ± 0,1 (GX) ACS 40 ± 0,1 (GX) ALS
festgelegte Querschnittsfläche	SCS	∅ 40 ± 0,1 (GX) SCS
mehr als ein Maßelement	Anzahl x	2 x ∅ 40 ± 0,1 Ⓔ
gemeinsame Toleranz	CT	2 x ∅ 40 ± 0,1 Ⓔ CT
Bedingung des freien Zustands	Ⓕ	∅ 40 ± 0,1 (LP) (SA) Ⓕ
zwischen	↔	∅ 40 ± 0,1 A ↔ B

Bild 10.36: Anwendung von Spezifikations-Modifikationssymbolen mit beispielhaften Eintragungen

Im *Bild 10.37* ist dargestellt, wie Anforderungen für einen eingeschränkten Teilbereich eines Maßelementes festgelegt werden können. Die Norm hat dazu das Modifikationssymbol

(Doppelpfeil) „↔ = *zwischen" theoretisch genauem Maß*

geschaffen.

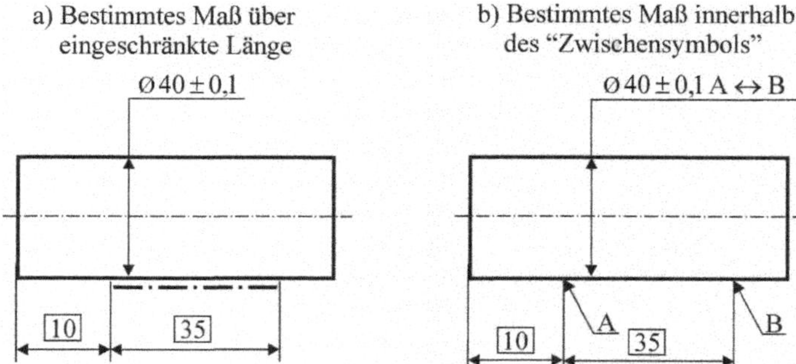

Bild 10.37: Festlegung für einen bestimmten fest eingeschränkten Teilbereich

Diese Festlegungen werden durch die Angaben im *Bild 10.38* ergänzt, die sich jetzt auf „irgendeinen eingeschränkten Teilbereich eines Maßelementes" mit einer bestimmten Länge erstrecken. Kenntlich wird dies mit dem Modifikationssymbol „/Länge" (d. h. beliebige eingeschränkte(s) Länge/Teil) oder „dazwischen" bzw. einer bestimmten Stelle gemacht.

Gefordert ist, dass der kleinste umschriebene Zylinder bzw. Durchmesser für irgendein Teil des zylindrischen Maßelementes mit der Länge von 10 mm bzw. 50 mm an der unteren Maßgrenze den Wert ∅ 99,8 mm als Zweipunktmaß nicht unterschreitet und der Höchstwert von ∅ 100,1 mm als Hüllzylinder einzuhalten ist. Ergänzend ist eine Forderung für einen bestimmten Querschnitt „SCS" eingefügt worden.

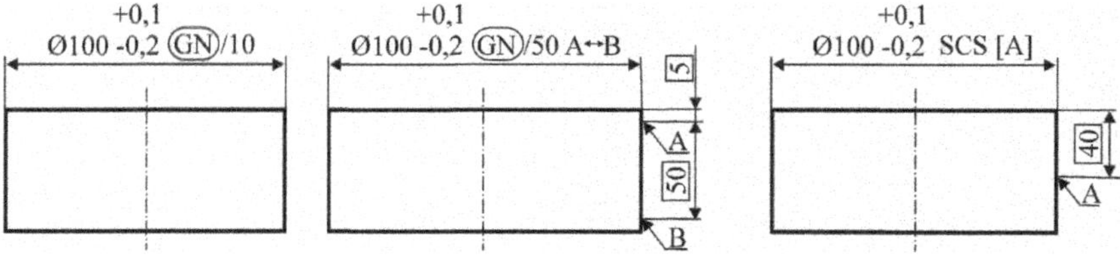

Bild 10.38: Forderung für irgendeinen eingeschränkten Teilbereich eines Maßelementes

Ergänzend ist nachfolgend im *Bild 10.39* eine Anforderung von mehr als ein Maßmerkmal auf eine Teillänge und die Gesamtlänge eines Maßelements. Die Angabe kann auch auf einer Maßlinie durch Klammern getrennt stehen.

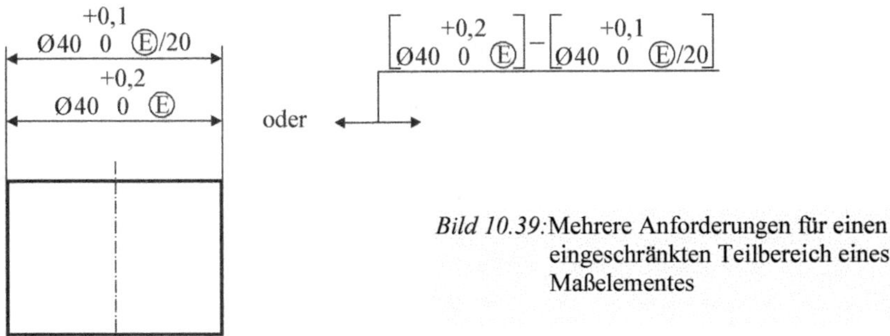

Bild 10.39: Mehrere Anforderungen für einen eingeschränkten Teilbereich eines Maßelementes

Die Eintragung im *Bild 10.40* verlangt, dass der Durchmesser für irgendeinen Querschnitt (ACS) des Maßelementes über die Länge nach der Methode der kleinsten Quadrate nach Gauß („GG" = gilt für das Höchst- und Mindestmaß) nachzuweisen ist. Meist ist damit beabsichtigt, dass bevorzugt auf das Mittenmaß gefertigt wird.

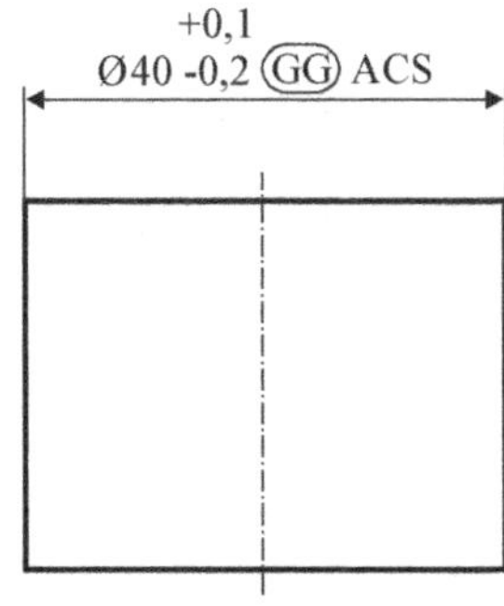

Bild 10.40: Anforderung für Gaußmaß an einer beliebigen Querschnittsposition des zylindrischen Maßelements

Wenn eine Anforderung nur für einen *bestimmten Querschnitt* eines Maßelements wie im *Bild 10.41* gelten soll, so ist der Querschnitt zu bemaßen bzw. mit „SCS" hervorzuheben. Falls keine Verwechselung bezüglich möglich ist, kann das SCS-Symbol auch weggelassen werden.

a) Modifikationssymbol SCS eingetragen

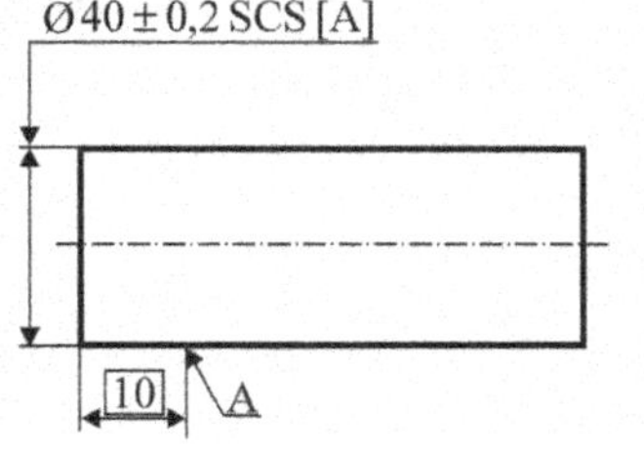

b) Modifikationssymbol SCS weggelassen

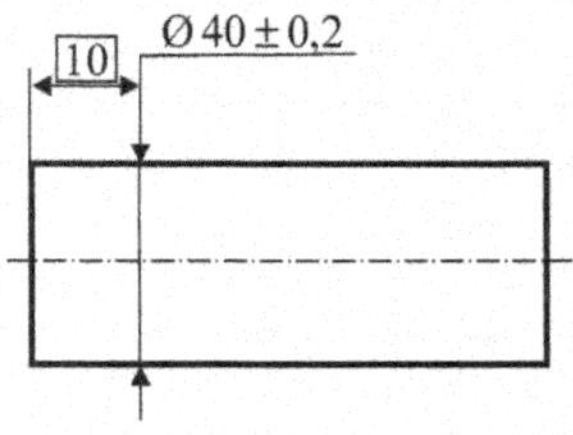

Bild 10.41: Anforderung für einen bestimmten Querschnitt eines Maßelements

Im *Bild 10.42* sind zwei Fälle für eine getrennte und eine gemeinsame Toleranz eines zylindrischen Maßelements gegeben. Soll eine Anforderung für mehrere Maßelemente gelten, so ist der Maßangabe das Modifikationssymbol (Zahl x) vorzustellen. Wenn sich hingegen die Anforderung auf mehrere Maßelemente beziehen soll und dies als ein Maßelement anzusehen ist, so ist folgende Spezifikation Zahl x ... CT (gemeinsame Toleranz) anzugeben. Im dargestellten Fall beziehen sich die Angaben auf den kleinsten umschriebenen Hülldurchmesser am Höchstmaß (GN) und für das Mindestmaß (SN) gilt das Zweipunktmaß.

a) Gleiche Anforderungen für zwei, jeweils für sich ausgewertete, getrennte Maßelemente

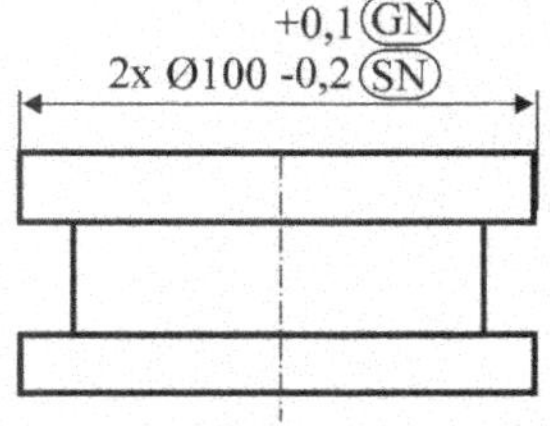

b) Gemeinsame Toleranz für zwei getrennte Maßelemente

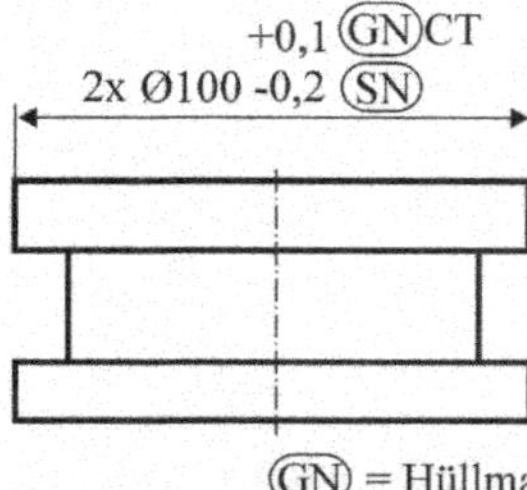

Bild 10.42: Gleiche oder gemeinsame Anforderung für zwei getrennte Maßelemente

Zuvor ist angedeutet worden, dass die dimensionelle Tolerierung teils neben der geometrischen Tolerierung steht und viele Sachverhalte auch durch die Anwendung der ISO 1101-Symbolik ausgedrückt werden können. Das folgende Beispiel, in dem Fluchten von zwei zylindrischen Geometrieelementen verlangt wird, mag hierfür herangezogen werden.

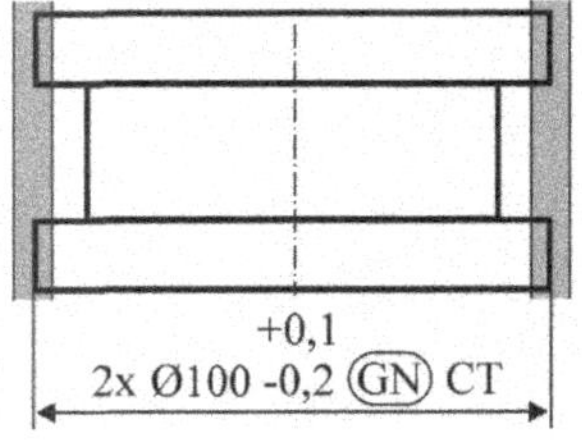

b) geometrisch toleriert

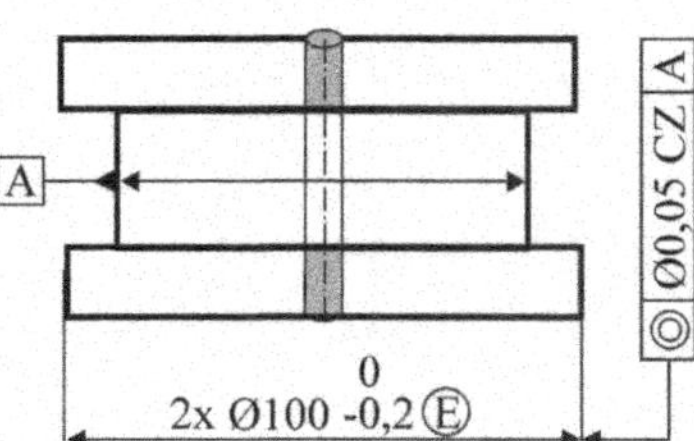

Bild 10.43: Alternative Tolerierung für Formteil

Im Fall a) wird Fluchten der beiden äußeren Zylinder durch die Angabe von „CT" (gemeinsame Maß-Toleranzzone) verlangt. Im Fall b) wird durch die Angabe der Koaxialität mit „CZ" (kombinierte Geometrie-Toleranzzone) zusätzlich der Versatz eingeschränkt.

In Ergänzung zur ISO 10579 können, wie im folgenden *Bild 10.44* dargestellt, auch nicht formstabile Teile (Kunststoffteile, Gummiteile, sehr dünne Bleche, etc.) mit der dimensionellen Tolerierung verknüpft werden. Dies sind Teile, die sich in einer Messvorrichtung anders verhalten als im eingebauten Zustand. Der eingebaute Zustand ist durch die Einspannbedingung zu charakterisieren.

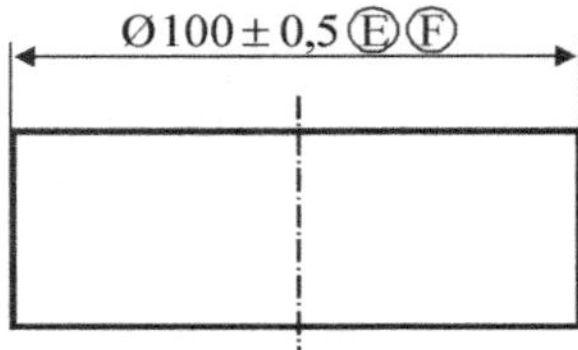

Bild 10.44: Hüllbedingung für nicht formstabile Teile nach ISO 10579

Der dargestellte Fall bezieht sich auf die Tolerierung des so genannten „zwangsfreien" Zustands Ⓕ (d. h. nicht eingespannt unter Schwerkraft) und verlangt hierfür die Einhaltung der Hüllbedingung (Höchstmaß muss an allen Stellen und Schnitten über die Länge eingehalten werden, wobei die Anzahl der Schnitte zu vereinbaren ist).

Neuerdings dürfen nach der ISO 14405-2 auch Radien und Kanten an Funktionsgeometrien nicht mehr mit tolerierten Maßen angegeben werden. Hier dürfen nur noch Linienform- oder Flächenformtoleranzen vergeben werden. Ein Beispiel hierfür zeigt *Bild 10.46 und Bild 10.47.*

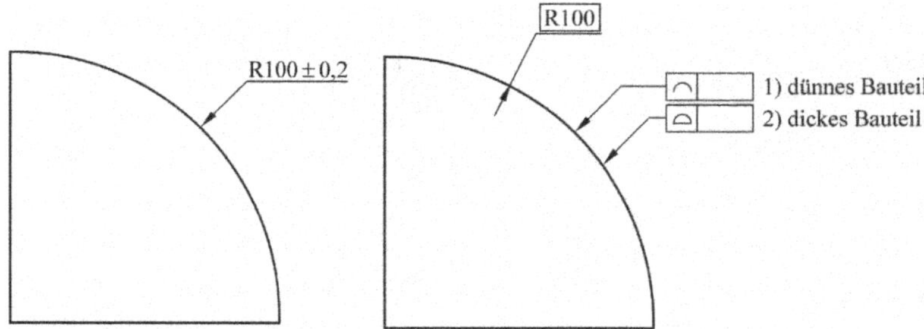

Bild 10.46: Alte und neu normgerechte Bemaßung eines Kreissegments

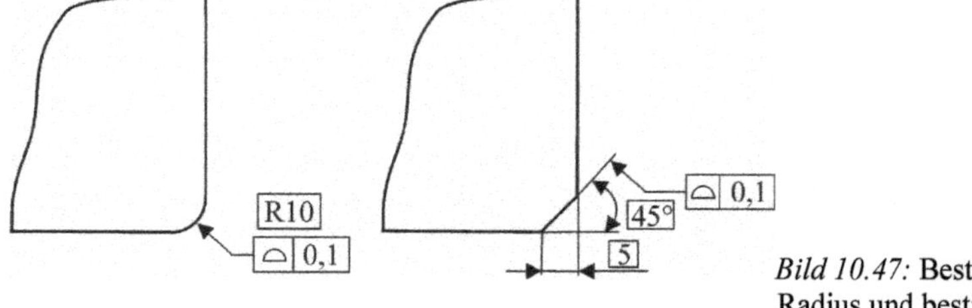

Bild 10.47: Bestimmter Radius und bestimmte Kante

11 Toleranzverknüpfung durch Maßketten

11.1 Entstehung von Maßketten

In den meisten Fällen stehen Toleranzen nicht für sich allein, sondern sie hängen in Form von Maßketten /SCH 95/ zusammen. Dabei gibt zwei es grundsätzliche Möglichkeiten zur Entstehung von Maßketten /SCH 98/:

1. Zusammenfügen von Bauteilen zu einer Montagebaugruppe

Hier sind Maßketten unvermeidlich, da in jedem Fall die geometrischen Eigenschaften der einzelnen Bauteile miteinander verknüpft sind und ein Funktionsmaß bilden.

2. Verknüpfung mehrerer geometrischer Eigenschaften am Einzelteil

Auch an Bauteilen sind oft mehrere geometrische Eigenschaften miteinander verknüpft. In diesem Fall sind die Auswirkungen auf die Grenzgestalt bzw. deren Montagewirksamkeit meist sehr unübersichtlich.

In der Anwendung bedarf die Maßkettenrechnung der nachfolgend dargestellten strengen Systematik /SCH 93/, um Fehler auszuschließen.

11.2 Bedeutung des Schließmaßes und der Schließtoleranz

Alle Einzelmaße M_i zusammengefügter Bauteile, die sich in eine Richtung erstrecken, bilden eine additive Maßkette. In dieser Richtung verbindet das Schließmaß M_0 Anfang und Ende der Maßkette. Dieses Schließmaß hat stets eine Toleranz. Sie wird als arithmetische Schließtoleranz T_A bzw. statistische Schließtoleranz T_S bezeichnet. Diese Toleranz errechnet sich aus den beteiligten Einzeltoleranzen T_i und kann nur durch Variationen an den M_i s verändert werden.

Merke: Schließmaß und Schließtoleranz einer Baugruppe

Definition des Schließmaßes:
Bei einer Baugruppe ist das ***Schließmaß*** M_0 stets das Maß, das sich beim Zusammenfügen ergibt. Dies ist z. B. ein funktionelles Spiel oder die Gesamtlänge über mehrere Bauteile.

Bestimmung der Schließtoleranz:
Die Toleranz des Schließmaßes kann ermittelt werden

- aus einer **arithmetischen** Addition aller tolerierten Toleranzen

oder

- statistisch unter Berücksichtigung des **Abweichungsfortpflanzungsgesetzes** von Gauß /VDE 73/ durch Addition der Varianzen.

11.2.1 Vorgehen bei der Untersuchung von Toleranzketten

In der Praxis unterscheidet man zwei Notwendigkeiten zur Toleranzkettenbehandlung /SCH 92/ bzw. der Bestimmung der Schließmaßtoleranz. Diese sind:

1. Die Toleranzanalyse

   Man berechnet aus den gegebenen Einzeltoleranzen die Schließmaßtoleranz. Dieses Verfahren wird bei der Untersuchung von angegebenen Toleranzen der Bauteile eingesetzt. Es dient zudem als Hilfsmittel für Toleranzrechnungen.

oder

2. Die Toleranzsynthese

   Zur Sicherung der Funktionsfähigkeit gibt man eine Schließmaßtoleranz vor. Diese wird dann auf die Einzeltoleranzen der Bauteile aufgeteilt. Dieses Verfahren wird bei der konstruktiven Ableitung eines Bauteils bzw. einer Baugruppe angewandt.

Es gibt in der Produktentwicklung vielfältige Ansatzpunkte, diese Prinzipien simulativ anzuwenden.

11.3 Berechnung von Toleranzketten

11.3.1 Worst Case

Gewöhnlich wird bei der Überprüfung von Maßketten das so genannte *Mini-Max-Prinzip* (oder engl.: *worst case* = ungünstigster Fall) angewandt. Hierbei wird angenommen, dass einmal Maximalmaße und einmal alle Minimalmaße aufeinandertreffen, und zwar alle mit direkter Auswirkung auf das Schließmaß. Hiermit werden dann Montierbarkeitsüberprüfungen – hinsichtlich Spiel oder Übermaß – durchgeführt. Der Toleranzberechnung liegt somit eine Addition bzw. Subtraktion der Extremtoleranzen zu Grunde, weshalb hier vereinfacht von der arithmetischen Maß- oder Toleranzkettenberechnung /BOH 98/ gesprochen wird.

Die Erfahrung zeigt, dass dieser Fall praktisch so gut wie nie vorkommt und daher mit diesem Verfahren meist zu enge Toleranzen festgelegt werden, weshalb realer mit einer *statistischen* Maß- oder Toleranzkettenberechnung gearbeitet werden sollte. Das statistische Prinzip wird nachfolgend noch dargestellt, weil dies ein wirksamer Ansatzpunkt ist, um Bauteile zu entfeinern und Herstellkosten zu senken.

Einführend in die Maßkettentheorie /NUS 98/ soll zunächst der geläufige arithmetische Ansatz der Toleranzaddition vorgestellt werden. Gegeben ist dazu die Situation einer Vorgelegewelle in einem Hybridfahrzeug, welche nur temporäre Wandlungsaufgaben übernimmt.

11.3.2 Arithmetische Berechnung

Die Berechnung der arithmetischen Schließtoleranz T_A lässt sich sehr transparent an der Einbausituation der Vorgelegestufe zeigen.

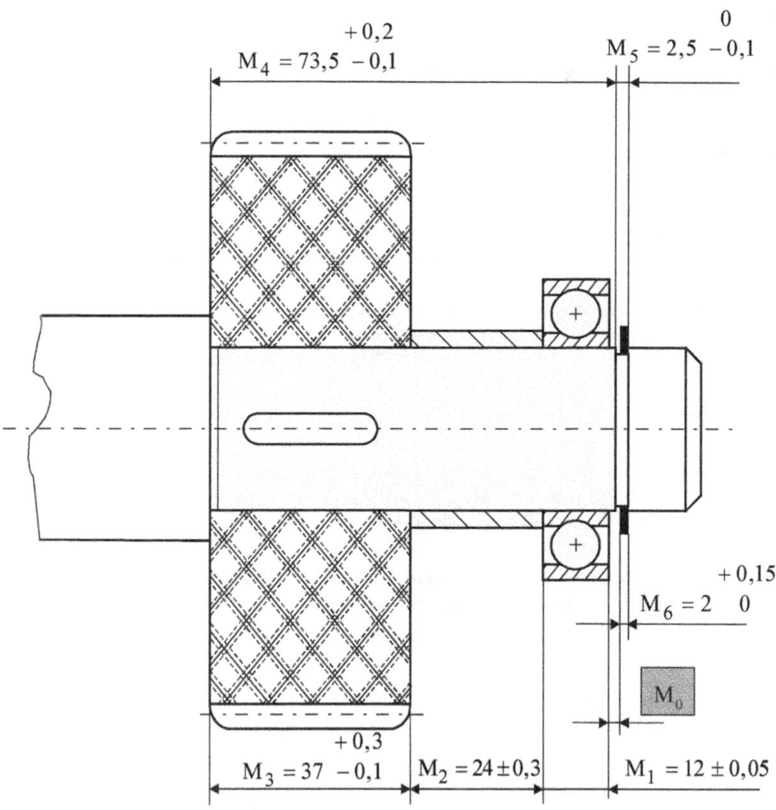

Bild 11.1: Beispiel zur arithmetischen Berechnung von Maßketten (ISO 8015)

Als **Schließmaß M_0** wird hierbei das Spiel zwischen Lager und Sicherungsring definiert. Um die Montage zu gewährleisten, muss in diesem Fall gelten:

$$M_0 \geq 0.$$

Ist $M_0 < 0$, kann der Aufbau so nicht montiert werden, was in einer Serienfertigung dann Nacharbeit oder sogar Ausschuss bedeutet. Daher sollte bei Serienprodukten immer eine abgestimmte Maßkettenbetrachtung /MEE 92/ durchgeführt werden.

11.3.3 Vorgehensweise

1. Zählrichtung für die Einzelmaße festlegen.

Die Festlegung erfolgt entsprechend ihrer Auswirkung auf das Schließmaß M_0.

2. Maßplan

Zur Erstellung des Maßplanes zeichnet man die Einzelmaße als aneinanderhängende Pfeile (Vektoren).

- Man beginnt an der Nulllinie und trägt dann fallweise nach Plus oder Minus ab.
- Man zeichnet nur Maße, deren Vektoren parallel zum Vektor des Schließmaßes liegen, sonst muss man die Maße in Komponenten parallel und orthogonal zum Schließmaß zerlegen; berücksichtigt werden nur die parallelen Anteile (siehe Kapitel 11.3.5).
- Um die Zeichnung übersichtlicher zu gestalten, kann man die Pfeile auch horizontal versetzt eintragen.

Merke: Bestimmung des Vorzeichens von Maßvektoren im Maßplan

Maße, bei denen eine **Vergrößerung der Maßabweichung** eine **Vergrößerung des Schließmaßes** bewirkt, werden als **positiv** angenommen. Die Vektoren dieser Maße zeigen im Maßplan **in die positive Zählrichtung**.

Maße, bei denen eine **Vergrößerung der Maßabweichung** eine **Verkleinerung des Schließmaßes** bewirkt, **werden** als **negativ** angenommen. Die Vektoren dieser Maße zeigen im Maßplan **in die negative Zählrichtung**.

Beispiel: Systematische Aufstellung einer Maßkette

Bild 11.2 zeigt die Eintragung der Nennmaßvektoren und der Zählrichtung im Maßplan gemäß DIN EN ISO 286-1.

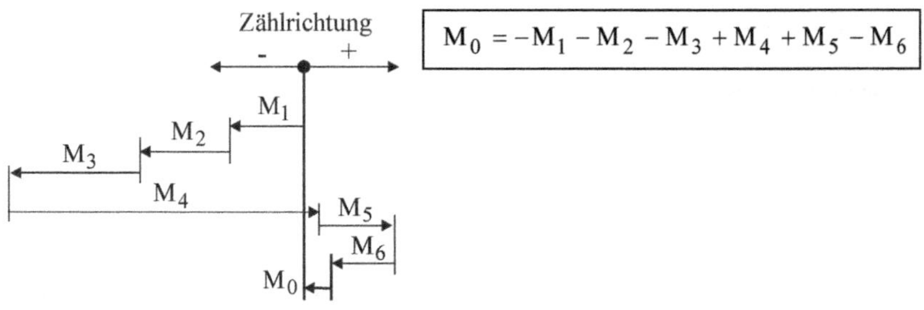

Bild 11.2: Maßplan der Zahnrad-Einbausituation

3. Tabelle der benötigten Maße erstellen

Es ist zweckmäßig, alle benötigten Maße tabellarisch zu erfassen. In der folgenden *Tabelle 11.1* ist dies ausgeführt worden. Es werden die *vorzeichenbehafteten* Maße M_i angegeben sowie die entsprechenden Größt- und Kleinstmaße. Auch die Größe der Toleranzfelder sollte bestimmt werden.

Beispiel:

Maßrichtung	Nennmaße	Bezeichnung	Nennmaß N_i/[mm]	Größtmaß G_{oi}/[mm]	Kleinstmaß G_{ui}/[mm]	Toleranz T_i/[mm]
$-M_1$	N_1	Lagerbreite	12,0	12,05	11,95	0,10
$-M_2$	N_2	Hülsenbreite	24,0	24,30	23,70	0,60
$-M_3$	N_3	Zahnradbreite	37,0	37,30	36,90	0,40
$+M_4$	N_4	Wellenabsatz	73,5	73,70	73,40	0,30
$+M_5$	N_5	Nutbreite	2,5	2,50	2,40	0,10
$-M_6$	N_6	Sicherungsring	2,0	2,15	2,00	0,15

Tabelle 11.1: Maße für arithmetische Toleranzberechnung

4. Nennschließmaß N_0

Das Nennschließmaß N_0 berechnet sich aus den Nennmaßen nachfolgender Gleichung:

$$N_0 = \sum N_{i+} - \sum N_{i-} \tag{11.1}$$

Beispiel:

Bei diesem Beispiel besteht die Kette aus den Maßen N_1 bis N_6.

Das Nennschließmaß berechnet man durch Einsetzen der Nennmaße in die vorstehend ermittelte Schließmaßgleichung:

$$N_0 = N_4 + N_5 - N_1 - N_2 - N_3 - N_6$$
$$= 73{,}5 + 2{,}5 - 12{,}0 - 24{,}0 - 37{,}0 - 2{,}0 = \mathbf{1{,}0}$$

Das Nennmaß schließt die Nennmaßkette und kann sowohl positiv als auch negativ sein.

5. Höchstschließmaß P_O

Das Höchstschließmaß P_O wird folgendermaßen berechnet:
„P_O ist die Summe der positiven Maße an der oberen Grenze minus der Summe der negativen Maße an der unteren Grenze“:

$$P_O = \sum G_{oi+} - \sum G_{ui-} \tag{11.2}$$

Man setzt somit ein

- für **positiv** gerichtete Maße das **Höchstmaß**

und

- für **negativ** gerichtete Maße das **Mindestmaß**.

Beispiel:

Die Maße $\mathbf{N_4}$ und $\mathbf{N_5}$ sind positiv gerichtet. Für diese Maße werden die Höchstmaße $\mathbf{G_{o4}}$ und $\mathbf{G_{o5}}$ berücksichtigt.

Die Maße $\mathbf{N_1}$, $\mathbf{N_2}$, $\mathbf{N_3}$ und $\mathbf{N_6}$ sind negativ gerichtet. Für diese Maße gehen die Kleinstmaße $\mathbf{G_{ui}}$ in die Berechnung ein.

Mit den so ermittelten Höchst- und Mindestmaßen berechnet man P_O durch Einsetzen der Werte in Gl. 11.2.

$$\begin{aligned} P_O &= G_{o4} + G_{o5} - G_{u1} - G_{u2} - G_{u3} - G_{u6} \\ &= 73{,}7 + 2{,}50 - 11{,}95 - 23{,}70 - 36{,}90 - 2{,}00 = \mathbf{1{,}65\ mm} \end{aligned}$$

6. Mindestschließmaß P_U

Das Mindestschließmaß P_U berechnet sich folgendermaßen:
„P_U ist die Summe der positiven Maße an der unteren Grenze minus der Summe der negativen Maße an der oberen Grenze“.

$$P_U = \sum G_{ui+} - \sum G_{oi-} \tag{11.3}$$

Man setzt somit ein:

- für **positiv** gerichtete Maße das **Mindestmaß**

und

- für **negativ** gerichtete Maße das **Höchstmaß**.

Beispiel:

$$P_U = G_{u4} + G_{u5} - G_{o1} - G_{o2} - G_{o3} - G_{o6}$$
$$= 73{,}40 + 2{,}40 - 12{,}05 - 24{,}30 - 37{,}30 - 2{,}15 = \mathbf{0{,}00\ mm}$$

7. Schließmaß mit Toleranz aus den Schritten 4.) bis 6.) zusammenstellen

Dazu muss man die Abmaße T_{a1} und T_{a2} berechnen. Diese werden durch folgende Gleichungen bestimmt.

- Oberes Abmaß T_{a1}:

$$T_{a1} = P_O - N_0 \tag{11.4}$$

Unteres Abmaß T_{a2}:

$$T_{a2} = P_U - N_0 \tag{11.5}$$

Das Schließmaß wird dann in der folgenden Form dargestellt:

$$\boxed{M_0 = N_0\,{}^{T_{a1}}_{T_{a2}}} \tag{11.6}$$

Beispiel:

$$T_{a1} = 1{,}65 - 1{,}00 = \mathbf{+0{,}65}$$
$$T_{a2} = 0{,}00 - 1{,}00 = \mathbf{-\,1{,}00}$$

Daraus folgt:

$$M_0 = 1{,}0\,{}^{+0{,}65}_{-1{,}0}$$

In diesem Fall ist das Bauteil im Grenzfall noch funktionsfähig, wenn das Schließmaß nicht negativ wird und daher genügend Spiel zur Montage vorhanden ist.

8. Kontrolle

Die Summe der einzelnen Toleranzfelder des Schließmaßes muss gleich der Gesamttoleranz

$$T_A = P_O - P_U \tag{11.7}$$

sein.

Beispiel:

$$\mathbf{T_A} = 1{,}65\ \text{mm} - 0{,}0\ \text{mm} = \mathbf{1{,}65\ mm}$$

Die arithmetische Toleranzsumme T_A berechnet sich aus

$$T_A = \sum T_i \tag{11.8}$$

Beispiel:

$$\begin{aligned} \mathbf{T_A} &= T_1 + T_2 + T_3 + T_4 + T_5 + T_6 \\ &= 0{,}1 + 0{,}6 + 0{,}4 + 0{,}3 + 0{,}1 + 0{,}15 = \mathbf{1{,}65\ mm}. \end{aligned}$$

Obwohl diese Kontrollrechnung trivial erscheint, gibt es in der Praxis doch immer wieder Situationen, wo infolge einer falschen Maßkettenrechnung Montagen erschwert werden oder sogar unmöglich sind.

11.3.4 Bestimmung der Extremwerte von Kreisquerschnitten

Das umseitige Beispiel in *Bild 11.1* zeigt, dass zur Berechnung der Maßketten die Extremwerte der Maße benötigt werden. Bei der Bestimmung dieser Extremwerte ist für kreisförmige Querschnitte bei Passungen entweder eine Hülle oder ein wirksamer Zustand zu beachten.

Zur Einhaltung der Paarungsfunktionalität von Wellen/Bohrungssystemen muss die folgende Leitregel berücksichtigt werden.

Merke: Grenzwerte in Maßketten bei Passfunktionalität

Kreiszylinder und Parallelebenenpaare haben an der Maximum-Material-Grenze MMS bei Gültigkeit der *Hüllbedingung* die ideale Gestalt.

An der Minimum-Material-Grenze LMS dürfen Formabweichungen auftreten, welche die volle Maßtoleranz erreichen.

Ungünstiger sind die Verhältnisse beim Unabhängigkeitsprinzip, da hier bei allen Materialzuständen noch Formtoleranzen berücksichtigt werden müssen.

Das folgende Beispiel aus einem mechatronischen E-Motorantrieb für eine Ventilsteuerung zeigt die Bedeutung dieser Regel exemplarisch für die Bestimmung der Maßtoleranz des Radius einer Welle, die in einem halb offenen Stützgleitlager rotieren soll. Die Höchst- und Mindestmaße ergeben sich dabei durch die reale Kontur tangierenden Kreise.

Höchstmaß r_{max} und Mindestmaß r_{min}
für den halben Zapfendurchmesser

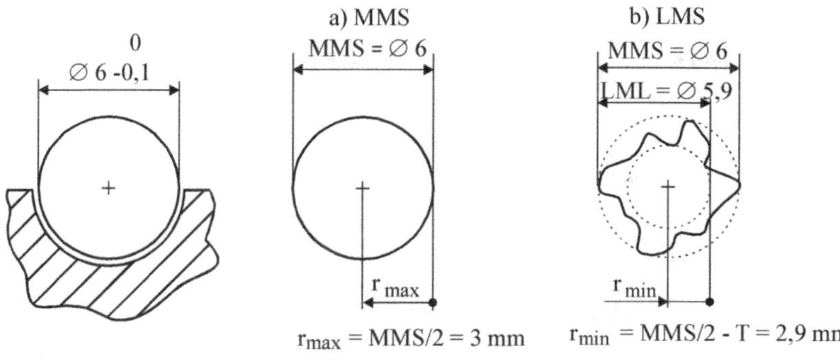

Bild 11.3: Bestimmung der maximalen Maße des Radius einer Welle bei Gültigkeit der Hüllbedingung (nach alter DIN 7167)

Im *Bild 11.3* sieht man einen Querschnitt einer Welle mit ∅ 6 mm. Das Höchstmaß für den Radius ist r = d/2 = 3 mm, wenn die Form der Welle am Maximum-Material-Limit MMS ist. Hat der Durchmesser der Welle die Toleranz -0,1 mm, ist das Kleinstmaß für den Durchmesser G_u = 5,9 mm.

Da die Hüllbedingung gilt, kann das Element Formabweichungen im Bereich von 0,1 mm haben. Ist die Welle nun z. B. gleichdickförmig, kann der Radius die volle Toleranzabweichung von 0,1 mm aufweisen.

Die Toleranz des Radius muss deshalb bei geltender Hüllbedingung ***nicht*** halb so groß sein wie die des Durchmessers.

11.3.5 Maßkette mit „ebenen" Maßen

Eine Maßkettenbetrachtung ist immer dann einfach, wenn alle Maße in eine Richtung als lineare Kette ausgerichtet sind. Ist dies nicht der Fall, so sollten die Maße in eine Vorzugsrichtung der Zeichnungsebene geklappt werden.

Ein fiktives Beispiel hierfür ist die Führung in einer Webmaschine nach *Bild 11.4*. Der Zapfen läuft in einer Nut, während die Schräge als seitliche Führung dient. Im Hohlraum verläuft taktweise die Fadenführung.

In diesem Fall muss die parallel zum Schließmaß M_0 liegende Komponente des Maßes **a** bestimmt werden. Wird dieses Maß zu klein, kann das Bauteil klemmen und somit die Fadenführung behindern. die Funktion der Steuerung ist dann nicht mehr gegeben.

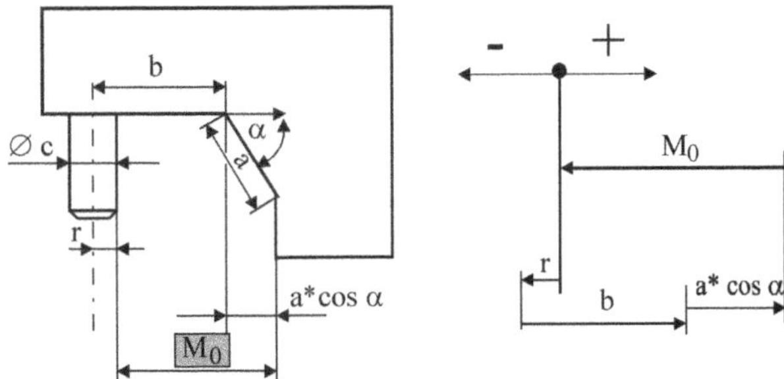

Bild 11.4: Nicht in Schließmaßrichtung liegendes Einzelmaß

Das heißt, für die angestrebte Funktionsanalyse müssen Maße in einer Ebene bzw. in die Richtung des Schließmaßes projiziert werden.

Für die Führungskante bedeutet dies, dass die Komponente

$$a_{\text{parallel}} = a \cdot \cos\alpha$$

wirksam ist.

Die Maßkette ergibt sich somit zu

$$M_0 = b - r + a \cdot \cos\alpha \qquad (11.9)$$

Sollte der Winkel α ebenfalls mit Maßabweichungen behaftet sein, dann müssen diese in der Maßkette ebenfalls berücksichtigt werden. Es kann dann entsprechend ein weiteres Glied in die Maßkette eingefügt werden.

11.4 Form- und Lagetoleranzen in Maßketten

In Maßketten können zusätzlich zu Maßtoleranzen auch Form- und Lagetoleranzen auftreten. Sie gehen wie die Maßtoleranzen als eigenständige Glieder in die Maßkette /BEC 84/ ein. Allerdings treten bei der Betrachtung von Form- und Lagetoleranzen die folgenden Probleme auf:

- Ihre extreme Auswirkung auf das Schließmaß ist oft schwer zu erkennen. Die Grenzzustände sind unter Berücksichtigung des Tolerierungsprinzips zu bestimmen.

- Da F+L-Toleranzen ohne zugehöriges Nennmaß auftreten, muss ein „Nullmaß" in die Toleranzkette eingefügt werden. Die Grenzabweichungen dieses Nullmaßes müssen gemäß der wirksamen Toleranzzone ermittelt werden.

Als Beispiel zur Berechnung einer Maßkette mit Lagetoleranzen dient hier noch einmal die Baugruppe aus dem vorausgegangenen *Bild 11.1*, jedoch jetzt mit einer Parallelitäts- und einer Rechtwinkligkeitstoleranz am Zahnrad. Da hier nur die prinzipielle Behandlung von

F+L-Toleranzen gezeigt werden soll, wird die „kleine“ Rechtwinkligkeitstoleranz vernachlässigt, obwohl diese das Rad schief stellen kann.

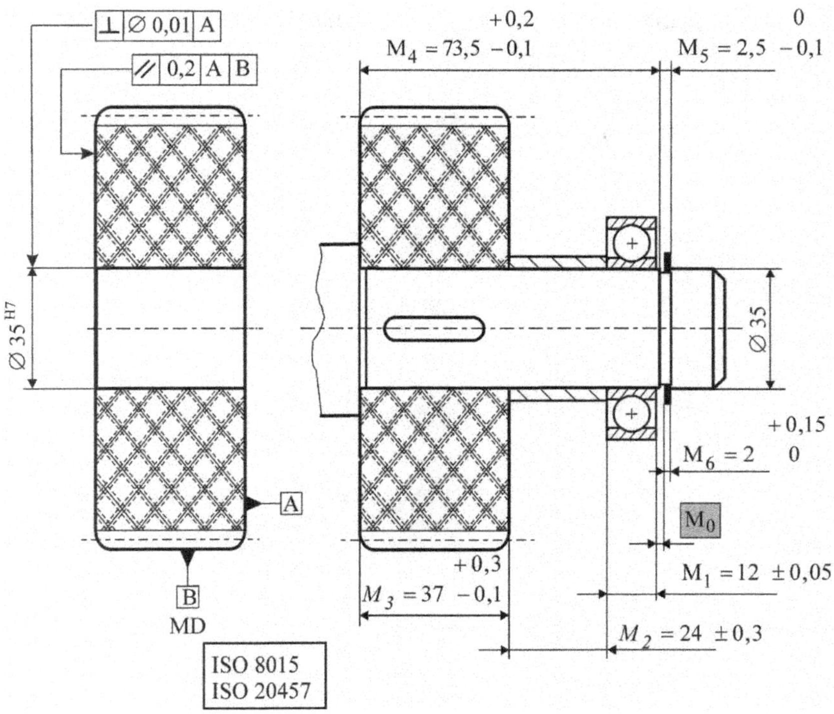

Bild 11.5: Maß- sowie Form- und Lagebeziehungen in einer Maßkette

In der sich aus den Verhältnissen im *Bild 11.5* ergebenden Maßkette muss die Parallelitätstoleranz „richtungstreu“ als eigenständiges Maß eingehen. Die zugelassene Formtoleranz von t_P soll mit den Bezügen bewirken, dass das Zahnrad möglichst senkrecht und eben an die Wellenschulter anliegt.

Zur Analyse des Schließmaßes sollen jetzt die unter Kapitel 11.3.3 aufgeführten Schritte angewandt werden.

1. Zählrichtungen festlegen

2. Maßkettenbeziehung herstellen

Alle Maße - auch die F+L-Toleranzen - gilt es als unabhängige Einzelmaße in ihrer Wirkrichtung zu erfassen.

Beispiel:

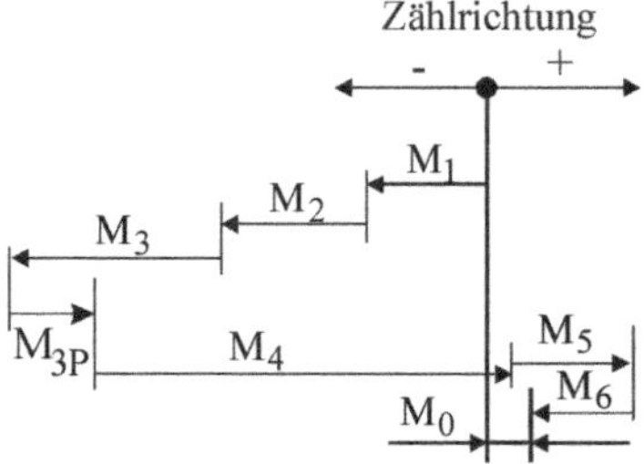

In *Bild 11.6* ist die Parallelitätstoleranz als Maß M_{3P} eingetragen. Da eine Vergrößerung der Parallelitätsabweichung eine Vergrößerung des Schließmaßes bewirkt, ist die Richtung positiv und somit der Zahnradbreite entgegenwirkend.

Bild 11.6: Maßplan für Maßkette mit einer Lagetoleranz

3. Maßwirkungen und tabellarische Zusammenstellung

Das wesentliche Funktionselement in der Maßkette ist das Zahnrad, weshalb seinen Maß- und Geometrieabweichungen besondere Aufmerksamkeit zuzuwenden ist. Zunächst ist das Zahnrad über zwei Bezüge (A = Stirnseite und B/MD = Verzahnungsaußendurchmesser) auszurichten. Die linke Stirnseite soll innerhalb von $t_P = 0{,}2$ mm parallel verlaufen.

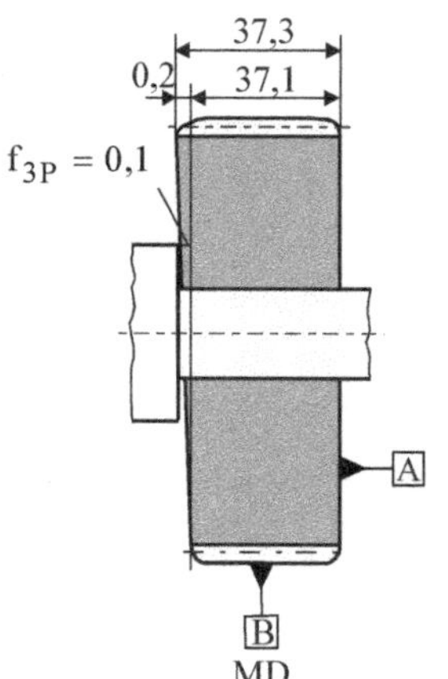

Nach dem Unabhängigkeitsprinzip darf das Werkstück seinen Maximum-Material-Zustand (MMS) einnehmen und zusätzlich seine Lagetoleranz voll ausnutzen. Gleichzeitig muss aber die Bedingung für das Einhalten jeder Maßgröße berücksichtigt werden. Das heißt, das Zahnradmaß darf maximal $M_3 = 37{,}3$ werden, dann kann die Parallelitätstoleranz nur nach „innen“ fallen, entsprechend an der unteren Maßgrenze nach außen.

Im *Bild 11.7* ist der sich somit einstellende ungünstigste Zustand dargestellt. Entsprechend muss die Parallelitätstoleranz als eigenständiges Maß eingeführt werden zu

$$M_{3P} = 0\,^{+0{,}2}_{-0} \,.$$

Damit können die Extremfälle gebildet werden.

Bild 11.7: Auswirkung der Formabweichung nach ISO 8015

Entsprechend ergibt sich für das Größtmaß

$$G_{o3p} = +0{,}2 \text{ mm}$$

und für das Kleinstmaß

$G_{u3p} = 0$ mm.

Die Maße M_1 bis M_6 werden aus *Tabelle 11.1* übernommen und um die Parallelitätsabweichung ergänzt.

Richtung	Maß	Bezeichnung	Nennmaß N_i/[mm]	Größtmaß G_{oi}/[mm]	Kleinstmaß G_{ui}/[mm]	Toleranz T_i/[mm]
$-M_1$	N_1	Lagerbreite	12,0	12,05	11,95	0,10
$-M_2$	N_2	Hülsenbreite	24,0	24,30	23,70	0,60
$-M_3$	N_3	Zahnradbreite	37,0	37,30	36,90	0,40
$+M_{3p}$	N_{3p}	**Parallelitäts-toleranz**	**0**	**0,2**	**0**	**0,2**
$+M_4$	N_4	Wellenabsatz	73,5	73,70	73,40	0,30
$+M_5$	N_5	Nutbreite	2,5	2,50	2,40	0,10
$-M_6$	N_6	Sicherungsring	2,0	2,15	2,00	0,15

Tabelle 11.2: Maße der Getriebeeinbau-Situation

4. Schließmaßgleichung

Die Maßkette ist unter Berücksichtigung aller Maße, einschließlich der F+L-Toleranzen, aufzustellen. Im vorliegenden Fall führt eine Vergrößerung der Parallelitätsabweichung auch zu einer Vergrößerung des Schließmaßes, weshalb M_{3p} als positives Maß zu berücksichtigen ist. Als Schließmaß ergibt sich somit:

$$M_0 = +\mathbf{M_{3p}} + M_4 + M_5 - M_1 - M_2 - M_3 - M_6 .$$

5. Nennschließmaß

Das Nennschließmaß ermittelt man analog mit den zugehörigen Vorzeichen:

$$N_0 = +\mathbf{N_{3p}} + N_4 + N_5 - N_1 - N_2 - N_3 - N_6$$
$$= +\mathbf{0{,}0} + 73{,}5 + 2{,}5 - 12{,}0 - 24{,}0 - 37{,}0 - 2{,}0 = 1{,}0 \text{ mm.}$$

Aus dem Nennmaß lassen sich jedoch keine Rückschlüsse auf die Montierbarkeit ziehen.

6. Höchstschließmaß

Gemäß der Konvention der Höchstschließmaßbildung findet sich

$$P_O = + \mathbf{G}_{o3p} + G_{o4} + G_{o5} - G_{u1} - G_{u2} - G_{u3} - G_{u6}$$
$$= + \mathbf{0,1} + 73,70 + 2,5 - 11,95 - 23,70 - 36,90 - 2,00 = 1,75 \text{ mm.}$$

Gegenüber der arithmetischen Betrachtung erweitert die Parallelitätstoleranz das Schließmaß.

7. Mindestschließmaß

Folgerichtig ist die Konvention für die Mindestschließmaßbildung anzuwenden. Hiernach ergibt sich

$$P_U = + \mathbf{G}_{u3p} + G_{u4} + G_{u5} - G_{o1} - G_{o2} - G_{o3} - G_{o6}$$
$$= \mathbf{0,0} + 73,40 + 2,40 - 12,05 - 24,3 - 37,30 - 2,15 = 0,0 \text{ mm.}$$

Die Parallelitätsabweichung hat insofern keine Auswirkung.

8. Schließmaß mit Toleranz

Die obere Toleranzgrenze bestimmt sich zu: $T_{a1} = 1,75 - 1,0 = + 0,75$ mm,

die untere Toleranzgrenze bestimmt sich zu: $T_{a2} = 0,0 - 1,0 = - 1,0$ mm.

Daraus folgt für das tolerierte Schließmaß

$$M_0 = 1,0 \begin{smallmatrix} +0,75 \\ -1,0 \end{smallmatrix} .$$

Festzustellen ist somit, dass im vorliegenden Fall die Montierbarkeit durch die Parallelitätsabweichung gegeben ist. Eine größere Rechtwinkligkeitsabweichung (als die eingetragene) würde sich allerdings negativ auswirken. Somit ist eine abschließende Beurteilung erst bei Erfassung beider Toleranzen möglich.

11.5 Statistische Tolerierung

11.5.1 Erweiterter Ansatz

Bei der arithmetischen Tolerierung berechnet man die Schließtoleranz T_A einer Maßkette aus den extremen Abmaßen der Elemente der Maßkette. Diese müsste somit dann auftreten, wenn zufällig einmal alle Max-Teile und einmal alle Min-Teile aufeinandertreffen. Deshalb ist es höchst unwahrscheinlich, dass diese Schließtoleranz tatsächlich vorkommt.

In der Praxis ist die auftretende *zufallsbestimmte Schließtoleranz* T_W in der Regel deutlich kleiner als T_A. Gibt man eine Schließtoleranz T_A vor und teilt danach die Einzeltoleranzen T_{a_i} arithmetisch auf, dann sind diese Einzeltoleranzen erfahrungsgemäß meist zu eng und somit zu teuer in der Fertigung. Nach einer Untersuchung der Firma Daimler bewirkt eine Einengung von Schließtoleranzen bei Baugruppen um einen gewissen Faktor eine direkte Kostenerhöhung in der Herstellung und Montage um denselben Faktor. Daraus ergeben sich folgende Schlussfolgerungen /KLE 07/:

- Durch die statistische Tolerierung können die Einzeltoleranzen so vergrößert werden, dass die berechnete Schließmaßtoleranz T_S so groß wird wie die wahrscheinlich auftretende Toleranz T_W.

und

- Die Toleranz T_W kann mit einer gewissen Wahrscheinlichkeit bei der Fertigung überschritten werden. Es können also bei der Produktion auch Zusammenbausituationen auftreten, deren tatsächliche Schließmaßtoleranz größer ist als T_W. Daher muss sichergestellt werden, dass eine Toleranzüberschreitung erkannt wird und diese Teile gegebenenfalls aussortiert werden können.

Das statistische Tolerierungsprinzip wirkt somit der allgemeinen Kostenspirale entgegen.

11.5.2 Mathematische Grundlagen

Die statistische Tolerierung ist in der DIN 7186[*)] beschrieben und beruht im Wesentlichen auf den folgenden Grundlagen:

- dem Mittelwertsatz,
- dem Abweichungsfortpflanzungsgesetz,
- dem Zusammenhang zwischen der Standardabweichung und der Toleranz

und

- dem zentralen Grenzwertsatz der Wahrscheinlichkeitsrechnung.

Diese Beziehungen sind für das Verständnis der nachfolgenden Problemdiskussion erforderlich und werden hier noch einmal kurz erläutert. Weitergehende Informationen sind in der DIN ISO 21747 (Statistische Verfahren. Prozessleistungs- und Prozessfähigkeitskenngrößen) zu entnehmen.

Zur Bestimmung der Einhaltungs- oder Überschreitungswahrscheinlichkeit der Toleranz T_W muss man die Verteilung der Maße bei der Fertigung einer Serie von Werkstücken kennen. Man misst daher eine bestimmte Messgröße x (z. B. Wellendurchmesser) von gleichen Werkstücken wiederholt nach und kann dann die Verteilung feststellen. Bei in Großserie hergestellten Teilen wird man gewöhnlich die Gauß'sche Normalverteilung finden. Somit erhält man für eine bestimmte Fertigung den Mittelwert μ_i aus n Messungen:

$$\mu_i = \frac{1}{n} \sum_{i=1}^{n} x_i \tag{11.10}$$

und die Streuung bzw. Standardabweichung

[*)] Anmerkung: Die DIN 7186 ist 1974 bzw. 1980 in zwei Teilen erschienen. Wegen zu vieler Einsprüche aus der Praxis ist die Norm 1985 wieder zurückgezogen worden.

$$\sigma_i = \frac{1}{n-1}\sqrt{\sum_{i=1}^{n}(x_i - \mu_i)^2}\,. \tag{11.11}$$

Das gefertigte Ist-Maß kann insofern als eine Zufallsgröße angesehen werden. Für eine Maßkette aus mehreren Werkstücken, die mit unterschiedlichen Verteilungen gefertigt werden, gilt daher, dass das gesamte Nennschließmaß μ_{ges} (auch Erwartungswert) aus der Summation der m Einzelmittelwerte gebildet wird, /KLE 07/:

$$\mu_{ges} = \sum_{i=1}^{m}\mu_i\,. \tag{11.12}$$

Die gesamte Streuung σ_{ges} ergibt sich entsprechend aus der Summation der Einzelstreuungen:

$$\sigma_{ges} = \sqrt{\sum_{i=1}^{m}\sigma_i^2}\,. \tag{11.13}$$

Dies ist auch der Inhalt des Abweichungsfortpflanzungsgesetzes nach Gauß, welches also aussagt, „dass in linearen Maßketten nicht die Toleranzen, sondern die Varianzen σ_i^2 addiert werden“. Die Schließmaßtoleranz kann somit als Vielfaches der Gesamtstreuung bestimmt werden:

$$T_W \equiv T_S = \pm u \cdot \sigma_{ges}\,. \tag{11.14}$$

Der *zentrale Grenzwertsatz* sagt weiterhin aus:

- Treffen mehr als vier Streuungen σ_i aus unterschiedlichen Verteilungen aufeinander, so ist die Gesamtstreuung σ_{ges} stets normalverteilt. (Dies gilt natürlich auch bei vier gleichartigen Streuungen.)
- Bei einer überwachten Fertigung (z. B. mit SPC) können durch Stichprobenauswertung alle Verteilungsgesetzmäßigkeiten festgestellt werden.

Zur Bestimmung dieser Verteilungsgesetzmäßigkeiten /SCH 98/ geht man folgendermaßen vor:

- Man teilt die Toleranzspanne der Messgröße in gleiche Intervalle ein.
- Darauf bestimmt man die Anzahl der Messwerte pro Intervall. Es werden viele Messwerte in der Mitte der Toleranzspanne liegen und die Anzahl der Messwerte wird zu den Rändern hin abnehmen. Für den Idealfall (infinitesimal kleine Intervalle) kann man über die Anzahl n der Istmaße pro Messwert I eine Verteilungskurve ermitteln.

Das folgende Beispiel (siehe *Bild 11.8*) zeigt die Ermittlung einer Häufigkeitsverteilung einer Stichprobe bei der Fertigung eines Wellenzapfens. Wenn keine automatisierte Messrichtung vorhanden ist, kann dieser Weg immer so gegangen werden.

Wellenzapfen mit Außendurchmesser 22,4 ± 0,1 mm

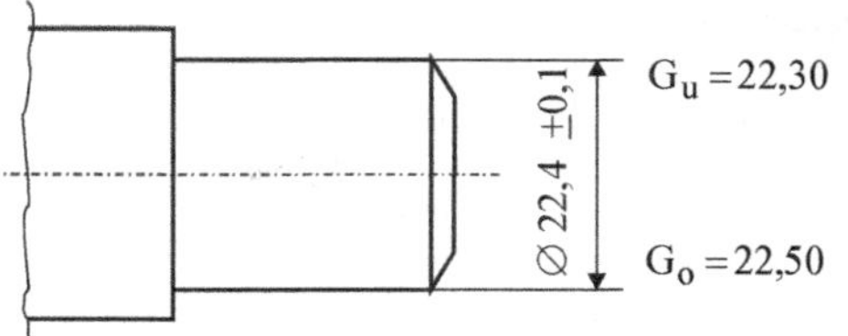

Messwerte (von 50 Wellen)
(Angegeben sind nur die Nachkommastellen)

Nr.	Wert	Nr.	Wert	Nr.	Wert	Nr.	Wert	Nr.	Wert	Nr.	Wert	Nr.	Wert
1	48	9	40	17	32	25	46	33	52	41	37	49	38
2	37	10	35	18	40	26	41	34	41	42	43	50	43
3	38	11	43	19	39	27	38	35	44	43	45		
4	45	12	42	20	41	28	43	36	45	44	41		
5	43	13	51	21	40	29	35	37	42	45	39		
6	41	14	40	22	38	30	42	38	36	46	42		
7	42	15	39	23	41	31	39	39	38	47	44		
8	36	16	43	24	43	32	41	40	40	48	40		

Ergebnis:
angenommen: 48 verworfen: 2 (grau unterlegt)

Strichliste:

	Klassen		Anzahl	%
1	$22{,}30 \leq d < 22{,}32$		0	0
2	$22{,}32 \leq d < 22{,}34$	/	1	2
3	$22{,}34 \leq d < 22{,}36$	//	2	4
4	$22{,}36 \leq d < 22{,}38$	////	4	8
5	$22{,}38 \leq d < 22{,}40$	/////////	9	18
6	$22{,}40 \leq d < 22{,}42$	//////////////	14	28
7	$22{,}42 \leq d < 22{,}44$	///////////	11	22
8	$22{,}44 \leq d < 22{,}46$	/////	5	10
9	$22{,}46 \leq d < 22{,}48$	//	2	4
10	$22{,}48 \leq d < 22{,}50$		0	0

Mittelwert:
$\mu = 22{,}41$ mm

Standardabweichung
$\sigma = 0{,}03$ mm

2 Stück = 4 %
wurden verworfen.

Daraus ergibt sich die folgende Verteilung:

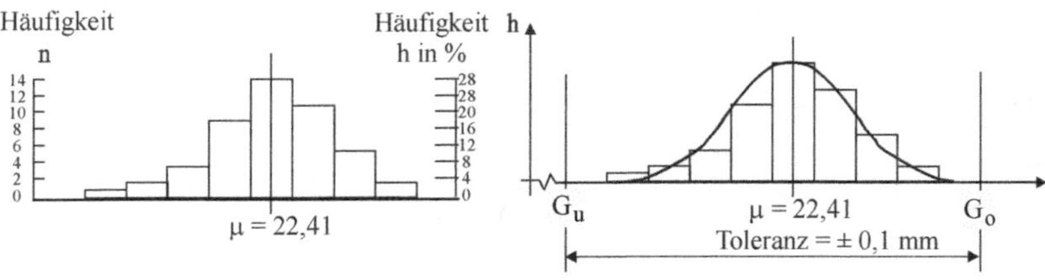

Bild 11.8: Ermittlung der Häufigkeitsverteilung einer Stichprobe

Je nach Art der Fertigung können sich auch andere charakteristische Verteilungen einstellen. Diese zeigt die folgende *Tabelle 11.3.*

- Die zuvor schon gezeigte Gauß'sche Normalverteilung (siehe *Bild 11.8*) wird sich bei jeder Art von Serienfertigung (d. h. bei hinreichend großen Losen) einstellen. Eine Normalverteilung repräsentiert immer den Zufall, sie erfasst also keine systematischen Effekte.

- Bei einer Fertigung mit systematischen Einflussfaktoren (Werkzeugverschleiß, Änderung von Prozessparametern) stellt sich in der Regel eine Rechteckverteilung ein. Die Rechteckverteilung kann auch als Einhüllende mehrerer Normalverteilungen mit wanderndem Mittelwert interpretiert werden.

- Bei einer Kleinserienfertigung (< 50 Teile) tritt meistens eine Dreiecksverteilung auf, da bei kleinen Stückzahlen in der Regel überwacht auf Istmaß produziert wird.

- Die Trapezverteilung stellt sich real nicht ein, d. h., sie ist eine Simulationsverteilung für die Rechteckverteilung mit einer abgeschwächten Randbewertung.

Die gezeigte Toleranzabstimmung ist zwar sehr wirtschaftlich, erfordert aber auch einen größeren Aufwand. Eine ausführliche Darstellung findet man in /KLE 07/. Deshalb soll hier nur gezeigt werden, wie sich die arithmetische Schließtoleranz T_A durch die wahrscheinliche Schließtoleranz eingrenzen lässt.

Zur Eingrenzung dieser Werte muss man die folgenden Größen betrachten:

- Die arithmetische Schließtoleranz T_A ist stets erheblich größer als T_W. Sie beruht auf der ungünstigsten Annahme, dass alle Maße entweder das Grenzmaß G_o oder G_u haben.

- Die quadratische Schließtoleranz T_q basiert ausschließlich auf der Normalverteilung (d. h. alle Maße sind normalverteilt und $C_{pk} = 1{,}0$). Sie ist in der Praxis oft etwas kleiner als die Toleranz T_W. Die Berechnungen mit diesem Wert können also zu unsicher sein.

- Die quadratische Schließtoleranz T_q wird nach DIN 7186 durch folgende Formel berechnet:

  $$T_q = \sqrt{\Sigma T_i^2} \qquad (11.15)$$

  und bestimmt sich aus dem Abweichungsfortpflanzungsgesetz

  $$\frac{T_q}{6} \equiv \frac{T_{ges}}{6} = \sqrt{\frac{T_1^2}{36} + \frac{T_2^2}{36} + \cdots + \frac{T_n^2}{36}} = \frac{1}{6}\sqrt{T_1^2 + T_2^2 + \cdots + T_n^2}\,.$$

Die Rechteck-Schließtoleranz $T_r \equiv T_A$ ist in der Regel ebenfalls größer als T_W und liegt meist in der Größe von T_A.

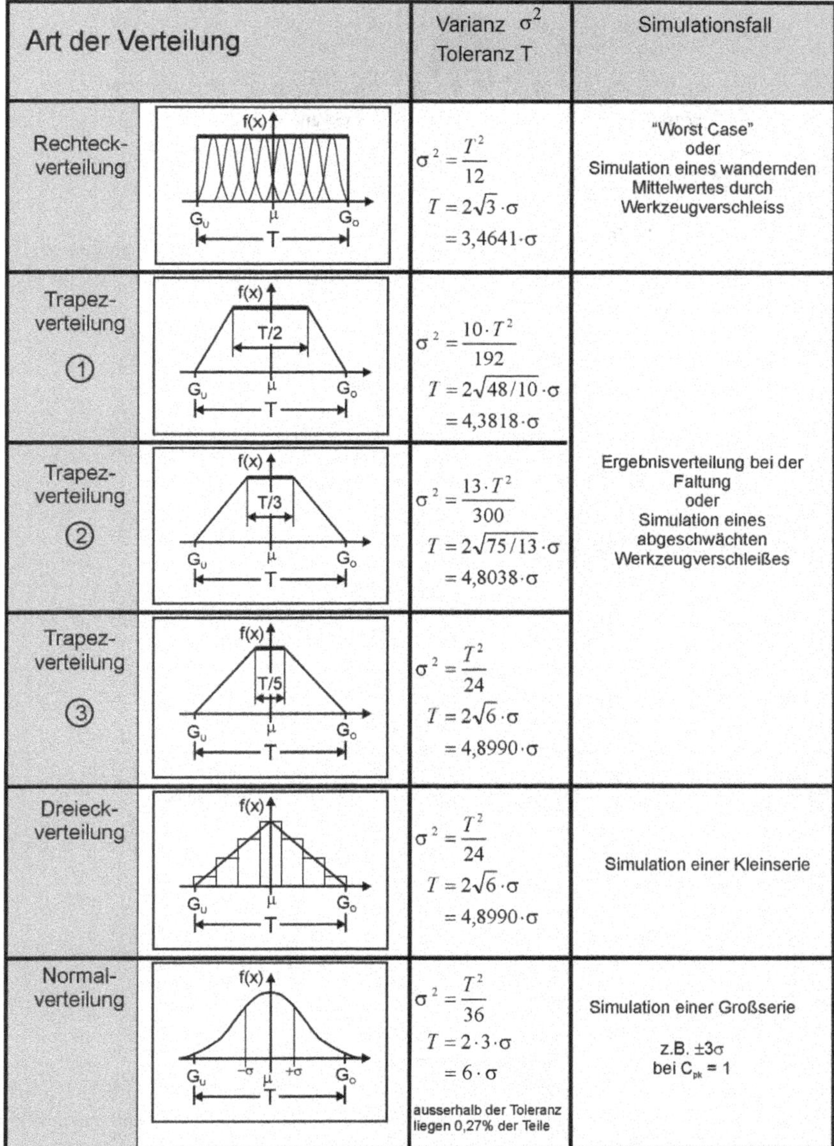

Art der Verteilung	Varianz σ^2 Toleranz T	Simulationsfall
Rechteck-verteilung	$\sigma^2 = \frac{T^2}{12}$ $T = 2\sqrt{3}\cdot\sigma$ $= 3{,}4641\cdot\sigma$	"Worst Case" oder Simulation eines wandernden Mittelwertes durch Werkzeugverschleiss
Trapez-verteilung ①	$\sigma^2 = \frac{10\cdot T^2}{192}$ $T = 2\sqrt{48/10}\cdot\sigma$ $= 4{,}3818\cdot\sigma$	Ergebnisverteilung bei der Faltung oder Simulation eines abgeschwächten Werkzeugverschleißes
Trapez-verteilung ②	$\sigma^2 = \frac{13\cdot T^2}{300}$ $T = 2\sqrt{75/13}\cdot\sigma$ $= 4{,}8038\cdot\sigma$	
Trapez-verteilung ③	$\sigma^2 = \frac{T^2}{24}$ $T = 2\sqrt{6}\cdot\sigma$ $= 4{,}8990\cdot\sigma$	
Dreieck-verteilung	$\sigma^2 = \frac{T^2}{24}$ $T = 2\sqrt{6}\cdot\sigma$ $= 4{,}8990\cdot\sigma$	Simulation einer Kleinserie
Normal-verteilung	$\sigma^2 = \frac{T^2}{36}$ $T = 2\cdot 3\cdot\sigma$ $= 6\cdot\sigma$ ausserhalb der Toleranz liegen 0,27% der Teile	Simulation einer Großserie z.B. $\pm 3\sigma$ bei $C_{pk} = 1$

Tabelle 11.3: Kenngrößenauswertung verschiedener Verteilungen

Bild 11.9 zeigt, wie viel Prozent der Istmaße in Abhängigkeit von der Toleranzspanne im Gutbereich liegen.

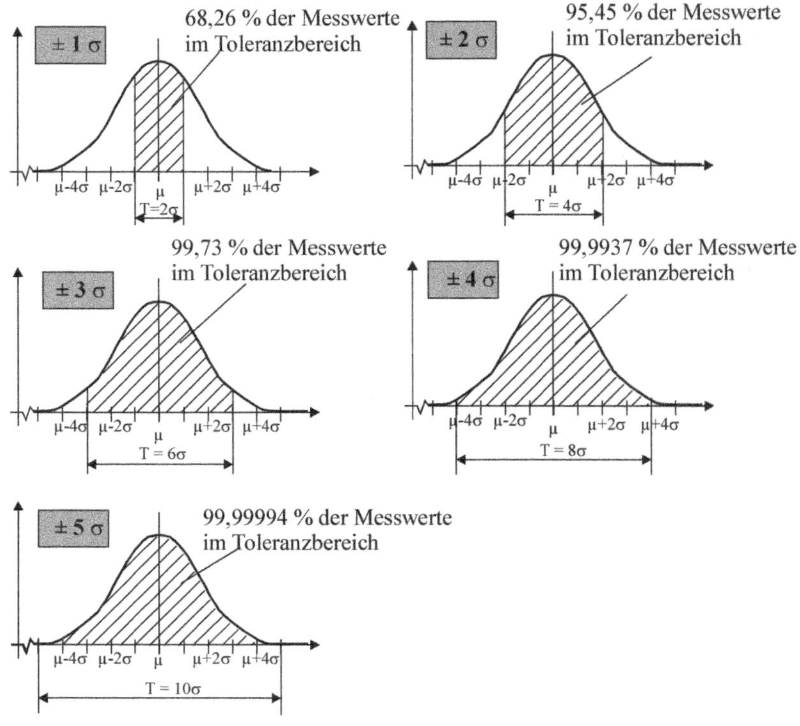

Bild 11.9: Einschluss von Gutteilen unterhalb der Gauß'schen Verteilung

Mit den Streuungsangaben ist die so genannte Prozessfähigkeit /VDA 86/ direkt verknüpft. Es gilt der Zusammenhang:

$C_{pk} = 1{,}0,$ entspricht $\pm$ 3 σ

$C_{pk} = 1{,}33,$ entspricht $\pm$ 4 σ

und

$C_{pk} = 1{,}67,$ entspricht $\pm$ 5 σ

Die Automobilindustrie verlangt heute von ihren Zulieferanten überwiegend die Einhaltung von 4 σ; zurzeit diskutiert man die Konsequenzen für eine Forderungserhöhung auf 6 σ (siehe hierzu /HAR 00/).

11.5.2.1 Beispiel zur statistischen Tolerierung

Anhand des im Kapitel 11.3.2 schon benutzten Beispiels soll im *Bild 11.10* ergänzend das Vorgehen nach dem Prinzip der statistischen Tolerierung gezeigt werden.

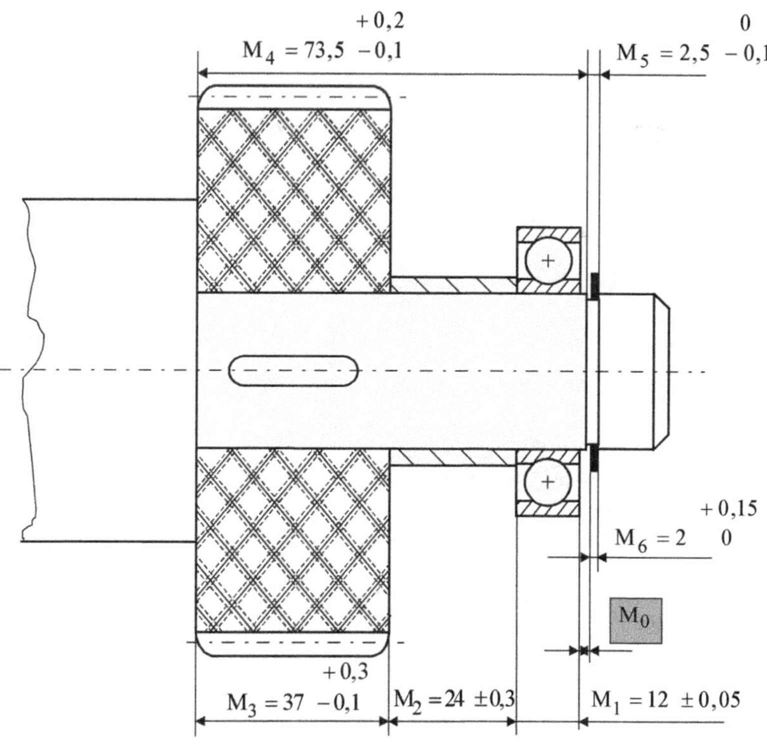

Bild 11.10: Einbausituation in einem Getriebe

Man kann bei dieser Baugruppe aus einem Kfz-Getriebe annehmen, dass es sich um Serienbauteile handelt. Deshalb wird jedes Maß als normalverteilt angesetzt. Es wird weiterhin angenommen, dass jedes Einzelmaß im Bereich $\mu \pm 3\sigma$ das Toleranzfeld nicht überschreitet.

	Bezeichnung	Nennmaß N_i [mm]	Mittelwert μ_i [mm]	Toleranz T_i [mm]	Streuung σ_i [mm]
$-M_1$	Lagerbreite	12,0	12,00	0,1	0,0167
$-M_2$	Hülsenbreite	24,0	24,00	0,6	0,1000
$-M_3$	Zahnradbreite	37,0	37,10	0,4	0,0667
$+M_4$	Wellenabsatz	73,5	73,55	0,3	0,050
$+M_5$	Nutbreite	2,5	2,45	0,1	0,0167
$-M_6$	Sicherungsring	2,0	2,075	0,15	0,0250

Tabelle 11.4: Maßgrößen für die statistische Toleranzberechnung

Die Standardabweichungen der Toleranzfelder berechnen sich in *Tabelle 11.4* durch folgende Formel:

$$\sigma_i = \frac{T_i}{6}.$$

Da das Toleranzfeld durch den Bereich $\mu_i \pm 3\sigma_i$ abgegrenzt werden soll, erhält man eine Toleranzspanne von $6 \cdot \sigma_i$. Für die Streuung des Schließmaßes erhält man so

$$\begin{aligned}\sigma_{ges} &= \sqrt{\Sigma \sigma_i^2} \\ &= \sqrt{0{,}0167^2 + 0{,}1000^2 + 0{,}0667^2 + 0{,}0500^2 + 0{,}0167^2 + 0{,}0250^2} = 0{,}1346\end{aligned} \quad (11.16)$$

Hieraus folgt die statistische Schließmaßtoleranz (ebenfalls für 6σ)

$$T_S = 6 \cdot \sigma_{ges} = 6 \cdot 0{,}1346 = 0{,}807.$$

Den Gesamtmittelwert bestimmt man analog zur Schließmaßgleichung

$$\mu_{ges} = -\mu_1 - \mu_2 - \mu_3 + \mu_4 + \mu_5 - \mu_6 = -12{,}00 - 24{,}00 - 37{,}10 + 73{,}55 + 2{,}45 - 2{,}075 = 0{,}825.$$

Damit ergibt sich das Schließmaß zu

$$M_o = \mu_{ges} \pm \frac{T_s}{2} = 0{,}825 \pm 0{,}4.$$ *)

Der Vergleich mit der arithmetischen Toleranz erfolgt über den Reduktionsfaktor

$$r = \frac{T_s}{T_A} = \frac{0{,}807}{1{,}65} = 0{,}489 \quad (11.17)$$

Diesen Reduktionsfaktor drückt aus, dass statistisch nur 48,9 % des arithmetischen Toleranzfeldes ausgenutzt werden. Das bedeutet aber auch: Behält man die arithmetisch berechnete Schließmaßtoleranz bei, können alle Einzeltoleranzen um den Erweiterungsfaktor e vergrößert werden:

$$e = \frac{1}{r} = \frac{T_A}{T_s} = 2{,}045 \quad (11.18)$$

Dadurch erhält man die folgenden neuen Toleranzen:

$$T_{i_{neu}} = 2{,}045 \cdot T_{i_{alt}},$$

---

*) Anmerkung: Die Parallelitätstoleranzen sind in diesem Beispiel unberücksichtigt geblieben. Bei Toleranzabweichungen können natürlich auch die F+L-Toleranzen ermittelt werden.

$T_{2\,alt} = 0{,}6$ mm, $T_{2\,neu} = 1{,}23$ mm

$T_{3\,alt} = 0{,}4$ mm, $T_{3\,neu} = 0{,}81$ mm

$T_{4\,alt} = 0{,}3$ mm, $T_{4\,neu} = 0{,}61$ mm

$T_{5\,alt} = 0{,}1$ mm, $T_{5\,neu} = 0{,}21$ mm

Die Toleranzen für das Lager und den Sicherungsring können **nicht** durch statistische Tolerierung erweitert werden, da es sich hier um Normteile handelt.

Den Erweiterungsfaktor **e** benötigt man weiter auch zur Bestimmung des normalverteilten Höchst- und Mindestmaßes G_{oi} und G_{ui}, wenn einzelne Maße erweitert werden und die Abmaße beliebig (d. h. insbesondere unsymmetrisch) festgelegt werden sollen.

Bild 11.11 zeigt die Unterschiede in der Aufteilung der Toleranzpotenziale bei arithmetischer und statistischer Tolerierung.

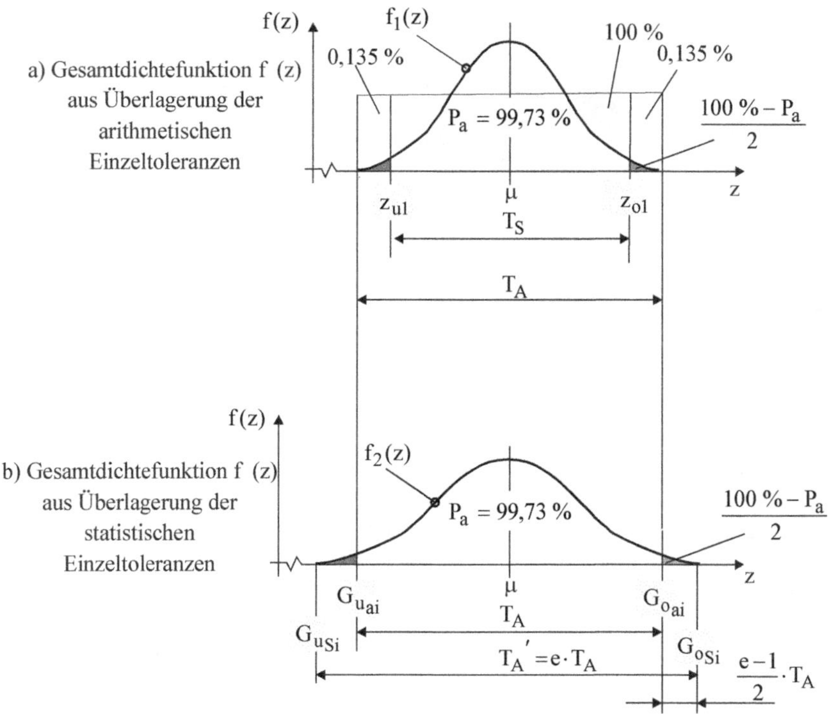

Bild 11.11: Aufteilung der statistisch ermittelten Toleranzpotenziale

Es gilt dann für jedes neue Einzelmaß

$$G_{u_{Si}} = G_{u_{ai}} - \frac{1}{2}(e-1) \cdot T_{ai} \qquad (11.19)$$

bzw.

$$G_{o_{Si}} = G_{o_{ai}} + \frac{1}{2}(e-1) \cdot T_{ai} \qquad (11.20)$$

Die alten Größt- und Kleinstmaße der Einzelmaße G_{oi} bzw. G_{ui} sind noch einmal in *Tabelle 11.5* aufgelistet.

Maß-Nr:	Größtmaß G_{oi}/[mm]	Kleinstmaß G_{ui}/[mm]
1	12,05	11,95
2	24,30	23,70
3	37,30	36,90
4	73,70	73,40
5	2,50	2,40
6	2,15	2,00

Tabelle 11.5: Größt- und Kleinstmaße der ersten Auslegung

Die statistischen Grenzmaße jedes Einzelmaßes bestimmen sich nun unter Anwendung der Formeln von Gl. (11.19) und (11.20).

Beispiel: Maßerweiterung des Zahnrades

Für die neuen Höchstmaße der Zahnradbreite G_{os3} und G_{us3} erhält man nach statistischer Erweiterung die folgenden Werte

$$G_{o_{s3}} = G_{o_{a3}} + 0.5 \cdot (e-1) \cdot T_{a_3} = 37{,}3 + 0{,}5 \cdot (2{,}045-1) \cdot 0{,}4 = 37{,}50 \text{ mm}$$

und

$$G_{u_{s3}} = G_{u_{a3}} - 0.5 \cdot (e-1) \cdot T_{a3} = 36{,}9 - 0{,}5 \cdot (2{,}045-1) \cdot 0{,}4 = 36{,}69 \text{ mm}.$$

Daraus folgt

$$G_{o_{S3}} - G_{u_{S3}} = 37{,}50 - 36{,}69 = 0{,}81 ,$$

dies entspricht der vorstehend schon ermittelten Toleranz $T_{3\,neu} = 0{,}81$ mm .

Das Maß kann weiterhin neu toleriert werden zu

$$M_{3\,neu} = N_3 \begin{matrix} G_{o3} - N_3 \\ G_{u3} - N_3 \end{matrix} = 37 \begin{matrix} +0{,}50 \\ -0{,}31 \end{matrix}.$$

Zur Erinnerung: Es war vorher

$$M_{3\,alt} = 37 \begin{matrix} +0{,}3 \\ -0{,}1 \end{matrix}.$$

Die Werte für die Normteile werden aus *Tabelle 11.6* übernommen, da sie nicht durch die statistische Tolerierung erweitert werden können. Nach der Erweiterung ergeben sich die folgenden Maße, wobei teils auf glatte Grenzen gerundet wurde.

Statistisch:	Nennmaß	Größtmaß G_{oSi}/[mm]	Kleinstmaß G_{uSi}/[mm]	Toleranz T_i/[mm]
		Lager: Normteil		
1	12,0	12,05	11,95	0,1
2	24,0	24,61	23,39	1,22
3	37,0	37,50	36,69	0,81
4	73,5	73,85	73,25	0,6
5	2,5	*2,55*	2,35	0,2
		Nutring: Normteil		
6	2,4	2,4	2,35	0,05

Tabelle 11.6: Statistische Toleranzberechnung mit gerundeten Maßen

Eine Kontrollrechnung mit den erweiterten Toleranzen und der Anwendung der quadratischen Tolerierung*) ergibt:

$$T_{q_{erw}} = \sqrt{0{,}1^2 + 1{,}2^2 + 0{,}8^2 + 0{,}6^2 + 0{,}2^2 + 0{,}05^2} = 1{,}61$$

und für das Schließmaß

$$M_0 = \mu_{ges} \pm \frac{T_{q_{erw}}}{2} = 0{,}825 \pm 0{,}8.$$

Zum Vergleich hierzu ergab sich die **arithmetische** Toleranz zu

*) Anmerkung: Nach DIN 7186 kann die quadratische Tolerierung nur bei reiner Serienfertigung (d. h. alle Teile) angewandt werden. In diesem Fall muss jedes Einzelmaß normalverteilt sein. Die Norm gibt auch Hinweise darüber, wie statistische Maße in einer Zeichnung gekennzeichnet werden sollten.

$$M_0 = 1{,}0 \begin{array}{l} +0{,}65 \\ -1{,}0 \end{array} .$$

Zuvor wurde aus Vereinfachungsgründen die Parallelitätstoleranz des Zahnrades (t_{P3} = 0,2 mm) ausgeklammert. Im Nachgang soll jetzt die Wirkung dieser Formtoleranz abgeschätzt werden. Form- und Lagetoleranzen sind meist statistisch „betragsnormalverteilt", d. h., durch eine einseitig abgeschnittene „Normalverteilung (BNV1, siehe /KLE 02/) charakterisiert. Die Gleichungen der BNV1 sollen nun direkt auf die Ursprungsdaten (siehe Seite 149) angewandt werden:

$$\sigma_{NV} = \frac{t_{P3}}{3} = \frac{0{,}2}{3} = 0{,}0667 ,$$

$$\mu_{P3} = \frac{2 \cdot \sigma_{NV}}{\sqrt{2\pi}} = 0{,}05 ,$$

$$\sigma_{P3} \equiv \sigma_{BNV} = \sqrt{\left(1 - \frac{2}{\pi}\right)} \cdot \sigma_{NV} = 0{,}04 .$$

Damit ergibt sich als neuer Mittelwert der Maßkette

$$\hat{\mu} = \mu_{ges} + \frac{\mu_{P3}}{2} = 0{,}825 \;^{*)}$$

und als Gesamtstreuung

$$\hat{\sigma} = 0{,}14$$

bzw. das statistische Schließmaß zu

$$M_0 = \hat{\mu} \pm \frac{\hat{T}_S}{2} = \hat{\mu} \pm \frac{(6 \cdot \hat{\sigma})}{2} = 0{,}825 \pm 0{,}42.$$

Das Zahnrad lässt sich somit in allen Fällen montieren. Die Parallelitätstoleranz wirkt hier eher positiv.

---

*) Anmerkung: Hierbei soll als halber Wert der verlangte Stützpunkt des Zahnrades an der Wellenschulter berücksichtigt werden.

12 Interpretation und Festlegung von Toleranzen

12.1 Festlegung von Form- und Lagetoleranzen

Nachfolgend soll beispielhaft gezeigt werden, wie Toleranzen in der Praxis interpretiert und festgelegt werden können. Zur Festlegung wird ein „Fahrplan“ mit elf Einzelschritten vorgeschlagen. Ein geübter Konstrukteur wird die hierzu gehörenden Inhalte intuitiv abarbeiten.

Für eine funktions- und fertigungsgerechte Geometriebeschreibung von Bauteilen muss auch unter dem „Unabhängigkeitsprinzip“ stets Folgendes geklärt werden:

1. Sind Paarungen/Passungen zu bilden, für die eine **Hülle** benötigt wird?
2. Sollen **Allgemeintoleranzen** berücksichtigt werden?
3. **Welches** sind die wesentlichen **funktionsbestimmenden Elemente**?
4. **Worauf** kommt es bei diesen **funktionsbestimmenden Elementen** an?
5. Welche Elemente sollten als **Bezug** gewählt werden?
6. **Welche Lagetoleranzen** werden benötigt?
7. **Wie groß** sind die **Lagetoleranzen** festzusetzen?
8. **Wo** sind Einzeleintragungen von **Formtoleranzen** nötig?
9. **Welche Formtoleranzen** sind einzutragen?
10. **Wie groß** sollten die **Formtoleranzen** sein?
11. Kann eine **Material-Bedingung** ausgenutzt werden?

Als Praxisbeispiel für die Anwendung dieses Fahrplans dient die Zeichnung eines Flügelbandteils zur Befestigung einer Badezimmerglastüre, welches von einem Unternehmen in Großserie hergestellt wird. Das Bauteil wird aus einem Aluminiumprofil abgelängt, sämtliche Oberflächen werden spanend bearbeitet und einige Bohrungen zur Aufnahme von Passstiften und eine Gewindebohrung eingearbeitet.

Die umseitige Fertigungszeichnung scheint insofern auf den ersten Blick richtig und eindeutig zu sein. Der Konstrukteur hat versucht, die erforderlichen Geometrieanforderungen durch die Beschreibung der zulässigen Abweichungen in einem erklärenden Text festzulegen. Dieses Verfahren ist selbstverständlich nicht normgerecht. Des Weiteren sind hier die Angaben bezüglich der möglichen Geometrieabweichungen auch nur scheinbar vollständig. Sollte dieses Teil aber in Fremdfertigung (z. B. im kostengünstigeren Ausland) gefertigt werden, ist zumindest eine neue Zeichnung notwendig. Die textlichen Beschreibungen müssen dabei in Standardsymbolik umgesetzt werden.

Bild 12.1 zeigt die ursprüngliche Zeichnung des Teils mit Know-how-Erläuterungen, das nachfolgende *Bild 12.2* die „Übersetzung“ mit Form- und Lagetoleranzen entsprechend der ISO 1101. Die Ziffern in den grauen Ellipsen geben die einzelnen Schritte des vorstehenden Fahrplans an.

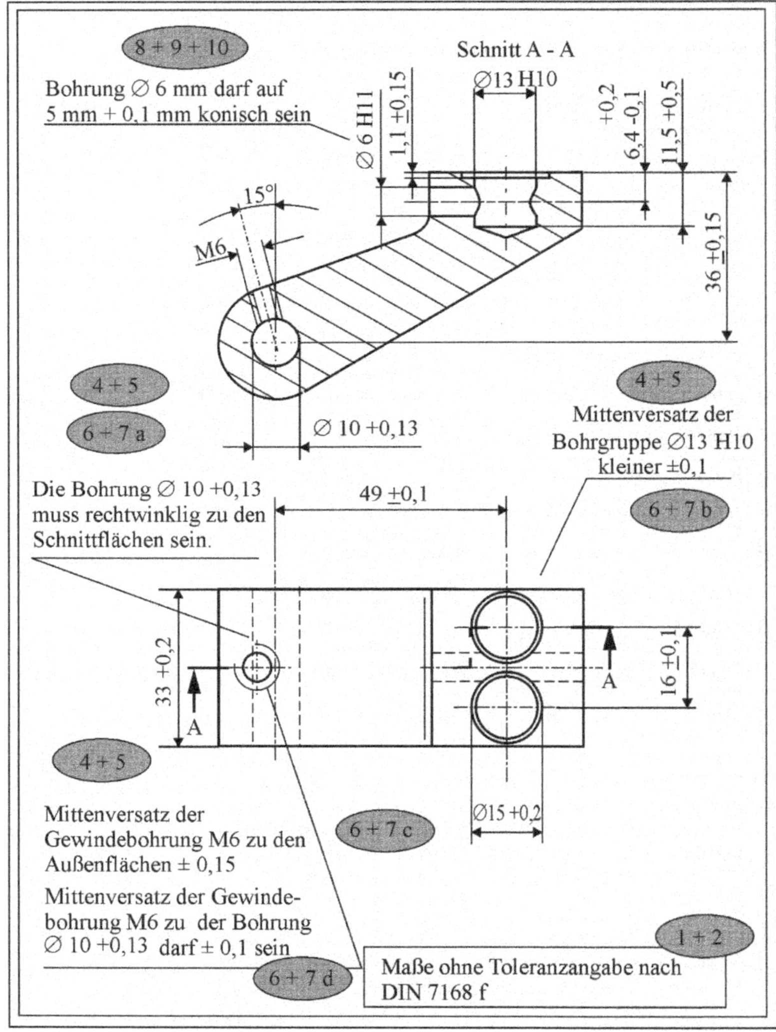

Bild 12.1: Problempunkte einer gegebenen Fertigungszeichnung

Das Bauteil ist erst vor wenigen Jahren so festgelegt und dargestellt worden. Im eigenen Betrieb werden die Angaben nach langer Zeit richtig verstanden. Ein Fremdunternehmen wird aber Probleme bei der Textinterpretation bekommen. Insofern müssen die Angaben schrittweise in Normsymbole „übersetzt" werden, so dass eine neue Zeichnung entsteht:

1. Sind Passungen zu bilden, für die eine Hülle benötigt wird?

Für das Zusammenwirken von Maßtoleranzen mit F+L-Toleranzen ist es notwendig, dass ein Tolerierungsgrundsatz festgelegt wird.

Wie vorstehend schon mehrfach dargelegt, unterscheidet man die „Hüllbedingung“ und die „Unabhängigkeitsbedingung“. Bis April 2011 legte der nationale deutsche Tolerierungsgrundsatz die Hüllbedingung nach DIN 7167:1987 als verbindlich fest. Diese war anzuwenden auf Passungs- bzw. Paarungsteile (d. h. zylindrische Teile oder Teile mit gegenüberliegenden parallelen Flächen). Alle maßlichen und geometrischen Abweichungen dieser Teile mussten in der Maßtoleranz liegen. Da international die Unabhängigkeitsbedingung (alle in einer Zeichnung eingetragenen Toleranzen sind unabhängig voneinander einzuhalten) festgelegt worden ist, muss dies ab September 2011 beachtet werden. Neuzeichnungen nach ISO 8015.

Der Tolerierungsgrundsatz für eine Zeichnung muss erkennbar sein, und zwar

Unabhängigkeitsprinzip	➔	dann sollte	**ISO 8015**	eingetragen werden
Hüllprinzip	➔	dann muss	**ISO 14405**	eingetragen werden

Für Neukonstruktionen ist nur noch das Unabhängigkeitsprinzip **ISO 8015** zu wählen.

2. Sollen Allgemeintoleranzen angewendet werden?

Alle werkstattüblichen Genauigkeiten werden gewöhnlich über Allgemeintoleranzen abgedeckt. Daraus ergeben sich folgende Fragen:

a) Handelt es sich um eine Formteilmaß oder ein Werkzeugmaß?
b) Welche Toleranzgröße beschreibt die werkstattübliche Genauigkeit?
c) Müssen evtl. Lücken in einer Algemeintoleranz-Norm geschlossen werden?

Es ist zu klären:
Für die spanende Bearbeitung von Teilen und Werkzeugen aus Metallen bzw. die dabei möglichen Freimaße gilt noch die **ISO 2768**, welche Längenmaße, Winkel sowie Form- und Lagetoleranzen festlegt. Es reicht hierbei oft eine Angabe **ISO 2768-mH** (m, H = mittel) in der Nähe des Schriftfeldes aus. Eventuell sollte man sich auch an die alte ***DIN 16749*** (Spritzgießwerkzeuge) heranziehen.

Für Kunststoff-Formteile selbst gilt die **ISO 20457**, hier sind Längenmaße, Positions- und Formtoleranzen (Linienform und Flächenform) festgelegt.

Zukünftig soll als Allgemeintoleranznorm die **ISO 22081** herangezogen werden, diese ist nicht mehr auf Metalle beschränkt und verlangt eine vertieft individuelle Tolerierung.

3. Welches sind die wesentlichen funktionsbestimmenden Elemente?

Nur für die wichtigsten Funktionselemente sollten Form- und Lagetoleranzen vorgesehen werden, die die Allgemeintoleranzen einschränken. Wenn nur wenige Toleranzen eingetragen sind (evtl. Kontur des Formelementes herausheben), dann werden die wichtigen Formelemente auch sofort sichtbar.

Problem:

Hier soll ein Bauteil festgelegt werden, welches eine Türscharnierfunktion ausführt. Damit die Tür später ohne großen Spalt schließt und winklig im Rahmen sitzt, ist die Lage der Bohrungen für Stifte und Gewinde besonders wichtig ***(Zeichnung 6 + 7 b bis d)***. Damit das eingreifende Flügelbandteil nicht klemmt, müssen die Bohrungen für den Stift ***(Zeichnung 6 + 7 a)*** rechtwinklig zu den Stirnflächen stehen.

4. Worauf kommt es bei den funktionsbestimmenden Elementen an?

F+L-Toleranzen begrenzen alle Abweichungen von der geometrisch idealen Form und Lage. Insofern muss festgelegt werden, was funktionell noch unschädlich ist.

Damit die Flügelbandteile während der Drehbewegung keine Störkontur verletzt, müssen die Seitenflächen parallel und die Bohrung, die den Scharnierbolzen aufnimmt, **rechtwinklig** zu den Seitenflächen sein.

Die **Position** der Bohrungen für den Gewindestift und die Klemmstifte zu den Bezugskanten sowie das **Lochbild** der Bohrungen zueinander müssen stimmen, da sonst die Bohrungen nicht mit dem Lochbild der Glastür übereinstimmen und daher die Montage unmöglich ist.

5. Welche Elemente sollten als Bezug gewählt werden?

In Fertigungszeichnungen müssen eindeutige Bezüge festgelegt sein. Aus dieser Fragestellung leiten sich weitere Teilfragen ab:

- Auf welche Elemente sollten die Lageabweichungen bezogen werden?
- Auf welchem Element liegt das Bauteil bei der Fertigung auf?
- Auf welchem Element liegt es bei der Prüfung auf?
- Müssen die Bezugselemente selbst auch toleriert werden?

Es ergibt sich etwa die folgende Fertigungsfolge:

Das Bauteil wird von einem Strangpressprofil abgelängt und die Seitenflächen werden plan gearbeitet. Die beiden Seitenflächen müssen parallel zueinander sein. Das Teil wird auf einer Seitenfläche aufgelegt und die Bohrung ∅ 10 wird rechtwinklig eingebracht. Danach wird das Teil über die Seitenflächen in eine Bohrlehre eingespannt. Es werden nacheinander die Gewindebohrung M6, die Bohrung ∅ 6 H11, die Bohrung ∅ 13 H10 und die Senkung ∅ 15 eingebracht. Wichtig für die Bohrungen ist die Ausrichtung auf die Teilmitte. Für die Passbohrungen ist eine Lehrung („E“) vorzuschreiben.

Bezüge stehen immer in Relation zu Lagetoleranzen, daher ist die Art der Toleranz und das Zusammenwirken zu klären.

6. Welche Lagetoleranzen sind einzutragen?

Die Funktion eines Bauteils erfordert in der Regel eine bestimmte Ausrichtung der Geometrieelemente, daher ist festzulegen:

- Größe und Art der Lagetoleranzen, gegebenenfalls auch für die Bezugselemente.
- Sollten mehrere Bezugselemente vorhanden sein, muss ihre Lage zueinander toleriert werden. Der Primärbezug ist dabei als Bezug vorzusehen.

Die Abschätzung der Größe der Lagetoleranzen der zu tolerierenden Elemente hat unter funktionellen Bedingungen zu erfolgen.

Zur Angabe der Lagetoleranzen muss man die Bezug bestimmen. Der Primärbezug dieses Bauteils ist eine Seitenfläche. Gemäß dieser Festlegung werden die Bohrung mit ∅ 10 und die Gewindebohrung M6 ausgerichtet. Die Lage der beiden Bohrungen 13 H10 ist von der Breite des Teils abhängig. Über die Breite ist eine Hülle gelegt worden.

7. Wie groß sind die Lagetoleranzen festzusetzen?

Darüber kann man keine allgemein gültigen Aussagen treffen. Durch die Beantwortung der folgenden Fragen wird die Größe der Toleranzen eingegrenzt:

- Wie **klein** muss eine Toleranz sein, um die **Funktion zu sichern**?
- Wie **groß** muss eine Toleranz sein, damit sie **wirtschaftlich** und **prozesssicher gefertigt** werden kann?
- Sind die **Toleranzen überprüfbar**? Die Messfähigkeit muss um eine Größenordnung kleiner sein als die Toleranz. Ist die Toleranz dann noch messbar?

Die Festsetzungen sollten mit der Fertigung abgesprochen werden. Oft kommt es vor, dass seitens der Konstruktion Toleranzen angegeben werden, welche die Fertigung nicht einhalten und die Messtechnik nicht überprüfen kann.

Im **Beispiel** wurden die angegebenen Toleranzen aus einer bestehenden Zeichnung übernommen. Bisher wurde das Teil so hergestellt.

8. Wo sind Einzeleintragungen zur Sicherung der Formgenauigkeit nötig?

Jedes funktionswichtige Element muss toleriert sein. Daraus ergeben sich folgende Unterfragen:

- Wo ist die *Hüllbedingung* vorzuschreiben (wenn ISO 8015 verwendet wird)?
- Genügt die *Hüllbedingung* für die Formtolerierung?
  (Maßtoleranz ≥ Formabweichung)
- Ist die *Formtolerierung eines Bezugselementes* schon in der Hüllbedingung, der Allgemeintolerierung oder einer Lagetoleranz enthalten? Wenn nicht, muss am Bezugselement auch eine Formtoleranz eingetragen werden.

und

- Wo bestehen *zusätzliche Anforderungen* an die Form des tolerierten Elementes (z. B. bei einem Lagersitz)?

9. Welche Formtoleranzarten sind einzutragen?

Die einzutragende Formtoleranzart ergibt sich aus den unter 8.) getroffenen Überlegungen.

10. Wie groß sollten die Formtoleranzen sein?

Diese Frage kann nicht allgemein gültig beantwortet werden. Sie ergibt sich aus der Funktion der Formelemente.

Als Richtlinie kann in etwa angenommen werden, dass die Toleranzzonen eines Maßes, eines Bezugs und einer F+L-Toleranz in einer abgestimmten Größenordnung liegen sollen. Hier geben jeweils die Normen für die Allgemeintoleranzen ISO 2768, Teil 2 sinnvolle Größenordnungen an.

Insbesondere für Bezugselemente gilt, dass die Toleranz nicht größer als die angesprochene Lagetoleranz sein soll.

Problempunkt:

Die Punkte 8.), 9.) und 10.) können nicht getrennt voneinander betrachtet werden. Im Beispiel wird die Bohrung **6 H11** formtoleriert. Es wird eine Angabe zur Zylindrizität gemacht.

11. Kann eine Materialbedingung ausgenutzt werden?

In diesem letzten Schritt sollte abschließend überlegt werden, ob eine der Materialbedingungen genutzt werden kann. Es sind dies die

- **Maximum-Material-Bedingung**
  Für größere Fertigungstoleranzen. Unbedingt erforderlich ist dann eine Prüfung mit einer starren Lehre
- **Minimum-Material-Bedingung**
  Zur Sicherung einer Mindestbearbeitungszugabe oder Mindestwanddicke

oder die

- **Reziprozitätsbedingung**
  Zusätzlich möglich zur Erweiterung der Größenmaßtoleranzen (Toleranzpool) und zur Vereinfachung der Prüfung

Es ist zu prüfen:

Man sollte zur Prüfung der **Position** der Bohrungen die Maximum-Material-Bedingung verwenden. Die Einhaltung der Toleranz und dessen Prüfung ist dann mit einer starren Lehre möglich. Die als Beispiel dienende Zeichnung ist nun seitens der Funktionalität normgerecht toleriert.

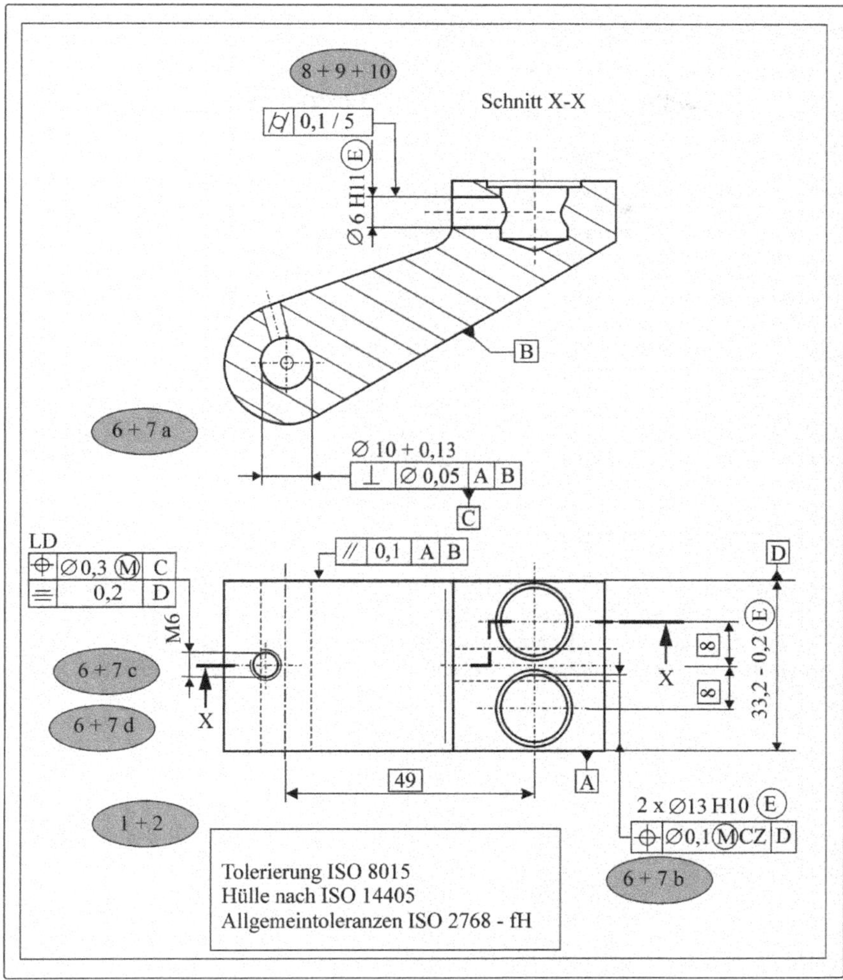

Bild 12.2: Notwendigen Schritte zur normgerechten Tolerierung einer Fertigungszeichnung mit F+L- Toleranzen
(zum Zeitpunkt der Erstellung der Zeichnung war die ISO 2768 noch gültig)

12.2 Interpretation von Toleranzen

Oft ist für die Fertigung und Prüfung nicht klar, was eine eingetragene Toleranz bedeuten und bewirken soll. Deshalb werden im Folgenden *sieben Schritte* angegeben, mit denen die Bedeutung der Toleranzen besser transparent gemacht werden kann:

1. **Welche Toleranzart** liegt vor?
2. **Welches Geometrieelement** ist toleriert?
3. **Wo** sind die **Bezüge**?
4. **Wie** ist die **Gestalt der Toleranzzone**?
5. **Wie** ist die **Toleranzzone festgelegt**?
6. **Welche extremen Formen + Lagen** kann das Formelement einnehmen?
7. **Überlagern sich mehrere Toleranzen**, sodass eine davon überflüssig wird?

Das hier verwendete Beispiel (*Bild 12.3*) ist die Zeichnung eines Radnabengehäuses, welches hier nur exemplarische Bedeutung hat. Dieses Bauteil ist Teil einer Hinterachse für einen E-Antrieb und überträgt das Antriebsmoment bzw. zentriert das Rad.

Die Zentrierung erfolgt durch den Durchmesser ∅ 180h7. Die Bohrung ∅ 80JS6 nimmt ein Wälzlager auf, das als Festlager dient. Dieses Wälzlager wird durch einen zweiten Deckel an die linke Bundfläche der Lagerbohrung gedrückt.

1. Welche Toleranzart liegt vor?

Die Methodik der zu tolerierenden Eigenschaften ist in der ISO 1101 unter Nutzung von 14 Grundsymbolen festgelegt. Diese Norm gibt auch eine Übersicht über die Eintragung und deren Deutung als Toleranzzone für 2D- und 3D-Anwendungen. Alle Informationen können eindeutig aus der Symbolik und den Angaben im Toleranzindikator herausgelesen werden.

In dieser Fallstudie bzw. der ausgewählten Zeichnung sind die folgenden Form- und Lagetoleranzarten eingetragen worden:

Die drei Lagetoleranzen

a) Rechtwinkligkeit
b) Koaxialität
c) Parallelität

und die zwei Formtoleranzen

d) Zylindrizität
e) Ebenheit.

Für die Lagetoleranzen sind die Bezüge A (reale bzw. integrale Fläche) und B (abgeleitete Mittellinie) gewählt worden. Zur Erinnerung sei noch einmal erwähnt, dass Formtoleranzen keine Bezüge benötigen, da dies stets Angaben „in sich“ sind.

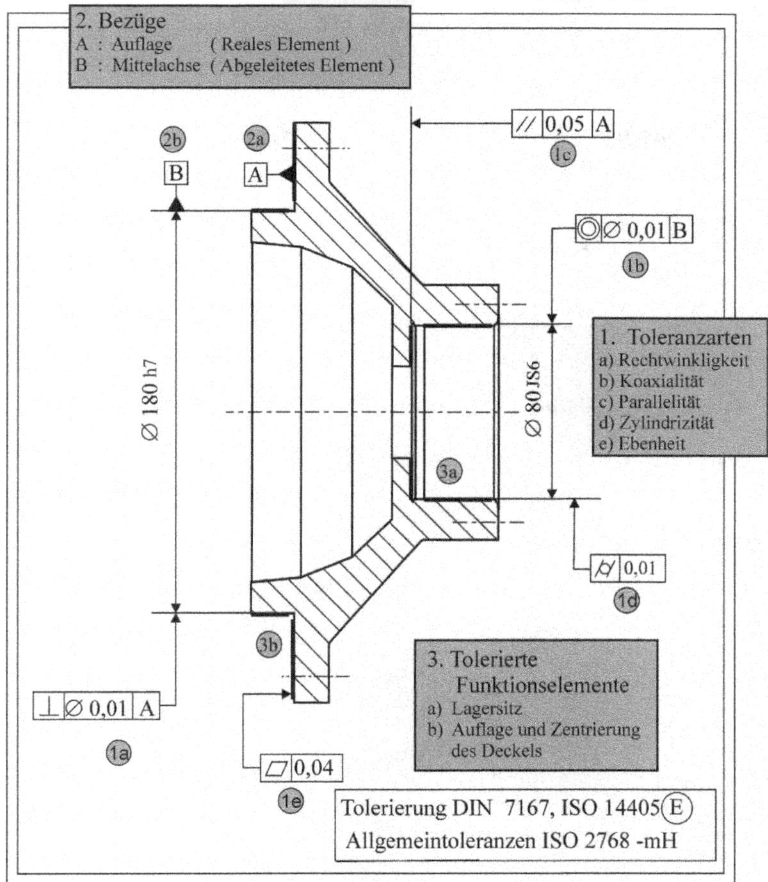

Bild 12.3: Interpretation von eingetragenen Toleranzen am Beispiel einer Radnabe

Im zweiten Schritt werden die für die Lagetoleranzen notwendigen Bezüge betrachtet.

2. Welches Geometrieelement ist toleriert?

Die Geometrieelemente, an denen besondere Anforderungen gestellt werden, sind in der Regel toleriert.

An der Stellung des Toleranzpfeils erkennt man

– ein reales Geometrieelement (z. B. Fläche oder Kante)
oder

- ein abgeleitetes Geometrieelement (z. B. Achse oder Mittelebene). Dann steht der Toleranzpfeil *auf* dem zugehörigen Maßpfeil.

Beispiel:

Im Beispiel sind die Funktionselemente

a) Lagersitz
und
b) Zentrierung und Passung des Deckels toleriert.

Der Lagersitz wird von den folgenden tolerierten Geometrieelementen bestimmt:

- **Mittelachse** des Lagersitzes,
- **Ebene** der **Bundfläche**

so wie

- **Mantelfläche und Kreisdurchmesser** der Lagerbohrung.

Die Lagetoleranzen sind im Bezug auf die Mittelachse der Zentrierung (Bezug **A**) angegeben:

- die Toleranz der Koaxialität der Mittelachse des Lagersitzes

und

- die Ebenheit der Bundfläche.

Die Zylindrizität der Lagerbohrung hat als Formtoleranz keinen Bezug.

Die Koaxialitätstoleranz dient zur Sicherstellung der richtigen Lage der Welle zum Getriebe; die Ebenheit der Bundfläche stellt sicher, dass das Lager rechtwinklig zur Auflagefläche **A** liegt, wenn es durch den Deckel festgestellt wird. Der Wälzlagersitz erfordert nach DIN 5425 eine zusätzliche Einschränkung der Zylinderform.

Die Auflage und Passung des Deckels bestehen aus den folgenden Geometrieelementen:

- **Mittelachse** der Zentrierung,
- **Ebene** der Auflagefläche.

Die Rechtwinkligkeit der Mittelachse ist im Bezug **A** zur Auflage toleriert.
Die Ebenheit benötigt als Formtoleranz keinen Bezug.

Insofern muss jetzt im dritten Schritt die „Bezugsetzung" diskutiert werden.

3. Wo sind die Bezüge?

Alle Lagetoleranzen (tolerieren die Lage von Geometrieelementen zueinander) benötigen einen eindeutigen Bezug.

Die Bezüge erkennt man an der Stellung der Bezugsbuchstaben im Toleranzindikator und am Bezugsdreieck

- Bezug am realen Geometrieelement
- Bezug am abgeleiteten Element: Dann steht das Bezugsdreieck auf dem entsprechenden Maßpfeil.

Wie ist die Reihenfolge der Bezüge?

Hier wird betrachtet, welcher Bezug Primär- oder Sekundärbezug usw. ist und wie die Bezüge miteinander verknüpft sind.

Beispiel:

Am Beispiel sind die Bezüge **A** und **B** angegeben.
A ist die Auflage des Deckels auf dem Getriebegehäuse. Dies ist eine Ebene und somit ein reales (integrales) Element.
B ist die Mittelachse der Zentrierung. Dies ist ein abgeleitetes Element.
Die Bezüge sind miteinander durch die Rechtwinkligkeitstolerierung (*1a*) verknüpft.

Der vierte Schritt betrachtet die Funktionselemente und durch welche Geometrieelemente sie toleriert wird.

4. Gestalt der Toleranzzone

Jede Form- und Lagetoleranz ist durch eine Toleranzzone begrenzt.

Die Toleranzzone entspricht dem tolerierten Geometrieelement und der Toleranzart:

- Raum zwischen zwei Ebenen oder Linien,
- zylinderförmiger Raum ⇒ gekennzeichnet durch das ∅-Zeichen im Toleranzrahmen

oder

- ringförmiger Raum o. Ä. ⇒ bei Rundheit, Zylinderform, Lauf.

Beispiel:

Eine Toleranzzone zwischen zwei Ebenen besteht bei

- der Parallelität von Auflagen und Bundflächen

und

- der Ebenheit der Auflageflächen.

Eine zylinderförmige Toleranzzone besteht bei

- der Mittelachse der Zentrierung

und

- der Mittelachse Lagerbohrung.

Die Schritte fünf, sechs und sieben befassen sich mit der Untersuchung der Toleranzzone.

5. Wie ist die Toleranzzone festgelegt?

Die Lage der Toleranzzone ergibt sich aus den Bezügen und der Toleranzart:

- frei beweglich bei Formtoleranzen,
- nur die Richtung festgelegt (Richtungstoleranzen),
- Ort und Richtung festgelegt (Ortstoleranzen),
- an eine Drehachse gebunden (Lauftoleranzen),
- gemeinsame Toleranzzone mehrerer Formelemente,
- mit „CZ“ im Toleranzindikator wird eine kombinierte Toleranzzone gebildet.

Beispiel: Interpretation von Toleranzzonen

Bild 12.4 zeigt das Bauteil mit Toleranzzonen und möglichen Grenzabweichungen.

Der Richtungspfeil gibt beispielhaft an, in welche Richtungen die Toleranzzone beweglich ist. Dies sind die Freiheitsgrade der Toleranzart.

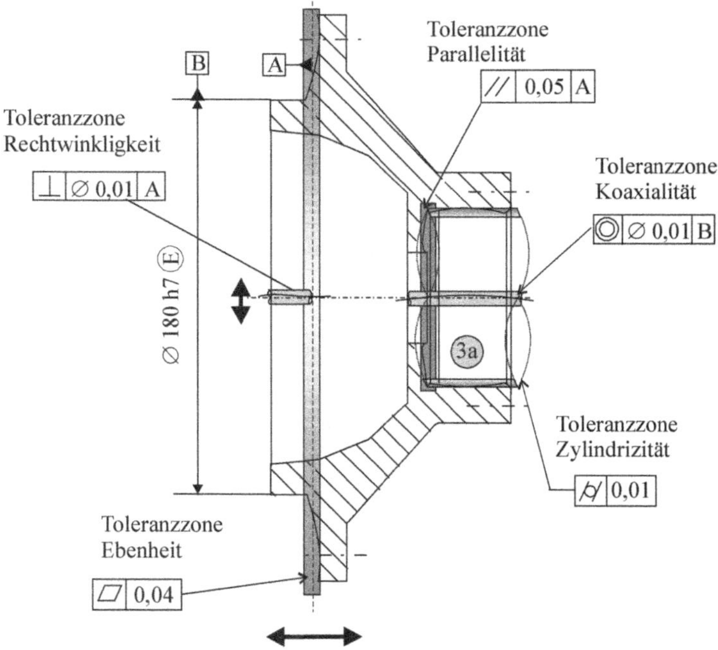

Bild 12.4: Gehäusedeckel einer Radnabe

Die Toleranzzonen der Formtoleranzen Ebenheit und Zylindrizität sind demnach frei beweglich, sie haben keine Bindung an einen Bezug. Ihre Größen sind im Toleranzindikator festgelegt.

Der Ort und die Lage des Geometrieelementes werden nicht durch die Formtoleranz, sondern durch das Größenmaß festgelegt.

Rechtwinkligkeit und Parallelität sind Richtungstoleranzen. Bei diesen ist also nur die Richtung festgelegt. Der Ort dieses Elementes wird ebenfalls durch die Angabe des zugehörigen Maßes festgelegt.

Das bedeutet in diesem Fall für die Rechtwinkligkeit von Mittelachse der Zentrierung und Auflage des Gehäusedeckels, dass die Rechtwinkligkeit der Achse nicht mehr als 0,01 mm von der Auflageebene abweichen darf. Der Ort der Achse wird durch die Angabe des Maßes für die Zentrierung ∅180 h7 festgelegt.

Diese Angabe ist kaum zu messen. Sie dient im Wesentlichen der Fertigung. Der Fertigungsplaner weiß dadurch, dass dieses Maß funktionswichtig ist und wird deshalb Auflagefläche und Zentrierung in einer Aufspannung fertigen lassen, um Fehler durch das Umspannen des Werkstücks zu vermeiden.

Die Richtung der Parallelität wird durch die Ebene der Bundfläche A bestimmt, der Ort durch die Tiefe der Lagerbohrung.

Die Koaxialität ist eine Ortstoleranz. Sie ist also an Richtung und Ort gebunden. Die Richtung der Achse wird durch die Toleranz „∅ 0,01 mm " angegeben, der Ort ist durch die Lage der Bezugsachse B bestimmt.

6. Welche extremen Formen und Lagen kann das tolerierte Element einnehmen?

Die Grenzabweichungen von Geometrieelementen ergeben sich aus den Extremen der Toleranzzonen. Diesbezüglich findet man

- krumm oder schief versetzt bei einer geradlinigen Toleranzzone,
- gleichdickförmig oder elliptisch bei einer ringförmigen Toleranzzone

so wie

- Überschreitung der Material-Bedingung Ⓜ oder Ⓛ .

Ihre Überprüfung erfolgt am besten mit einem **Wenn-Dann-Satz,** dabei beginnt man mit der beteiligten Maßtoleranz:

Wenn im Grenzfall die Funktion noch zu gewährleisten ist, dann müssen die folgenden Voraussetzungen gewährleistet sein.

Für jedes wichtige Geometrieelement ist diese Frage zu stellen und zu beantworten.

Die Form der Grenzgestalten ergibt sich aus der Art der Fertigung (Kapitel 9.3.2). Die Funktion eines Bauteils kann z. B. nicht mehr gewährleistet sein, wenn die Grenzgestalt einer Fläche, die als Auflage dient, konkav ist.

Beispiel:

Am Beispiel treten die folgenden Grenzgestalten auf:

Rechtwinkligkeit	–	kegelig, konvex, konkav
Ebenheit	–	schief, krumm, wellig
Koaxialität	–	versetzt
Parallelität	–	schief
Zylindrizität	–	kegelig, konvex, konkav

Die Funktion ist bei diesen Grenzgestalten gewährleistet.

7. Überlagern sich mehrere Toleranzen, sodass eine evtl. überflüssig wird?

Einige Toleranzarten schließen andere mit ein, bzw. die Hülle gibt eine Grenze für einzelne Toleranzen. Beispiele hierfür sind:

- Ebenheit ist in einer Rechtwinkligkeit enthalten,
- Rundheit, Zylinderform sind in der Hüllbedingung enthalten,
- dies kann man sich durch Skizzieren der Toleranzzonen sichtbar machen.

In *Bild 12.4* sind Toleranzzonen skizziert. In dieser Darstellung kann man sehen, dass sich keine Toleranzzonen überlagern.

Kontrolle: Schriftfeldeintrag

Die beispielhaft diskutierte Zeichnung muss im oder in der Nähe des Schriftfeldes eindeutig spezifiziert werden:

- Der Eintrag DIN 7167, weist hier auf eine Altzeichnung hin und vereinbart für die ganze Zeichnung die Hüllbedingung.
- Heute muss stattdessen das Hüllprinzip vereinbart werden. In der ISO 14405 ist definiert was die Hülle bewirkt und wie diese messtechnisch nachzuweisen ist.
- Die angesprochenen Allgemeintoleranz nach ISO 2768 ist zwar derzeit noch gültig, es sollte aber die Umstellung auf die neue ISO 22081 mit ihrem Konzept schon angedacht werden.

13 Temperaturabhängigkeit der maßlichen Eigenschaften

In Anwendungsbereichen von Kunststoffen mit erhöhten Betriebstemperaturen spielt die Temperaturabhängigkeit der maßlichen Eigenschaften eine große Rolle. Typisch hierfür sind Passungsprobleme oder die Abstimmung großflächiger Teile im Karosseriebau (Fugenmaße unter Sonneneinwirkung). Diese Problematik wird durch den relativ großen thermischen Volumen- bzw. Längenausdehnungskoeffizienten der Kunststoffe noch verschärft.

13.1 Wärmedehnung

Aus der Physik ist bekannt, dass die Längenänderung fester Körper proportional der Anfangslänge L_0, der Temperaturdifferenz $\Delta\vartheta$ und einer stoffabhängigen Größe α (Längenausdehnungskoeffizient) ist. Mit diesen Größen ergibt sich die Proportionalität

$$\Delta L = L_0 \cdot \alpha \cdot \Delta\vartheta \,. \tag{13.1}$$

Der eingehende Längenausdehnungskoeffizient ist hiernach die Verlängerung bzw. Verkürzung einer Längeneinheit je 1 grd. Temperaturänderung.

Für die Längenzunahme bei einer beliebigen Temperaturdifferenz $\Delta\vartheta$ gilt dann

$$\begin{aligned} L(\vartheta) &= L_0 + \Delta L = L_0 + L_0 \cdot \alpha \cdot \Delta\vartheta \\ &= L_0 (1 + \alpha \cdot \Delta\vartheta) \end{aligned} \tag{13.2}$$

Die Wärmedehnung macht sich selbstverständlich auch an flächigen und volumenhaften Körpern bemerkbar.

Für die Flächenausdehnung $(A_0 = a_0 \cdot b_0)$ erhält man bei einer beliebigen Temperatur

$$\begin{aligned} A(\vartheta) &= a \cdot b = a_0 (1 + \alpha \cdot \Delta\vartheta) \cdot b_0 (1 + \alpha \cdot \Delta\vartheta) = a_0 \cdot b_0 (1 + \alpha \cdot \Delta\vartheta)^2 \\ &= a_0 \cdot b_0 \left(1 + 2\,\alpha \cdot \Delta\vartheta + \alpha^2 \cdot \Delta\vartheta^2\right) \approx a_0 \cdot b_0 (1 + 2\,\alpha \cdot \Delta\vartheta) \end{aligned}$$

oder

$$A(\vartheta) \approx A_0 (1 + 2\,\alpha \cdot \Delta\vartheta) .$$

Die Flächenänderung ist somit

$$\Delta A \approx A_0 \cdot 2\,\alpha \cdot \Delta\vartheta \,. \tag{13.3}$$

Für die Volumenausdehnung muss entsprechend der Schluss in die drei Raumrichtungen durchgeführt werden. Damit ergibt sich für die Volumenausdehnung

$$V(\vartheta) \approx V_0 (1 + 3\,\alpha \cdot \Delta\vartheta)$$

bzw. die Volumenänderung

$$\Delta V \approx V_0 \cdot 3\,\alpha \cdot \Delta\vartheta\,. \tag{13.4}$$

In dem folgenden *Bild 13.1* ist eine beispielhafte Übersicht über lineare Wärmeausdehnungskoeffizienten einiger Werkstoffe gegeben.

Werkstoffgruppen	lin. Wärmeausdehnungskoeffizient α [1/°C]
• Kupfer	$16{,}8 \cdot 10^{-6}$
• Stahl	$10{,}4 \cdot 10^{-6}$
• Aluminium	$23{,}4 \cdot 10^{-6}$
• Magnesium	$27{,}0 \cdot 10^{-6}$
• Titan	$8{,}35 \cdot 10^{-6}$
• Epoxidharz	$\sim 20 \cdot 10^{-6}$
• UP-Harz	$\sim 30 \cdot 10^{-6}$
• Polyamid 6	$\sim 85 \cdot 10^{-6}$
mit 30% GF	$30 \cdot 10^{-6}$
• Polyamid 12	$\sim 90 \cdot 10^{-6}$
• Polypropylen	$140 \cdot 10^{-6}$
• Polystyrol	$70 \cdot 10^{-6}$
• ABS	$80 \cdot 10^{-6}$

Bild 13.1: Wärmeausdehnungskoeffizienten verschiedener Werkstoffe

13.2 Übertragung auf Passmaße

Die Längenausdehnungsproblematik kann beispielsweise auch auf Passmaße übertragen werden. Zweckmäßigerweise sollten dann die vorstehenden Beziehungen in Durchmesserangaben umgewandelt werden. Die entsprechende Ausgangsgleichung lautet dann:

$$\begin{aligned} D(\vartheta) &= D_0 + \Delta D(\Delta\vartheta) \\ &= D_0 + D_0 \cdot \alpha \cdot (\vartheta - \vartheta_0) \end{aligned} \tag{13.5}$$

oder

$$D(\vartheta) = (D_0 \cdot \alpha) \cdot \vartheta + D_0 \cdot (1 - \alpha \cdot \vartheta_0)\,. \tag{13.6}$$

Diese Beziehung hat die Form einer Geradengleichung. Die Steigung ist vom Bezugsdurchmesser $D_0(\vartheta_0)$ bei der Bezugstemperatur ϑ_0 und dem Ausdehnungskoeffizienten α abhängig. Die Größt- und Kleinstmaße eines Bauteils sind insofern ebenfalls temperaturabhängig wie das Nennmaß. Demzufolge kann für ein Toleranzfeld T_F angegeben werden:

$$T_F(\vartheta) = \left(T_{F_0} \cdot \alpha\right) \cdot \vartheta + T_{F_0}\left(1 - \alpha \cdot \vartheta_0\right). \tag{13.7}$$

Alle vorstehenden Beziehungen zeigen sich als linear veränderlich, deshalb kann auch ein Toleranzfeld nicht einfach nur in seiner Größe verschoben werden.

13.3 Simulation an einer Spielpassung

Bei diesem Beispiel soll die Änderung des Mindestspiels bei einer Spielpassung zwischen der Paarung Aluminiumbohrung/Kunststoffwelle betrachtet werden. Dies könnte beispielsweise ein einfaches Schwenkhebellager in einem Pkw-Automatikgetriebe sein, welches Schaltstellungen vorwählt. Die Maße werden gemäß der Zeichnung angenommen.

Die Temperaturdehnungen dürfen einerseits nicht zu einem Klemmen des Mechanismus führen und andererseits sollten keine Lagergeräusche wegen zu großem Spiel auftreten.

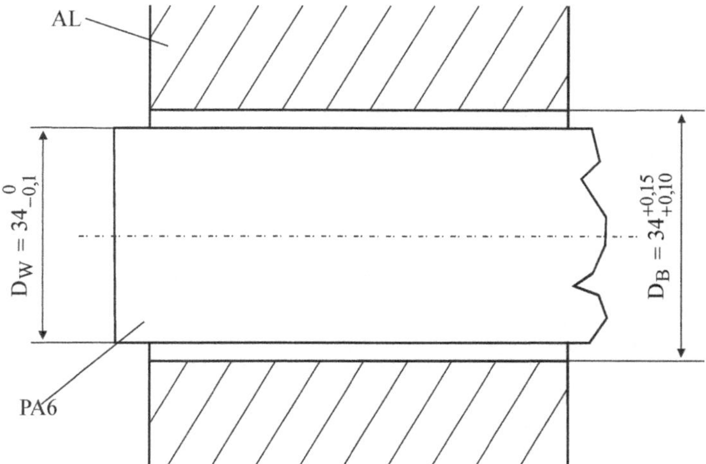

Bild 13.2: Spielpassung bei einem Schwenkhebellager Al-Nabe mit Stahlwelle

Der Temperaturbereich dieses Anwendungsfalles erstreckt sich zwischen

$$\vartheta_1' = -15\ °C = 258{,}15\ K$$

und

$$\vartheta_1'' = +60\ °C = 333{,}15\ K\,,$$

die Nenntemperatur sei

$$\vartheta_0 = +20\ °C = 293{,}15\ K \qquad (0\ °C \equiv 273{,}15\ K).$$

Zunächst wird das Mindestspiel M_0 bei ϑ_0 bestimmt. Es ergibt sich zu

$$\begin{aligned} M_0 &= D_{Bu} - D_{Wo} \\ &= 34{,}10 \text{ mm} - 34{,}00 \text{ mm} = 0{,}10 \text{ mm}. \end{aligned} \tag{13.8}$$

Weiterhin ermittelt man die Abhängigkeit des Mindestspiels $M(\vartheta)$ (hier als Funktionsschließmaß) von der Temperatur.

Nach Gleichung (13.5) gilt für die Bohrung in der Al-Nabe

$$\begin{aligned} D_{Bu}(\vartheta) &= D_{Bu}(\vartheta_0) + \Delta D_{Bu}(\Delta\vartheta) \\ &= D_{Bu}(\vartheta_0) + D_{Bu}(\vartheta_0)\cdot\alpha_{Al}(\vartheta - \vartheta_0) \\ &= D_{Bu}(\vartheta_0)\cdot[(1 - \alpha_{Al}\cdot\vartheta_0) + \alpha_{Al}\cdot\vartheta] \end{aligned} \tag{13.9}$$

Analog dazu gilt für die Welle

$$D_{Wo}(\vartheta) = D_{Wo}(\vartheta_0)\cdot[(1 - \alpha_{PA}\cdot\vartheta_0) + \alpha_{PA}\cdot\vartheta]. \tag{13.10}$$

Das temperaturabhängige Mindestspiel $M(\vartheta)$ ergibt sich somit zu

$$\begin{aligned} M(\vartheta) &= D_{Bu}(\vartheta) - D_{Wo}(\vartheta) \\ &= D_{Bu}(\vartheta_0)\cdot[(1 - \alpha_{Al}\cdot\vartheta_0) + \alpha_{Al}\cdot\vartheta] - D_{Wo}(\vartheta_0)\cdot[(1 - \alpha_{PA}\cdot\vartheta_0) + \alpha_{PA}\cdot\vartheta]. \end{aligned} \tag{13.11}$$

Zur Veranschaulichung der Spielveränderlichkeit von der Temperatur bietet sich eine grafische Darstellung an. Dies zeigen beispielsweise die umseitigen Grafiken *Bild 13.4* und *Bild 13.5*.

Für die Durchmesser Welle/Nabe gelten also die Grundformen

$$D_{Bu}(\vartheta) = D_{Bu}(\vartheta_0)\cdot[(1 - \alpha_{Al}\cdot\vartheta_0) + \alpha_{Al}\cdot\vartheta], \tag{13.12}$$

$$D_{Wo}(\vartheta) = D_{Wo}(\vartheta_0)\cdot[(1 - \alpha_{St}\cdot\vartheta_0) + \alpha_{St}\cdot\vartheta] \tag{13.13}$$

mit

$$\begin{aligned} D_{Bu}(\vartheta_0) &= 34{,}10 \text{ mm} \\ D_{Wo}(\vartheta_0) &= 34{,}00 \text{ mm}. \end{aligned}$$

Mit diesen Werten erhält man die folgenden Geradengleichungen:

$$\begin{aligned} D_{Bu}(\vartheta) &= 34{,}10 \text{ mm}\cdot\left[\left(1 - 2{,}34\cdot 10^{-5} \text{mm}\cdot\text{K}^{-1}\cdot 293{,}15 \text{ K}\right) + 2{,}34\cdot 10^{-5}\text{mm}\cdot\text{K}^{-1}\cdot\vartheta\right] \\ &= 33{,}866 \text{ mm} + 0{,}7979\cdot 10^{-3}\text{mm}\cdot\text{K}^{-1}\cdot\vartheta \end{aligned} \tag{13.14}$$

und

$$D_{Wo}(\vartheta) = 34{,}000\ \text{mm} \cdot \left[\left(1 - 8{,}5 \cdot 10^{-5}\ \text{mm K}^{-1} \cdot 293{,}15\ \text{K}\right) + 8{,}5 \cdot 10^{-5}\ \text{mm} \cdot \text{K}^{-1} \cdot \vartheta\right]$$
$$= 33{,}153\ \text{mm} + 2{,}89 \cdot 10^{-3}\ \text{mm} \cdot \text{K}^{-1} \cdot \vartheta. \tag{13.15}$$

Hiermit lassen sich die Extrema von D_{Bu} und D_{Wo} im vorgegebenen Temperaturbereich bestimmen. Die Auswertung zeigt die folgende Tabelle:

	ϑ/[K]	D_{Bu}/[mm]	D_{Wo}/[mm]	M_o/[mm]
Min.-Temp.	258,15	34,070	33,900	0,17
Arb.-Temp.	293,15	34,100	34,000	0,10
Max.-Temp.	333,15	34,130	34,120	0,01

Bild 13.3: Abhängigkeit des Mindestspiels von der Temperatur

Die Diagramme zeigen demgemäß den kontinuierlichen Verlauf der Durchmesser und des Mindestspiels in Abhängigkeit von der Temperatur.

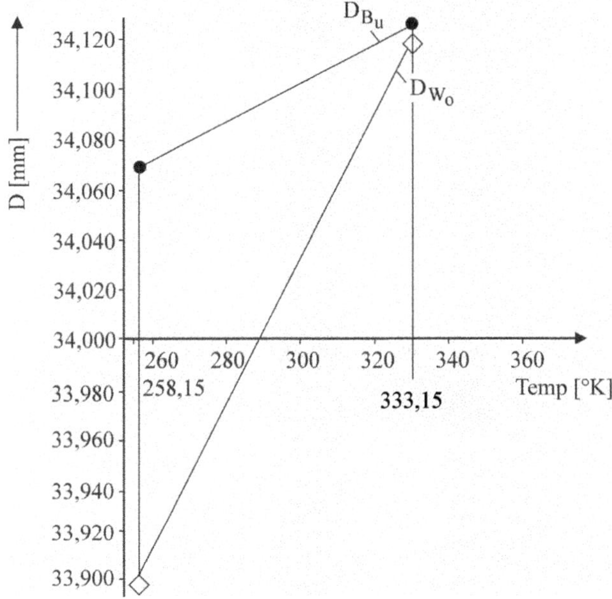

Bild 13.4: Durchmesser als Funktion der Temperatur

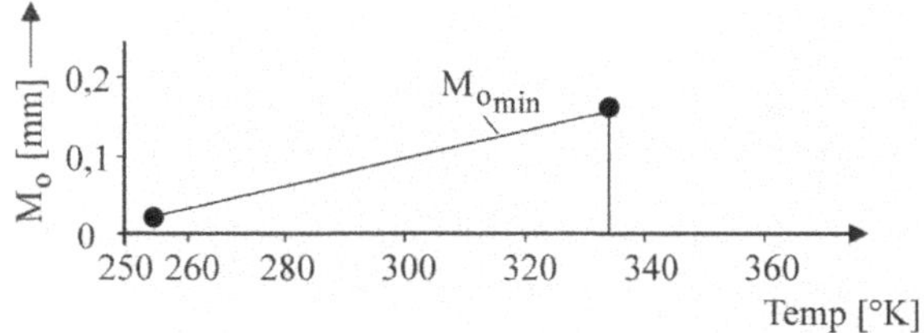

Bild 13.5: Mindestspiel als Funktion der Temperatur

13.4 Grenztemperatur

Als wesentliche Aussage aus den Kurvenverläufen folgt, dass ab einer bestimmten Temperatur das Mindestspiel kleiner null werden kann. Es ist also kein Spiel mehr vorhanden, vielmehr entsteht eine Pressung: Hierdurch ist die Funktion dieses Verbundes unterhalb dieser Grenztemperatur nicht mehr gegeben!

Die Grenztemperatur, unter welcher die Passverbindung nicht mehr funktionsfähig ist, soll im Weiteren bestimmt werden.

Die Grenztemperatur ϑ_{Grenz} ist definiert durch das Schließmaß $M_0(\vartheta_{Grenz}) = 0$. In diesem Fall ist die Funktion gerade noch gewährleistet, d. h., die Welle kann gegenüber der Bohrung widerstandsfrei bewegt werden.

Da $M(\vartheta) = D_{Bu}(\vartheta) - D_{Wo}(\vartheta)$ ist, tritt dieser Fall ein, wenn $D_{Bu}(\vartheta) = D_{Wo}(\vartheta)$ ist.

Die Durchmesser D_{Bu} und D_{Wo} werden beschrieben durch

$$D_{Bu}(\vartheta) = 33{,}866 \ \text{mm} + 0{,}7979 \cdot 10^{-3} \ \text{mm} \cdot \text{K}^{-1} \cdot \vartheta$$

und

$$D_{Wo}(\vartheta) = 33{,}153 \ \text{mm} + 2{,}89 \cdot 10^{-3} \ \text{mm} \cdot \text{K}^{-1} \cdot \vartheta \, .$$

Daraus erhält man die Grenztemperatur durch Gleichsetzen und Umformen der Gleichungen nach T:

$$\vartheta_{Grenz} = \frac{33{,}866 - 33{,}153}{(2{,}89 - 0{,}7979)} \cdot 10^3 \ \text{K} = 349{,}41 \ \text{K} \tag{13.17}$$

bzw.

$$\vartheta_{Grenz} = 349{,}41 - 273{,}15 \approx 76 \ ^\circ\text{C} \, .$$

Probleme mit Temperaturwirkung erlangen im Maschinen- und Fahrzeugbau eine immer größere Bedeutung. Ursachen liegen in der zunehmenden Steigerung der Leistungsparameter (höhere Drehzahlen = höhere Temperaturen), dem vermehrten Hybridbau (z. B. St mit Al, Al mit Mg etc.) sowie dem Kunststoffeinsatz. Klemmen von Verbindungen ist dann meist mit Störungen (erhöhter Leistungsverbrauch) verbunden, welche wieder kostenaufwändig beseitigt werden müssen.

14 Anforderungen an die Oberflächenbeschaffenheit

Zusätzlich zu den vorstehend behandelten Geometrieabweichungen an Bauteilen treten bei allen Fertigungsverfahren noch Rauheiten, Welligkeiten und Strukturmuster (s. ISO 1302) sowie örtlich kleine Risse (s. DIN 4761) auf. Ergänzend sollen daher die Anforderungen an technischen Funktionsoberflächen von Werkzeugen (s. DIN 16747) betrachtet werden.

14.1 Technische Oberflächen

Die Funktionstauglichkeit technischer Oberflächen, insbesondere auf dem Gebiet der mechanisch hoch beanspruchten Kontaktflächen (z. B. Pass-, Gleit- und Wälzlagerflächen) erfordert eine sorgfältige Abstimmung zwischen Toleranzen und Oberflächenbeschaffenheit. Zu diesem Problemfeld gibt es bis heute kaum wissenschaftlich abgesicherte Erkenntnisse, bekannt sind hingegen einige Erfahrungsregeln, die sich in der Praxis bewährt haben.

Ein allgemeines Prinzip der Geometriefestlegung sollte sein, dass alle Arten von Oberflächenunregelmäßigkeiten nicht dazu führen dürfen, dass sich bei Kontaktflächenberührungen maßliche Änderungen ergeben. Dies könnte durch Glättungseffekte mit plastischer Materialverdichtung eintreten. Meist hat dies erhöhtes Spiel mit weiteren Folgeeffekten zur Konsequenz.

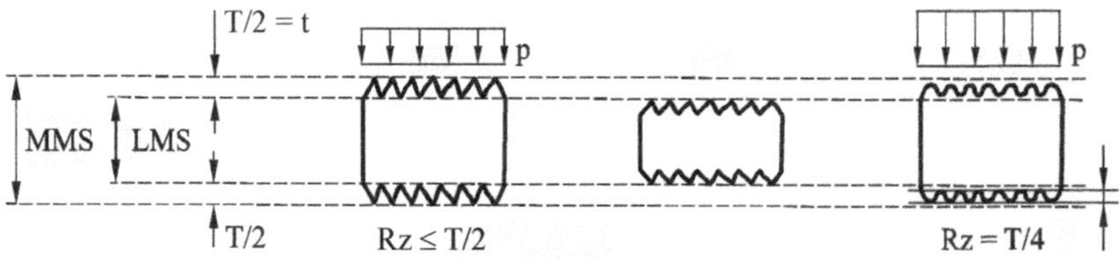

Bild 14.1: Zusammenhang zwischen Maßtoleranz und Rautiefe (Rz) bei einer Passfläche

Im vorstehenden *Bild 14.1* ist versucht worden, den Zusammenhang zwischen Maßtoleranz und Rautiefe transparent zu machen. Hierbei ist die Faustregel nach /VDI 91/ verwandt worden, die für Oberflächen ohne Funktionsanforderungen eine gemittelte Rautiefe von $Rz \leq T/2$ vorschlägt. Im Grenzfall $Rz = T/2$ kann es dann beim Kleinstmaß vorkommen, dass das größte Materialvolumen unterhalb der Minimum-Material-Grenze (LMS) liegt. Bei höheren Oberflächenbelastungen von Passflächen aus Pressung oder Verschleiß kann somit die Maßtoleranz unterschritten werden.

Bei sehr hohen Oberflächenbeanspruchungen sollte man daher Rautiefen im Bereich $Rz \leq T/4$ wählen. Für einige technische Funktionsoberflächen gibt es die folgenden Empfehlungen:

- *Passflächen* sollten je nach spezifischer Oberflächenpressung zwischen

  $$Rz \leq T/2 \text{ bis } T/4$$

  von der Maßtoleranz liegen.

- *Schmiergleitflächen* liegen gewöhnlich meist im Mischreibungsgebiet. Für Schmierfilmdicken $h_0 \leq 2 \cdot Rz$ gilt erhöhter Verschleiß- oder Fressgefahr. Für Flüssigkeitsreibung ist zu verlangen

$$h_0 \geq c \cdot [2 \cdot Rz + (Wt_1 + Wt_2)], \text{ mit Wt = Wellentiefe und c = 1,1-1,2.}$$

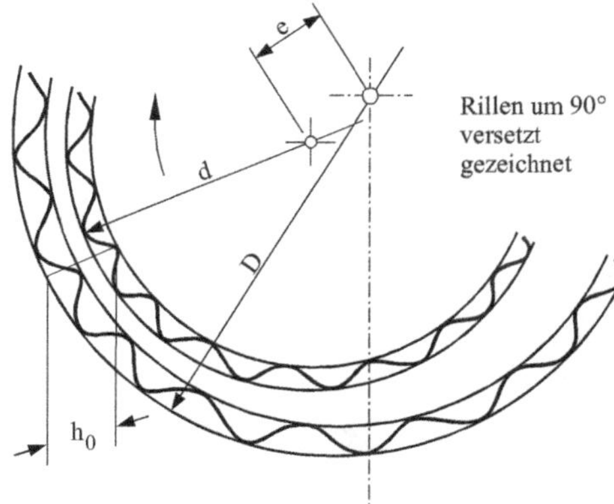

Bild 14.2:
Geometrie eines Lagerspaltes an der engsten Stelle bei rauen Oberflächen

Die Schmierfilmdicke bei hydrodynamischer Schmierung bestimmt sich zu

$$h_0 = \frac{d \cdot \psi}{2}(1 - e) \text{ mit } \psi = \frac{D - d}{d} \text{ (relatives Lagerspiel).} \tag{14.1}$$

Meist werden Lager mit einem größeren Rz hergestellt und durch Einlaufen geglättet.
Bei hoch belasteten Gleitlagerungen hat sich beispielsweise bewährt:

Rz = 1 µm bei gehärteten Wellen
und
Rz = 3 µm bei 3-Stofflagern.

- *EHD-Wälzkontakte* (*E*lasto-*HyDrodynamisch*) können mit einer „scheinbaren Oberflächenberührung" abgestimmt werden zu

$$h_{0\,min} = 1{,}0\,[2 \cdot Rz + \Sigma\,Wt]. \tag{14.2}$$

- *Dynamisch beanspruchte Spannungsgrenzflächen* (d. h. Oberflächen unter Wechselbeanspruchung) haben großen Einfluss auf die Lebensdauer eines Bauteils. Erfahrungsgemäß sollte hier $Rt/Rz < 1{,}3$ [*)] sein, wobei $Rz \leq T/4$ im Regelfall einzuhalten ist. Falls Korrosion auftreten kann, ist $Rz \leq T/5$ anzustreben.

[*)] Anmerkung: Rt= Gesamthöhe eines Profils innerhalb der Gesamtmessstrecke, Rz= größte Höhe innerhalb einer Einzelmessstrecke, Ra= arithm. Mittelwert innerhalb einer Einzelmessstrecke

Neben diesen Werten stellt die nachfolgende Auflistung im *Bild 14.3* noch eine Vielzahl von Erfahrungswerten zur Verfügung, die sehr hilfreich bei der Festlegung von Oberflächen sein können.

technische Oberflächen	größte Rautiefe Rz bzw. Rt
• Schneidflächen	2–3 µm
• Press- und Übergangspressflächen	1,5–6 µm
• Schrumpfpassflächen	10–20 µm
• Stützflächen	6–30 µm
• Messflächen	0,4–2,5 µm
• Haftflächen für Endmaße aus St	0,03–0,06 µm
• Dichtflächen ohne Dichtung	1,0–13 µm
• Dichtflächen mit	
a) bewegter Dichtung	0,06–6 µm
b) ruhender Dichtung	6–25 µm
• Spielpassflächen	3–17 µm
• Bremsflächen	1,5–18µm
• Rollflächen	0,1–2,5µm
• Wälzflächen	1–60 µm
• Stoßflächen	0,4–3 µm
• Spannungsgrenzenflächen	1,5–32 µm

Bild 14.3: Bereiche für Rautiefen Rz bzw. Rt von technischen Oberflächen über eine Normmessstrecke

14.2 Herstellbare Oberflächenrauheiten

Weiterhin zeigt das umseitige *Bild 14.4* in einer Bereichsübersicht, welche Rautiefenspektren bei den gängigen Fertigungsverfahren überhaupt entstehen bzw. eingehalten werden können. Meist ist der Mittelbereich in den Verteilungen bei einer überwachten Serienfertigung gut zu halten. Die extremen Kleinstwerte erfordern hingegen eine Präzisionsfertigung.

In Relation zu den Form- und Lagetoleranzen t_{F+L} interessieren meist Angaben für zylindrische Formteile unter Oberflächenbelastung. Hierfür gelten erfahrungsgemäß:

- Rauheit zur Rundheitstoleranz $Rz/t_K \approx 0{,}1 - 0{,}25$

und

- Rauheit zur Zylindrizitätstoleranz $Rz/t_Z \approx 0{,}05 - 0{,}15$

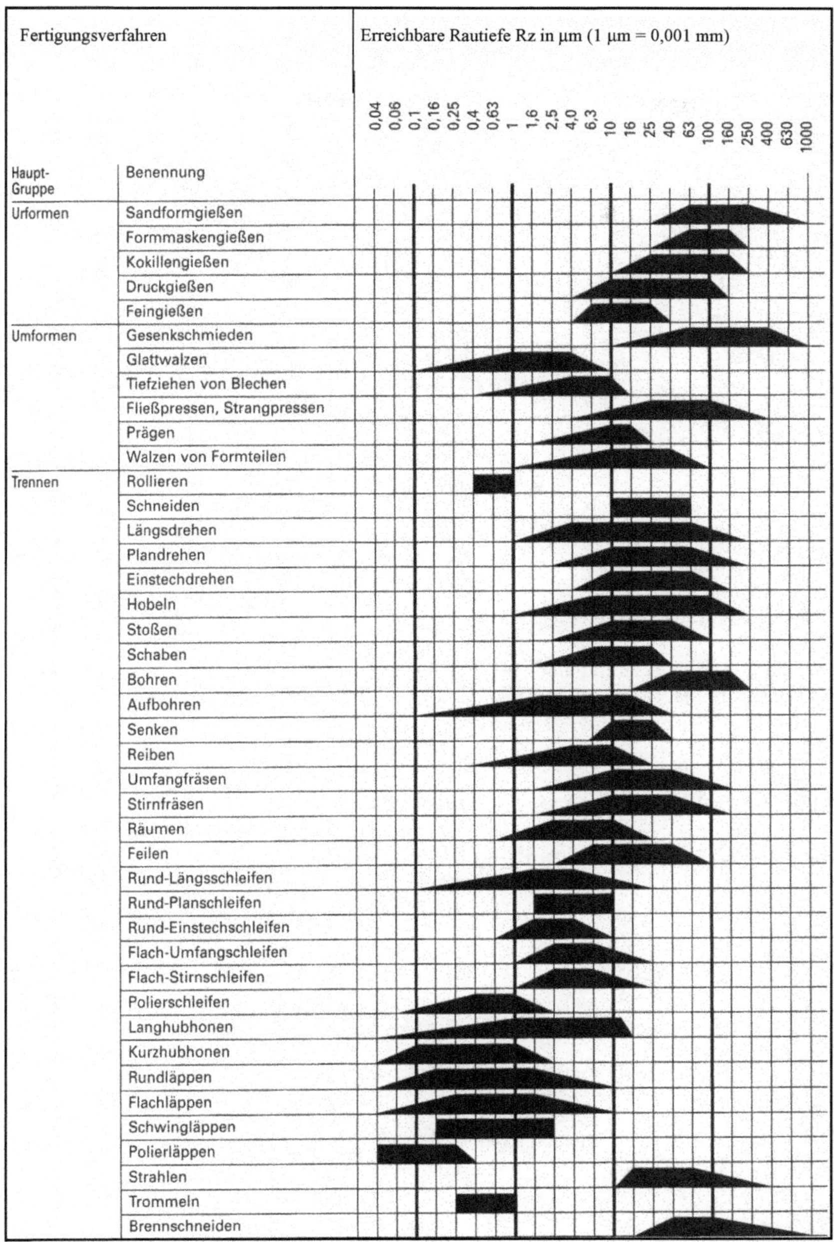

Bild 14.4: Erreichbare Rautiefen bei geläufigen Fertigungsverfahren

Im *Bild 14.5* sind einige ergänzende Angaben für typische Kunststoff-Oberflächenqualitäten wiedergegeben.

Die angegebenen Qualitäten decken hierbei den weiten Bereich von unbearbeitet bis spanend bearbeitet ab.

Oberflächenqualität	Ra (μm)	Bearbeitungszustand
• rau	≥ 3 - 5	normal (d. h. keine Nachbearbeitung)
• glatt	1,0 – 2,0	geglättet durch Feinbearbeitung (z. B. Schleifen)
• glänzend	0,25 – 0,5	grob poliert
• hochglänzend	0,05 – 1,0	fein poliert
• spiegelnd	0,01 – 0,03	feinst poliert (d. h. optische Sondergüte)

Bild 14.5: Anhaltswerte für technische Oberflächen nach Verarbeitererfahrungen

Ergänzende Informationen zu Passungen sind in der DIN ISO 286, T. 1 und 2 zu finden.

Für die spezielle Abstimmung von Toleranzfeldern, Rauheiten und Funktionsanforderungen sollten auch ergänzende Richtlinien, wie die Empfehlung VDA 2005 herangezogen werden.

14.3 Symbolik für die Oberflächenbeschaffenheit

Die Anforderungen an die Oberfläche von Bauteilen haben in technischen Zeichnungen (und auch in Berichten) durch grafische Symbole und Kenngrößen nach DIN ISO 1302 zu erfolgen. Mittels Kenngrößen werden alle Spezifikationen festgelegt, und zwar

- die Art des Oberflächenprofils (P = Primärprofil, R = Rauheitsprofil, W = Welligkeitsprofil)[*)],
- das Profilmerkmal,
- die geforderte Anzahl an Einzelmessstrecken

und

- wie die Grenzen der Vorgaben auszulegen sind.

[*)] Anmerkung: Das Primärprofil ist die in einer Tastschnittebene erfasste Istoberfläche; mittels Filter wird hiervon das Welligkeits- und Rauheitsprofil abgeleitet.

Weiter wird die Oberflächenbearbeitung durch ein einfaches *Grundsymbol* verschlüsselt. Gemäß *Bild 14.6* besteht dies aus zwei geraden Linienstücken unterschiedlicher Länge, die etwa 60° geöffnet sind und auf die zu charakterisierende Oberfläche zu richten ist.

Auch wenn das Grundsymbol mit zusätzlichen ergänzenden Informationen angewendet wird, so ist noch keine Entscheidung über die Art der Oberflächenbearbeitung getroffen worden.

	Bedeutung: Jedes Fertigungsverfahren ist zulässig
	Textangabe in Berichten oder Verträgen: APA (Any process allowed)
	Bedeutung: Materialabtrag gefordert
	Textangabe in Berichten oder Verträgen: MRR (Material removal required)
	Bedeutung: Materialabtrag unzulässig
	Textangabe in Berichten oder Verträgen: NMR (No material removed)

Bild 14.6: „Vollständige" grafische Symbole

Wenn eine vorgeschriebene Oberfläche durch Materialabtrag (z. B. mechanische Bearbeitung) gefordert wird, so muss das Grundsymbol um eine Querlinie erweitert werden. Im Anwendungsfall sind dann noch weitere Informationen anzufügen. Soll hingegen ein Materialabtrag zum Erreichen einer bestimmten Oberfläche unzulässig sein, so ist dem Grundsymbol ein Kreis hinzuzufügen. Ist eine Anforderung auf *alle* Oberflächen eines Bauteils auszudehnen, so kann das „Rundum-Symbol", wie im *Bild 14.7* dargestellt, benutzt werden.

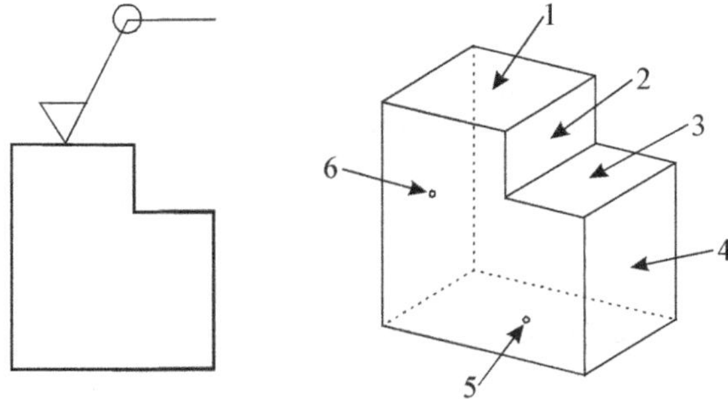

Bild 14.7: Angabe einer Oberflächenanforderung auf die sechs Flächen eines Außenumrisses (vordere und hintere Fläche ist nicht erfasst)

Wenn die Rundum-Kennzeichnung nicht eindeutig ist, müssen die maßgeblichen Oberflächen extra gekennzeichnet werden.

In der Realität werden zur Oberflächencharakterisierung neben dem grafischen Symbol noch eine Anzahl weiterer Informationen notwendig sein. Die ISO-Norm und die VDA-Empfehlung 2005 bieten hierzu die im *Bild 14.8* dargestellten Möglichkeiten an.

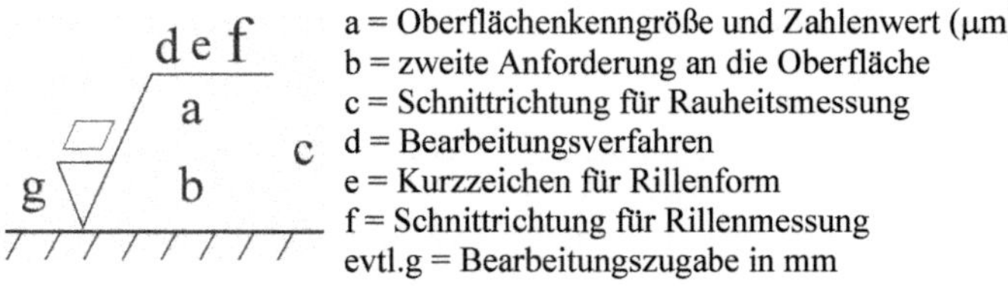

Bild 14.8: Positionen für die Zusatzanforderungen am allgemeinen Grundsymbol

Die aufgeführten Positionen sollen kurz umrissen werden. Sie können vollständig angegeben werden, dies ist optional:

- Pos. a: Hier werden einzelne Anforderungen an die Oberflächenbeschaffenheit angegeben. Einige beispielhafte Anordnungen zeigt *Bild 14.9*.

Anordnungsbeispiele	Textfolge
1. 0,0025 - 0,8/Rz 6,5	Übertragungscharakteristik-Einzelmessstrecke/ Oberflächenkenngröße mit Zahlenwert
2. -0,8/Rz 6,5	(fehlt) - Einzelmessstrecke/Oberflächenkenngröße mit Zahlenwert
3. 0,008 - 0,5/16/R 10	*Motivmethode*: Übertragungscharakteristik/Wert der Einzelmessstrecke/Oberflächenkenngröße mit Zahlenwert

Bild 14.9: Spezifizierte Anforderungen an die Oberflächenbeschaffenheit (Anmerkung: Die Motivmethode ist nur in der französischen Automobilindustrie genormt.)

- Pos. a + b: Mit „Pos. a“ ist die erste (obere) Anforderung und mit „Pos. b“ die zweite (untere) Anforderung gegeben.

- Pos. c: gibt die Schnittrichtung zu einer Orientierungsebene an, in der die Rauheitswerte gemessen werden sollen.

- Pos. d: Angabe für das Bearbeitungsverfahren (z. B. gefräst)

- Pos. e: Symbol für die zulässige Rillenform

- Pos. A: Hinweis auf Auswertung der ganzen Fläche (wird als Symbol angegeben)

- Pos. f: Hinweis auf Angabe der Schnittrichtung zur Rillenmessung

14.3.1 Oberflächencharakterisierung

In der DIN EN ISO 4287 werden technische Oberflächen über ihr Profil quantitativ charakterisiert. Dazu werden alle bestimmenden Merkmale aus dem *Primärprofil* mittels eines Tastschnitts (siehe *Bild 14.10*) abgegriffen und in einem Messgerät verarbeitet. Das Messgerät erfasst das Primärprofil der Oberfläche (eindimensionale Messstrecken), aus dem mit speziellen Filtern das Welligkeits- und Rauheitsprofil abgetrennt werden muss. Die Überlagerung des Welligkeits- und Rauheitsprofils ergibt rückwärtig wieder das Primärprofil.

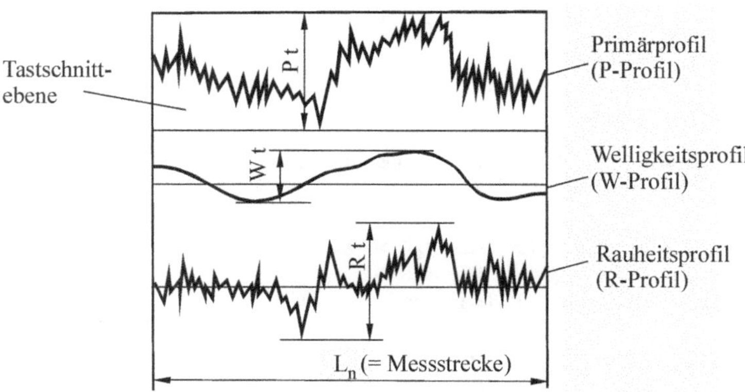

Bild 14.10: Technische Oberfläche in einem Tastschnitt (senkrecht zur Oberfläche)

In der Norm werden die wirksamen Profile wie folgt definiert und mittels der Filter abgegrenzt:

- Das *Rauheitsprofil* wird vom Primärprofil durch *Abtrennen der langwelligen Profilanteile* mit dem Profilfilter λ_c gewonnen, sodass nur die kurzwelligen Profilanteile als Rauheitsprofil zurückbleiben.

- Das *Welligkeitsprofil* wird vom Primärprofil durch *Abtrennen der kurzwelligen Profilanteile* mit den speziellen Profilfiltern λ_f oder λ_c gewonnen. Hierbei bleiben die kurzwelligen Profilanteile erhalten, wenn der Profilfilter λ_f angewandt wird, bzw. der langwellige Profilanteil bleibt erhalten, wenn der Profilfilter λ_c angewandt wird.

Als Messstrecke wird am Primärprofil entweder die Bearbeitungsrichtung oder eine Strecke quer zur Bearbeitung für die Auswertung und Beschreibung der Gestaltabweichung herangezogen.

Die abzugrenzende *Einzelmessstrecke* L_r für die Rauheit und L_w für die Welligkeit ist zahlenmäßig gleich der Grenzwellenlänge λ_c bzw. λ_f des Profilfilters (siehe hierzu auch *Bild 14.14*). Die Einzelmessstrecke L_p für das Primärprofil ist gleich der Messstrecke (= Länge des zu messenden Geometrieelementes). Aus Gründen einer besseren statistischen

Absicherung der Messgrößen wird im Regelfall die Messstrecke L_n in mehrere Einzelmessstrecken aufgeteilt, wie im *Bild 14.11* hervorgehoben. Der angedeutete Vor- und Nachlauf wird nicht berücksichtigt.

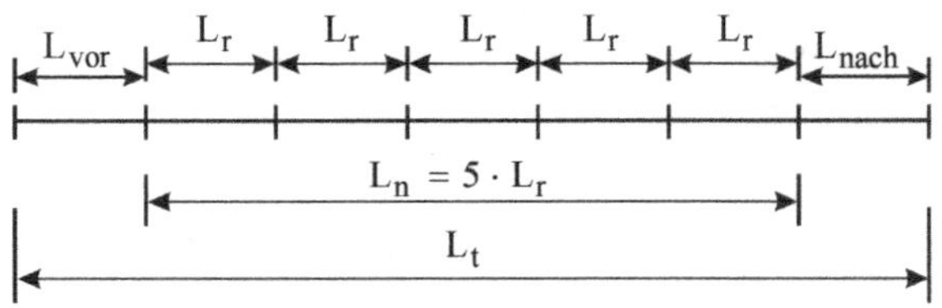

Legende: L_t = Taststrecke, L_r = Einzelmessstrecke, L_{vor}, L_{nach} = Vor- bzw. Nachlaufstrecke, L_n = Messstrecke bzw. Gesamtmessstrecke

Bild 14.11: Messtechnische Erfassung und Auswertung des Oberflächenprofils

Für jedes Profil ist die Messstrecke in soweit festgelegt:

- Beim R-Profil ist die Regel-Messstrecke L_n aus *fünf* Einzelmessstrecken L_r, d. h. $L_n = 5 \cdot L_r$ zu bilden.
- Beim W-Profil ist derzeit noch keine Festlegung für die Messstrecken definiert.
- Beim P-Profil ist die Regel-Messstrecke als Gesamtlänge des Geometrieelementes definiert.

Wenn beim R-Profil von der Regelanzahl fünf bei den Einzelmessstrecken*) abgewichen werden soll, muss dies an der zugehörigen Kenngrößenbezeichnung angegeben werden, wie beispielsweise Rz8, Rp8 etc. (sofern eine Messstrecke aus acht Einzelmessstrecken gewünscht wird).

Des Weiteren gibt es noch zwei Möglichkeiten, wie die Spezifikationsgrenzen der Oberflächenbeschaffenheit anzugeben und zu interpretieren sind, und zwar nach der „16-%-Regel" oder nach der „max-Regel (= Höchstwert-Regel)":

> Die *„16-%-Regel"* ist als Regelanforderung (s. ISO 4288) für alle Angaben an die Oberflächenbeschaffenheit definiert und braucht nicht extra vermerkt zu werden.
> Wenn die Höchstwert-Regel (s. ISO 1302) angewendet werden soll, so muss „max" zur Kenngröße (z. B. Rz1 max) vermerkt werden.

Eintragungsbeispiele dazu gibt das folgende *Bild 14.12* als Text- (für Bestelldokumente) und als Zeichnungsangabe.

*) Anmerkung: Die gemessenen Werte sind hinsichtlich ihrer Messunsicherheit gemäß der ISO 14253-1 zu korrigieren.

Textangabe	Zeichnungsangabe
MRR Ra 0,7; Rz1 3,3	Ra 0,7 Rz1 3,3 bzw. U Rz 3,3 L Ra 0,7
Angabe: „16-%-Regel"/U = obere bzw. L = untere Grenze	
MRR Ra max 0,7; Rz1 max 3,3	Ramax 0,7 Rz1max 3,3
Angabe: „max" bzw. „Höchstwert-Regel"	

Bild 14.12: Verschlüsselung der Toleranzgrenzen

Die „16-%-Regel" berücksichtigt die statistische Verteilung der Einzelmesswerte unter der Annahme einer Normalverteilung und legt die Bedingungen für die Annahme von Messwerten fest.

Akzeptierte Messergebnisse für einen Soll-Ist-Abgleich sind hiernach:

- wenn der 1. Messwert 30 % unterhalb des Grenzwertes liegt,

oder

- die ersten drei Messwerte den Grenzwert nicht überschreiten bzw. von den ersten sechs Messwerten nur ein Messwert (d. h. 16 %) den Grenzwert überschreitet,

oder

- von den ersten zwölf Messwerten nur zwei Messwerte (d. h. 16 %) den Grenzwert überschreiten.

Darf aus funktionellen Gründen kein gemessener Wert den in der Zeichnung vorgegebenen Wert überschreiten, so ist die „Höchstwert-Regel" anzuwenden. Dies wird durch den nachgestellten Zusatz „max" hervorgehoben. Durch mindestens drei Messungen an der kritischen Stelle ist diese Bedingung nachzuweisen.

14.3.2 Filter und Übertragungscharakteristik

Wie vorstehend schon erwähnt, müssen die an der Bauteiloberfläche ermittelten Messgrößen gefiltert werden. Zweck der Filterung ist die Trennung der Rauheit von den Welligkeiten und Formabweichungen. Welligkeit und Form sind nämlich nicht Bestandteil der Rauheit und dürfen somit nicht in das gemessene Rauheitsprofil mit eingehen. Des Weiteren müssen Filter die Grundschwingungen im Umfeld der Messung möglichst vollständig unterdrücken.

In der alten DIN-Norm war noch der analoge 2-RC-Filter vereinbart. Vom Aufbau her verarbeitet dieser aber nur sinusförmige Schwingungen abbildungsgetreu. Da dies bei Oberflächenprofilen aber nicht der Regelfall ist, wurde in der neuen DIN ISO-Norm der digitale

Gauß-Filter als Standard festgeschrieben. Digitale Filter werden durch eine Software realisiert, die rein rechnerisch aus einer Welle hoch- und niederfrequente Schwingungen trennt.

Hierzu werden drei Filter mit unterschiedlichen Grenzwellenlängen und einer speziellen Übertragungscharakteristik nach ISO 11562 benutzt:

- λ_s-Profilfilter: grenzen den Übergang von der Rauheit zu den Anteilen mit den noch kürzeren Wellenlängen, die auf der Oberfläche vorkommen, ab
- λ_c-Profilfilter: definieren den Übergang von der Rauheit zur Welligkeit
- λ_f-Profilfilter: grenzen den Übergang von der Welligkeit zu den Anteilen mit noch längeren Wellenlängen, die auf der Oberfläche vorkommen, ab

Im *Bild 14.13* sind die zu den Übertragungscharakteristiken gegebenen Grenzwellenlängen der entsprechenden Filter dargestellt.

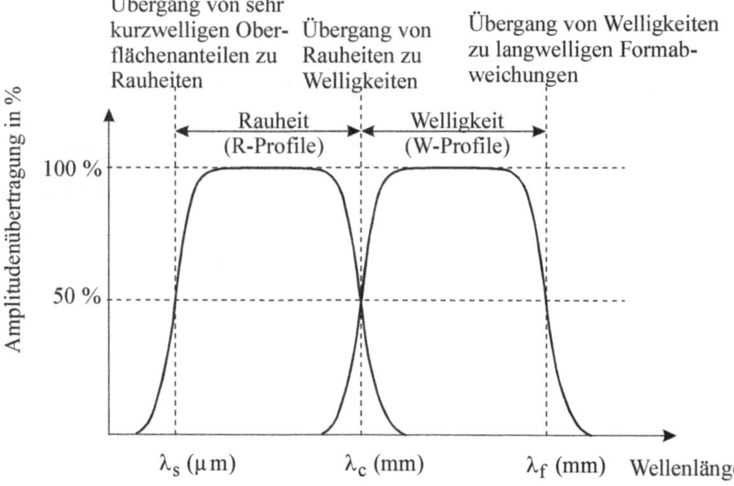

Bild 14.13: Übertragungscharakteristika oder Bandbreiten für das Rauheits- und Welligkeitsprofil

Die digitalen Filter können bei bestimmten Grenzwellenlängen schon bei einer 50%-Übertragung (Gauß-Funktion) die Rauheit scharf von der Welligkeit separieren. Dies erfolgt durch den λ_s- und λ_c-Filter. Insbesondere ist es Zweck des λ_s-Filters, mit einer kurzen Nennwellenlängenbegrenzung die gemessene Rauheit nach unten zu begrenzen und somit dynamische Effekte des Messgerätes auszuschließen. Der Messbereich wird wesentlich durch die Tastnadelgeometrie, den elektrischen Geräteaufbau und den verarbeitbaren Digitalisierungsabstand beeinflusst. Praktisch sinnvolle Bandbreiten für das Rauheitsprofil sind somit nur im Zusammenhang mit den wirksamen Tastnadelradien zu sehen. Mit der gleichzeitigen Festlegung eines maximalen Messpunkteabstandes auf dem Profil (bezogen auf die

Einzelmessstrecke L_r) entstehen die empfohlenen Übertragungscharakteristiken oder Bandbreiten (Verhältnis $\lambda_c : \lambda_s$).

Der zahlenmäßige Wert der Einzelmessstrecke L_r in Millimeter entspricht dann dem Nennwert des Filters für die lange Wellenlänge λ_c der Rauheit. Im *Bild 14.14* sind einige empfohlene Werte für eine Messung spezifiziert.

λ_c (mm)	λ_s (µm)	Bandbreite ~ $\lambda_c : \lambda_s$	maximaler Tastnadelradius (µm)	minimaler Profilpunktabstand (µm)
0,08	2,5	30	2	0,5
0,25	2,5	100	2	0,5
0,80	2,5	300	2	0,5
2,5	8	300	5	1,5
8,0	25	300	10	5

Bild 14.14: Für Rauheitsmessungen empfohlene Spezifikationen

Die entsprechende Grenzwellenlänge (Cut-off genannt) legt die Empfindlichkeit des Filters fest. Alle weiteren Werte müssen geeignet gewählt werden.

Die Grenzwellenlänge λ_c entspricht der Einzelmessstrecke L_r. Diese Einzelmessstrecke ist als $L_r = L_n / 5$ über die Länge des Geometrieelementes vereinbart.

14.3.3 Definition der Oberflächenkenngrößen

In technischen Zeichnungen werden die Oberflächenvorgaben durch das „vollständige grafische Symbol“ (siehe noch einmal *Bild 14.8*) mit Einzelanforderungen angegeben.

Die Charakterisierung der Funktionsbedingungen erfolgt mit Kenngrößenkurzzeichen, wobei der vorausgehende Großbuchstabe (P, R, W) auf das entsprechende Profil verweist.

Im *Bild 14.15* ist ein gefiltertes Rauheitsprofil in einem Tastschnitt über die Messlänge dargestellt. Exemplarisch sollen hieran einige Kenngrößen markiert und definiert werden. Einzelheiten dazu findet man in der ISO 4287.

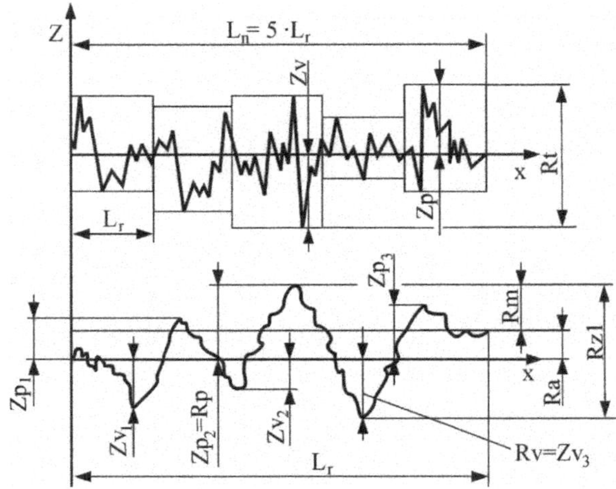

Bild 14.15: Ermittlung von „Senkrecht-Kenngrößen" an einem Rauheitsprofil

Alle Kenngrößen werden von einer „Mittellinie" abgegriffen. Die Lage dieser Mittellinie wird beim Rauheitsprofil durch die kleinsten Abweichungsquadrate festgelegt. Als wesentliche geometrische Kenngrößen sind in der ISO 4287 festgelegt worden:

- *Profilelemente* werden durch eine Profilspitze und das benachbarte Profiltal begrenzt.

- *Profilspitze* (vom Material ins umgebende Medium) als ein aus dem gemessenen Profil herausragender Teil, der zwei benachbarte Schnittpunkte mit der x-Achse (d. h. Mittellinie) bildet.

- *Profiltal* (vom umgebenden Medium ins Material), als ein in das gemessene Profil hineinragender Teil, der zwei benachbarte Schnittpunkte mit der x-Achse bildet.

- *Messstrecke* L_n bezeichnet die Länge in x-Richtung, die für die Auswertung des Profils herangezogen wird.

- *Einzelmessstrecke* L_p, L_r, L_w bezeichnet die jeweilige Länge in x-Richtung, die für die Erkennung der Gestaltabweichung des auszuwertenden Profils herangezogen wird.
  Die Einzelmessstrecke für die Rauheit $\mathrm{L_r}$ und für die Welligkeit $\mathrm{L_w}$ ist betragsmäßig gleich der Grenzwellenlänge des Profilfilters λ_c beziehungsweise λ_f. Die Einzelmessstrecke für das Primärprofil $\mathrm{L_p}$ ist gleich der Messstrecke.

- *Ordinatenwert Z(x)* bezeichnet ganz allgemein die Höhe des gemessenen Profils an einer beliebigen Position.

- *Materiallänge des Profilelements ML(c) in der Schnitthöhe c* gibt die dann noch vorhandenen Traganteile eines Profils nach vorhergehendem abrasiven Verschleiß an.

Eine Zusammenstellung der definierten Größen zeigt noch einmal *Bild 14.16.*

Grunddefinitionen	Benennung
Messstrecke	L_n
Einzelmessstrecke	L_p, L_r, L_w
Ordinatenwert	Z(x)
örtliche Profilsteigung	dZ/dx
Höhe der Profilspitze	Zp
Tiefe des Profiltals	Zv
Höhendifferenz des Profilelements	Zt
Breite des Profilelements	Xs
Materiallänge des Profils auf der Schnitthöhe c	ML(c)

Bild 14.16: Grunddefinitionen von geometrischen Profilkenngrößen

Zur quantitativen Eingrenzung der realen Oberflächenausprägung werden *Kenngrößenkurzzeichen* benutzt, die sich in *Senkrecht- und Waagerechtkenngrößen* unterteilen lassen. Die wichtigsten Kenngrößen sollen nach DIN EN ISO 4287 kurz umrissen werden.

- Definitionen der Senkrechtkenngrößen (Amplitudenkenngrößen):

  – *Höhen der Profilspitzen* Zp_i bzw. größte Höhe einer Profilspitze $Zp_i \mathrel{\hat{=}} Rp$ oder Pp oder Wp innerhalb einer Einzelmessstrecke;

  – *Tiefen der Profiltäler* Zv_i bzw. größte Tiefe eines Profiltals $Zv_i \mathrel{\hat{=}} Rv$ oder Pv oder Wv innerhalb einer Einzelmessstrecke;

  – *größte Höhe des Profils Pz, Rz = Rp + Rv, Wz* als Summe aus der größten Profilspitze Zp und des tiefsten Profiltals Zv *innerhalb einer Einzelmessstrecke*;

  – *Gesamthöhe des Profils Pt, Rt, Wt* als Summe aus der Höhe der größten Profilspitze Zp und der Tiefe des größten Profiltales Zv innerhalb einer *Gesamtmessstrecke*.

  Da die Gesamtmessstrecke größer als die Einzelmessstrecke ist, treffen die folgenden Relationen für jedes Profil zu:

  $$Pt \geq Pz,\ Rt \geq Rz,\ Wt \geq Wz.$$

  Im Regelfall ist Rt = Rz, es wird dann empfohlen, Rt anzugeben.

  – *Mittelwert der Höhe der Profilelemente Zt* innerhalb einer Einzelmessstrecke:

$$Pc,\ Rc,\ Wc = \frac{1}{n}\sum_{i=1}^{n} Zt_i \quad \text{mit dem Regelfall } n = 5; \qquad (14.3)$$

- *arithmetischer Mittelwert* der Beträge der Ordinatenwerte Z(x) innerhalb einer Einzelmessstrecke:

$$\text{Pa, Ra, Wa} = \frac{1}{n}\sum_{i=1}^{n}\left|Z(x)\right|; \tag{14.4}$$

- *quadratischer Mittelwert* der Ordinatenwerte Z(x) innerhalb einer Einzelmessstrecke:

$$\text{Pq, Rq, Wq} = \sqrt{\frac{1}{n}\sum_{i=1}^{n}\left|Z^2(x)\right|}; \tag{14.5}$$

- *Schiefe des Profils* als Quotient aus der gemittelten dritten Potenz der Ordinatenwerte Z(x) und der jeweils dritten Potenz von Pq, Rq oder Wq innerhalb einer Einzelmessstrecke, z. B. für

$$\text{Rsk} = \frac{1}{\text{Rq}^3}\left[\frac{1}{n}\sum_{i=1}^{n}\left|Z^3(x)\right|\right]; \tag{14.6}$$

- *Steilheit des Profils* als Quotient aus der gemittelten vierten Potenz der Ordinatenwerte Z(x) und der jeweiligen vierten Potenz von Pq, Rq oder Wq innerhalb einer Einzelmessstrecke, z. B. für

$$\text{Rku} = \frac{1}{\text{Rq}^4}\left[\frac{1}{n}\sum_{i=1}^{n}\left|Z^4(x)\right|\right]. \tag{14.7}$$

- Definitionen der Waagerechtkenngrößen (Abstandskenngrößen)

  - *Mittlere Rillenbreite* des Profils als Mittelwert der Breite der Profilelemente Xs innerhalb einer Einzelmessstrecke:

$$\text{PSm, RSm, WSm} = \frac{1}{m}\sum_{i=1}^{m}\text{Xs}_i\,. \tag{14.8}$$

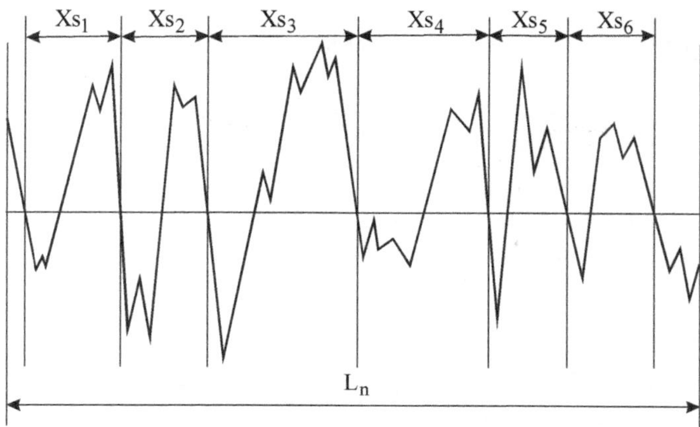

Bild 14.17: Rillenbreite der Profilelemente

- Charakteristische Kurven und abgeleitete Kennwerte

  – *Materialanteil des Profils* als Quotient aus der Summe der Materiallängen aller Profilelemente ML(c) in der gewählten Schnitthöhe c über der gesamten Messstrecke:

$$\text{Pmr(c), Rmr(c), Wmr(c)} = \frac{\text{ML(c)}}{L_n}; \tag{14.9}$$

  – *Materialanteilkurve* gibt den Materialanteil des Profils als Funktion der Schnitthöhe an. Diese Kurve resultiert aus der Summenhäufigkeitskurve der Ordinatenwerte Z(x) über die Länge der Messstrecke.

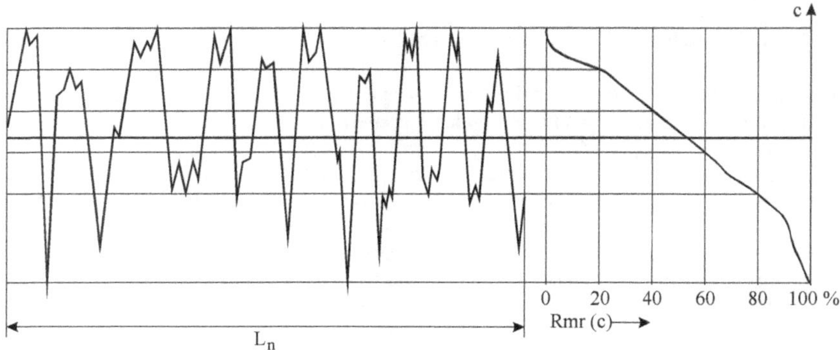

Bild 14.18: Tragender Materialanteil eines Oberflächenprofils

Zur besseren Orientierung über alle Kenngrößen nach ISO 4287 zeigt *Bild 14.19* noch eine Gesamtübersicht mit entsprechenden Empfehlungen.

Kenngrößen	Benennung
Profile allgemein:	
Höhe der größten Profilspitze	Rp
Tiefe des größten Profiltales	Rv
größte Höhendifferenz des Profils	Rz
mittlere Höhe der Profilelemente	Rc
Gesamthöhe des Profils innerhalb der Messstrecke	Rt
Aperiodische Profile (Schleifen, Erodieren, etc.):	
größte Höhendifferenz des Profils	Rz
arithmetischer Mittelwert der Profilordinaten	Ra
quadratischer Mittelwert der Profilordinaten	Rq
Schiefe des Profils	Rsk
Steilheit des Profils	Rku
Periodische Profile (Drehen, Fräsen, Hobeln, etc.):	
mittlere Rillenbreite der Profilelemente	RSm
quadratischer Mittelwert der Profilordinaten	Rq
quadratischer Mittelwert der Profilsteigung	$R\Delta q$
Materialanteilkurve des Profils	Rmr(c)
Höhendifferenz zwischen zwei Schnittlinien	RSc
Materialanteil	Rmr

Bild 14.19: Kenngrößen zur Oberflächenquantifizierung nach ISO 4287

14.3.4 Zeichnungsangaben für Oberflächen

Die vorstehend charakterisierten Kenngrößen und Definitionen sollen im nachfolgenden *Bild 14.20* an einigen Eintragungsbeispielen interpretiert werden.

Leitgedanke für den Konstrukteur muss es sein, die Oberflächenanforderung nicht unnötig zu verschärfen. Wie bei den Toleranzen gilt auch hier, dass die Bearbeitungskosten exponentiell mit einer Verkleinerung der Oberflächenrauheit ansteigen. Dies kann natürlich nicht heißen, gänzlich auf eine Oberflächenspezifizierung zu verzichten. Die ISO 1302 wurde als GPS-Norm extra dazu geschaffen, um Oberflächen spezifizieren zu können. Die Rauheit hat nämlich wesentliche Auswirkungen auf den Verschleiß, die Reibleistung und die Erwärmung, womit gegebenenfalls die Lebensdauer von Bauteilen und Systemen verkürzt wird.

Symbol	Erläuterung und Bedeutung
Rz 5	Materialabtragende Bearbeitung ist unzulässig, R-Profil, Regelübertragungscharakteristik, einseitig vorgegebene obere Grenze, größte Rautiefe 5 µm innerhalb einer Einzelmessstrecke, Messstrecke aus 5 Einzelmessstrecken, „16-%-Regel“
Rzmax 6,5	Materialabtragende Bearbeitung ist verlangt, R-Profil, Regelübertragungscharakteristik, einseitig vorgegebene obere Grenze mit größter gemittelter Rautiefe 6,5 µm, Messstrecke aus 5 Einzelmessstrecken, „max-Regel“
0,0025 - 0,8 / Ra 2,5	Materialabtragende Bearbeitung ist verlangt, R-Profil, Übertragungscharakteristik: 0,0025-0,8 mm (d. h. λ_s = 0,0025, $\lambda_c = L_r$ = 0,8), einseitig vorgegebene obere Grenze, Mittenrauwert: 2,5 µm, Messstrecke aus 5 Einzelmessstrecken, „16-%-Regel“
- 0,8 / Ra3 2,5	Materialabtragende Bearbeitung ist verlangt, R-Profil, Übertragungscharakteristik: Einzelmessstrecke 0,8 mm (λ_s-Regelwert = 0,0025 mm), einseitig vorgegebene obere Grenze, Mittenrauwert: 2,5 µm, Messstrecke aus 3 Einzelmessstrecken, „16-%-Regel“
0,008 - / Ptmax 20	Materialabtragende Bearbeitung ist verlangt, P-Profil, Übertragungscharakteristik: λ_s = 0,008 mm, kein Langwellenfilter λ_c, einseitig vorgegebene obere Grenze für Profil-Gesamthöhe: 20 µm, Messstrecke gleich Werkstücklänge, „max-Regel“

Bild 14.20: Eintragungsbeispiele in technischen Zeichnungen für Anforderungen an die Oberfläche

Ergänzend sollen noch einige Vereinbarungen zum Bearbeitungsverfahren erläutert werden.

Symbol	Erläuterung und Bedeutung
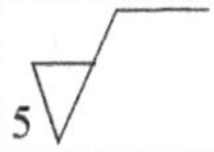 5	Bearbeitungszugabe 5 mm für die gekennzeichnete Oberfläche
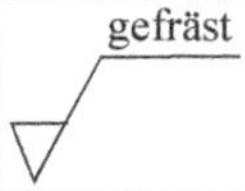 gefräst	Bearbeitungsangabe für die gekennzeichnete Oberfläche: Materialabtrag durch Fräsen
 M	Alle Bearbeitungsverfahren und mehrfache Richtungen der Oberflächenrillen sind zulässig.
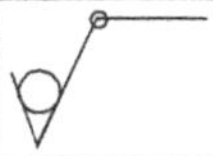	Die Oberflächenangabe (Materialabtrag unzulässig) gilt für den gesamten Außenumriss der Ansicht.

Bild 14.21: Besondere Vereinbarungen zur Oberflächenbearbeitung

14.3.5 Zeichnungsangaben für Oberflächenrillen

Zum Problemkreis Oberflächen gehören auch die Oberflächenrillen. Rillen entstehen bei der Bearbeitung als Spuren der Werkzeugbewegung. Bei einer Feinbearbeitung werden diese weniger ausgeprägt sein als bei einer Grobbearbeitung oder stark spanendem Abtrag. Da für viele technische Funktionsflächen auch die Rillenstruktur maßgebend ist, können entsprechende Anforderungen ebenfalls mit dem Oberflächensymbol vereinbart werden.

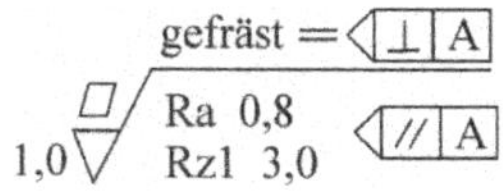

Bild 14.22: Vereinbarung paralleler Rillenstruktur für eine ganze Oberfläche nach ISO 25178, gemessen zur Beschriftungsebene A

Zum Zweck der besseren Interpretierbarkeit sind in der folgenden Aufstellung noch einige Eintragungsbeispiele wiedergegeben. Gleichzeitig ist die zugehörige Definition schematisch sichtbar gemacht worden.

Symbole	Vereinbarung	Bedeutung/Eintragung
=	Rillen *parallel* zur Projektionsebene der Ansicht, auf die das Symbol weist	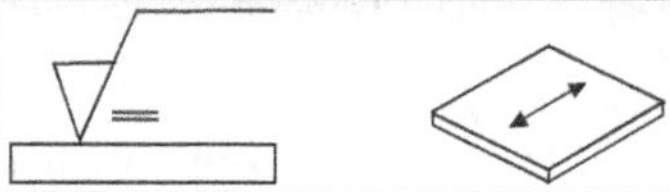 =
⊥	Rillen *rechtwinklig* zur Projektionsebene, auf die das Symbol weist	 ⊥
X	Rillen *gekreuzt* in zwei schrägen Richtungen zur Projektionsebene der Ansicht, auf die das Symbol weist	 X
M	Rillen in *mehrfachen* Richtungen zur Projektionsebene der Ansicht, auf die das Symbol weist	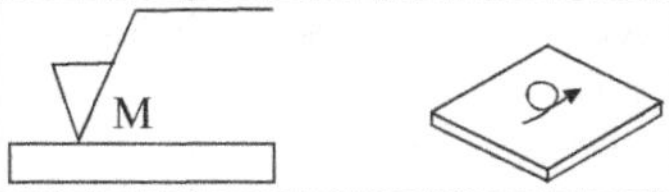 M
C	Rillen annähernd *konzentrisch* zur Mitte der Oberfläche, auf die das Symbol weist	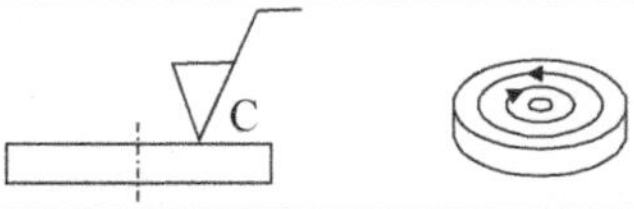 C
R	Rillen annähernd *radial* zur Mitte der Oberfläche, auf die das Symbol weist	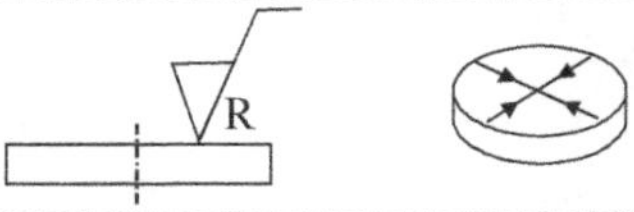 R
P	*Nichtrillige* Oberfläche darf ungerichtet oder muldig sein	 P

Bild 14.23: Angabe und Vereinbarung von Oberflächenrillen

15 Unterschiede zwischen ISO und ASME

15.1 ASME-Standard

Der amerikanische Wirtschaftsraum ist einer der leistungsstärksten auf der ganzen Welt. Die Amerikaner nutzen Normung, um eindeutige Standards für ihren nationalen Markt /ASM11/ zu setzen. Das American National Standards Institute (ANSI) orientiert sich in den letzten Jahren aber zunehmend an internationale Entwicklungen und versucht sich dem ISO/GPS-System anzunähern. Derzeit existiert eine ca. 75 %-ige Übereinstimmung.

Auf dem Sektor der Maß-, Geometrie- und Oberflächennormung sind von der ASME-Norm diejenigen deutschen Unternehmen betroffen, die entweder in den USA oder in Deutschland nach US-amerikanischen Zeichnungen fertigen. Aus der teils unterschiedlichen Interpretation resultieren oft Missverständnisse, die einen erhöhten Abstimmungsbedarf erforderlich machen und gegebenenfalls zu einer nicht spezifikationsgerechten Fertigung führen. In beiden Fällen sind dies Aktivitäten, die unnötige Kosten verursachen und sich durch eine bessere Kenntnis beider Normensysteme vermeiden lassen. Die aktuelle amerikanische Norm für den *Gesamtkomplex Maße und Toleranzen* ist die

ASME Y14.5M – 2018 „Dimensioning and Tolerancing“.

Die ASME-Norm unterscheidet sich in Aufbau und Umfang zum Teil von den entsprechenden DIN-EN-ISO-Normen, in den meisten Punkten besteht aber eine inhaltliche Übereinstimmung. Daher soll im Folgenden ein kurzer Vergleich der Norm ASME Y14.5M mit den relevanten DIN-EN-ISO-Normen durchgeführt werden. Insbesondere sollen die wesentlichen Unterschiede zwischen ASME Y14.5M und DIN-EN-ISO und die Be-sonderheiten der ASME-Norm bezüglich Maßkonventionen und Form- und Lagetoleranzen diskutiert werden. Man muss dem ASME-Normensystem aber konstatieren, dass es sehr vollständig, exakt und weit reichend ist. In einigen Belangen geht es maßgeblich über das ISO/GPS-System hinaus.

15.2 Symbole und Zeichen

15.2.1 Maßeintragung

Bei der Angabe von Maßen gibt es einige Unterschiede zwischen ASME- und DIN-ISO-Normen. Diese betreffen im Wesentlichen die Leserichtung der Maßangaben und die Eintragung von Maßpfeilen. Die Eintragung von Maßen und Toleranzen (s. ISO 129) ist im Bereich des ISO/GPS-Systems eindeutig geregelt. Diese sollen zukünftig die deutschen Normen DIN 406-10,-11 und DIN 406-12 ersetzen. Vielen Konstrukteuren in der Praxis sind die damit verbundenen Besonderheiten jedoch noch nicht bekannt.

Die ISO 129-1 sieht bei der Maßeintragung keine Unterschiede zwischen steigender Bemaßung sowie Ketten-, Parallel- und Koordinatenbemaßung vor. In ASME wird für Koordinatenbemaßung ein von den anderen Maßarten jedoch unterschiedliches Verfahren angegeben.

In der folgenden *Tabelle 15.1* sind die Unterschiede bei der Angabe von Maßen aufgeführt.

	ISO 129-1	ASME Y14.5M
Maßzahlen	stehen auf der Maßlinie	Die Maßlinie wird für die Maßzahl unterbrochen. (Maßzahl auf Linie ist auch zulässig, aber unüblich)
Maßlinien und Maßhilfslinien	enden an der Körperkante	Zwischen Linie und Körperkante besteht eine kleine Lücke.
	werden nicht unterbrochen, wenn sie sich schneiden	werden unterbrochen, wenn sie sich schneiden
Hauptleserichtung	gerade oder von links	vom unteren Rand her lesbar (gerade)
Allgemein	ISO 129 Maße sollen von unten oder von rechts lesbar sein.	Maße sollen **immer** von unten lesbar sein.
Koordinatenbemaßung		Maße sollen von unten oder von rechts lesbar sein.

Tabelle 15.1: Unterschiede in der Maßeintragung

Oberstes Darstellungsprinzip muss Vollständigkeit und Eindeutigkeit sein. Die Zeichnung sollte aber im Regelfall keine Bearbeitung vorgeben. Falls dies notwendig sein sollte, sind hierfür Toleranzen heranzuziehen.

Die Umsetzung in einer technischen Zeichnung zeigt *Bild 15.1.*

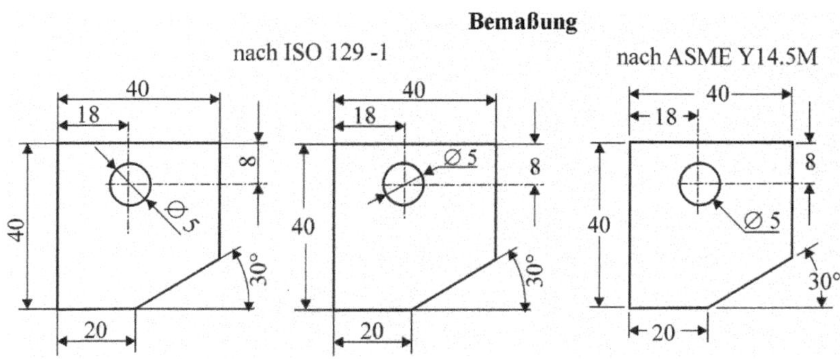

Bild 15.1: Besonderheiten für die Eintragung von Maßen und Maßpfeilen

15.2.2 Unterschied zwischen Millimeter und Inch-Bemaßung in ASME

Bedingt durch die hauptsächliche Anwendung im amerikanischen Wirtschaftsraum wird in der ASME großen Wert auf die Unterscheidung zwischen einer Inch- und Millimeter-Bemaßung gelegt. Die ASME-Norm sieht bei Anwendung der Inch-Bemaßung die *Dezimal-Inch-Bemaßung* vor. Dabei werden die in der *Tabelle 15.2* aufgeführten Regeln angewandt.

Merke: Unterschiede zwischen Millimeter und Dezimal-Inch-Bemaßung in ASME Y14.5M

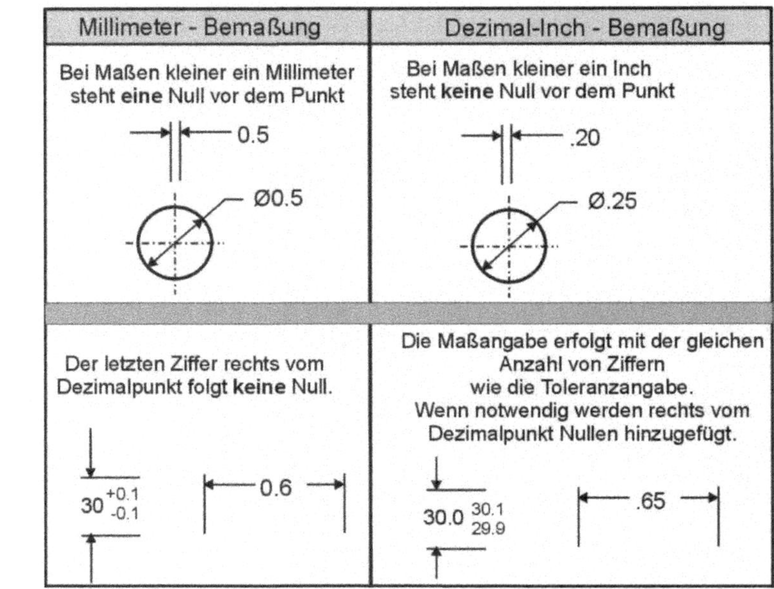

Tabelle 15.2: Unterschiede zwischen Millimeter- und Dezimal-Inch-Bemaßung in ASME Y14.5M

Wenn in *einer Zeichnung* Millimeter- und Inch-Maße verwendet wurden, dann mussten nach der alten ASME die Inch-Maße mit den angefügten Buchstaben **IN** gekennzeichnet werden, heute ist das nicht mehr erforderlich.

15.2.3 Eintragung von Toleranzen

Sowohl ASME als auch ISO 129-1 erlauben bei der Tolerierung neben der Eintragung eines Maßes mit seinen zugehörigen Abmaßen auch das direkte Eintragen der Grenzmaße:

- Im Bereich der ISO-Normen nutzt man in der Regel eine Toleranzangabe mit Abmaßen oder die Angabe über Toleranzfelder an der Maßzahl.
- In der ASME-Norm wird bei der Angabe von Toleranzen die Eingabe von Grenzmaßen bevorzugt.

Die ISO lässt zum direkten Eintragen der Grenzmaße nur eine Möglichkeit zu, während die ASME zwei Möglichkeiten bietet. Diese sind im umseitigen *Bild 15.2* dargestellt.

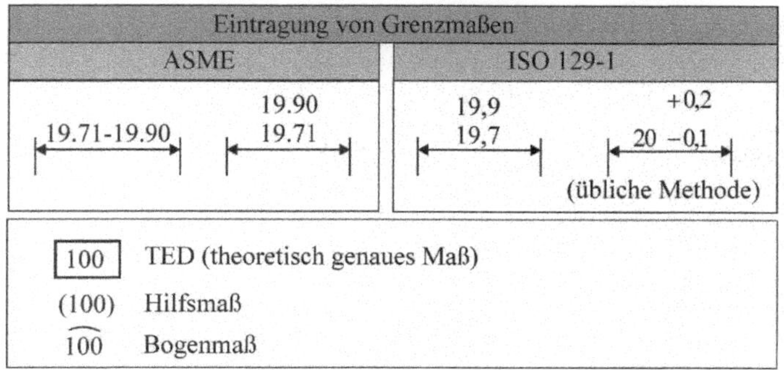

Bild 15.2: Unterschiede bei der Eintragung von Grenzmaßen

15.3 Besonderheiten der Maßangabe in ASME

15.3.1 Radientolerierung

Die ASME-Norm ermöglicht weiterführende Angaben zur Geometrie eines Radius durch die Eintragungen von CR („Controlled Radius").

- Controlled Radius

  Wenn CR für „Controlled **R**adius" (*dt. kontrollierter Radius*) angegeben wird, erfolgt zusätzlich zur Maßangabe die Einschränkung der Kontur des Radius. Durch die Eintragung CR an einem Radius wird eine Toleranzzone zwischen zwei Bögen definiert, die tangierend in die anliegenden Flächen übergehen. Die Werkstückkontur muss in diesem Fall innerhalb der halbmondförmigen Toleranzzone liegen und eine glatte Kurve ohne Unebenheiten darstellen. Das folgende *Bild 15.3* zeigt die Unterschiede in der Radientolerierung mit R und CR.

Zeichnungs-eintragung	ASME Y14.5M	ISO 14405-2
R 5.0± 0.2	kleinster Radius 4.8 mm zulässige Werkstückkontur größter Radius 5.2 mm Toleranzzone	als Funktionsradius so nicht zulässig
CR 5.0± 0.2	kleinster Radius 4.8 mm zulässige Werkstückkontur größter Radius 5.2 mm Toleranzzone	nicht definiert

Bild 15.3: Tolerierung eines Radius mit R und CR zu ISO/GPS

- Wahrer Radius

  Nach ASME besteht die Möglichkeit, einen Radius in einer Ansicht zu bemaßen, in der seine wahre Gestalt nicht gezeigt wird. Dies kann zum Beispiel eine Ansicht sein, in der die Darstellung verzerrt ist. In einem solchen Fall wird vor die eigentliche Bemaßung des Radius das Wort TRUE (*dt. wahr*) geschrieben.

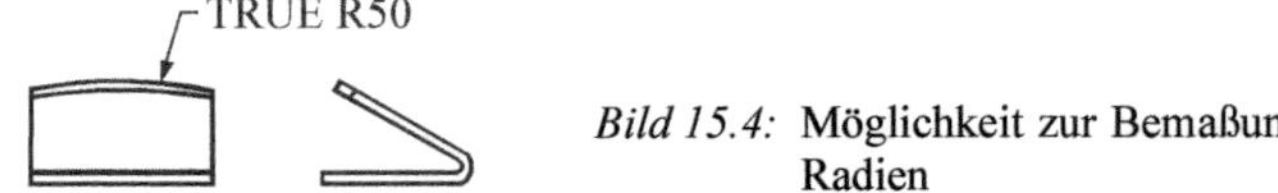

Bild 15.4: Möglichkeit zur Bemaßung von verzerrten Radien

Die ISO sieht eine solche Möglichkeit nicht vor. Hier muss theoretisch eine zusätzliche Ansicht gezeichnet werden, in der die wahre Gestalt des Radius sichtbar wird.

15.3.2 Begrenzende Toleranzangaben

Das so genannte ALL-AROUND-Symbol (*dt. ringsum*) zeigt an, dass die Toleranz für alle Oberflächen des Bauteils gilt. Es besteht aus einem Kreis, der an einer Abzweigstelle der Leitlinie vom Toleranzrahmen anzuordnen ist.

Das so genannte BETWEEN-Symbol (*dt. zwischen*) schränkt eine Toleranz auf einen durch Markierungspfeile eingegrenzten Bereich der Oberfläche ein.

Im *Bild 15.5* wird die Eintragung der beiden Toleranzangaben am Beispiel einer Flächenprofiltolerierung gezeigt:

- Im Fall a) gilt die eingetragene Flächenprofiltoleranz für die ganze Oberfläche.
- Im Fall b) gilt die Flächenprofiltoleranz nur zwischen den abgesteckten Punkten A und B.

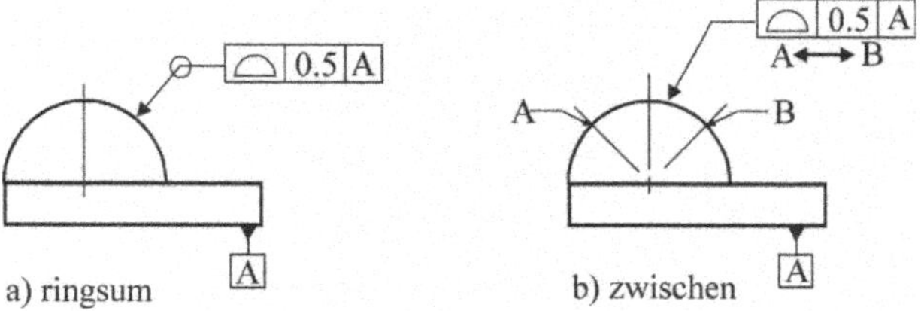

Bild 15.5: Tolerierungsangabe ALL AROUND und BETWEEN

Die Toleranzangabe mit „dem Ringsum- und dem Dazwischen-Symbol“ ist auch in der neuen ISO 1101 vorgesehen. Die Definition erfolgt ähnlich ASME.

15.3.3 Darstellung von Bohrungen und Senkungen

ASME, Kapitel 1.8.10, bietet einige Möglichkeiten zur symbolischen Darstellung von Bohrungen und Senkungen. Diese vereinfachen die zeichnerische Darstellung und geben hilfreiche Fertigungsinformationen.

Merke: Bohrungssymbole in ASME Y14.5M

Bezeichnung	Symbol
Durchgangsbohrung	THRU
Sacklochtiefe	↧
Kegelsenkung	⌵
Zylindersenkung	⌴

- Durchgangsbohrungen und Sacklöcher

  Ist aus der Zeichnung nicht ersichtlich, dass es sich um eine Durchgangsbohrung handelt, so wird vor die Maßzahl das Wort THRU geschrieben (siehe *Bild 15.6 a*). Bei Sacklöchern wird zusätzlich zum Durchmesser auch die Tiefe der Bohrungen mit angegeben (siehe *Bild 15.6 b*), auch Bohrungen mit Zylindersenkungen können vereinfacht bemaßt werden.

a) Durchgangsbohrung

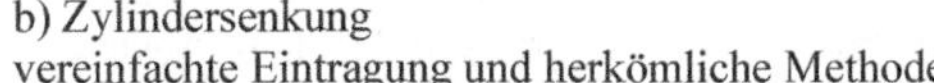
b) Zylindersenkung
vereinfachte Eintragung und herkömliche Methode

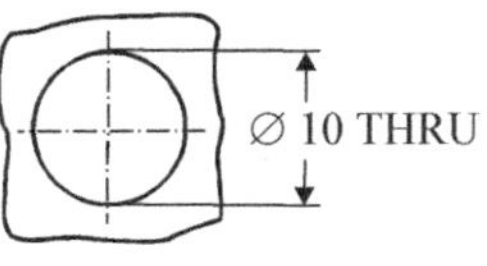

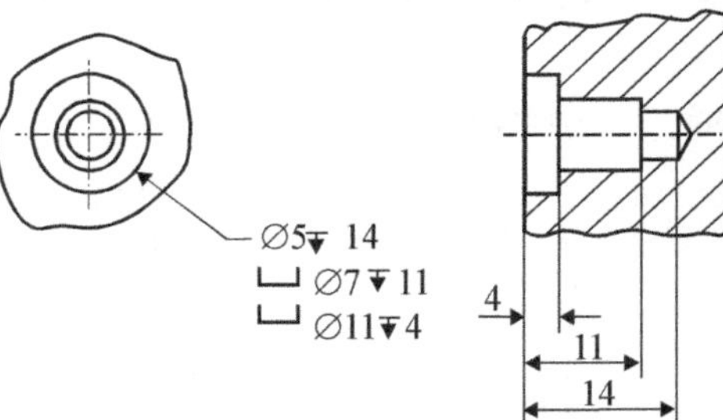

Bild 15.6: Bemaßung von Durchgangsbohrungen und Bohrungen mit Zylindersenkung

- Bei Bohrungen mit Kegelsenkung wird in der Regel der Bohrungsdurchmesser, der Durchmesser der Senkung sowie der eingeschlossene Winkel der Senkung angegeben. Dies kann wie in *Bild 15.7* dargestellt geschehen. Auch hier ist rechts die herkömmliche Methode (die in ISO übliche Methode der Bemaßung) dargestellt.

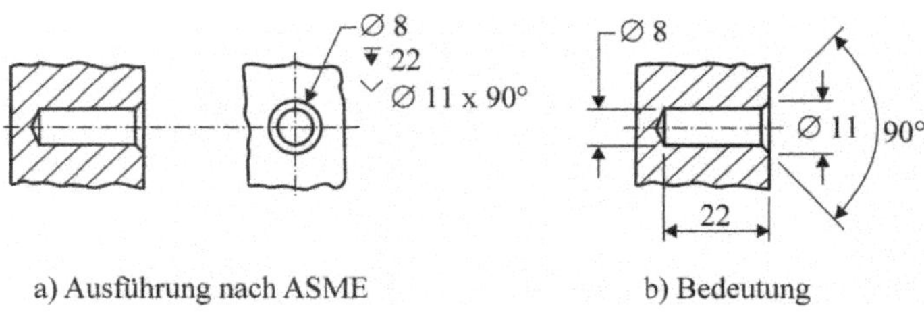

Bild 15.7: Bemaßung von Bohrungen mit Kegelsenkung

15.3.4 Kennzeichnung statistischer Toleranzen

Treten in einer Zeichnung statistische Toleranzen (siehe auch alte DIN 7186) auf, so sind diese durch ST in einem Sechsecksymbol besonders hervorzuheben.

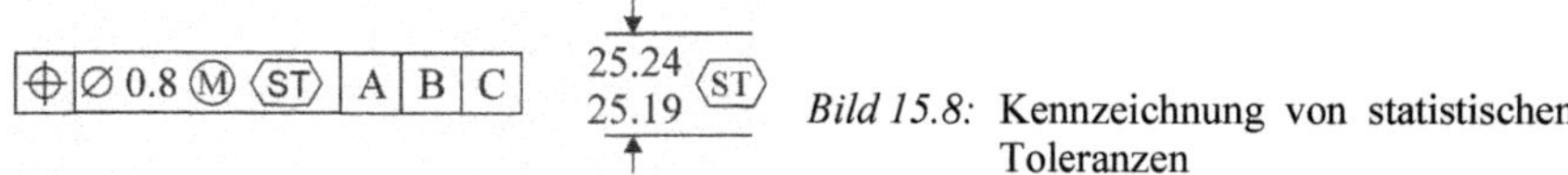

Bild 15.8: Kennzeichnung von statistischen Toleranzen

Wie in *Bild 15.8* dargestellt, kann die Angabe für Maßtoleranzen und für Form- und Lagetoleranzen gesondert erfolgen. Da diese Angabe in der DIN nicht eindeutig festliegt, kann hier die ASME-Angabe sinnentsprechend übernommen werden.

15.3.5 Tolerierung einer Tangentenebene

Durch Angabe des Symbols Ⓣ hinter der Maßangabe im Toleranzrahmen einer Lagetoleranz wird nicht das tatsächliche Geometrieelement, sondern das tangential anliegende ideale Element toleriert.

> „Eine Ebene Ⓣ, die die höchsten Punkte des tolerierten Bauteils berührt, darf nicht mehr als 0,1 mm Schiefstellung aufweisen."

Das Bauteil nach *Bild 15.9* dient beispielsweise als Anschlag für eine Bohrschablone. Zur Sicherstellung der Position der Bohrungen ist die tolerierte Rechtwinkligkeit genau einzuhalten. Eine Abweichung der Ebenheit der Oberfläche beeinflusst die Lage des zu bearbeitenden Teils hingegen nicht.

Das anliegende tangentiale Element wäre in diesem Fall die ebene Seitenfläche einer Platte, deren Ausrichtung nach der Minimum-Bedingung erfolgt (siehe Kapitel 4.2). Die Zeichnung zeigt die Toleranzangabe und einen möglichen tatsächlichen Zustand des Bauteils. Bei der Schiefstellung des zu bearbeitenden Bauteils darf die Rechtwinkligkeitstoleranz von $t_R = 0{,}1$ nicht überschritten werden.

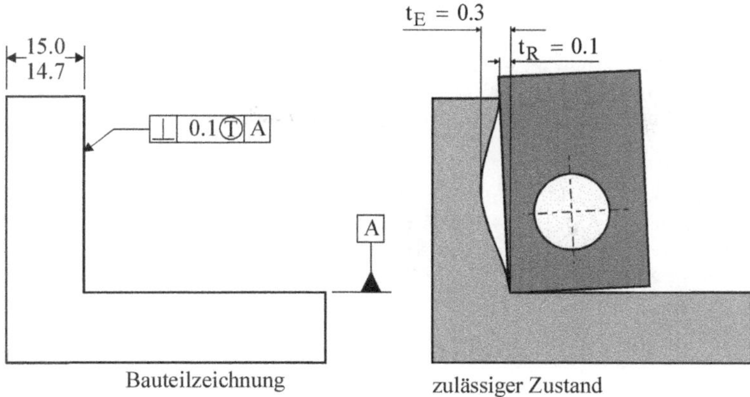

Bild 15.9: Toleranzangabe einer Tangentenebene und deren Interpretation

15.4 Tolerierungsprinzipien

15.4.1 Bedeutung

Das amerikanische Normeninstitut ANSI legt in der ASME einen zu bevorzugenden nationalen Tolerierungsgrundsatz fest. Wie im vorhergehenden Kapitel 9.4 und 9.5 schon ausgeführt, sollte einer Zeichnung nur einem Tolerierungsgrundsatz unterliegen, der für die Produkte zweckmäßig ist und auch im Unternehmen allgemein bekannt ist.

Hüllprinzip RULE#1

In der Anwendung von Hüll- und Unabhängigkeitsprinzip besteht ein wesentlicher Unterschied zwischen ISO 8015 und ASME.

Während die ISO-Norm dem *Unabhängigkeitsprinzip* den Vorrang gibt, wird in der ASME Y14.5M das *„Hüllprinzip"* als für eine Zeichnung geltendes Toleranzprinzip festgelegt, wenn keine gegenteiligen oder erweiternden Angaben im Schriftfeld gemacht wurden. Es wird in der ASME auch als RULE #1 (*dt. Regel Nr.1*) bezeichnet. Seine Festlegung erfolgt in ASME Y14.5M Kap 2.7.1., und zwar wie folgt:

> „Wenn in einer Zeichnung nichts anderes festgelegt ist, schreiben die Grenzmaße eines Geometrieelementes den Bereich vor, innerhalb dessen Abweichungen der geometrischen Form sowie der Größe erlaubt sind." Diese gilt Regelung für einzelne Maßelemente, d. h. „zylindrische oder sphärische Oberflächen, oder ein Paar von zwei gegenüberliegenden Elementen oder von gegenüberliegenden parallelen Elementen, die mit einem Größenmaß verbunden sind."

Unabhängigkeitsprinzip RFS RULE #2

Der Begriff „Unabhängigkeitsprinzip" wird für Maßtoleranzen nicht explizit aufgeführt. Das Unabhängigkeitsprinzip auf Maßtoleranzen wird durch eine Zeichnungseintragung oder einen Eintrag am Geometrieelement festgelegt, wie in der folgenden Merkregel angegeben.

Dem Unabhängigkeitsprinzip entspricht in etwa in der ASME-Norm dem Begriff „RFS". Er wird definiert in ASME Y14.5M, Kapitel 2.8. Die Anwendung des Begriffes RFS erfolgt aber in der ASME-Norm nur in Verbindung mit geometrischen Toleranzen. In der ASME-Norm wird die Anwendung des Prinzips RFS durch die Regel Nr. 2 gegeben und eingeschränkt.

> REGEL Nr. 2:
> „Auf eine geometrische Toleranz ist RFS anzuwenden, wenn kein Materialprinzip angegeben ist".

RFS = engl.: **R**egardless **f**eature **s**ize
dt.: unabhängig von der Größe des Geometrieelementes

> Wirkung von RFS:
> „Die angegebene geometrische Toleranz ist unabhängig vom Istmaß des Maßelementes. Die Toleranz ist begrenzt auf den festgelegten Wert, ohne Rücksicht auf das Istmaß".

Die Toleranzarten Rundlauf, Gesamtlauf, Konzentrizität und Symmetrie können nur auf Basis des Prinzips RFS angewendet werden. Für diese Toleranzangaben ist eine Einschränkung auf Basis der Maximum-Material-Bedingung MMC oder der Minimum-Material-Bedingung LMC nicht möglich.

Merke: Tolerierungsprinzipien in ASME Y14.5M

Ohne anders lautende Festlegung in einer Zeichnung gilt das Hüllprinzip.

- Das **Hüllprinzip** wird als **RULE #1** bezeichnet.
- Das **Unabhängigkeitsprinzip** entspricht **RFS.**

Das Unabhängigkeitsprinzip wird für Maßtoleranzen festgelegt, und zwar

- für die gesamte Zeichnung durch eine Eintragung im Schriftfeld oder
- für einzelne Elemente durch eine Eintragung am Geometrieelement.

Die Eintragung lautet gewöhnlich:

PERFECT FORM AT MMC NOT REQUIRED (bzw. REQD)

In diesem Fall darf die Oberfläche eines Geometrieelementes die Umgrenzung der Nennform bei MMC überschreiten.

Merke: Verwendung des Begriffes RFS

Der Begriff RFS (unabhängig vom Istmaß) wird in der ASME-Norm verwendet, um darauf hinzuweisen, dass die Verwendung von MMC und LMC nicht zulässig ist.
(Siehe ASME Y14.5M Kap 1.3.22)

15.5 Definition der Materialprinzipien in ASME

Die Definition der Materialprinzipien erfolgt in ASME Y14.5M Kap. 1.3. Sie entspricht im Wesentlichen den Festlegungen der ISO-Norm.

In der ASME-Norm werden sowohl das Maximum-Material-Prinzip MMC als auch das Minimum-Material-Prinzip LMC festgelegt, diese entsprechen der ISO 2692.

Maximum- und Minimum-Material-Prinzip werden nur angewendet, wenn eine entsprechende Eintragung Ⓜ oder Ⓛ im Toleranzrahmen erfolgt. In einer früheren Fassung der ASME-Norm (ASME Y14.5M-1984), wurde zur deutlichen Darstellung, dass kein Materialprinzip angewendet wird, die Eintragung Ⓢ im Toleranzrahmen vorgeschrieben.

15.5.1 Struktur der Toleranzprinzipien

Die folgende Übersicht im *Bild 15.10* zeigt noch einmal sehr transparent die Anwendungsparallelen zwischen dem nationalen deutschen Tolerierungsgrundsatz, dem nationalen amerikanischen Tolerierungsgrundsatz und der internationalen ISO-Norm. In der Praxis kann dies selbstverständlich zu Verwirrungen führen.

Es kann deshalb nicht oft genug herausgestellt werden, dass sich ein Unternehmen auf einen Tolerierungsgrundsatz festlegen sollte. Bei dieser Festlegung, die erhebliche Konsequenzen für Konstruktion, Fertigung und Montage hat, muss abgewägt werden, wo die Märkte des Unternehmens sind, wo gefertigt werden soll und wie Reparaturen und Ersatzlieferungen organisiert werden können.

Unternehmen, die sich nur im heimischen Markt bewegen, können hierbei ohne weiteres den nationalen Tolerierungsgrundsatz anwenden. Wenn aber starke internationale Verflechtungen bestehen, ist es immer ratsam, sich an den ISO-Normen auszurichten.

Eine absolute Ausnahme gibt hier der amerikanische Markt, hierfür ist es unbedingt notwendig, die ASME-Normung zu kennen und umzusetzen. Es gibt eine Vielzahl von Beispielen, wo deutsche Automobilzulieferanten Zeichnungen von GM oder FORD übernommen haben und entweder den verlangten Qualitätsstandard nicht erfüllen konnten oder diesen übererfüllt haben.

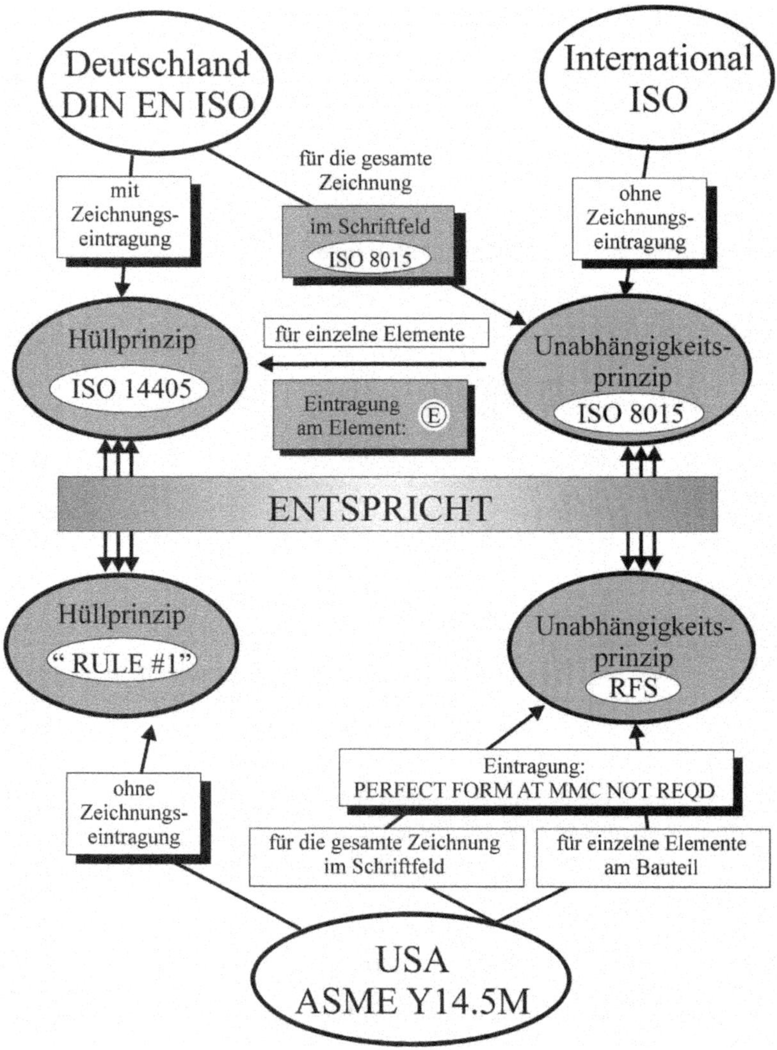

Bild 15.10: Anwendungsbereiche der grundlegenden Toleranzprinzipien

15.5.2 Unterschiede in der Begriffsdefinition

Obwohl die Definition der Materialprinzipien der ISO- und der ASME-Norm ähnlich ist, werden teilweise Begriffe mit unterschiedlichen Bedeutungen belegt. Die Definition einiger wichtiger Begriffe erfolgt in *Tabelle 15.3* (zur Definition der Begriffe siehe auch die vorstehenden *Kapitel 9.1* und *Kapitel 10.3 ff.*).

Begriff	ISO 2692	ASME Y14.5M
Maximum-Material-Zustand (engl.: **M**aximum-**M**aterial-**C**ondition)	**MMC**	**MMC** (In ASME Y14.5M wird zwischen Max.-Mat.-Zustand und Max.-Mat.-Maß nicht unterschieden.)
Maximum-Material-Maß (engl.: **M**aximum-**M**aterial-**S**ize)	**MMS**	
Minimum-Material-Zustand (engl.: **M**inimum-**M**aterial-**C**ondition)	**LMC**	**LMC** (In ASME Y14.5M wird zwischen Min.-Mat.-Zustand und Min.-Mat.-Maß nicht unterschieden.)
Minimum-Material-Maß (engl.: **M**inimum-**M**aterial-**S**ize)	**LMS**	

Tabelle 15.3: Begriffsdefinition Materialprinzipien

15.5.3 Anwendung einer Materialbedingung

In der ASME wird der Begriff des Maßelementes (*engl.: feature of size*) definiert. Dieser Begriff ist mittlerweile in den ISO-Normen übernommen worden (s. hierzu ISO 14405-1).

Merke: Maßelemente in ASME

„Ein Maßelement ist nach ASME eine zylindrische oder sphärische Oberfläche, oder ein Paar von zwei gegenüberliegenden Elementen, oder von gegenüberliegenden parallelen Ebenen, die mit einem Größenmaß verbunden sind".

Nur auf Maßelemente können

- die Hüllbedingung,
- die Maximum-Material-Bedingung

und

- die Minimum-Material-Bedingung

angewendet werden.

Die Anwendungsmöglichkeiten entsprechen denen der ISO 8015, ISO 2692 und der alten DIN 7167 für die Tolerierungsprinzipien.

15.6 Form- und Lagetoleranzen

Die Form- und Lagetolerierung in der ASME-Norm zeigen derzeit eine hohe Übereinstimmung mit den Prinzipien der ISO 1101. Einige Unterschiede bestehen jedoch noch bei der Verwendung der Ebenheits-, Positions-, und Profiltolerierung.

15.6.1 Ebenheitstolerierung bzw. Koplanarität

Mit der Ebenheitstoleranz wird eine Toleranzzone spezifiziert, die durch zwei parallele Ebenen eingeschlossen ist und in der eine Oberfläche eines Werkstücks liegen muss. Ebenheit kann innerhalb der ASME auch auf Einheitsbasis angewendet werden, um abrupte Änderungen in kleinen Bereichen der Oberfläche zu vermeiden. Die Angabe erfolgt wie in *Bild 15.11* dargestellt.

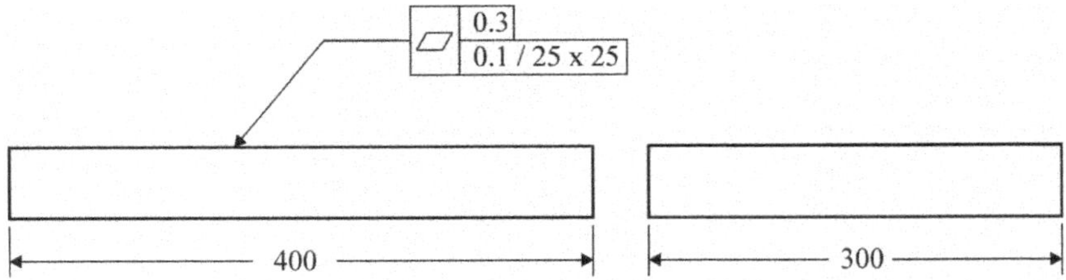

Einhaltung der Toleranz in einer beliebig begrenzten Fläche

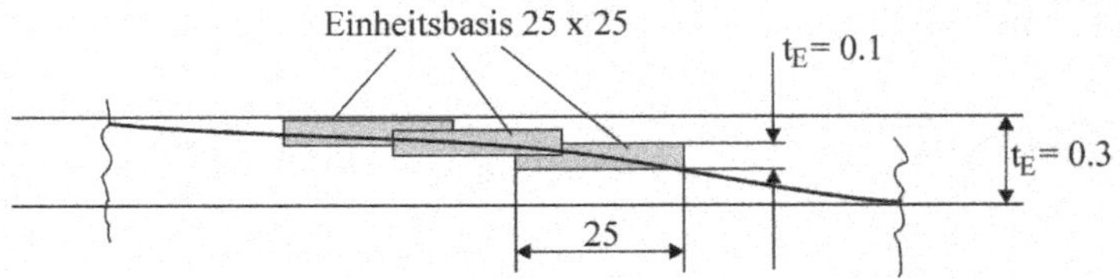

Bild 15.11: Angabe einer Ebenheitstoleranz auf Einheitsbasis und deren Interpretation

Die gesamte Oberfläche des Bauteils darf eine Ebenheitsabweichung von t_1 = 0,3 mm aufweisen. In jedem beliebigen Quadrat auf der Oberfläche der Platte mit dem Maß 25 x 25 darf jedoch nur eine Ebenheitsabweichung von t_2 = 0,1 mm auftreten. Im unteren Teil ist an einem Linienelement der Ebene die Lage der Toleranzzone für das gesamte Element und die Lage der durch die Einheitsbasis festgelegten Toleranzzonen skizziert.

Anders als in der ISO-Normung legt die Eintragung des Toleranzpfeils nicht die Orientierung der Toleranzzone fest (siehe Kapitel 5.2). Wenn unter ASME ein reales Geometrieelement toleriert wird, steht der Toleranzpfeil, wie in *Bild 15.11* dargestellt, schräg zur Oberfläche. Die Eintragung einer Toleranz für abgeleitete Formelemente in ASME entspricht der Eintragung nach ISO (siehe Kapitel 8.8.1), d. h. immer rechtwinklig.

Eine Besonderheit in ASME (Kapitel 8.4.1.1) ist die „Koplanarität". Koplanarität wird verwendet, wenn zwei oder mehr Oberflächen eines Werkstücks eine gemeinsame Ebene bilden sollen. Diese Forderung ist identisch mit der ISO 1101 „Common Zone" (CZ). Anstatt dieser Angabe wird dann eine *nicht unterbrochene* Oberfläche (über n SURFACES) verlangt.

Merke: Ebenheitstolerierung/Koplanarität

- Das Toleranzsymbol für Ebenheit wird **nur** zur Tolerierung eines realen Formelementes verwendet.
- Wenn eine abgeleitete Ebene, z. B. eine Mittelebene toleriert werden soll, so muss das Symbol für Geradheit auf das abgeleitete Formelement zeigen.
- Koplanarität ist hingegen eine Ebenheitsforderung für zwei oder mehr Oberflächen eines Werkstücks.
- Koplanarität wird als „Profiltoleranz" für so genannte koplanare Oberflächen eingetragen.

15.6.2 Profil- und Positionstolerierung

Im Bereich der Profil- und Positionstolerierung gibt es *große Unterschiede* zwischen den ISO-Normen und der ASME-Norm, da die amerikanische Norm das Feld der Positionstolerierung viel ausführlicher als die entsprechende ISO-Norm behandelt. Entsprechende ISO-Normen sind:

Profiltoleranzen	Positionstoleranzen
DIN EN ISO 1101:2017 Form und Lagetolerierung und ISO 1660:2017 Profiltolerierung	DIN EN ISO 5458:2018 Positionstolerierung und Elementgruppen
ASME Y14.5M Kapitel 8.0	ASME Y14.5M Kapitel 7.2

Die folgenden Festlegungen gelten sowohl für die ISO-Normen als auch für die ASME-Norm (dazu siehe ISO 5458 und ASME Y14.5M Kap. 7.2 bis 7.3.6, zur Darstellung der Profiltolerierung siehe auch ISO 1660).

Merkel: Regeln für Ortstoleranzen

Zu den Ortstoleranzen zählen

- Position, Konzentrizität/Koplanarität und Symmetrie.
- Die Festlegung eines Ortes erfolgt durch theoretisch genaue Maße und Positionstoleranzen.
- Die Positionstolerierung wird angewendet auf abgeleitete Geometrieelemente, wie Achsen, Mittelebenen und Punkte.
- Die Toleranzzone ist symmetrisch zum theoretisch genauen Ort.

15.6.3 Mehrfachtoleranzrahmen

Die ASME-Norm unterscheidet zwischen Verbundtoleranzrahmen und Toleranzrahmen mit zwei Einzelsegmenten (siehe umseitiges *Bild 15.12*). Diese Mehrfachtoleranzrahmen dienen der Tolerierung von Gruppen von Geometrieelementen. Durch den oberen Abschnitt des Toleranzrahmens wird die Lage der gesamten Gruppe bezogen auf ein Bezugssystem eingegrenzt, der untere Teil des Rahmens legt die Lage der einzelnen Elemente zueinander fest. Verbundtoleranzrahmen und Toleranzrahmen mit Einzelsegmenten unterscheiden sich in der Festlegung der einzelnen Elemente der Gruppen im Bezugssystem.

Die ISO 1101 und die ISO 5458 bezeichnet Mehrfachtoleranzrahmen als einen „gestapelten Toleranzindikator" für deren Festlegung bestimmte Regeln gelten.

In ASME wird für die Lage der Elemente zueinander ein System der schwimmenden Toleranzzonen FRTZF festgelegt:

FRTZF = engl.: **F**eature **R**elating **T**olerance **Z**one **F**ramework
= dt.: geometrieelementeigene oder schwimmende Toleranzzonen
gesprochen „FRITZ" oder „FRITZEFF"

Dieses schwimmende System wird durch das kantenbezogene Bezugssystem PLTZF auf dem Werkstück festgelegt.

PLTZF = engl.: **P**attern-**L**ocating **T**olerance **Z**one **F**ramework
= dt.: System von Gruppen-Ortstoleranzen oder kantenbezogene Toleranzzonen
gesprochen „PLAHTZ" oder „PLATZEFF"

Für abgeleitete Formelemente wird gewöhnlich die Positionstolerierung angewendet, für reale Elemente verwendet man hingegen die Profiltolerierung.

Verbund- oder Mehrfachtoleranzrahmen

Der Verbundtoleranzrahmen wird seit längerer Zeit in der ASME-Norm benutzt und neuerdings auch im ISO/GPS-System. Durch Anwendung dieser Zuweisungsmethode können Gruppen von Geometrieelementen (z. B. Bohrungsmuster) als eine Gruppe zu einem Bezugssystem betrachtet werden und gleichzeitig können die Toleranzen der Elemente untereinander festgelegt werden. Zu diesem Verfahren der Toleranzangabe gibt es im Bereich der ISO-Normen eine identische Entsprechung in der ISO 5458. Im nachfolgenden Kapitel wird die Anwendung kurz dargestellt.

Toleranzrahmen mit zwei Einzelsegmenten

Die Methode des Toleranzrahmens mit zwei Einzelsegmenten wird in der ISO-Norm zur Positionstolerierung ISO 5458 kurz angeschnitten. Seine Anwendung wird in der ASME Y14.5M, Kapitel 5.4.2.2 jedoch ausführlich beschrieben. Die nachfolgenden Beispiele sollen die Anwendung kurz darstellen.[1)]

[1)] Anmerkung: Die zurückgezogene DIN ISO 5458 - 1998 verwendet einen Toleranzrahmen mit zwei Einzelsegmenten, die neue ISO-Normung den gestapelten Toleranzindikator. Die Anwendungsvorschriften entsprechen jedoch denen des Toleranzrahmens mit zwei Einzelsegmenten der ASME-Norm.

Unterschiede zwischen Mehrfachtoleranzrahmen

Am Beispiel einer Gruppe aus drei Bohrungen soll diese Vorgehensweise kurz erläutert werden. In diesem Fall muss der Abstand der Bohrungen zueinander enger toleriert werden als ihre Lage auf dem Bauteil, da später Passstifte eingesetzt werden sollen.

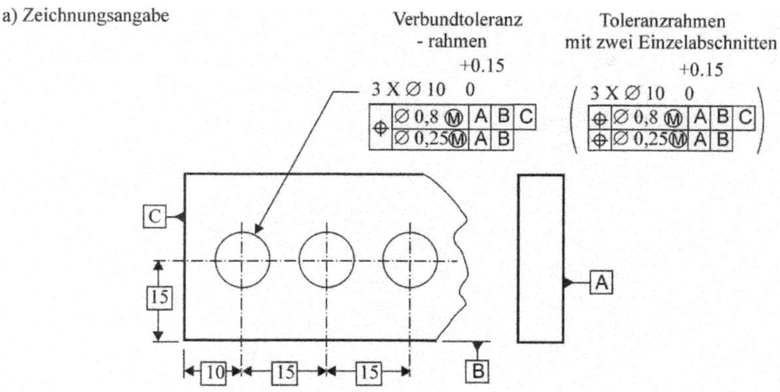

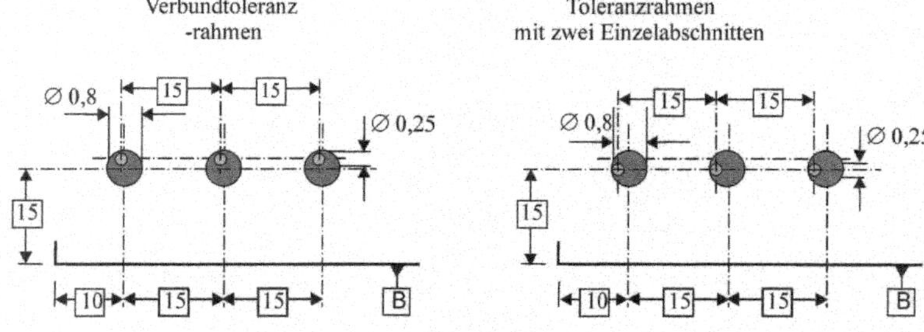

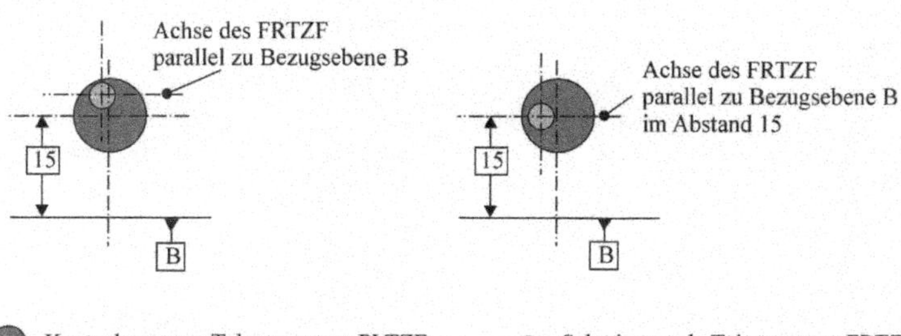

Bild 15.12: Gestapelte Toleranzindikatoren bzw. Rahmen mit zwei Einzelabschnitten

Die Lage des Systems der kantenbezogenen Toleranzzonen PLTZF, die durch den oberen Teil des Toleranzrahmens festgelegt werden, ist für beide Möglichkeiten identisch. Die Toleranzzonen der Bohrungen werden durch Zylinder mit dem Durchmesser ∅ 0,8 mm beschrieben. Diese Zylinder stehen senkrecht auf dem Bezug A. Die Achse jedes Zylinders wird durch das theoretisch genaue Maß festgelegt.

Die Toleranzzone des unteren Teils des Toleranzrahmens beschreibt Zylinder mit dem Durchmesser ∅ 0,25 mm. Die Zylinderachsen liegen in einer Linie. Ihr Abstand wird ebenfalls durch die theoretisch idealen Maße 15 mm angegeben (siehe *Bild 15.12 a*). Die Lage des Systems der schwimmenden Toleranzzonen FRTZF bezogen auf die Bezüge A, B und C wird in der folgenden *Tabelle 15.4* näher erläutert.

Toleranzzonen des schwimmenden Bezugssystems FRTZF		
	Verbundtoleranzrahmen	Rahmen mit zwei Einzelabschnitten
Bezug A	Die Zylinder stehen senkrecht auf Bezugsfläche A	
Bezug B	Zylinder sind als Gruppe parallel zum Bezug B angeordnet. Das theoretisch genaue Maß [15] muss **nicht** eingehalten werden.	Zylinder sind als Gruppe parallel zum Bezug B angeordnet. Das theoretisch genaue Maß [15] muss **zusätzlich** eingehalten werden.
Bezug C	Da der Bezug C im unteren Teil nicht aufgeführt wird, sind die Toleranzzylinder des FRTZF im Bezug auf C frei verschiebbar. Sie müssen jedoch im Rahmen des kantenbezogenen Bezugssystems PLTZF liegen.	

Tabelle 15.4: Verbundtoleranzrahmen/Rahmen mit zwei Einzelabschnitten

Merke: Verbundtoleranzrahmen/Toleranzrahmen mit zwei Einzelabschnitten

- Bei Anwendung eines **Toleranzrahmens mit zwei Einzelabschnitten** muss jeder Abschnitt des Toleranzrahmens unabhängig voneinander betrachtet werden.
- Bei Angabe von Bezügen im unteren Abschnitt des Toleranzrahmens müssen die vom jeweiligen Bezug ausgehenden theoretisch genauen Maße für die Lage der Toleranzzonen des schwimmenden Bezugssystems FRTZF beachtet werden.
- Bei Anwendung eines **Verbundtoleranzrahmens** wird durch die Angabe von Bezügen im unteren Abschnitt die Möglichkeit der Verschiebung der Achse als Gruppe relativ zum angegebenen Bezug eingegrenzt.
- Das schwimmende Bezugssystem bleibt als Ganzes im Rahmen des kantenbezogenen Bezugssystems frei verschiebbar.
- Die von den Bezügen ausgehenden theoretisch idealen Maße zur Festlegung des PLTZF müssen nicht beachtet werden.
- Die ISO-Normen unterscheidet zwischen gestapelten Toleranzrahmen und Rahmen mit zwei Einzelabschnitten. Der verbundene Toleranzindikator unter ISO 1101 und ISO 5458 wird behandelt wie der Toleranzindikator mit zwei Einzelabschnitten unter ASME Y14.5M.

15.6.4 Profiltoleranzen

Einseitig festgelegte Profiltoleranzzonen

Die Toleranzzonen für Profiltoleranzen können sowohl symmetrisch zum Nennprofil liegen als auch einseitig oder ungleichmäßig verteilt sein. Das folgende *Bild 15.13* zeigt links die Möglichkeiten zur Eintragung einer Profiltoleranz mit der Angabe der Toleranzzonen und rechts davon ihre Auswirkungen auf die Lage der Toleranzzonen.

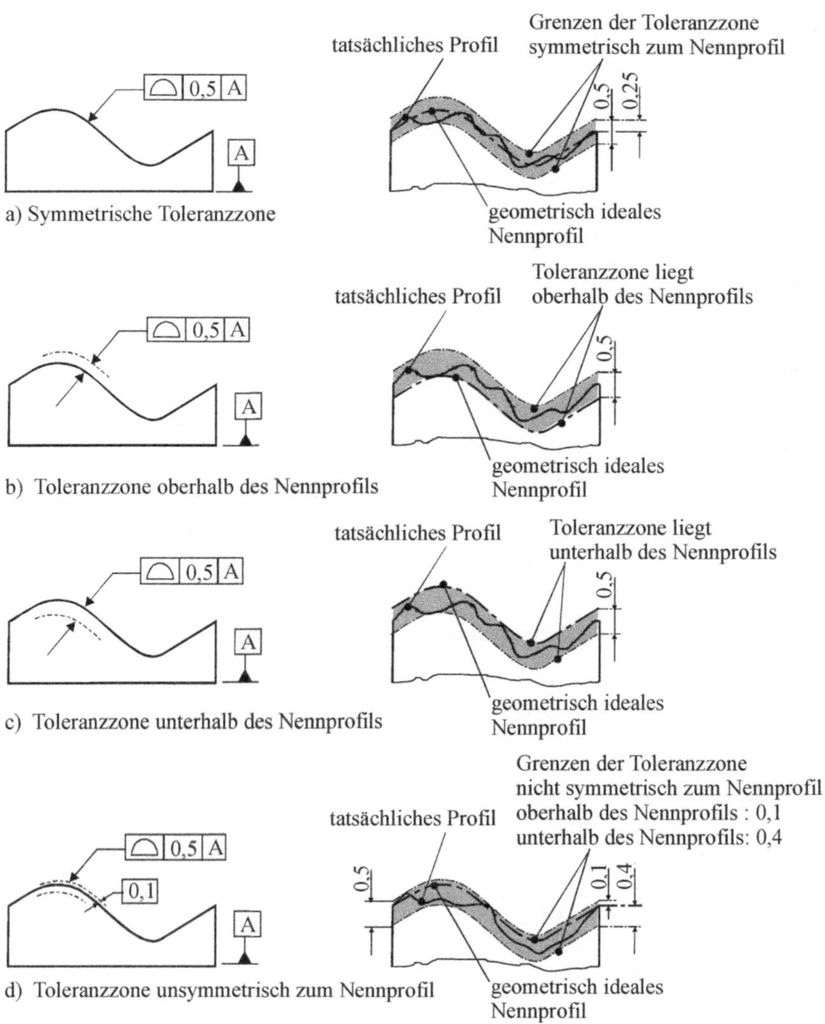

Bild 15.13: Eintragung von Toleranzzonen bei Profiltoleranzen
(in ISO 1101 über UZ= ungleichverteilte Toleranzzone geregelt)

Interpretiert zeigen die Fälle:

- Fall a) zeigt die Eintragung einer Flächenprofiltoleranz, wenn die Toleranzzonen symmetrisch zum Nennprofil liegen sollen. Dann ist eine Eintragung der Lage der Toleranzzonen nicht nötig. Der Toleranzrahmen wird in diesem Fall in herkömmlicher Weise mit dem zu tolerierenden Element verbunden.

- In Fall b) bis d) werden die Eintragungen einer Profiltoleranz für ungleichmäßig verteilte Toleranzzone gezeigt.

In diesen Fällen wird die Lage der Toleranzzone durch eine Strich-Zweipunkt-Linie eingezeichnet. Diese Linie verläuft parallel zum theoretisch genauen Profil. Zwischen dem theoretisch genauen Profil und dieser Linie wird eine Maßlinie gezeichnet, die bis zum Toleranzrahmen verlängert wird.

Verbundtoleranzrahmen für Profiltolerierung

Auch bei realen Linien- und Flächenprofiltolerierungen wird bei ASME der Verbundtoleranzrahmen angewendet. Die Angaben sind dann genauso zu interpretieren wie in Kapitel 15.6.3.

Gemeinsame Toleranzzone

Der in Kapitel 8.8.2 definierte Begriff „Gemeinsame Toleranzzone" (alt GTZ) bzw. „Common Zone" CZ existiert in der ASME-Norm nicht. Dort wird der Begriff Coplanarity (*dt. Koplanarität,* siehe auch Kap. 15.6.1) verwendet.

„Coplanarity" meint, dass zwei oder mehr Oberflächen von Geometrieelementen in einer Ebene liegen sollen. Für ebene Flächen muss hier eine Flächenprofiltolerierung wie in Bild 15.14 gezeigt angegeben werden.

- Der Fall a) zeigt die Angabe einer gemeinsamen Toleranzzone nach ASME Y14.5M.

- Fall b) stellt im Vergleich dazu die im Neuentwurf der ISO 1101 (kombinierte Toleranzzone mit Nebenbedingungen) vorgesehene Eintragung dar.

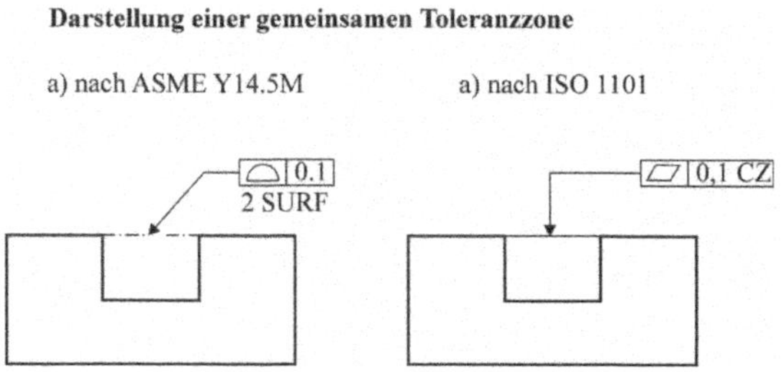

Bild 15.14: Gemeinsame Toleranzzone

Anwendung des Maximum-Material-Prinzips für komplexe Formen

In der ISO 2692 ist das Maximum-Material-Prinzip nur für einfache Formen vorgesehen. Die ASME-Norm bietet die Möglichkeit der Anwendung dieses Prinzips auf beliebig geformte Elemente durch Kombination einer Profil- mit einer Positionstolerierung und der Angabe BOUNDARY (*dt.: Umgrenzung*) wie in *Bild 15.15* dargestellt.

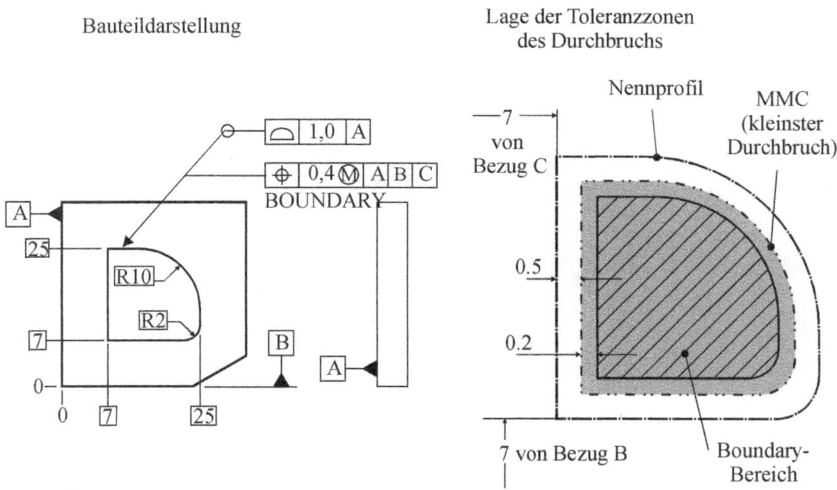

Bild 15.15: Erweiterung des Maximum-Material-Prinzips durch Profiltolerierung

Auf der linken Seite der Abbildung ist die Tolerierung eines Durchbruches an einem Bauteil festgelegt. Die rechte Seite zeigt die Lage der Toleranzzonen des Durchbruchs. Für diesen Durchbruch gelten die folgenden Festlegungen:

- Das Nennprofil wird durch die theoretisch idealen Maße und Radienangaben festgelegt.
- Die Nennlage des Nennprofils wird durch die Positionstoleranz im Bezugssystem ABC festgelegt.
- Der Maximum-Material-Zustand des Durchbruchs ist rundum um die halbe Profiltoleranz ±0.5 nach innen verschoben.
- Dieser kleinste Durchbruch darf allseitig um die halbe Profiltoleranz ±0.2 verschoben werden. Eine Verdrehung ist nicht erlaubt.

Durch die obigen Angaben bleibt der schraffierte BOUNDARY–Bereich immer frei. Er kann mit einer einfachen Funktionslehre geprüft werden.

16 Prozessspezifikationen der Urformtechnik

Die bisherigen Darlegungen bezogen sich überwiegend auf nachbearbeitete Fertigteile. Bei der Formteilherstellung wird jedoch die dreistufige Kaskade: Rohmaterial, Werkzeug, Rohformteil durchlaufen, welches die Vereinbarung besonderer technologischer Spezifikationen bedarf. Von diesen Spezifikationen sind im Weiteren die wesentlichsten aufgeführt, die mit der ISO 10135 übereinstimmen.

16.1 Technologische Restriktionen

Für die Herstellung von Kunstteilen durch Urformung sind durch die ISO/GPS verschiedene Kennbuchstaben festgelegt worden, mit denen besondere Anforderungen an das Endformteil vereinbart werden können. Diese Kennbuchstaben gibt *Bild 16.1* zunächst als tabellarische Übersicht wieder.

Kennbuchstabe	Bedeutung
C	Kern
E	Auswerfer
FL	Gratrippe
FLF	Gratrippenfrei
G	Anschnitt
H	Wärmeableitung (Abschreckspuren)
M	Form
PRD	Richtung der Teilentnahme
R	Steiger
S	Schieber (Kernseite)
SMI	Oberflächenversatz
TF	Formschräge mit Passung
TM	Formschräge (-)
TMD	Richtung der Werkzeugbewegung
TP	Formschräge (+)
V	Entlüftungsöffnungen

Bild 16.1: Internationale ISO-Kennbuchstaben für die Urformtechnologie (ISO 10135)

Je nach Vorgehensweise, sind diese Kennungen in der Fertigteil- oder Rohteilzeichnung gemäß ISO-Symbolik anzubringen.

16.2 Teilungsebene und Auswerfer

Formteile werden gewöhnlich durch bewegliche Werkzeuge geformt. Hierbei kann es aus qualitativen Gründen notwendig sein, Restriktionen für die Teilungsebene festzulegen. Zusätzlich kann es notwendig sein, Auswerfer für die Entformung vorzusehen. Umseitig sind die dazu erforderlichen Symbole gezeigt.

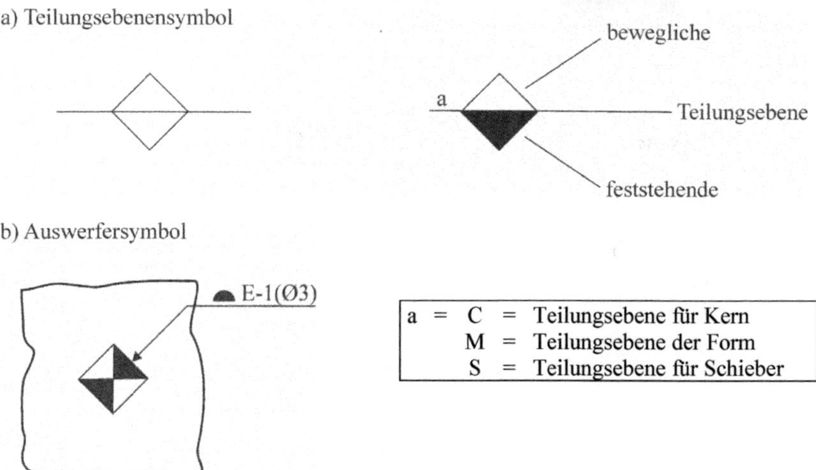

Bild 16.2: ISO-Symbole für Teilungsebene und sichtbare Auswerfermarke

16.3 Werkzeugspuren

Weiter kann es erforderlich sein, die maximal zulässigen Abweichungen der Oberfläche, beispielsweise durch Anschnitte, Speiser, Entlüfter, Auswerfer etc. festzulegen. Die üblichen Werkzeugspuren können mit dem folgenden Symbol eingegrenzt werden.

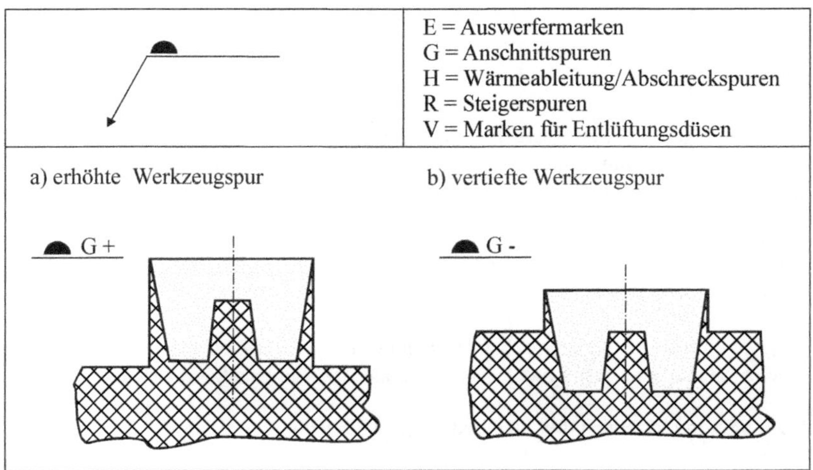

Bild 16.3: Anforderungen an Versatz und Anschnitt

Die anzuwendenden Symbole können durch weitere Angaben näher spezifiziert werden, wie die aufgelisteten Beispiele zeigen sollen.

Symbol	Erläuterung
V+1	V = Entlüftungsdüse + = zulässig ist eine Erhöhung zur Oberfläche 1 = 1mm
E-1(Ø3)	E = Auswerfermarke - = zulässig ist eine Vertiefung der Oberfläche 1 = 1mm Ø3 = Kreisfläche auf der Formteiloberfläche
G-1(2x3)	G = Anschnittspur - = zulässig ist eine Vertiefung zur Oberfläche 1 = 1mm 2x3 = Rechteckfläche auf der Formteiloberfläche
G-1(2x3) FL 0,5 × 0,1	G = Anschnittspur (wie vorher) FL = Gratrippe 0,5 = zulässige Höhe des Grats 0,1 = zulässige Breite des Grats

Bild 16.4: Zusammenstellung der am häufigsten benutzten ISO-Symbole

16.4 Versatz

Ursächlich kann durch das Werkzeug (Teilungsebene, Schieber, Einlagen, etc.), die Führungen und die Maschine an der Trennstelle ein Formteilversatz hervorgerufen werden. Ein Versatz ist in der Regel unerwünscht, sodass es erforderlich sein kann, einen maximal zulässigen Versatz festzulegen.

International ist hierfür das Maßgrößensymbol „SMI" (Oberflächenversatz) eingeführt worden, dieses ist an der Trennebene zu vereinbaren.

Wie an den folgenden, schematischen Darstellungen im *Bild 16.5* gezeigt werden soll, muss hierbei zusätzlich eine bestimmte Vorzeichenkonvention eingehalten werden.

An den umseitig gezeigten drei Standardfällen ist der SMI-Wert beispielhaft eingetragen worden.

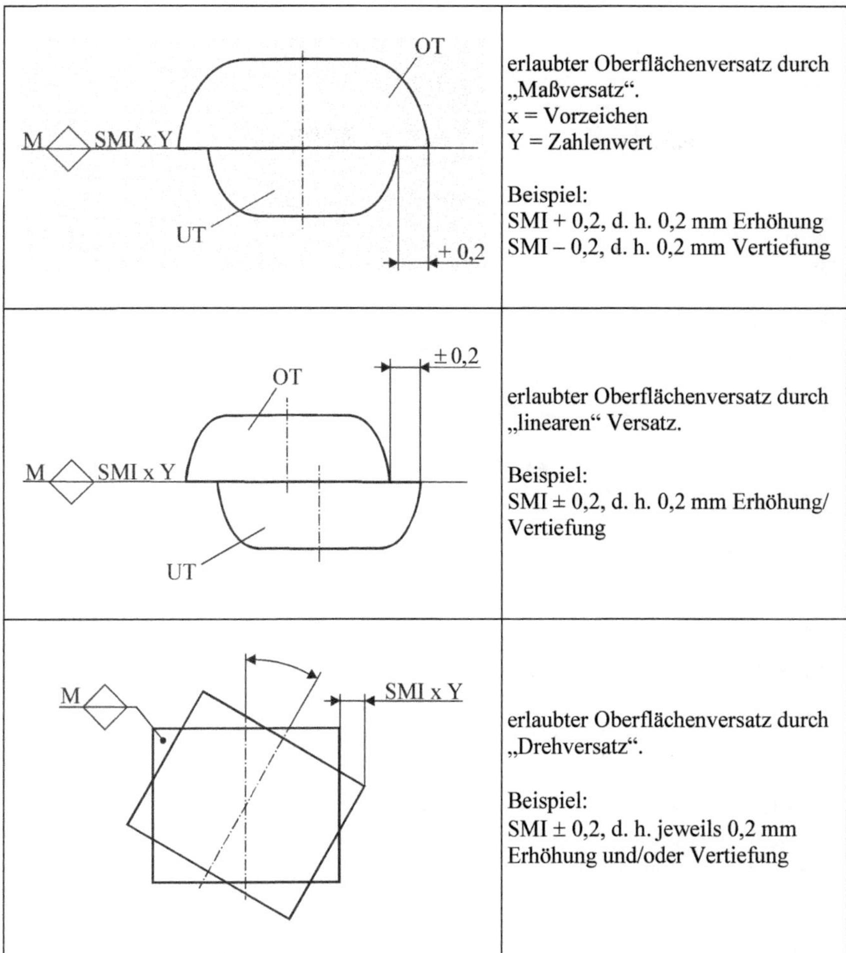

Bild 16.5: Mögliche Arten eines Oberflächenversatzes an einem Rohformteil

Die vorhergehenden Angaben zum Versatz dienen zur Festlegung von Qualitätseigenschaften an einem Formteil und müssen entsprechend angegeben werden.

Ist an der Trennstelle zwischen Ober- und Unterteil eine Erhöhung (+) oder eine Vertiefung (-) festzustellen, so ist dies als vorzeichenbehafteter Wert zu erfassen, der kleiner/gleich dem vorgegebenen SMI-Wert sein muss.

Der maximal zulässige SMI-Wert ist als globale Anforderung hinter dem Symbol für die Teilungsebene einzutragen. In diesem Fall gilt er für alle Geometrieelemente, die wie im *Bild 16.6* durch eine Teilungsebene geschnitten werden.

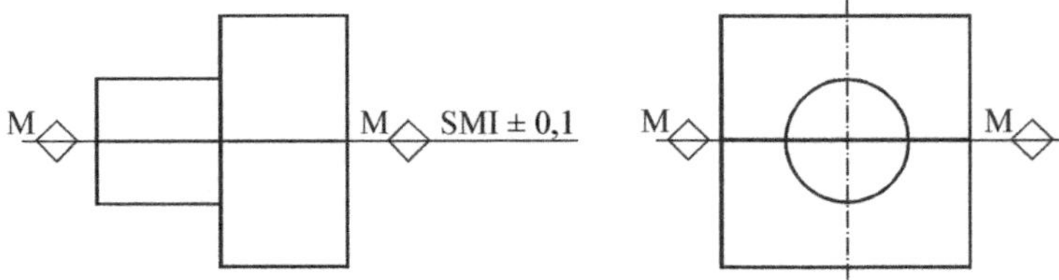

Bild 16.6: Globale Anforderung an den Oberflächenversatz

Sind hingegen unterschiedliche Anforderungen für einzelne Geometrieelemente zu berücksichtigen, so sind diese über eine „Fahne“ (Bezugslinie nach ISO 128-22) zuzuweisen.

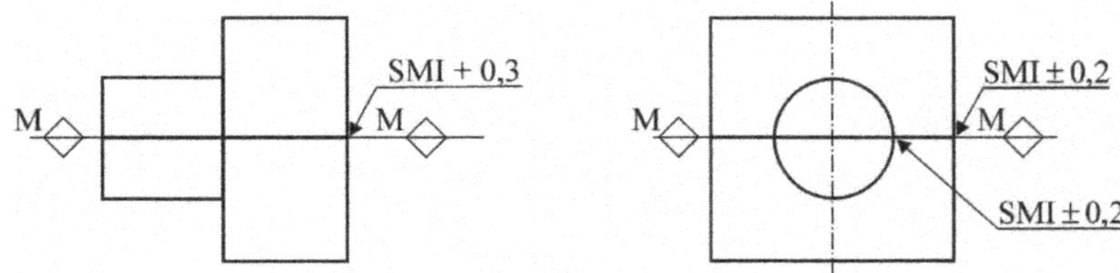

Bild 16.7: Lokale Anforderung an den Oberflächenversatz

16.5 Gratrippe

In der Teilungsebene kann noch eine zusätzliche Gratrippe auftreten, deren Ursache ebenfalls im Werkzeug und der Maschine zu suchen ist. Gratrippen müssen meist aus handhabungsbedingten Gründen entfernt werden.

Die an einem Formteil maximal zulässige Gratrippe ist durch das Buchstabensymbol „FL (Höhe x Breite)“ anzugeben, und zwar wie im *Bild 16.8* dargestellt.

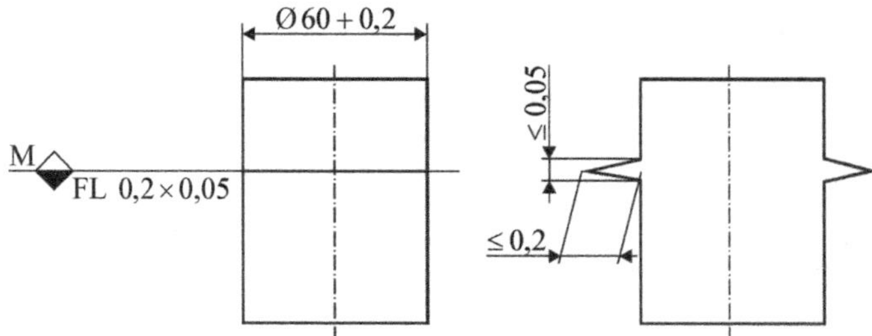

Bild 16.8: Anforderungen für eine Gratrippe am Fertigteil

Neben dieser globalen Anforderung können auch individuelle Anforderungen an unterschiedliche Geometrieelemente gestellt werden, welche beispielhaft *Bild 16.9* wiedergeben soll.

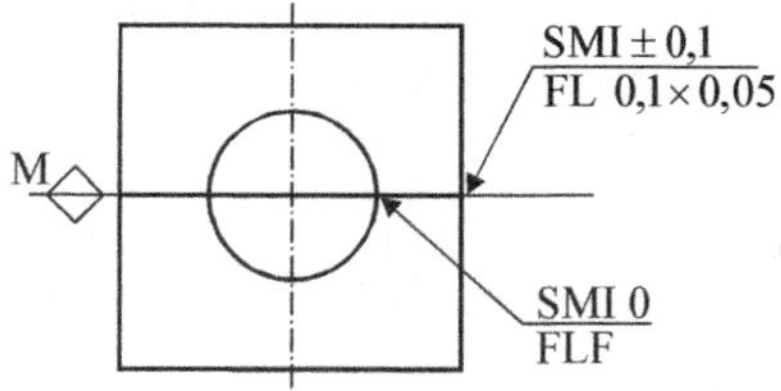

Bild 16.9: Anforderungen für einzelne Geometrieelemente

Im Beispiel soll insbesondere die innere Bohrung kein Oberflächenversatz (SMI 0) und auch keine Gratrippe (Angabe durch FLF) aufweisen.

16.6 Formschrägen

Die mit Hilfe eines Werkzeugs geformten Teile müssen gewöhnlich mit einer Formschräge versehen werden, um sie aus dem Werkzeug entformen zu können. Erfahrungsgemäß ist die Größe des Schrägungswinkels vom Material, dem Herstellverfahren und der Werkzeugtiefe abhängig. In der Praxis liegt der Schrägungswinkel bei NE-Metallen und Kunststoffen zwischen 0,5 bis 2 Grad, welche mit konischen Fräsern in eine Form eingearbeitet werden.

Für die Vereinbarung von Formschrägen wurde in der ISO-Normung eine neue Symbolik eingeführt, die nachfolgend im Anwendungszusammenhang diskutiert werden soll. Dazu sei zunächst im *Bild 16.10* das grafische Neigungssymbol widergegeben.

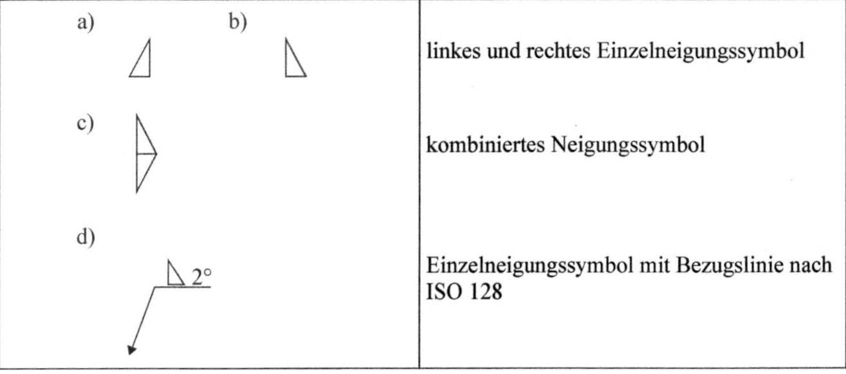

a) b)	linkes und rechtes Einzelneigungssymbol
c)	kombiniertes Neigungssymbol
d) 2°	Einzelneigungssymbol mit Bezugslinie nach ISO 128

Bild 16.10: Übersicht über ISO-Neigungssymbole

Das Einzelsymbol soll angewendet werden, um trotz der Formschrägen die geforderte Dimensionalität des Formteils einhalten zu können. Dazu gilt es die herausgestellten Anwendungsregeln zu berücksichtigen:

Regel 1: Die Hypotenuse des Neigungssymbols gibt die Richtung der Formschräge vor.

Regel 2: Die lange Kathete des Neigungssymbols muss parallel zum anzuschrägenden Geometrieelement ausgerichtet werden.

Regel 3: Der Wert der einzuhaltenden Neigung ist entweder als Winkel (z. B. 2°) oder Verhältnis (z. B. 10:1), rechts neben dem Neigungssymbol aufzuführen.

Regel 4: Der Pfeil der Hinweislinie ist an die Stelle einer Kante zu setzen, für die das angegebene Nennmaß gelten soll.

Regel 5: Falls ein Geometrieelement durch eine Teilungsebene geschnitten wird, dann gilt die Formschräge nur für den Abschnitt des Geometrieelementes, welcher durch die Hinweislinie gekennzeichnet und durch die Teilungsebene begrenzt ist. In allen anderen Fällen gilt die Formschräge für das gesamte Geometrieelement.

Die beiden Beispiele dienen zur Interpretation der aufgelisteten Regeln. Man erkennt, dass der Eintrag des Neigungssymbols die Ausführung des Formteils erheblich beeinflusst.

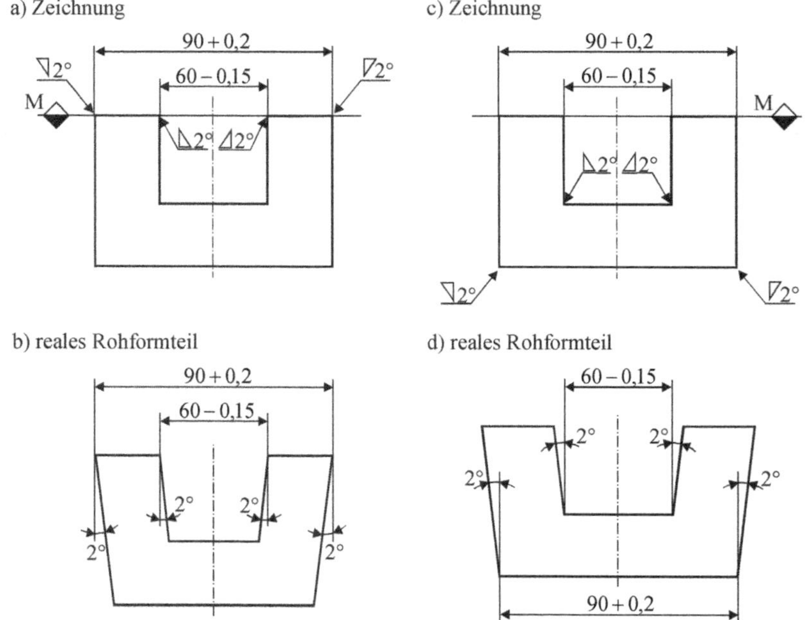

Bild 16.11: Festlegung der Formschrägen und Konsequenz für das Formteil

Wenn weiter die am Formteil angetragenen Nennmaße für eine bestimmte Position oder Schnitt eines Geometrieelementes gelten sollen, so ist diese Position zu bemaßen.

Regel 6: Die Hinweislinie mit Neigungssymbol muss die genaue Position am Geometrieelement kennzeichnen, an der die Nennmaße einzuhalten sind.

Am vorstehenden Beispiel mag es aus funktionellen Gründen notwendig sein, dass am Formteil bestimmte Nennmaße an bestimmten Stellen eingehalten werden.

a) Zeichnung

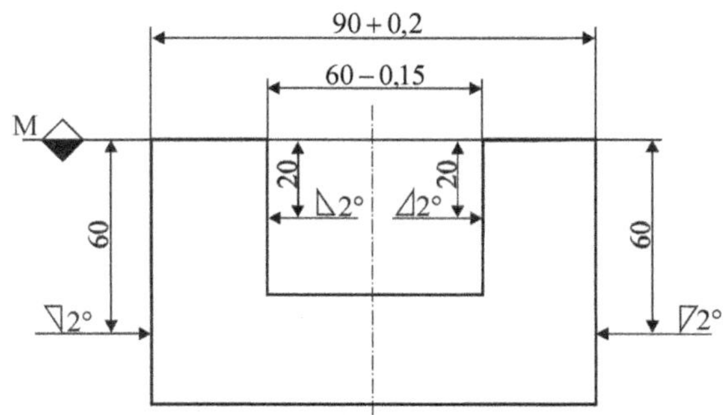

b) reales Rohformteil

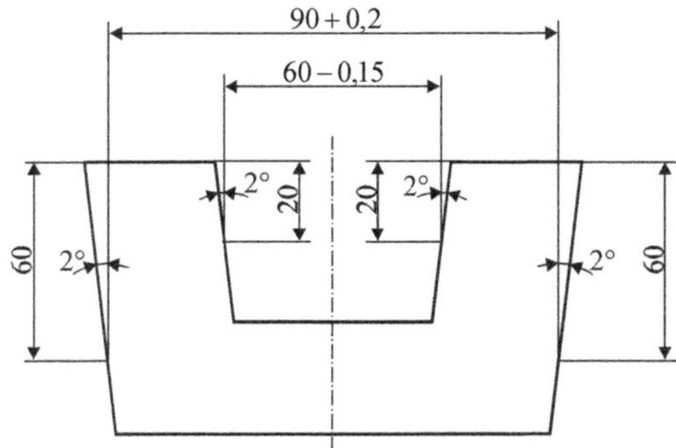

Bild 16.12: Einhaltung bestimmter Maße zusammen mit Formschrägen

Die meisten Formteile bestehen aus einem Ober- und Unterteil, weshalb an der Formteilungslinie angegeben werden muss, ob eine Formschräge hinzuzufügen (TP) oder abzuziehen (TM) ist. Für andere Fälle ist das *kombinierte* Neigungssymbol vorgesehen, dessen Anwendung ebenfalls einiger Regeln bedarf.

Regel 7: Die Hypotenusen des kombinierten Symbols gelten jeweils für eine Formteilhälfte und legen die Richtung der Formschräge fest. Parallel zum Geometrieelement muss die Ankathete (lange Seite) verlaufen und die Gegenkathete (kurze Seite) ist als Teil der Formteilungslinie einzutragen.

Regel 8: Bei gleich großen Neigungen muss der Neigungswert nur einmal, und zwar unterhalb oder oberhalb der Formteilungslinie eingetragen werden, jeweils gefolgt von der Angabe TP oder TM.

Regel 9: Bei der Formschrägenangabe TP, gilt das Nennmaß an der Kante des Geometrieelementes, welche an der gleichen Seite zur Angabe von TP liegt.

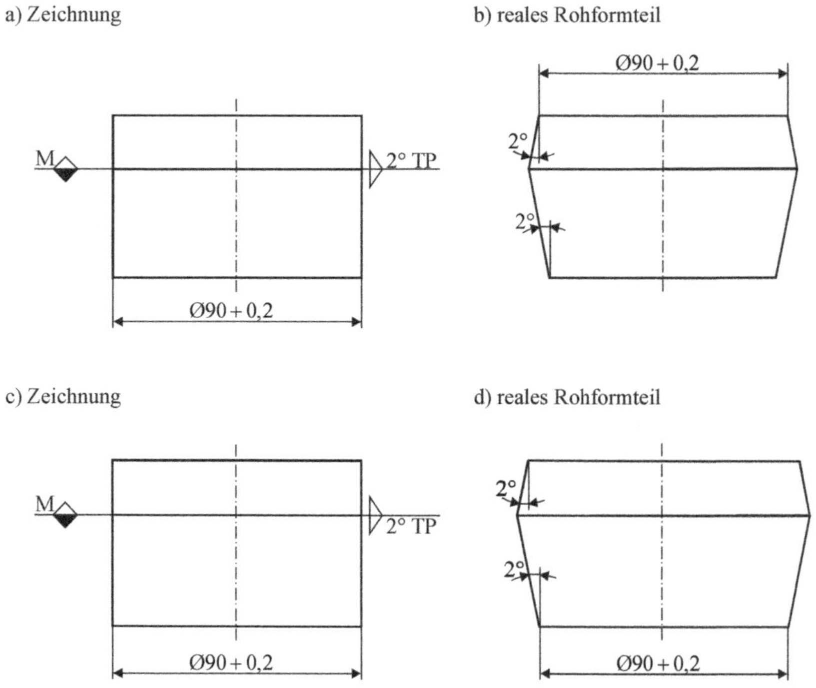

Bild 16.13: Kombiniertes Neigungssymbol mit der hinzugefügten Formschräge TP

Regel 10: Bei der Formschrägenangabe TM, gilt das Nennmaß immer an der Formteilungslinie.

Bei Kreisquerschnitten braucht das Neigungssymbol nur an einer Seite bzw. einer Kante angegeben werden.

a) Zeichnung

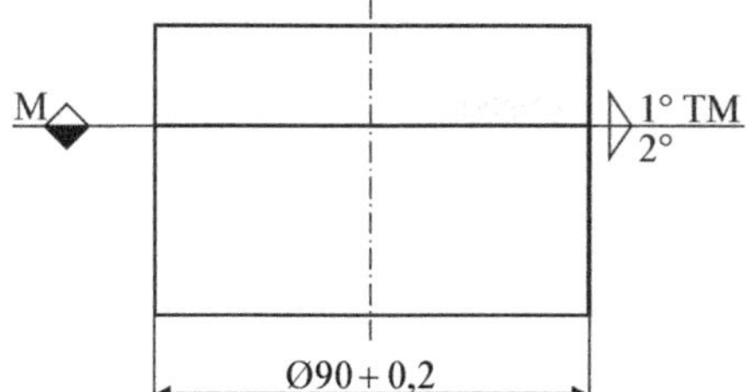

b) reales Rohformteil

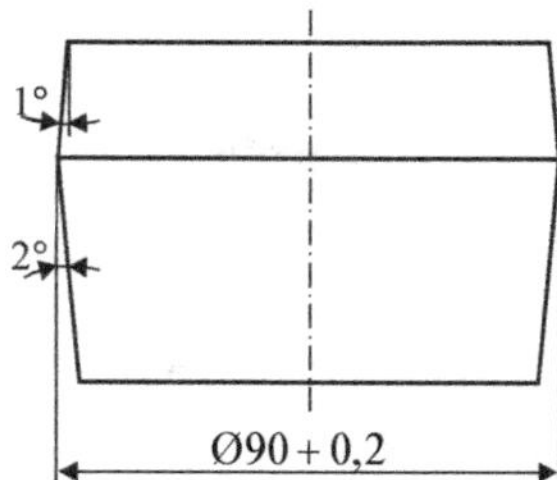

Bild 16.14: Kombiniertes Neigungssymbol mit der gewünschten Formschräge

Der dimensionelle Effekt des Hinzufügens und des Abziehens der Formschräge wird durch die gewählte Nomenklatur an den beiden Beispielen deutlich.

Ein weiteres Problem kann entstehen, wenn die Seitenlängen von Formteilen bezüglich der Formteilungsebene sehr unterschiedlich sind. Wie im *Bild 16.15* herausgestellt, kann sich dadurch in der Teilungsebene ein Oberflächenversatz einstellen, der in der Regel unerwünscht ist.

a) Zeichnung

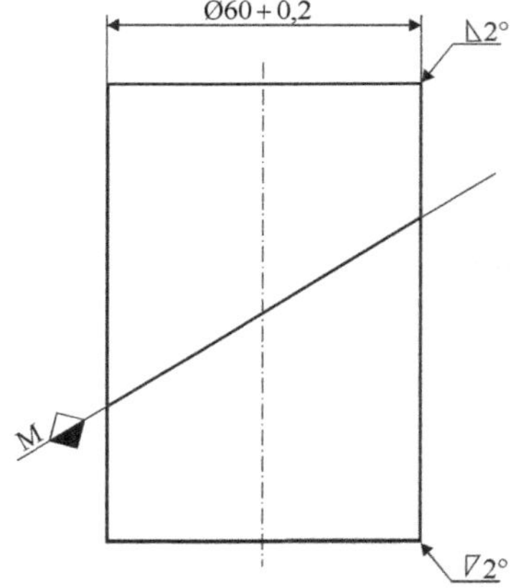

b) reales Rohformteil

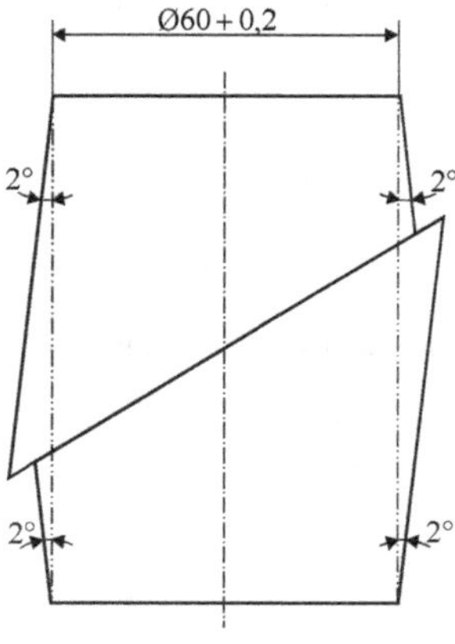

Bild 16.15: Versatz in einer schrägen Teilungsebene infolge von Formschrägen

Für das Fertigteil bedeutet dies dann Nacharbeit mit zusätzlichen Kosten. Um die zu umgehen, ist die *Formschräge mit Passung* (TF) festgelegt worden, welche im *Bild 16.16* auf das vorstehende Beispiel angewendet werden soll.

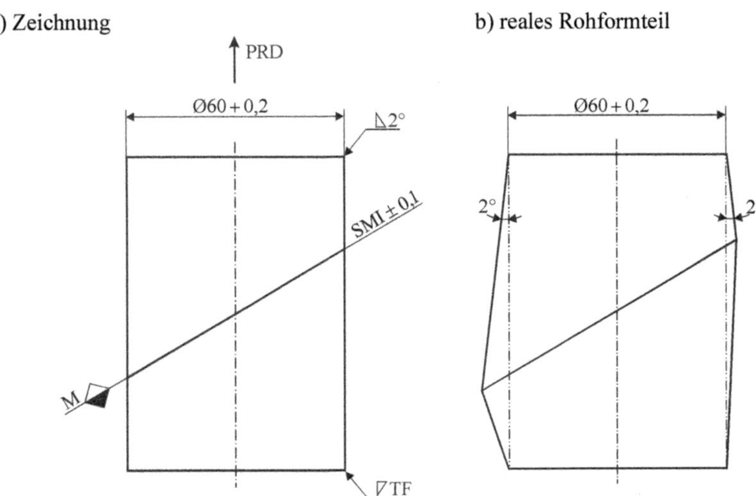

Bild 16.16: Schräge Teilungsebene mit einer Passspezifikation (TF) und Richtungsangabe (PRD) der Teilentnahme

Zuvor ist deshalb an Stelle eines Zahlenwertes für die Formschräge das Symbol TF angetragen worden, hiermit ist verbunden, dass das Unterteil an der Teilungsebene an das Oberteil angepasst werden muss. Gleichzeitig ist hiermit verbunden, dass über SMI stets der maximal zulässige Oberflächenversatz angegeben werden muss.

16.7 Maßanalyse

Durch die Ausbildung von Formschrägen ändern sich die Maße am Formelement. Für eine Zusammenbausimulation ist es oft notwendig die Veränderung der Maße bzw. deren örtliche Größe entlang der Ausprägung eines Maßelementes zu kennen.

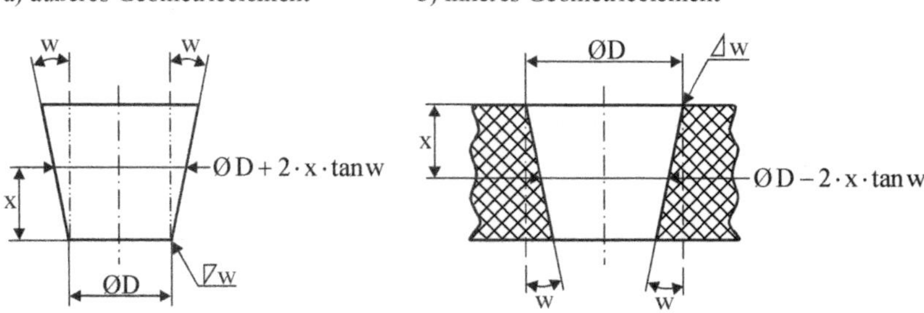

Bild 16.17: Bestimmung der Maßveränderung durch Formschräge

Wie an den beiden Geometrieelementen gezeigt, bedingt dies elementare geometrische Umrechnungen, die somit an jeder örtlichen Stelle die Maßgröße ausweisen können.

17 Geometrische Produktspezifikation/ GPS

17.1 Konzeption

Die Normung hat sich dem technischen Fortschritt anzupassen, der seitens der Bauteilbeschreibung durch den Einsatz von CAD, DNC und digitaler Messtechnik gekennzeichnet ist. Gleichfalls haben die erweiterten Möglichkeiten auch zu höheren Qualitätsansprüchen geführt, deren Festschreibung in den Fertigungsunterlagen erfolgen muss. Hiermit ist eine vollständigere Geometriebeschreibung (s. ISO 17450-1) von Bauteilen verbunden, die Folgendes umfassen sollte:

- Größenmaße und Maßtoleranzen,
- geometrische Toleranzen (F+L)

sowie

- technologische Oberflächenbeschaffenheit.

Ziel ist es, die notwendigen Bauteileigenschaften, die in der

- Funktionalität,
- Funktionssicherheit

und

- Austauschbarkeit

bestehen, durch eine exaktere Spezifizierung abzusichern. Die ISO hat deshalb schon in den 90er-Jahren Arbeitskreise gebildet, die sich mit einer Erweiterung der Normung in *Ketten*, d. h. zusammenhängende Normen für die gleichen geometrischen Eigenschaften (Maß, Form, Lage, Welligkeit und Rauheit), beschäftigen. Das mit den großen Industriestaaten abgestimmte Konzept wird derzeit als GPS-Normung eingeführt. Die Neuerscheinungen weisen im Textkopf schon auf dieses Konzept hin (s. exemplarisch *Bild 17.1*).

DEUTSCHE NORM September 2017

	DIN EN ISO 1101	**DIN**

ICS 17.040.40

Geometrische Produktspezifikation (GPS)-
Geometrische Tolerierung -
Tolerierung von Form, Richtung, Ort und Lauf (ISO 1101:2017
Deutsche Fassung EN ISO 1101:2017

Bild 17.1: Kopfleiste einer deutschen und internationalen GPS-Norm

Eine Normenkette besteht aus sechs Kettengliedern (durchnummeriert von 1 bis 6) und wird als „allgemeine GPS-Normenkette“ für 18 geometrische und technologische Eigenschaften sowie als „ergänzende Normenkette" für die Toleranznormen einiger wichtiger Fertigungsverfahren (derzeit 7) und als Geometrienormen für bestimmte Maschinenelemente (derzeit 3) entwickelt. Die dazu erforderliche Systematik ist in einer (vorläufigen) GPS-Matrix (s. *Bild 17.2*) strukturiert worden, um den Normungsgrad sichtbar zu machen.

<table>
<tr><td rowspan="6">GPS-Grundnormen</td><td>Globale GPS-Normen</td></tr>
<tr><td>GPS-Normen oder verwandte Normen, die verschiedene oder alle GPS-Normenketten behandeln und beeinflussen</td></tr>
<tr><td>Matrix allgemeiner GPS-Normen</td></tr>
<tr><td>Allgemeine GPS-Normenketten

1. Normenkette Maß
2. Normenkette Abstand
3. Normenkette Radius
4. Normenkette Winkel
5. Normenkette Form einer Linie (bezugsunabhängig)
6. Normenkette Form einer Linie (bezugsabhängig)
7. Normenkette Form einer Oberfläche (bezugsunabhängig)
8. Normenkette Form einer Oberfläche (bezugsabhängig)
9. Normenkette Richtung
10. Normenkette Lage
11. Normenkette Rundlauf
12. Normenkette Gesamtlauf
13. Normenkette Bezüge
14. Normenkette Oberflächenrauheit
15. Normenkette Oberflächenwelligkeit
16. Normenkette Grundprofil
17. Normenkette Oberflächenfehler
18. Normenkette Kanten</td></tr>
<tr><td>Matrix ergänzender GPS-Normen</td></tr>
<tr><td>Ergänzende GPS-Normenkette

A. Toleranznormen für bestimmte Fertigungsverfahren

A1. Normenkette Spanen
A2. Normenkette Gießen
A3. Normenkette Schweißen
A4. Normenkette Thermoschneiden
A5. Normenkette Kunststoffformen
A6. Normenkette Metallischer und anorganischer Überzug
A7. Normenkette Anstrich

B. Geometrienormen für Maschinenelemente

B1. Normenkette Gewindeteile
B2. Normenkette Zahnräder
B3. Normenkette Keilwellen</td></tr>
</table>

Bild 17.2: Übersicht über GPS-Matrixmodell nach ISO 14638

Für den zukünftigen Normungsbedarf kann diese Matrix geeignet erweitert werden.

Entgegen dem derzeitigen Normenstand besteht bei dem GPS-Konzept die Zielsetzung, bei den notwendigen Festlegungen die folgenden drei Grundsätze streng einzuhalten:

- Widerspruchsfreiheit,
- Vollständigkeit

und

- Ergänzbarkeit.

Von der Umsetzung dieser Vorgaben /GPS 03/ können die Anwender sicherlich einen hohen Nutzen in der praktischen Arbeit erwarten.

Der Grundsatz der *Widerspruchsfreiheit* soll zukünftig dafür sorgen, dass die Inhalte besser abgegrenzt, eindeutige Begriffe benutzt und eine einheitliche Nomenklatur verwandt werden. Eine Normenkette wird damit durchgängig übertragbar auf die Bauteilverkörperung, das physikalische Modell und die messtechnisch zu erfassenden Merkmale.

Mit dem Grundsatz der *Vollständigkeit* soll gewährleistet werden, dass alle Möglichkeiten erfasst werden können, um ein Bauteil geometrisch und technologisch vollständig zu spezifizieren. Hiermit hängt direkt die *Ergänzbarkeit* zusammen, die zu berücksichtigen hat, dass Inhalte vervollständigt und erweitert werden müssen. Die Ergänzungen sollten so eintragbar sein, dass keine Überschneidungen entstehen und anderen Anforderungen widersprechen.

Zu dem GPS-Vorhaben wird von den nationalen Normenkomitees eine Übersichtsliste geführt, die jederzeit über den Stellenwert und Status einer Norm Auskunft gibt. Alle Normen, die noch nicht als endgültige Fassung herausgegeben sind, werden als „Vorhaben (project)“ gelistet. Falls eine Norm in Überarbeitung ist, wird diese mit „(R)“ gekennzeichnet; falls eine Norm zurückgezogen ist, wird diese mit „(W)“ gekennzeichnet.

17.2 Normenkette

Die angesprochene Normenkette innerhalb der GPS-Normung folgt in etwa den Phasen der Produktentwicklung und hilft, das Produkt-Know-how zu verschlüsseln, sodass eine standortunabhängige Fertigung möglich wird. Dies wird unterstützt durch eine international abgestimmte Nomenklatur, die alle Normenanwender unabhängig von ihrer Landessprache verstehen.

Die sechs Kettenglieder werden dazu folgendermaßen strukturiert /WEC 01/:

- Kettenglied 1 enthält die Normengruppe, welche die *Zeichnungseintragung* von Werkstückeigenschaften regelt.

- Kettenglied 2 enthält die Normengruppe, welche die *Tolerierung* von Werkstückeigenschaften regelt.

- Kettenglied 3 enthält die Normengruppe, die sich mit der *Definition des Ist-Geometrieelementes* (reale Werkstückeigenschaft) befasst.

Kettenglied 4 enthält die Normengruppe, die sich mit der *Ermittlung der Abweichungen* und dem *Vergleich* mit den Toleranzgrenzen befasst.

- Kettenglied 5 enthält die Normengruppe, welche die Anforderungen an die *Messeinrichtungen* festlegt.

und

- Kettenglied 6 enthält die Normengruppe, welche die *Kalibrieranforderungen* und die *Kalibrierung* festlegt. Für die Messbarkeit geometrischer Eigenschaften einschließlich der *Rückführbarkeit* und der Angabe von *Messunsicherheiten* ist dies von besonderer Bedeutung.

Für die festgelegten geometrischen und technologischen Eigenschaften gibt *Bild 17.3* die Zuordnung in einer Matrix wieder. Zweck dieser Matrix ist transparent zu machen, was durch die Normung abgedeckt ist bzw. noch abzudecken ist. Derzeit hat man festgestellt, dass das Normenwerk nur knapp 50 % der Anforderungen regelt, die heutige Technologien unter der Prämisse einer hohen Funktionssicherheit und Qualität fordern. Die GPS-Normung greift damit vor und leistet einen Beitrag zur Weiterentwicklung der Technik in einem globalen Wirtschaftsumfeld.

Kettengliedernummer		1	2	3	4	5	6
geometrische Eigenschaften des Elementes		Angaben der Produkt-dokumenten-Codierung	Definition der Toleranzen - Theoretische Definition und Werte	Definitionen der Eigen-schaften des Ist-formelementes oder der Kenn-größen	Ermittlung der Abweichungen des Werkstücks - Vergleich mit Toleranzgrenzen	Anforderungen an Messein-richtungen	Kalibrieran-forderungen - Kalibriernormen
1.	Maß						
2.	Abstand						
3.	Radius						
4.	Winkel (Toleranz in Grad)						
5.	Form einer Linie (bezugsunabhängig)						
6.	Form einer Linie (bezugsabhängig)						
7.	Form einer Oberfläche (bezugsunabhängig)						
8.	Form einer Oberfläche (bezugsabhängig)						
9.	Richtung						
10.	Lage						
11.	Rundlauf						
12.	Gesamtlauf						
13.	Bezüge						
14.	Oberflächenrauheit						
15.	Oberflächenwelligkeit						
16.	Grundprofil						
17.	Oberflächenfehler						
18.	Kanten						

Bild 17.3: Übersicht über das GPS-Matrixmodell

18 Erfahrungswerte für Form- und Lagetoleranzen

In der Begrenzung von Form- und Lagetoleranzen haben viele Konstrukteure noch nicht das Gefühl entwickelt, was technologisch machbar ist. Anhaltspunkte dazu geben die alte Norm ISO 2768, Teil 2 oder die folgenden Werte, die in praktischen Prozessen der spanenden Fertigung an Metallen ermittelt worden sind. Einengungen dieser Werte führen zu entsprechend höheren Fertigungskosten. Erfahrungsgemäß gilt für Kunststoff-Formteile:

Kunststoff-Tol. ≈ (1,4 – 1,7) * Metall-Tol.

Größte Länge L der zu bearbeitenden Fläche		Ebenheitstoleranzen in mm				
über (mm)	bis (mm)	beim Läppen	beim Schleifen	beim Fräsen	beim Drehen	beim Planieren
	10	0,002	0,005	0,015	0,020	0,040
10	25	0,004	0,015	0,030	0,040	0,080
25	50	0,006	0,030	0,045	0,080	0,160
50	120	0,010	0,050	0,060	0,120	0,280
120	250	0,012	0,060	0,070	0,140	0,360

Größte Länge L der zu bearbeitenden Fläche		Parallelitätstoleranzen in mm			
über (mm)	bis (mm)	beim Drehen	beim Fräsen	beim Schleifen	bei Pressteilen
	10	0,03	0,05	0,01	0,040
10	25	0,05	0,05	0,02	0,080
25	50	0,10	0,10	0,05	0,160
50	120	0,10	0,15	0,08	0,280
120	250	0,15	0,20	0,10	0,360

Durchmesser		Rundheitstoleranzen in mm				
		beim Drehen		beim Schleifen		
über (mm)	bis (mm)	zwischen Spitzen	im Futter, in Zange	zwischen Spitzen	im Futter, in Zange	spitzenlos
	10	0,003	0,005	0,002	0,003	0,003
10	50	0,005	0,015	0,002	0,005	0,005
50	120	0,008	0,030	0,003	0,008	0,008
120	250	0,010	0,050	0,005	0,010	0,010

Größte Länge L der zu bearbeitenden Fläche		Zylinderformtoleranzen in mm			
		für Wellen beim		für Bohrungen beim	
über (mm)	bis (mm)	Drehen	Schleifen	Drehen	Schleifen
	50	0,01	0,003	0,02	0,003
50	120	0,02	0,005	0,03	0,005
120	250	0,04	0,008	0,05	0,008
250	500	0,05	0,010	-	-

Durchmesser		Planlauf- und Rundlauftoleranzen in mm				
		beim Drehen		beim Schleifen		
über (mm)	bis (mm)	zwischen Spitzen	im Futter, in Zange	zwischen Spitzen	im Futter, in Zange	spitzenlos
	6	0,03	0,05	0,005	0,03	0,03
6	10	0,05	0,08	0,010	0,05	0,05
10	50	0,08	0,10	0,015	0,10	0,10
50	120	0,10	0,15	0,020	0,15	0,15
120	250	0,15	0,20	0,025	0,20	0,20

19 Übungen zur Zeichnungseintragung

19.1 Form- und Lagetoleranzen in Zeichnungen

In den folgenden Beispielen sollen einige Bauteile (Fertigteile und Werkzeugsituationen) exemplarisch mit den angegebenen Werten funktionsbezogen toleriert werden. Hierfür soll der *neue* Tolerierungsgrundsatz ISO 8015, die *neue* Symbolik nach ISO 1101 und die Bezügenorm ISO 5459 verwendet werden. Die Interpretation der einzelnen Toleranzen wird insgesamt verständlicher, wenn auch die jeweilige Toleranzzone in die Bauteile einskizziert wird (dies wird natürlich als Zeichnungsangabe nicht verlangt). Die Lage der Toleranzzone gibt insofern einen eindeutigen Hinweis auf die akzeptierte Abweichung und den Nachweis über eine Messung. Dies fördert das Verständnis zu den F+L-Toleranzen.

19.2 Eintragung von Formtoleranzen

Beispiel 1: Geradheitstoleranz von Mittellinien oder Kanten

Tolerierungsfall: Die Mittellinie des dargestellten Bauteils soll in einem Quader mit der Geradheitsanforderung t_y x t_z = 0,05 x 0,2 liegen.

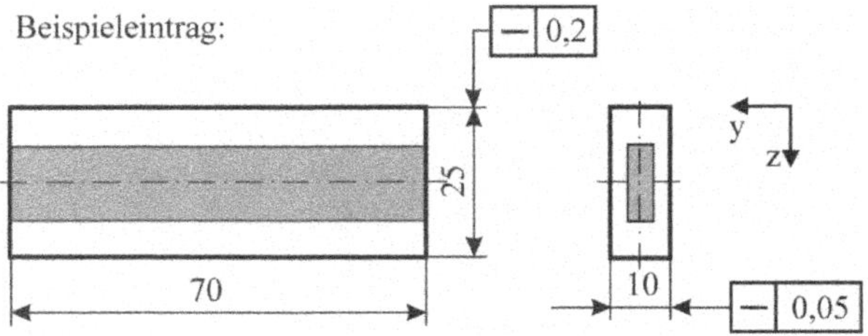

Tolerierungsfall: Die Mittellinie der Durchgangsbohrung soll in einem Toleranzzylinder vom Durchmesser t_G = 0,05 liegen.

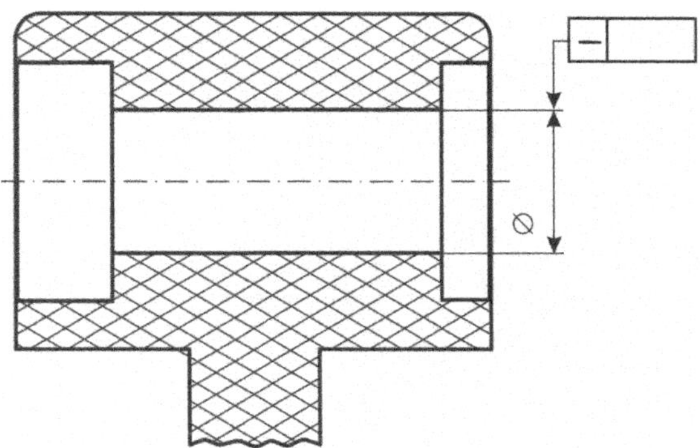

Tolerierungsfall: Die obere Kante der Schneide eines Folienschneidmessers soll über die ganze Länge innerhalb von $t_G = 0{,}1$ gerade sein.

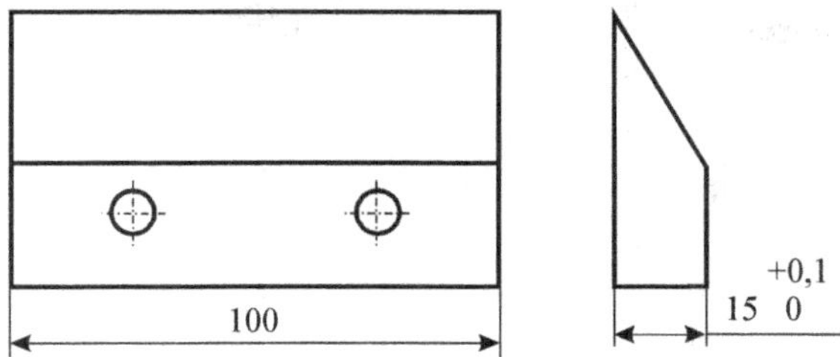

Tolerierungsfall: Kanten auf der oberen Deckfläche eines Einlegeteils sollen an der schmalen Seite innerhalb von $t_y = 0{,}10$ und an der langen Seite innerhalb von $t_x = 0{,}15$ gerade sein. Nutzen Sie hierfür die Schnittebenen-Anzeiger.

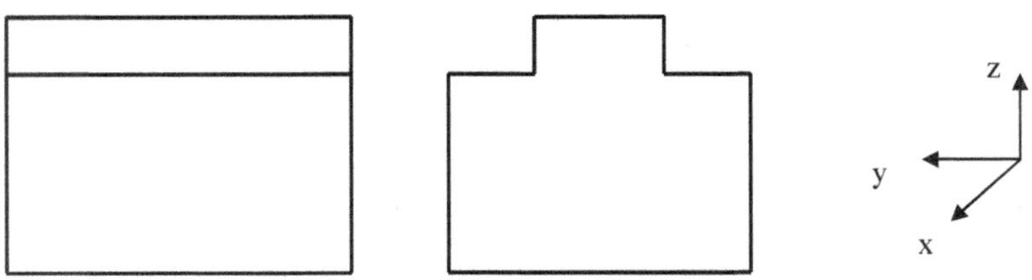

Beispiel 2: Ebenheit von Flächen

Tolerierungsfall: Die obere Bearbeitungsfläche eines Kühlblocks soll innerhalb von $t_E = 0{,}20$ eben sein. Dies ist eine Forderung für eine Fläche in „sich". Alternativ sollen zwei Geradheitsmessungen vereinbart werden.

Tolerierungsfall: Es ist ein Werkzeugteil gezeigt. Im linken Fall soll jede der drei herausstehenden Bearbeitungsflächen mit t_E = 0,15 in „sich“ eben sein. Im rechten Fall soll t_E als Ebenheitsforderung über die drei Flächen (gemeinsame Toleranzzone) insgesamt gelten.

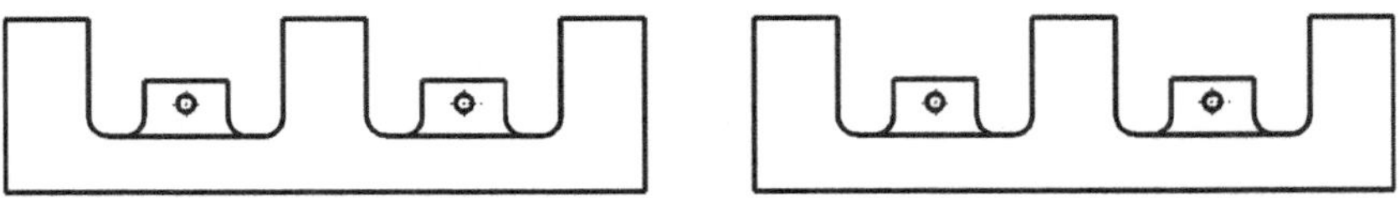

Beispiel 3: Rundheitstoleranz bei Folienwalze

Tolerierungsfall: Die Istform jedes Querschnittes des Kegels für einen Kalander soll innerhalb t_K = 0,1 rund sein.

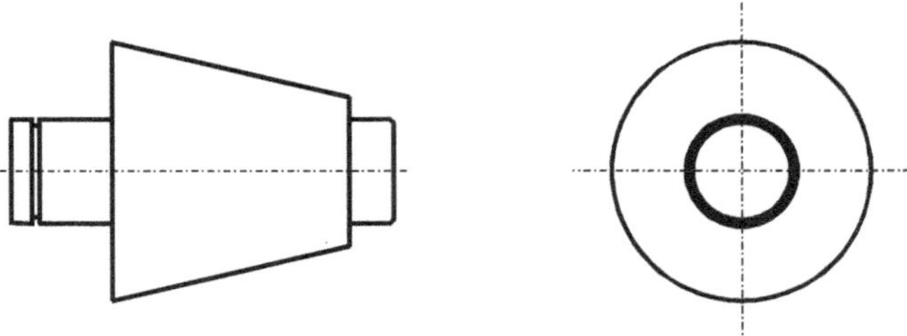

Beispiel 4: Zylinderformtoleranz

Tolerierungsfall: Die Istform des rechts angedrehten Bolzenstumpfes soll in einem Toleranzraum von t_Z = 0,1 über die Länge zylindrisch verlaufen.

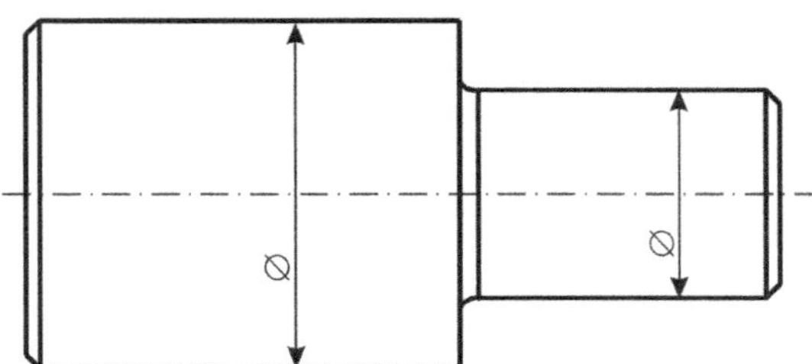

Alternative: Die Zylinderformtoleranz ist eine zusammengesetzte Toleranz; lösen Sie diese wieder in die entsprechenden Einzeltoleranzen auf, und nutzen Sie dazu einen Verbundtoleranz-Indikator.

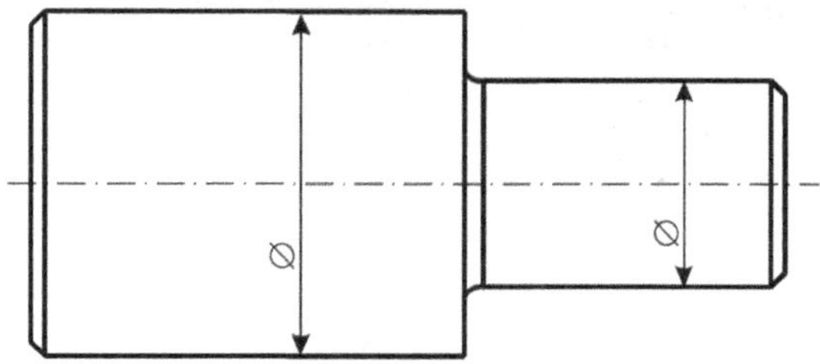

19.3 Eintragung von Profiltoleranzen

Beispiel 5: Linienformtoleranz eines Linienprofils

Tolerierungsfall: Die Istform des Kurvenzuges soll in einer symmetrischen Toleranzzone von t_{LP} = 0,10 zur theoretisch genauen Linie liegen; die gesamte untere Fläche soll Auflagefläche sein. Die Toleranz ist in einem beliebigen Dickenschnitt nachzuweisen.

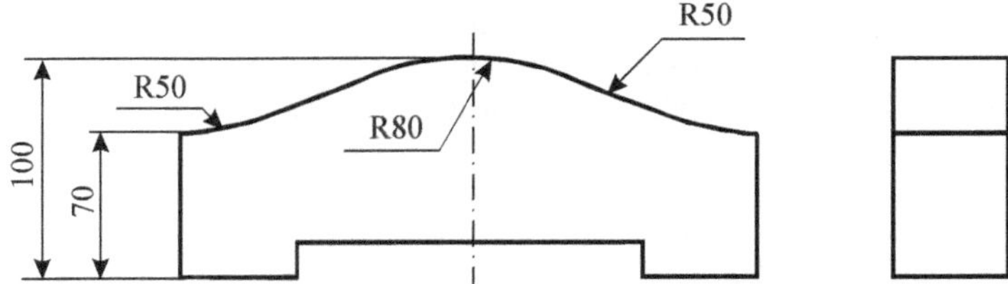

Beispiel 6: Flächenformtoleranz einer allseits gekrümmten Fläche

Tolerierungsfall: Die Istform der gewölbten Oberfläche soll in einer symmetrischen Toleranzzone von t_{FP} = 0,15 zur theoretisch genauen Oberfläche liegen.

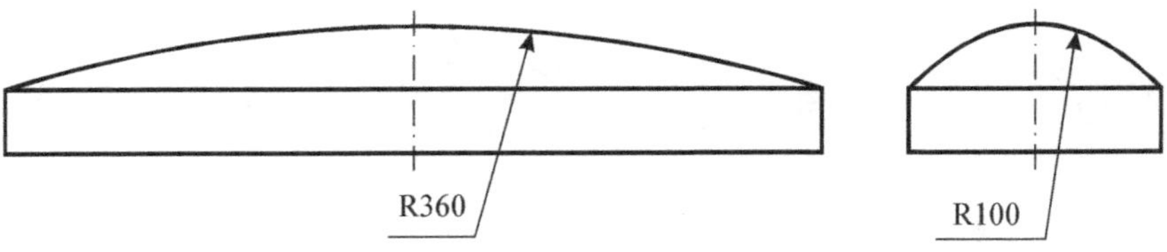

Beispiel 7: Verschiebung der Toleranzzone bei Linienform- oder Flächenformtoleranzen

Tolerierungsfall: Gezeigt ist ein Teil eines Refektors für einen Lkw-Scheinwerfer. Die Linienformtoleranz t_{LP} = 0,15 soll aus fertigungstechnischen Gründen 2/3 nach außen und 1/3 nach innen liegen (Umwandlung in eine asymmetrische Toleranz ist durchzuführen).

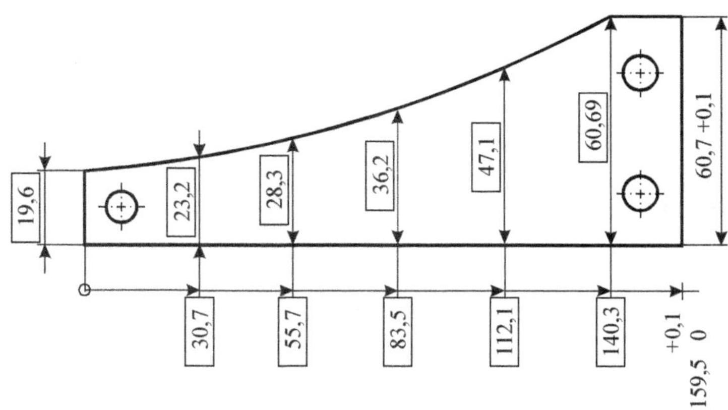

Tolerierungsfall: Die zuvor festgelegte Linienformtoleranz soll aus fertigungstechnischen Gründen nunmehr einseitig um t_{LP} = 0,10 nach „Plus" liegen. Benutzen Sie hierfür wieder die Aufteilung über das das Symbol „UZ".

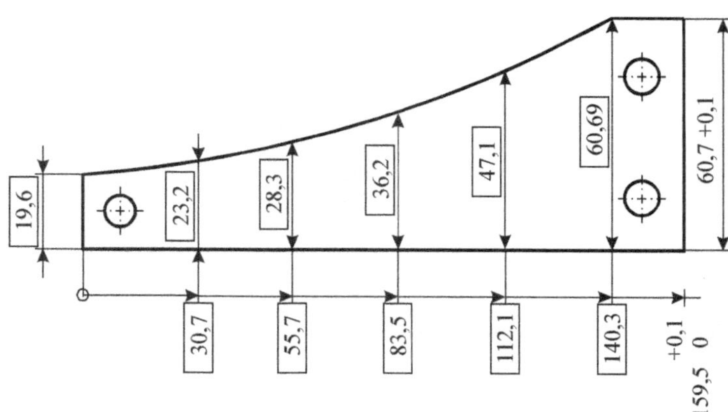

19.4 Eintragung von Lagetoleranzen

19.4.1 Richtungstoleranzen

Beispiel 8: Parallelitätstoleranz einer Mittellinie zu einer Bezugsachse bzw. Bezugsstellen

Tolerierungsfall: Die Mittelachse der oberen Bohrung (soll gelehrt werden) eines gepressten Hebels soll in einem zur Bezugsachse parallelen Quader vom Querschnitt
$t_x \times t_y = 0{,}2 \times 0{,}1$ liegen. Aus funktionellen Gründen kann nur die untere Bohrung Bezug sein; im Allgemeinen reicht dies aber nicht aus, um den Toleranzquader eindeutig auszurichten.

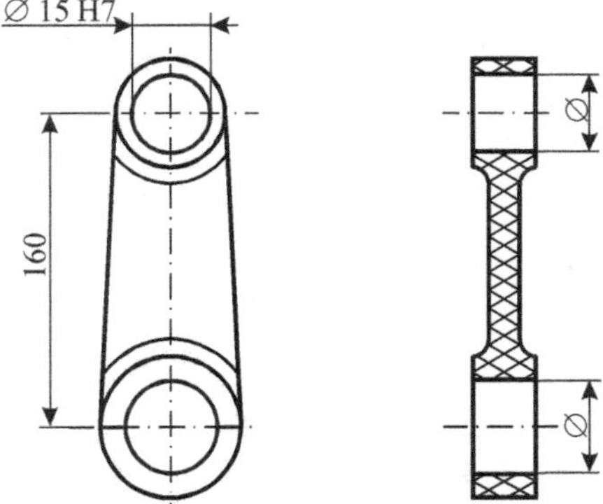

Tolerierungsfall: Die Istachse der oberen Bohrung soll jetzt in einem zur Bezugsachse bzw. Bezugssystem parallelen Toleranzzylinder vom Durchmesser $t_P = 0{,}1$ liegen, welches im Allgemeinen zu mehr Gutteilen führt.

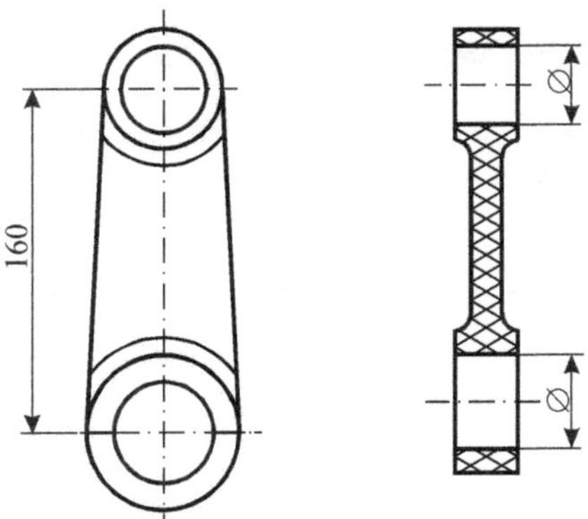

Beispiel 9: Parallelitätstoleranz einer Linie zu einer Bezugsebene

Tolerierungsfall: Die obere Schneidkante soll in einem Toleranzraum von der Größe $t_P = 0{,}20$ liegen. Die untere Ausricht- oder Bezugsfläche soll als gemeinsamer Bezug aus den beiden Anschraubbohrungen gebildet werden.

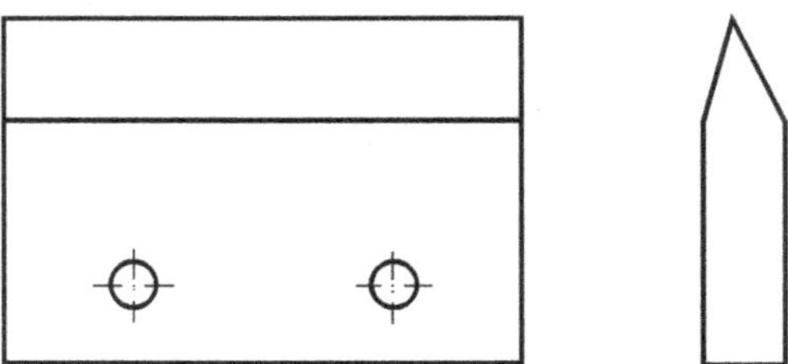

Beispiel 10: Parallelitätstoleranz einer Fläche zu einer Bezugsebene

Tolerierungsfall: Die beiden oberen Istflächen eines Distanzstückes sollen bei der Bearbeitung in einem gemeinsamen Toleranzraum vom Abstand $t_P = 0{,}1$ liegen. An der gesamten unteren Aufstandsfläche soll der Bezug gebildet werden.

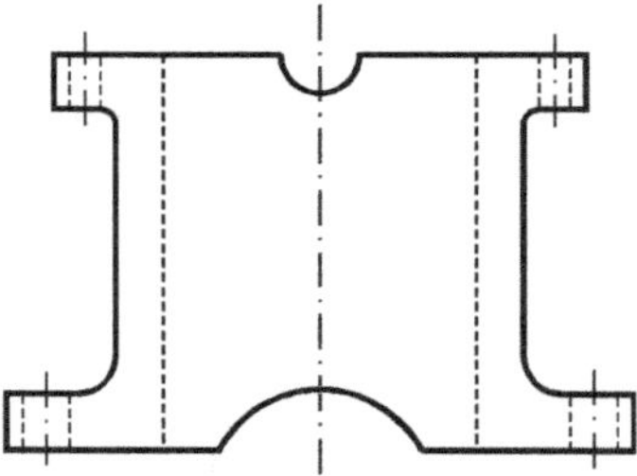

Beispiel 11: Rechtwinkligkeitstoleranz einer Linie/Mittellinie zu einer Bezugslinie

Tolerierungsfall: Die Istachse der einzubringenden oberen Bohrung soll in einer Toleanzzone von $t_R = 0{,}25$ rechtwinklig zur unteren Bohrung stehen.

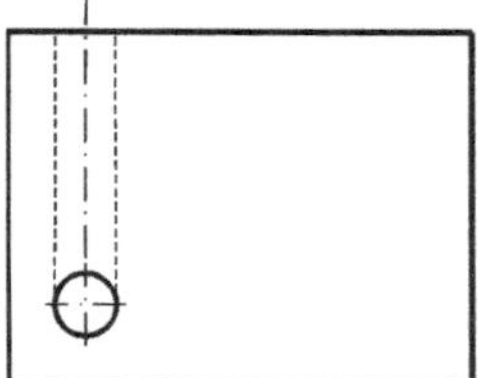

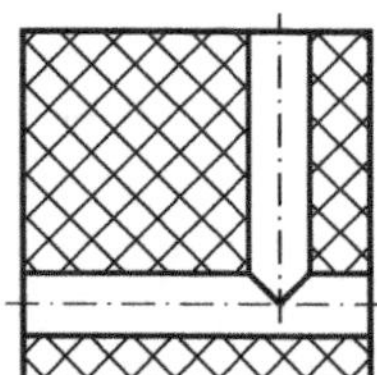

Beispiel 12: Rechtwinkligkeitstoleranz einer Mittellinie zu einer Bezugsebene

Tolerierungsfall: Die Istachse des Zylinders soll in einem zur Anflanschfläche rechtwinkligen Quader vom Querschnitt t_y x t_z = 0,4 x 0,1 liegen.

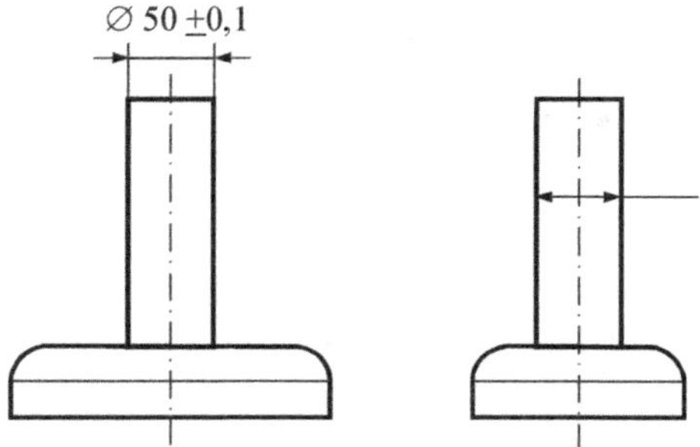

Tolerierungsfall: Die Istachse der Bohrung soll zur oberen Bezugsebene einer Abdeckkappe rechtwinklig in einem Toleranzzylinder von t_R = 0,15 stehen.

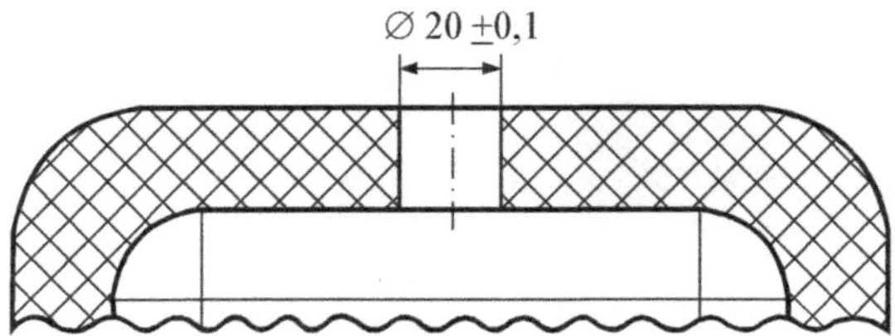

Beispiel 13: Rechtwinkligkeitstoleranz einer Fläche zu einer Bezugsachse

Tolerierungsfall: Die Ringfläche einer Einsenkung soll rechtwinklig zur Bohrungsachse einer Zylinderkopfschraube stehen, und zwar mit einer Toleranz von t_R = 0,2.

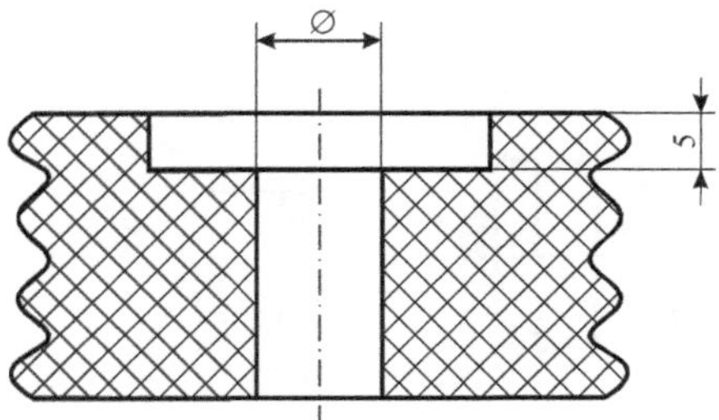

Beispiel 14: Rechtwinkligkeitstoleranz einer Fläche zu einer Bezugsebene

Tolerierungsfall: Die linke Istfläche soll rechtwinklig zur unteren Bezugsebene im Abstand t_R = 0,30 stehen und „nicht konvex“ sein.

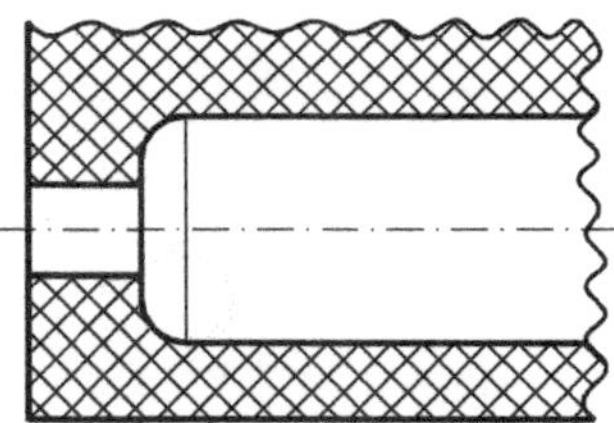

Beispiel 15: Neigungs- bzw. Winkligkeitstoleranz einer Linie zu einer Bezugsachse

Tolerierungsfall: Istachse der schrägen Bohrung soll in einer Toleranzzone mit t_N = 0,15 liegen, der im idealen Winkel von 45° zur Bezugsachse geneigt ist.

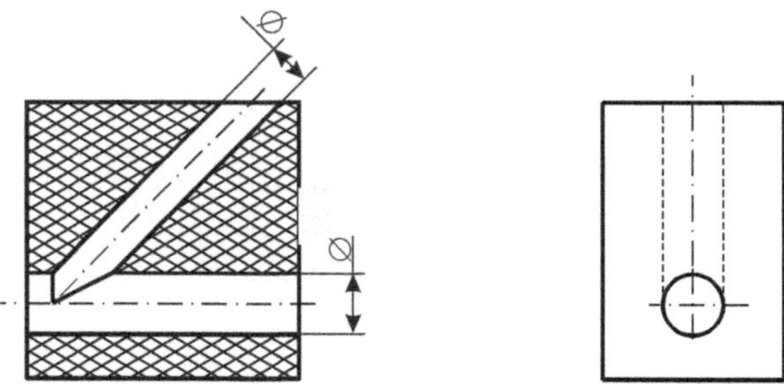

Beispiel 16: Winkligkeitstoleranz einer Fläche zu zwei Bezugselementen

Tolerierungsfall: Die schräge Istfläche eines Schiebers, soll in einer Toleranzzone vom Abstand t_N = 0,1 liegen, wobei die Toleranzzone im Winkel von 75° zu den beiden Wellenlagern geneigt ist.

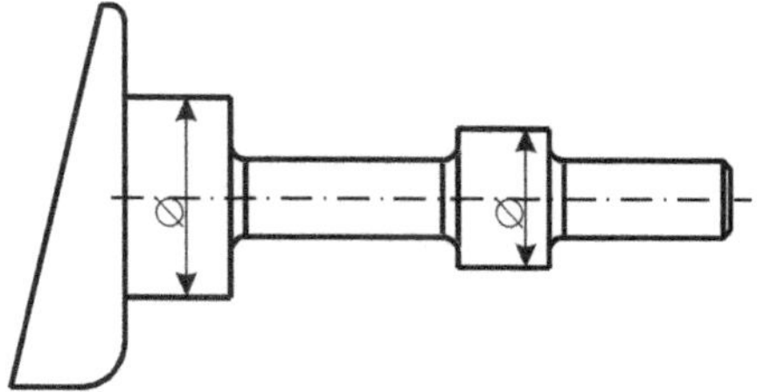

Beispiel 17: Winkligkeitstoleranz einer Fläche zu einer Bezugsebene

Tolerierungsfall: Die geneigte Istfläche soll in einer Toleranzzone vom Abstand $t_N = 0{,}20$ liegen. Die Toleranzzone soll im idealen Winkel von 30° zur insgesamt aufliegenden unteren Bezugsebene geneigt sein.

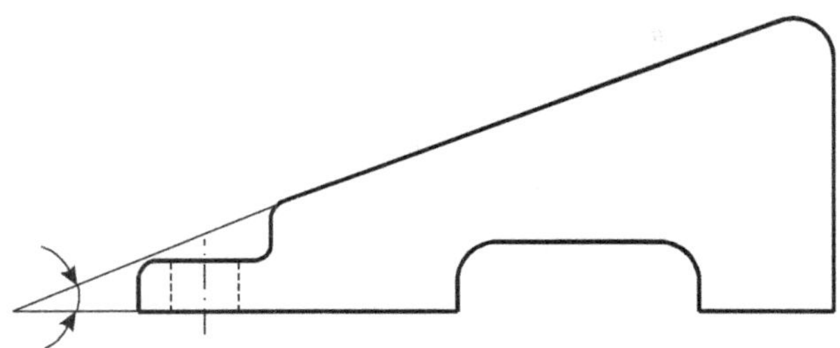

19.4.2 Ortstoleranzen

Beispiel 18: Positionstolerierung von Lochbildern

Tolerierungsfall: Nach alter Normenlage wurden Lochbilder durch Abmaße (+/-) festgelegt. Dies führt gewöhnlich zur Toleranzaddition, weshalb diese Bemaßung nicht mehr angewendet werden soll. Unter Verwendung der neuen Positionstolerierung (ISO 14405 bzw. ISO 5458) soll der linke Darstellungsfall herstell- und montagegerechter bemaßt werden.

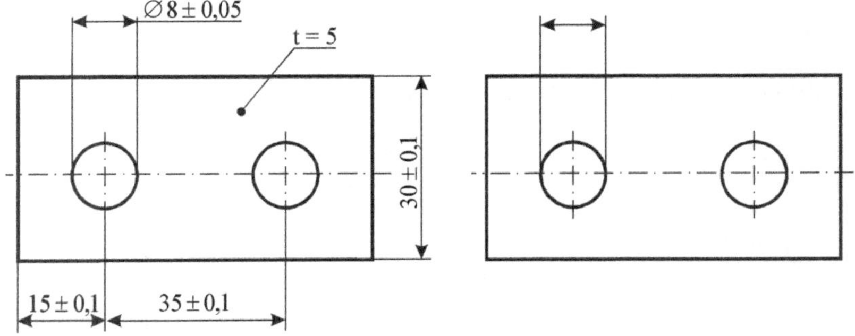

Tolerierungsfall: Bei der umseitig dargestellten Mitnehmerscheibe sind die Durchgangslöcher mit einer Positionstoleranz $t_{PS} = 0{,}1$ zu versehen. Weiterhin ist die Darstellung normgerecht zu vervollständigen.

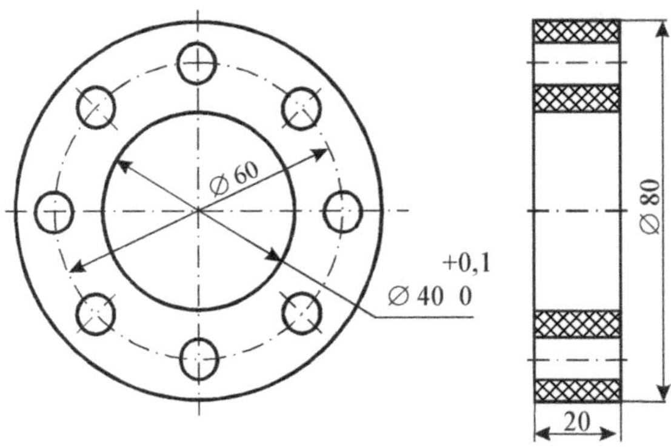

Beispiel 19: Koaxialität von Achsabschnitten

Tolerierungsfall: Bei der gezeigten Achse soll auf dem Mittelteil eine Nabe mit einem PA-Gleitlager aufgeschrumpft werden. In dem Fall ist eine Koaxialität von $t_{KO} = 0{,}15$ unbedingt einzuhalten.

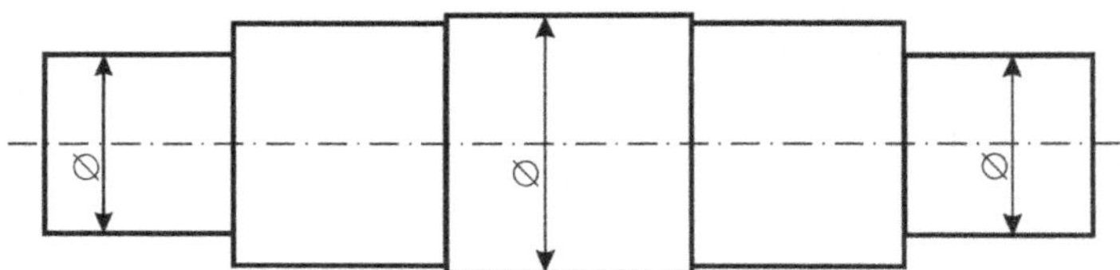

Beispiel 20: Symmetrietoleranz von zwei Geometrieelementen

Tolerierungsfall: Eine Klemmplatte soll mit einer mittigen Nut versehen werden. Es ist eine Symmetrietoleranz von $t_S = 0{,}2$ erforderlich.

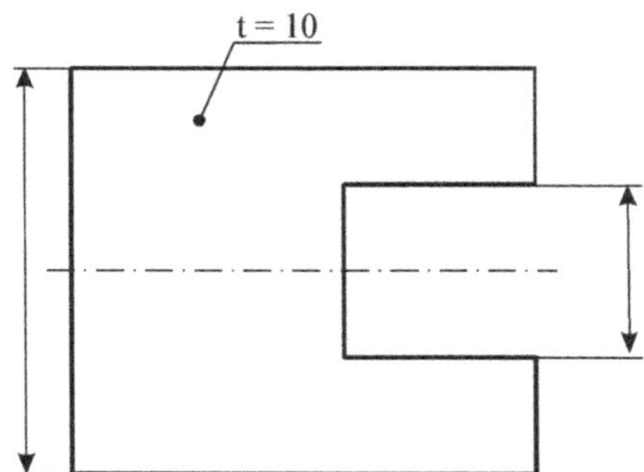

Beispiel 21: Rundlauftoleranz bei rotierenden Teilen

Tolerierungsfall: Die Skizze zeigt eine Spindel zur Fadenaufwicklung von Spinnfasern. Der Wellenabschnitt mit ∅ 40 wird in einem Gleitlager geführt; das freie Spindelende darf dann nur eine Rundlauftoleranz von $t_L = 0{,}08$ haben.

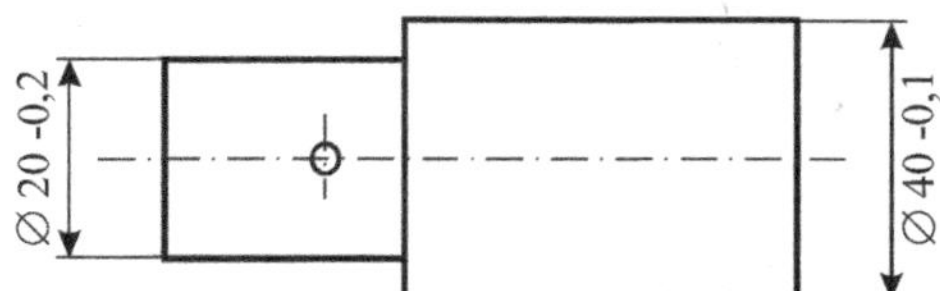

Tolerierungsfall: Bei der gezeigten schnell laufenden Welle werden auf dem Mittelabschnitt mehrere Schneidmesser aufgebracht. Für einen sauberen Schnitt darf die Gesamtrundlauftoleranz nur $t_{LG} = 0{,}1$ betragen.

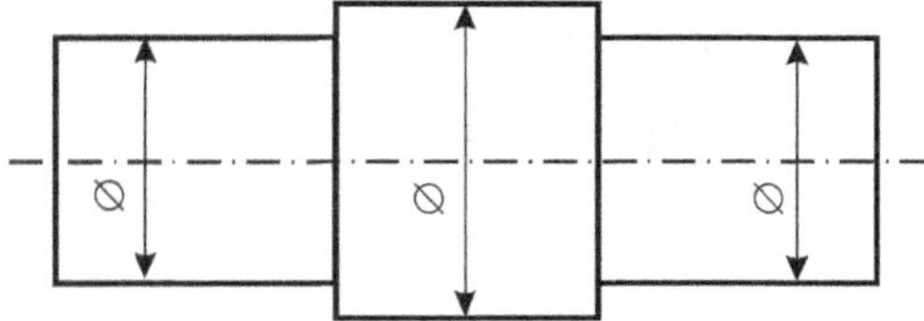

19.5 Eintragung von Bezügen

Die Norm DIN EN ISO 5459 zu *Bezügen und Bezugssysteme* verfolgt die Intention, den hohen Stellenwert der Bezüge für die Ausführungsqualität von beliebigen Produkten nachhaltiger herauszuarbeiten. Dies verpflichtet die Konstruktion viel stärker als vorher, den Zusammenhang zwischen Bezügen und den Lagetoleranzen festzulegen. Die Norm gilt für alle Herstellverfahren und auch für alle Werkstoffe.

Beispiel 22: Zuordnung zu einem Einzelbezug

Bedingung ist, dass die gekennzeichnete nicht ideale Fläche an das ideale Geometrieelement des Bezuges ausgerichtet werden muss. Das zugeordnete Geometrieelement ist ein Zylinder und der Bezug ist die Schnittlinie der Mittelebenen. Hierbei wird sich einmal auf den kleinsten Umschreibungszylinder „GN“ und einmal auf den theoretisch genauen Zylinder „TED“ bezogen.

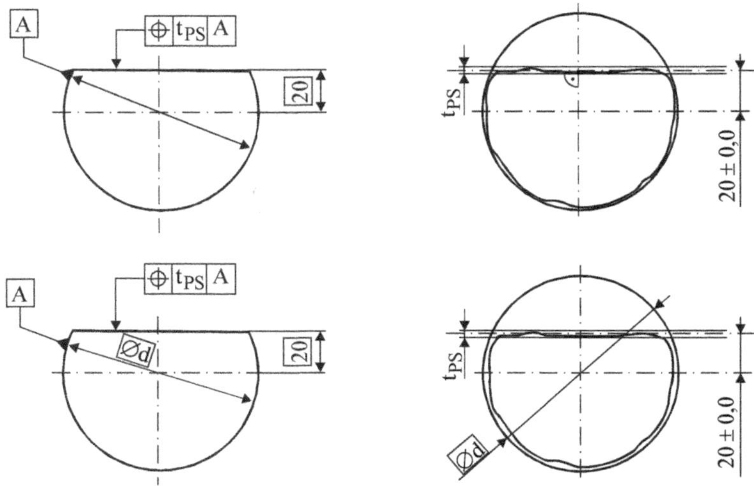

Beispiel 23: Zuordnung von Einzelbezügen über Kugeln

Bedingung ist, dass die gekennzeichnete nicht ideale Fläche an Bezugsstellen auf der realen Oberfläche des den Bezug abzugebenden Geometrieelementes zu bilden ist. Hierbei handelt es sich um zwei aufeinander senkrecht stehende Schnittebenen. Eine Schnittebene verläuft durch die Schnittpunkte der Zylinderflächen und die zweite Schnittebene steht hierauf senkrecht. Die Lagetoleranz muss somit das Modifikationssymbol [CF][*)] erhalten.

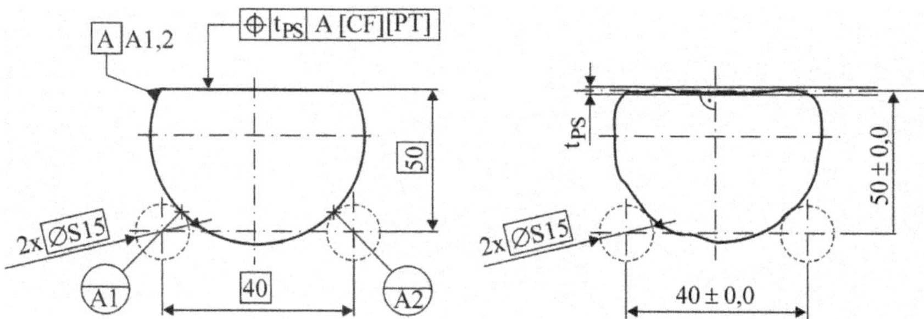

Beispiel 24: Zuordnung von Einzelbezügen über Spannfutter

Bei der Bezugsbildung über Geometrieelemente kann auch Einfluss auf die Spannbedingungen genommen werden. Sehr oft werden zylindrische Geometrieelemente über Dreibackenfutter gespannt. Dies wird durch die Angabe einer Anzahl von linienförmigen Bezugsstellen signalisiert. Im gezeigten Beispiel ist das zugeordnete Geometrieelement der Zylinder und der Bezug ist seine Achse.

[*)] Anmerkung: [CF] = berührendes Geometrieelement; *optionale* Zuordnung: [PT], [PL] und [SL.]

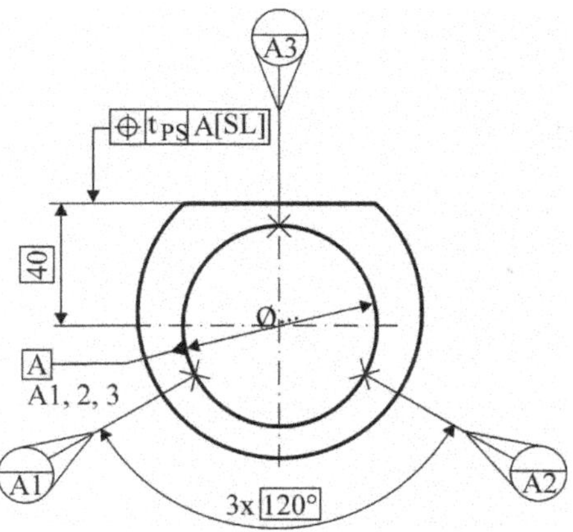

Beispiel 25: Zuordnung eines Bezugs über andere Bezugselemente

Wie zuvor, ist das für die Bezugsbildung zu verwendenden zugeordneten Geometrieelemente nicht vom gleichen Typ wie das Nenngeometrieelement dann ist dies durch die Angabe [CF] im Toleranzrahmen zu bemerken. Im vorliegenden Fall soll das zur Bezugsbildung zu verwendende Geometrieelement kein Zylinder und auch nicht seine Achse sein. Der Bezug ist stattdessen die Ebene, die durch vier punktförmige Bezugsstellen [PT] gebildet wird.

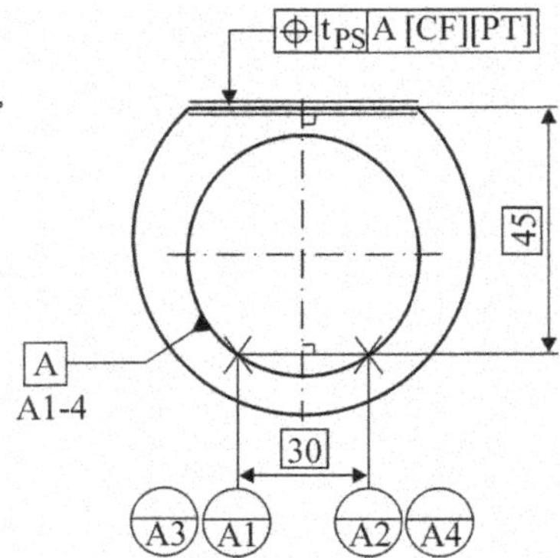

Beispiel 26: Zuordnung eines Bezugs über ein Prisma

Wie vorstehend wird durch die Bezugsangabe signalisiert, dass nicht der Zylinder und auch nicht seine Achse als Bezug heranzuziehen sind. Stattdessen soll der Bezug ein 60°-Prisma sein. Dies ist dadurch gegeben, dass zwei bewegliche linienförmige Bezugsstellen (Berührung hängt von dem tatsächlichen Durchmesser des Zylinders ab) markiert sind, die zwei sich schneidende Ebenen bilden.

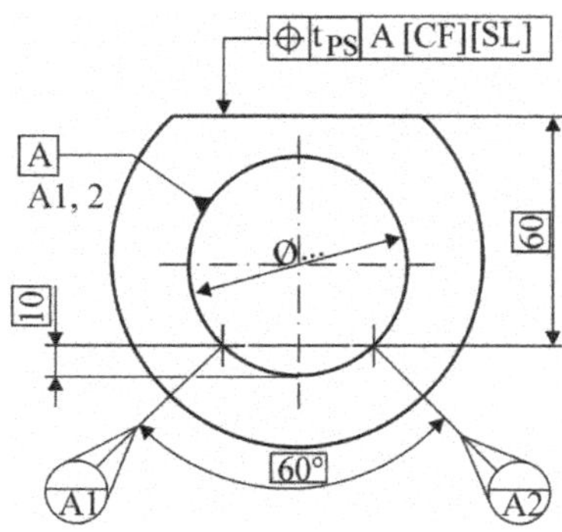

Beispiel 27: Zuordnung eines Bezugs über mehrere Stützstellen

Im folgenden Fall werden die erforderlichen Bezüge über mehrere Bezugsstellen in zwei Ebenen gebildet. Weil das für den Bezug B zu verwendende Geometrieelement nicht vom gleichen Typ wie das tolerierte Geometrieelement ist, muss hinter B das Modifikationssymbol [CF] stehen. Es liegt somit ein Bezugssystem vor, welches aus einer Ebene durch die Bezugsstellen B1, B2, B3, B4 und dem hierauf rechtwinkligen Anschlag A1 gebildet wird. Um eine sichere Auflage zu erreichen müssen B1 und B3 beweglich sein.

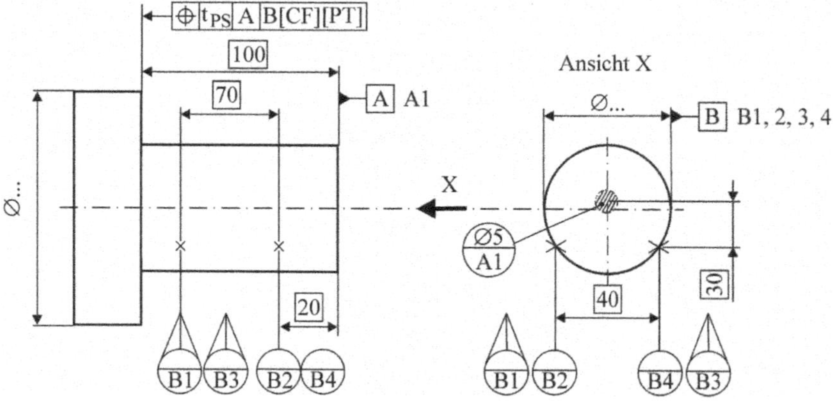

Beispiel 28: Bildung eines Bezugssystems über Bezugsstellen

Bei dem gezeigten verkröpften Hebel mag die Position der Anschraubbohrungen von Bedeutung sein. Die erforderliche flächige Aufnahme wird durch die gemeinsamen Bezugsstellen A1, A2 und D1 gebildet. Stirnseitig sollen die festen Bezugsstellen B1, B2 und C1 sowie die bewegliche Bezugsstelle C2 herangezogen werden. Hiermit ist ein RPS (Referenz-Punkte-System) aufgebaut worden und das Formteil eindeutig positioniert worden.

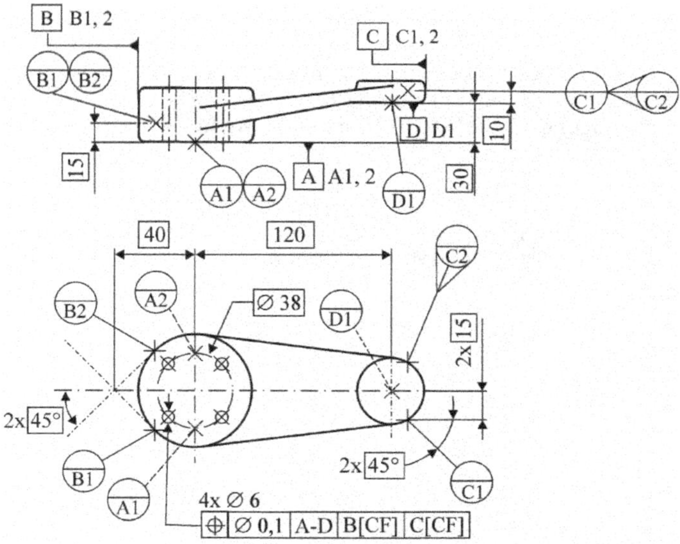

Beispiel 29: Bildung eines Bezugssystems über Bezugsstellen

Die gezeigte Flanschbuchse benötigt an einer definierten Stelle eine Ausnehmung für eine formschlüssige Sicherung. Um diese Stelle reproduzierbar zu machen, ist ein rechtwinkliges Bezugssystem erforderlich, welches über Bezugsstellen gebildet wird. Wie herausgehoben, wird die Bohrung als dritter Bezug für die Ausnehmung herangezogen.

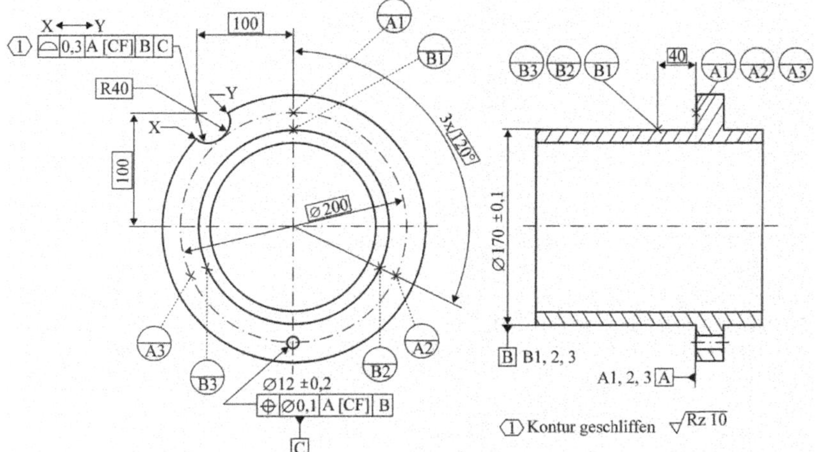

Beispiel 30: Bildung eines Bezugssystems über berührende Geometrieelemente

Für die gezeigte Steuerwelle aus einer Kunststoffverpackungsmaschine besteht die Forderung, einen entsprechenden Gesamtlauf erreichen zu wollen. Hierfür wird eine Rotation um einen gemeinsamen Bezug benötigt, der hier konstruktiv über Kugeln (Fixierung in zwei Ebenen) hergestellt werden soll.

Bei der Angabe unter a) wird eine feste Position der Kugeln und ein gemeinsamer Bezug (A-B) vereinbart, während bei b) verlangt wird, dass die Kugeln A und B eng anliegen und über Berührungslinien ein Bezugssystem vorliegen soll.

a) Angabe ohne Bezugstellenangabe

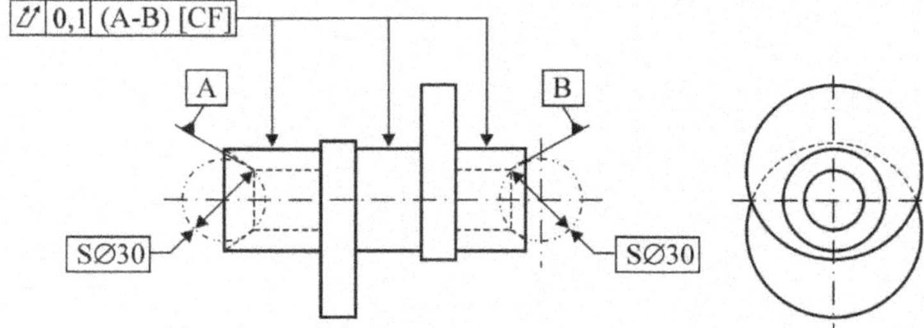

b) Angabe mit Bezugstellenangabe

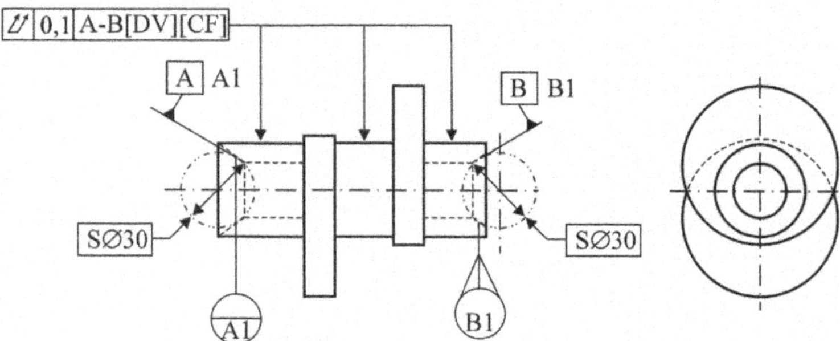

Beispiel 31: Bezugsstellenbildung auf einer komplexen Fläche

Bei dem gezeigten Fall soll es sich um ein kompliziertes Bauteil aus dem Karosseriebau handeln. Zuvor wurde schon auf das Prinzip der „3-2-1-Regel“ eingegangen, die nun hier zur Anwendung kommen soll. Diese verlangt bei dem eingeführten Koordinatensystem die folgenden Bezugsstellen:

- in z-Richtung drei Aufnahmen (A1, A2, A3),
- in y-Richtung zwei Aufnahmen (B1, B2)

und

- in x-Richtung eine Aufnahme (C1).

In der Zeichnung sind entsprechend eine Fläche, eine Kante und eine Stelle eingeführt worden.

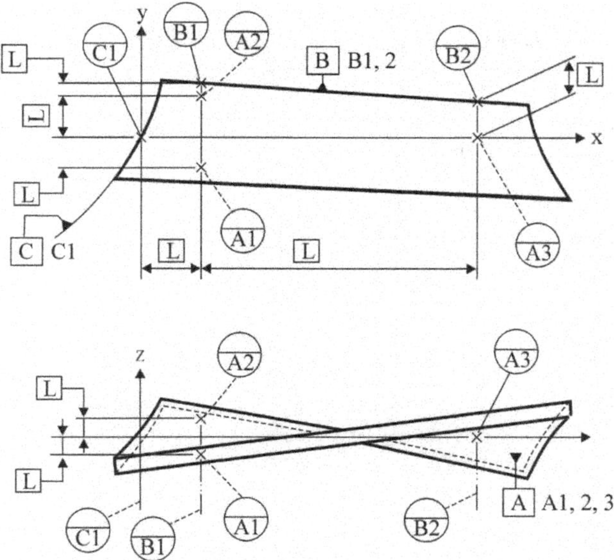

Anm.: L = Platzhalter für TED-Maß

19.6 Oberflächensymbole in technischen Zeichnungen

Mit der DIN EN ISO 1302 : 2002 hat sich die Kennzeichnung von Oberflächen in Zeichnungen geändert. Weiterhin hat es verschiedene Neuerungen bei den Definitionen (s. ISO 4287) sowie den Regeln und Verfahren für die Beurteilung der Oberflächenbeschaffenheit (s. ISO 4288) gegeben. Die folgenden Beispiele zur Charakterisierung und Eintragung berücksichtigen diese Änderungen.

Mit der ergänzenden ISO 25178 ist zukünftig eine erweiterte Oberflächenkennzeichnung möglich, welche auch Konsequenzen für die Rauheitsmessung (nicht mehr Tastschnitt, sondern Flächenauswertung) hat.

Beispiel 32: Lage und Ausrichtung der Symbole

Eintragung: In Übereinstimmung mit der ISO 129-1 gilt die Regel, dass das Oberflächensymbol zusammen mit den Kenngrößen so einzutragen ist, dass dieses in der Zeichnung von unten oder von rechts lesbar ist. Einige Anbringungsmöglichkeiten zeigt die nachfolgende Bauteilskizze.

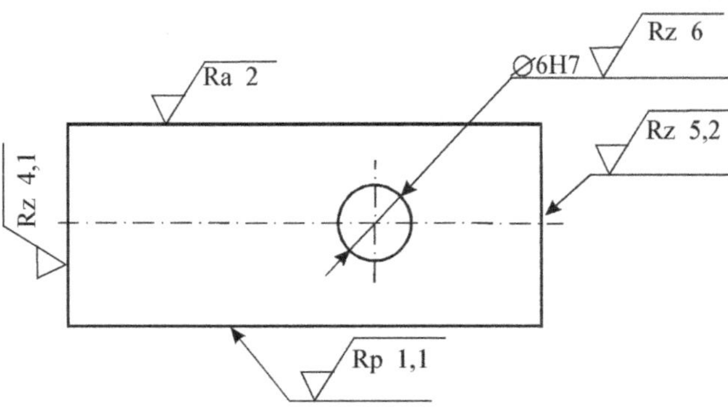

Beispiel 33: Bezugs- und Hinweislinie auf Körperkanten

Eintragung: Das grafische Symbol für die Oberflächenanforderungen muss entweder direkt mit der Oberfläche verbunden sein oder kann auch auf einer Bezugs-/ Hinweislinie stehen, die in einen Maßpfeil endet.

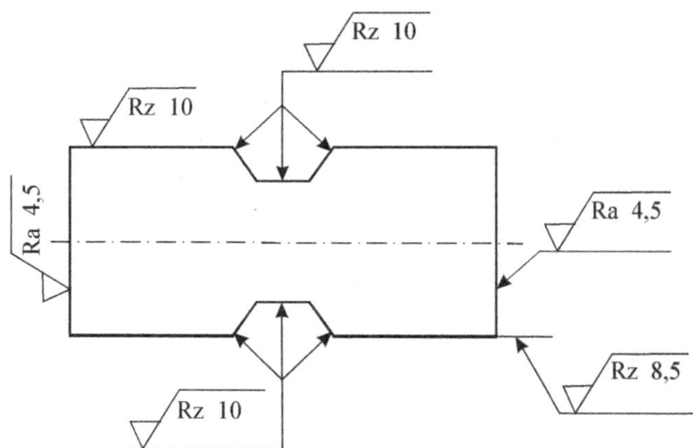

Regel: Bei den Eintragungen wurde die Norm-Bedingung berücksichtigt, dass das Symbol von außerhalb des Materials auf die Oberfläche zu zeigen hat, und zwar auf die Körperkante oder deren Verlängerung.

Eintragung: Angaben und Verweise auf Kanten bzw. Flächen können auch auf einer Hinweislinie stehen. Diese soll schräg zum Gegenstand gezogen werden und eine Neigung aufweisen, die sich von der Schraffurneigung unterscheidet.

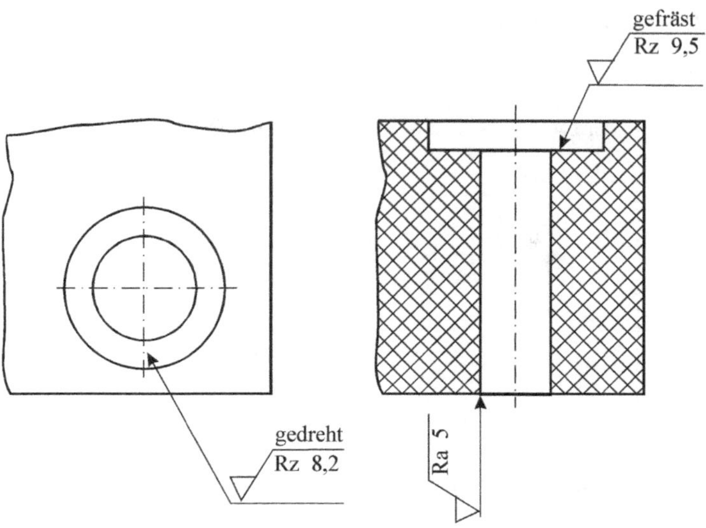

Beispiel 34: Spezifizierung mit Maßangabe

Eintragung: Die Oberflächenangabe darf auch zusammen mit der Maßangabe (jetzt Passungen mit „E" = Envelope bemaßen) erfolgen, wenn kein Risiko zur Fehlinterpretation besteht. Dies ist beispielsweise bei Passungen gegeben. In Fällen, wo Fehlinterpretationen möglich sind, ist diese Angabe nicht zu empfehlen.

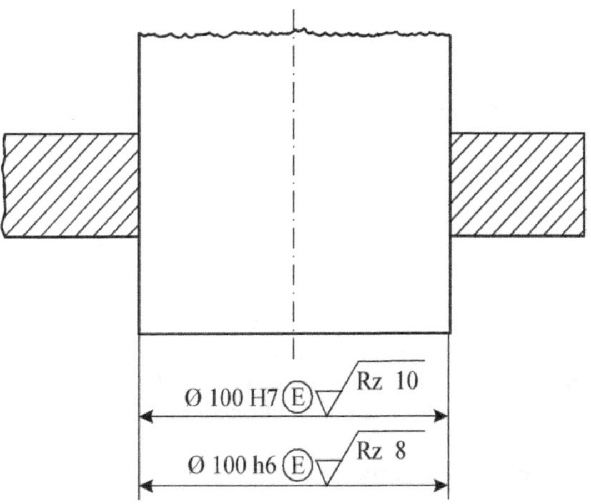

Beispiel 35: Angabe zusammen mit Geometrietoleranz

Eintragung: Um die Menge an Symbolangaben zu reduzieren, kann das Oberflächensymbol mit dem Toleranzrahmen für Form- und Lagetoleranzen kombiniert werden.

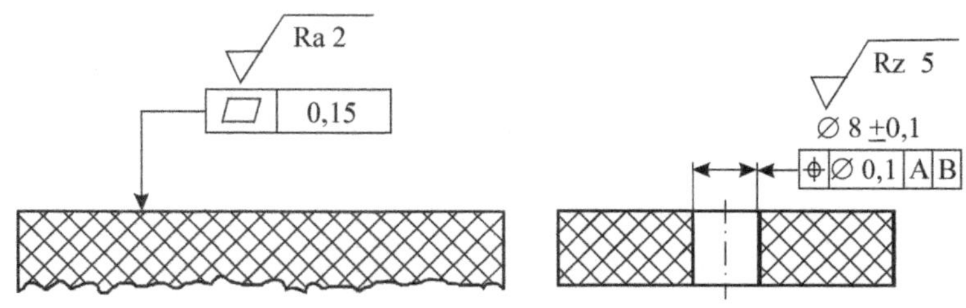

Beispiel 36: Angaben auf Maßhilfslinie

Eintragung: Die Oberflächenanforderung darf auch direkt auf der Maßhilfslinie angebracht werden oder mit dieser durch eine Hinweislinie verbunden werden, wenn diese in einen Pfeil endet.

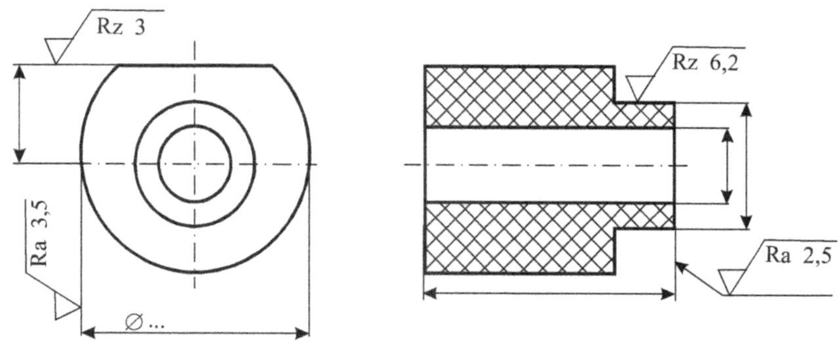

Beispiel 37: Angaben bei rotationssymmetrischen Bauteilen und kubischen Geometrien

Eintragung: Bei zylindrischen und prismatischen Oberflächen braucht das Symbol nur einmal angegeben werden, wenn das Bauteil mit einer Mittellinie beschrieben ist und dieselbe Anforderung an die Oberflächenbeschaffenheit für den ganzen Zylinder oder alle prismatischen Flächen besteht.

Falls jedoch unterschiedliche Anforderungen für die prismatischen Flächen gelten sollen, so muss das Symbol für jede Fläche angegeben sein.

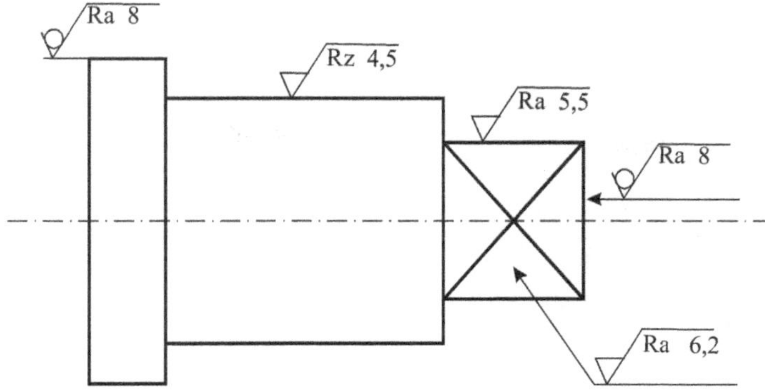

Eintragung: Bei wiederkehrenden Geometrieelementen braucht die Oberflächenanforderung nur einmal mit der Maßeintragung vermerkt zu werden.

Beispiel 38: Angabe für sich wiederholende Geometrieelemente

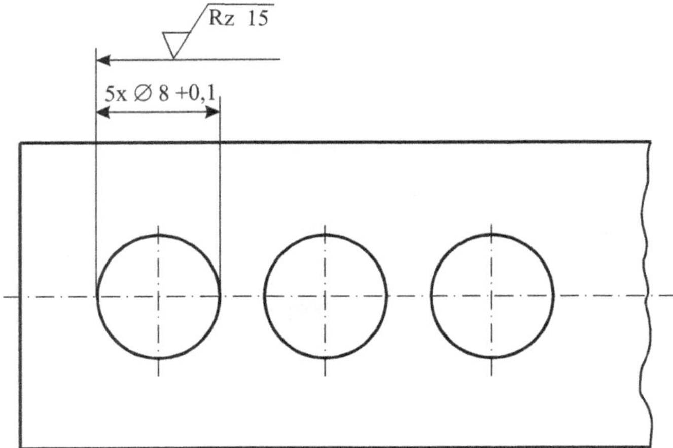

Beispiel 39: Angabe bei unterschiedlichen Oberflächen

Eintragung: Wenn an einem Bauteil unterschiedliche Oberflächenbeschaffenheiten innerhalb einer Oberfläche gestellt werden, so ist die abweichende Anforderung mit einer außenliegenden Strichpunktlinie zu kennzeichnen und als Freimaß oder toleriertes Maß zu vermaßen.

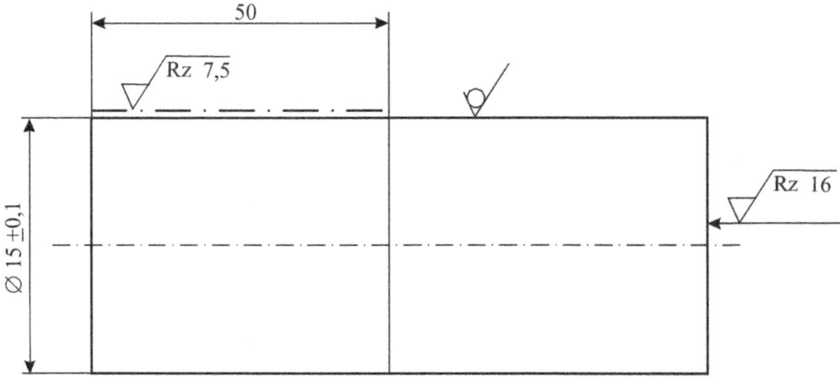

Beispiel 40: Angaben für zusammenwirkende Berührungsflächen

Eintragung: An Berührungsflächen zusammengesetzt gezeichneter Teile mit gleicher Oberflächenanforderung ist die Symbolik wie folgt anzubringen:

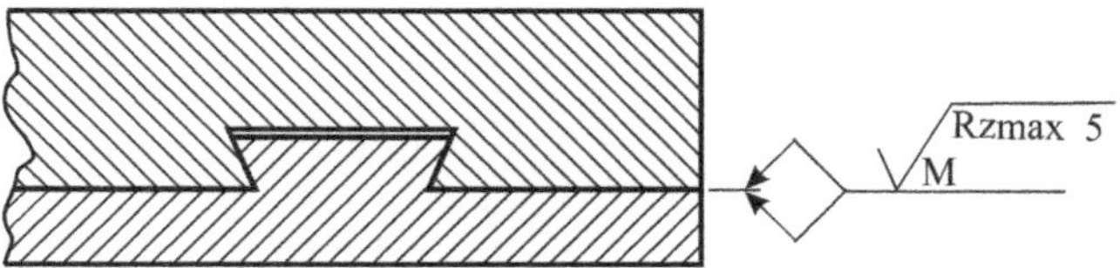

Beispiel 41: Angaben für Rundungen und Fasen

Eintragung: Die Oberflächenanforderungen für (Innen-, Außen-)Rundungen werden auf die Maßlinie des Radius gesetzt. Hauptsächlich bei Funktionsradien.

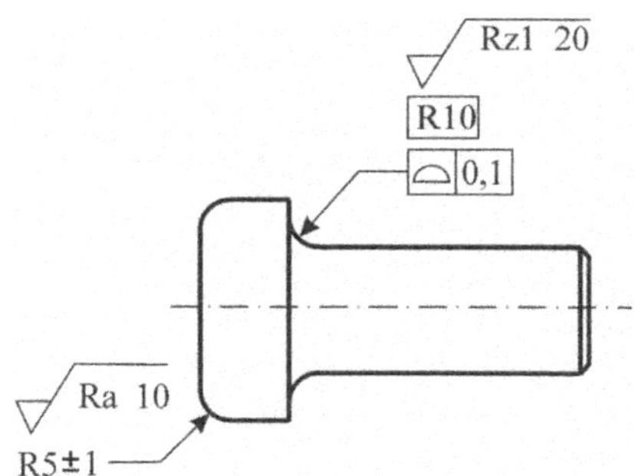

Beispiel 42: Angabe für Mehrzahl an Oberflächen mit gleicher Anforderung

Eintragung: Wenn gleiche Oberflächenanforderungen an die Mehrzahl der Oberflächen eines Bauteils gestellt werden, so kann dies in der Nähe oder im Schriftfeld vereinbart werden.

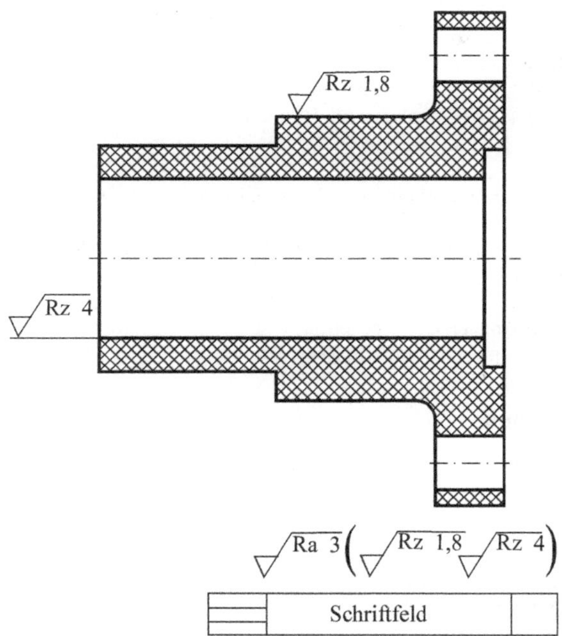

Zur Gesamtkennzeichnung darf auch eine vereinfachte Angabe in der Zeichnung gemacht werden.

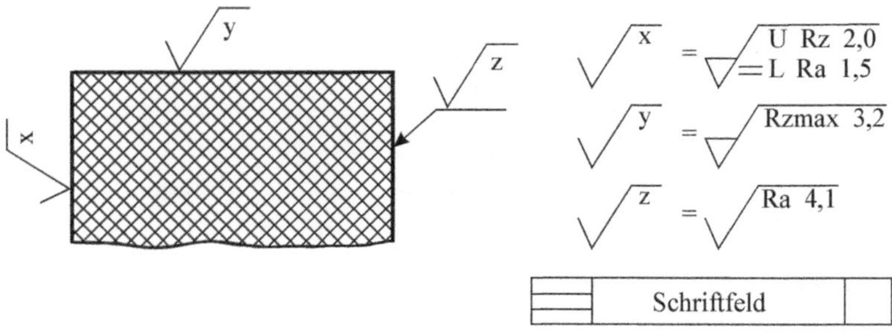

20 Normgerechte Anwendungsbeispiele

Die nachfolgenden Tolerierungsbeispiele aus der Konstruktionspraxis sind mit dem Normenkommentar /DIN 11/ zur ISO 1101 und ISO 14405 abgestimmt. Die Beispiele zeigen in der Hauptsache die Benutzung der Symbole für „Form- und Lagetoleranzen“ und geben insofern Hinweise für eine zweckgerechte Bemaßung und Tolerierung. Hierbei sind *nur die funktionsbestimmenden Maße* eingetragen, insofern sind die Zeichnungen meist nicht ganz vollständig.

Zu beachten ist, dass die Beispiele teils auf das „Unabhängigkeitsprinzip“ nach ISO 8015 zugeschnitten sind. Überall da, wo Passfunktionen erforderlich sind, ist gemäß ISO 14405 eine Lehrung mittels Ⓔ (Einhaltung des Hüllmaßes) verlangt.

Anwendungssituation 1: Bemaßung und Tolerierung eines Kugelzapfens

Der gezeichnete Kugelzapfen ist Teil einer LKW-Achse, welches die Verbindung zwischen Spurstange und Achsschenkel herstellt und zur Führung des Vorderrades dient. Die für den Kegel eingetragenen Toleranzen (Geradheit/Rundheit) garantieren einen hohen Kraftschluss. Durch die Angabe der Flächenform- und Lauftoleranz (mit Änderungsindex) für den Kugelkopf wird eine einwandfreie Radführung gewährleistet.

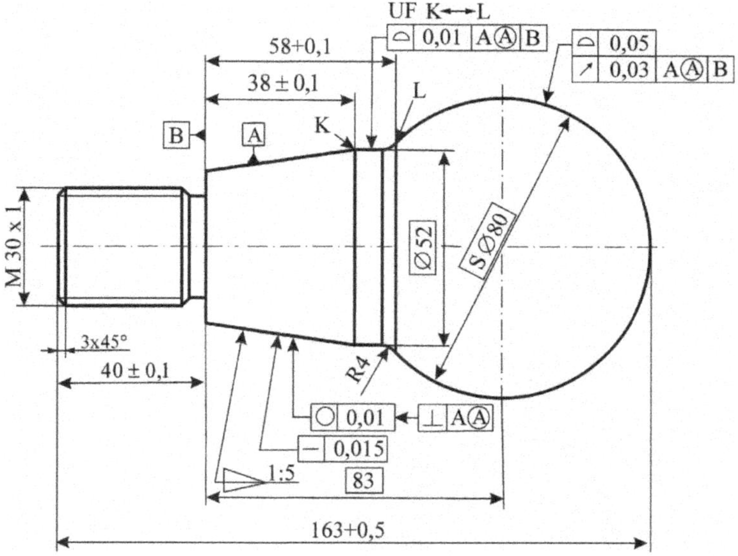

Bild 20.1: Bemaßter und tolerierter Kugelzapfen mit den wesentlichen Funktionsmaßen

Die Kugelform ist durch den Buchstaben S und der Durchmesser als theoretisch genaues Maß (in Verbindung mit Profil- bzw. Lauftoleranz) gekennzeichnet.

Anwendungssituation 2: Vermaßung und Tolerierung eines Scheibenkolbens

Der Kolben ist Bauelement eines Hydraulikzylinders und wird von einer Kolbenstange aufgenommen. Damit der Kolben seine Aufgabe bestimmungsgemäß erfüllen kann, ist für den Kolben Konzentrizität und für die Deckfläche Parallelität vorgeschrieben. Die Bewegung zwischen Kolben und Zylinder wird über die Hüllbedingung gesichert; ebenso ist für die Passung ebenfalls eine Hülle (bzw. Lehrung) vereinbart.

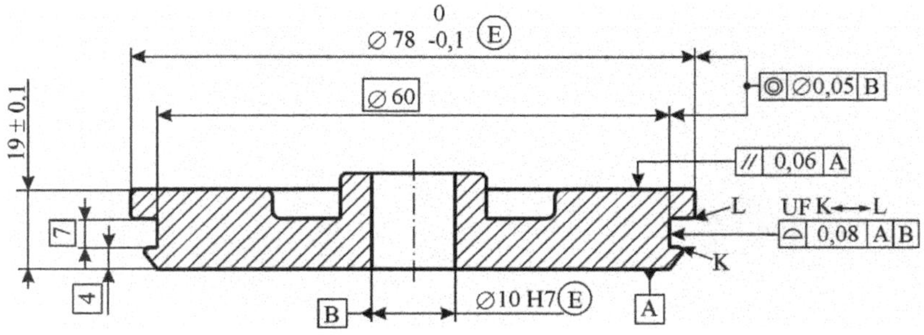

Bild 20.2: Bemaßter und tolerierter Zylinderkolben mit den wesentlichen Maßen

Anwendungssituation 3: Vermaßung und Tolerierung eines Laufrings

Der abgebildete Laufring eines Radlagers übernimmt als Distanzstück die auftretenden Axialkräfte. Seine äußere Zylinderfläche dient gleichzeitig als Lauffläche für einen Radialwellendichtring, weshalb hier eine Hülle zu vereinbaren ist. Auf Grund weiterer Funktionsanforderungen sind Parallelitäts-, Lauf- und Flächenformtoleranzen vergeben worden.

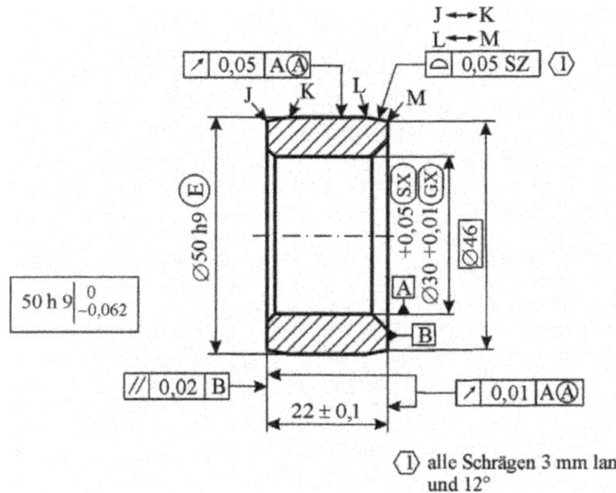

Bild 20.3: Bemaßter und tolerierter Laufring mit den wesentlichen Maßen

Anwendungssituation 4: Bemaßung und Tolerierung eines Lagerschildes

Gezeigt ist das Lagerschild eines Getriebegehäuses. Von der Funktion her muss dieser ein Lager aufnehmen und die Welle im Gehäuse führen. Koaxialität der Bohrungen in Bezug zum Wellendurchgang ist dabei unbedingt erforderlich, ansonsten gibt es eine Schiefstellung der Welle. Um sicheres Fügen zu gewährleisten ist die Hüllbedingung benutzt worden.

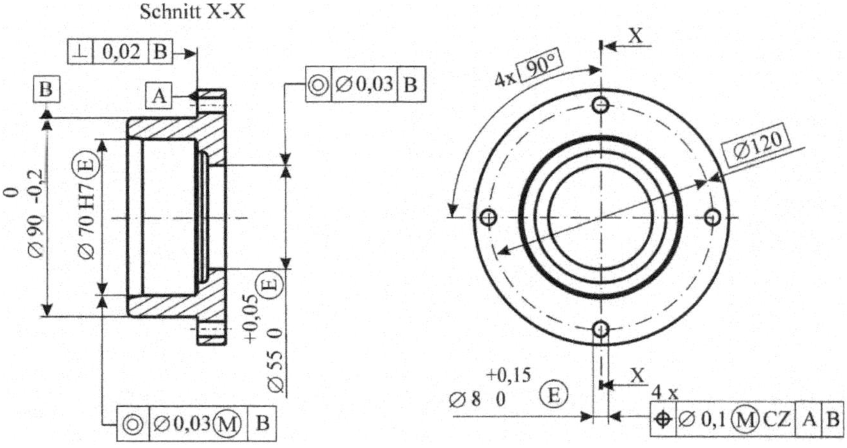

Bild 20.4: Bemaßter und tolerierter Lagerdeckel mit den wesentlichen Maßen

In den Beispielen wird mit Ⓜ die „Maximum-Materialbedingung" mehrfach benutzt. Die Koaxialitätsabweichungen werden in der angegebenen Größe somit nur wirksam, wenn der Bezugsdurchmesser sein Maximum-Material-Maß hat. Weicht der Bezugsdurchmesser ab – liegt er also am Minimum –, so kann die Koaxialität größer werden, und zwar um die nicht ausgenutzte Maßtoleranz.

Gleichfalls wird in dem Rahmen ein „theoretisch genaues Maß" benutzt. Dieses hat keine Abweichungen (auch keine Allgemeintoleranz), ist also als festes Sollmaß anzusehen. In Kombination mit den Positionstoleranzen der Bohrungen liegt somit eine eindeutige Situation vor. Mit CZ erfolgt die Ausrichtung der Toleranzzylinder zum Bezug A und B.

Anwendungssituation 5: Bemaßung und Tolerierung eines Gewindedeckels

Der nachfolgend dargestellte Gewindedeckel dient als Kupplungsstück für eine Gelenkwelle. Entscheidend sind hierbei die Rechwinkligkeit der Gewindebohrung zum Wellenzapfen und die Parallelität der Stirnfläche. Gleichfalls muss die Anschließbarkeit der zweiten Welle sichergestellt werden. Die Lage der Anschraubbohrungen soll gleichmäßig auf dem Flansch verteilt (alle 90°) sein und zu dem Gegenstück abgestimmt (Position) sein. Die Rechtwinkligkeitstoleranz für das Gewinde bezieht sich durch die Angabe (LD) auf den Innendurchmesser.

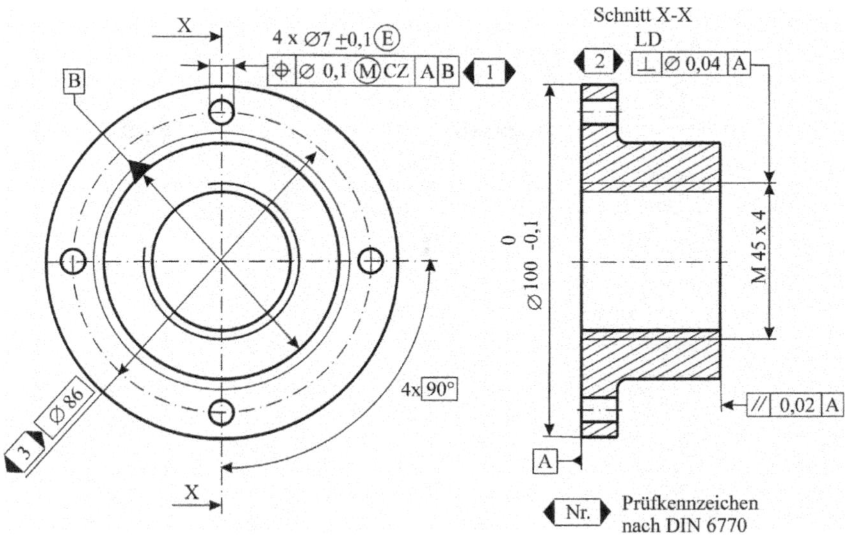

Bild 20.5: Bemaßter und tolerierter Gewindeflansch mit den wesentlichen Funktionsmaßen

Anwendungssituation 6: Bemaßung und Tolerierung einer Abtriebswelle

Die abgebildete Abtriebswelle treibt einer Wickelmaschine für die Folienkonfektionierung an. Für einen geraden Schnitt sind daher enge Lauftoleranzen zu den Betriebslagerstellen notwendig. Die Lager- bzw. Bezugsstelle B ist in der Ausdehnung begrenzt, weil eben die Passung nicht ganz erforderlich ist.

Gleichfalls müssen Passfunktionen mit den Gegenelementen sichergestellt werden, weshalb die wesentlichen Durchmesser mit Ⓔ begrenzt sind.

Mit der Neufassung der ISO 1101 muss jetzt bei der Konzentrizitäts- bzw. Koaxialitätstoleranz exakter differenziert werden:

- Bei der „Konzentrizität" ist ACS (jeder beliebige Querschnitt) anzugeben, d. h., die Forderung bezieht sich nur auf erfasste *Mittelpunkte*, die innerhalb eines (Toleranz-) Kreises liegen müssen.

- Bei der „Koaxialität" bezieht sich die Forderung hingegen auf die *ganze Achse*, die innerhalb einer zylindrischen Toleranzzone verlaufen muss.

Im vorliegenden Beispiel ist demgemäß die Konzentrizität begrenzt, welche Schnitte über die Länge voraussetzt, in der der Mittelpunkt liegen muss.

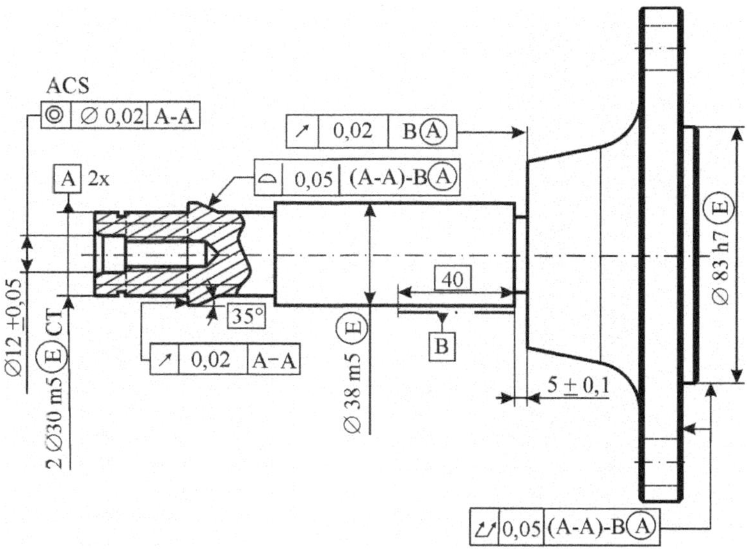

Bild 20.6: Bemaßte und tolerierte Abtriebswelle mit den wesentlichen Maßen

Bei den Lauftoleranzen muss zwischen dem einfachen Lauf und dem Gesamtlauf unterschieden werden. Der einfache Lauf wird bei einmaliger Umdrehung einer Welle als größter Zeigerausschlag eines Messgerätes gemessen. Der Gesamtlauf muss hingegen bei vielmaliger Umdrehung der Welle und gleichzeitiger Messung entlang des Geometrieelementes gemessen werden.

Anwendungssituation 7: Bemaßung und Tolerierung einer Mitnehmerwelle

Die dargestellte Mitnehmerwelle gehört zum Antrieb einer Walze (Folienkalander). Von der Funktion her muss die Walze zentriert und plan angeschlossen sowie ein Rundlauf gewährleistet werden. Der Zentrierbund muss des Weiteren rechtwinklig zur Anschraubfläche stehen.

Die erforderliche Funktionalität ist in der zeichnerischen Darstellung in Lauf-, Rechtwinkligkeits- und Ebenheitstoleranzen umgesetzt worden. Um die Passung am Bund herzustellen, ist die Hüllbedingung Ⓔ benutzt worden, womit die Durchmesserausdehnung begrenzt worden ist.

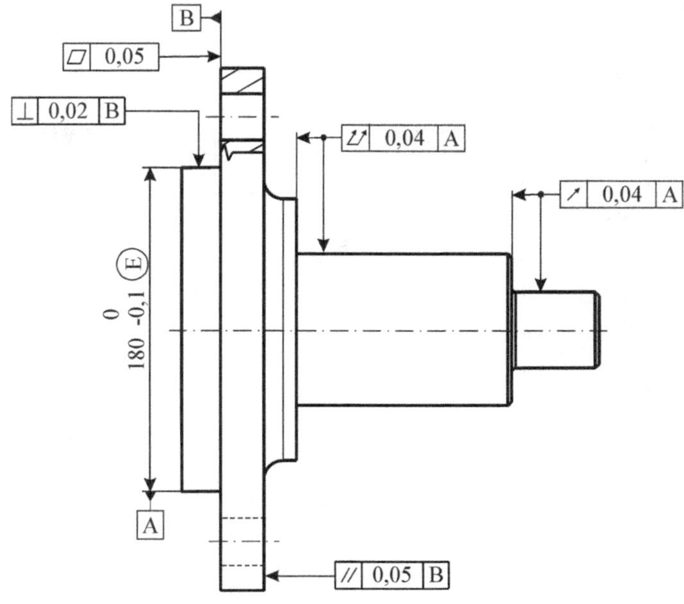

Bild 20.7: Bemaßte und tolerierte Mitnehmerwelle mit den wesentlichen Maßen

Anwendungssituation 8: Bemaßung und Tolerierung einer Pressenwelle

Gezeigt ist die Pressenwelle einer Tiefziehmaschine, die Zeichnung ist nur so weit mit Maßen versehen, wie es zum Verständnis der geometrischen Funktionalität erforderlich ist.

Wesentlich für einen Kurbel- bzw. Wellenzapfen ist, dass dieser rund, gerade und parallel, also insgesamt zylindrisch ist. Bei der Rotation sollte weiterhin kein Schlag auftreten, weshalb eine Gesamtrundlauftoleranz zu fordern ist. Abweichungen von der Idealgeometrie führen zu Schiefstellungen der Pleuelstange und somit zu erhöhtem Verschleiß der Zylinderlaufbahn.

Für den Lauf ist es sinnvoll, den gemeinsamen Bezug aus A-B zu wählen, weil dies auch die Lagerstellen im Betrieb sind.

Für die Lauftoleranzen sind – unter Beachtung der zulässigen Durchbiegung – in der Mitte größere Zahlenwerte zugelassen als in der Nähe des Bezugselements. Für die Lagerzapfen sollte zweckmäßigerweise die Zylinderformtoleranz gewählt werden, weil hierdurch die Rundheits- und Geradheitsforderung abgedeckt sind. Gewöhnlich ist hiermit auch die Parallelität festgelegt. Aus funktionstechnischen Gründen muss diese aber weiter eingeschränkt werden, weshalb die (Linien-)Parallelität (mit ALS) zusätzlich eingeschränkt ist.

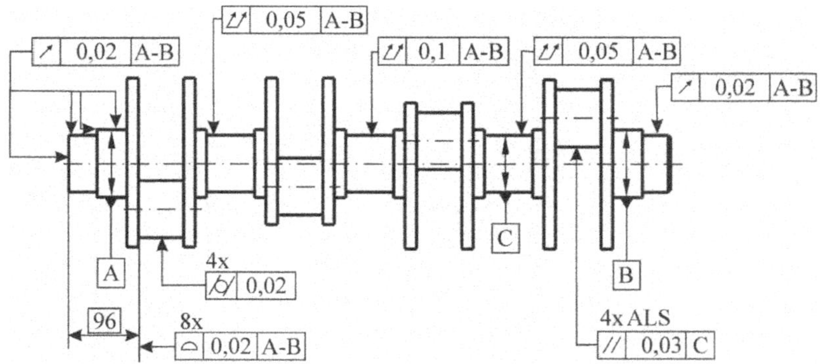

Bild 20.8: Teilbemaßte und tolerierte Pressenwelle mit den wesentlichen Maßen und Toleranzen

Anwendungssituation 9: Bemaßung und Tolerierung einer Abdeckkappe

Die folgende Zeichnung zeigt ein Serienformteil aus PTFE, welches zur Abdeckung einer Radnabe für kleine Nutzfahrzeuge eingesetzt werden soll. Die Zeichnung ist nicht ganz vollständig, weil sie nur als Anfragezeichnung (s. Technologieeinträge nach ISO 10135) dient.

Der funktionale Zweck ist die Abdichtung von Radlagern gegen Schmutz, Fett und Öle, wozu sich PTFE gut eignet. Weiterhin wird der Vorteil der Nachgiebigkeit (nichtformstabile Teile n. ISO 10579) genutzt, wodurch die Bauteilgeometrie gut an die vorhandenen Metallteile anpassbar ist.

Eine folge der Nachgiebigkeit ist, dass die Bauteilgeometrie für die Messung und die Montage eindeutig beschrieben werden muss. Deshalb werden bei einigen Maßen *Schnittebenen-* und *Richtungselement-Indikatoren* angegeben, um eindeutige Messergebnisse zu erhalten. Dementsprechend hat der Konformitätsnachweis (Abnahmebedingungen) im Normklima (s. ISO 291) zu erfolgen.

Ein besonderes Problem ergibt sich bei Formteilen meist bei der Bezugsbildung, um reproduzierbare Ergebnisse zu erhalten. Hier bietet sich die Verwendung von Bezugsstellen, wie A 1-3 und B 1-3 an.

In der Zeichnung wird der primäre Bezug A über 3 Stellen (jeweils um 120° versetzt) gebildet. Der sekundäre Bezug B ist die Mittellinie des äußeren Geometrieelements, welche sich durch drei Schnittpunkte am Umfang (um 120° versetzt) ergibt. Durch die Angabe von A[CF] wird besonders darauf hingewiesen, dass das Bezugselement eine geometrische Ordnung unterhalb des tolerierten Elements ist.

Insgesamt zeigt das Beispiel, dass oft für eine vollständige Bauteilbeschreibung dimensionelle und geometrische Angaben erforderlich sind.

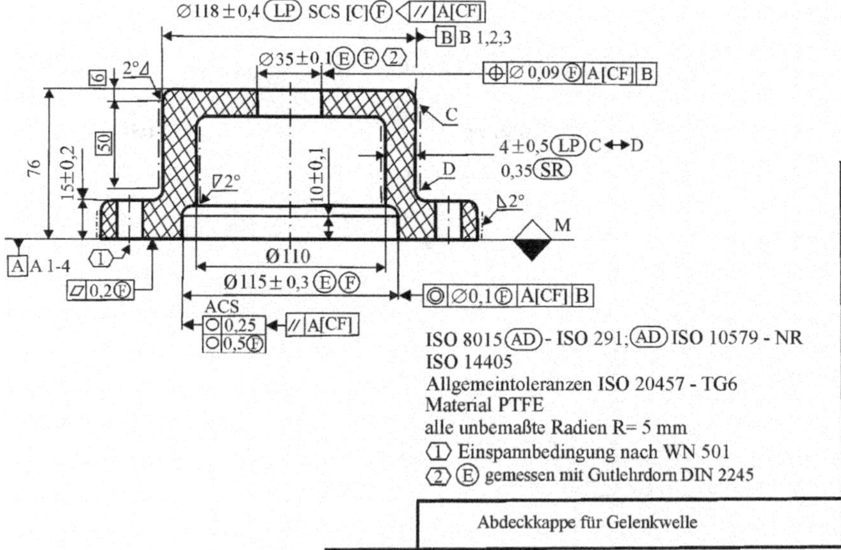

Bild 20.9: Anfragezeichnung einer Abdeckkappe für Radnaben

Anwendungssituation 10: Bemaßung und Tolerierung einer Führungsbuchse für einen Säulenständer

Die Zeichnung zeigt eine Führungsbüchse aus Metall für eine Spritzgießmaschine mit ihren wesentlichen Maßen. Das Fallbeispiel zeigt in der Hauptsache das Prinzip der Bauteilbeschreibung mittels Größenmaße nach ISO 14405 für mechanisch bearbeitete Formteile:

Die einzelnen Maße seien wie folgt spezifiziert:

Maß a): Da es sich um ein rotationssymmetrisches Teil handelt, soll das Maß jeweils gegenüberliegend (Bezug B ist „eingeschlossen“) und in rechtwinkligen „Richtungsschnitten“ zum Bezug A nachgewiesen werden.

Maß b): Nachzuweisen ist der Pferchzylinder (GX) in beliebigen Schnitten, u.zw. rechtwinklig zur Mittellinie bzw. dem Bezug B.

Maß c): Für das Außenmaß (welches über zwei Geometrieelemente verläuft) ist der Hüllzylinder (GN) in beliebigen Schnitten (ACS) rechtwinklig zum Bezug B nachzuweisen.

Maß d): Die Einhaltung der Flanschdicke ist durch gegenüberliegende Messungen zu kontrollieren, hierbei ist die Dickenschwankung (SR) auf 0,8 mm begrenzt worden.

Maß e): Die Zentrierung ist als Hüllzylinder in beliebigen, rechtwinkligen Schnitten zum Bezug B nachzuweisen.

und

Maß f): Der Außendurchmesser des Anschraubflansches soll in parallelen Schnitten zum Bezug A erfasst werden, wobei der arithmetische Mittelwert (SA) aus allen Messungen im Toleranzbereich liegen muss.

Mit den spezifizierten Größenmaßen ist somit das Bauteil eindeutig beschrieben.

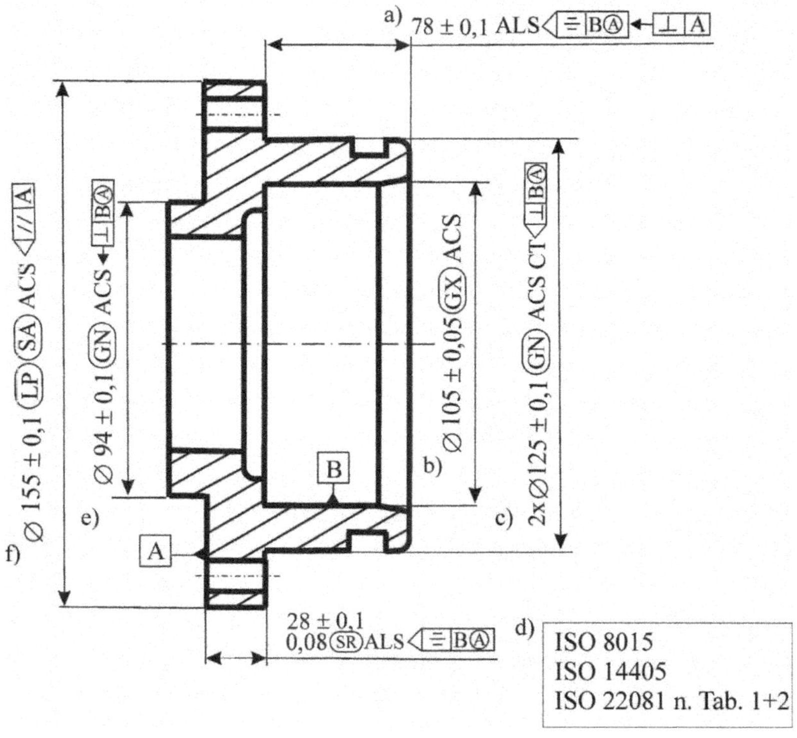

Bild 20.10: Bemaßte und tolerierte Führungsbuchse

Anwendungssituation 11: Bemaßung und Tolerierung einer Trägerplatte

Die gezeigte Trägerplatte wird in der Praxis für ein Mehrfachwerkzeug benutzt, welches mit verschiedenen Einzelbauteilen bestückt wird. Während die Lage dieser Bauteile auf der Trägerplatte und damit die Lage der Lochgruppen zueinander verhältnismäßig unwichtig ist, werden hingegen höhere Anforderungen bezüglich der Lage der Löcher innerhalb jeder Lochgruppe gestellt, um die einwandfreie Montage der Einzelteile sicherzustellen. Dies soll durch die eingetragenen Positionstoleranzen gewährleistet werden.

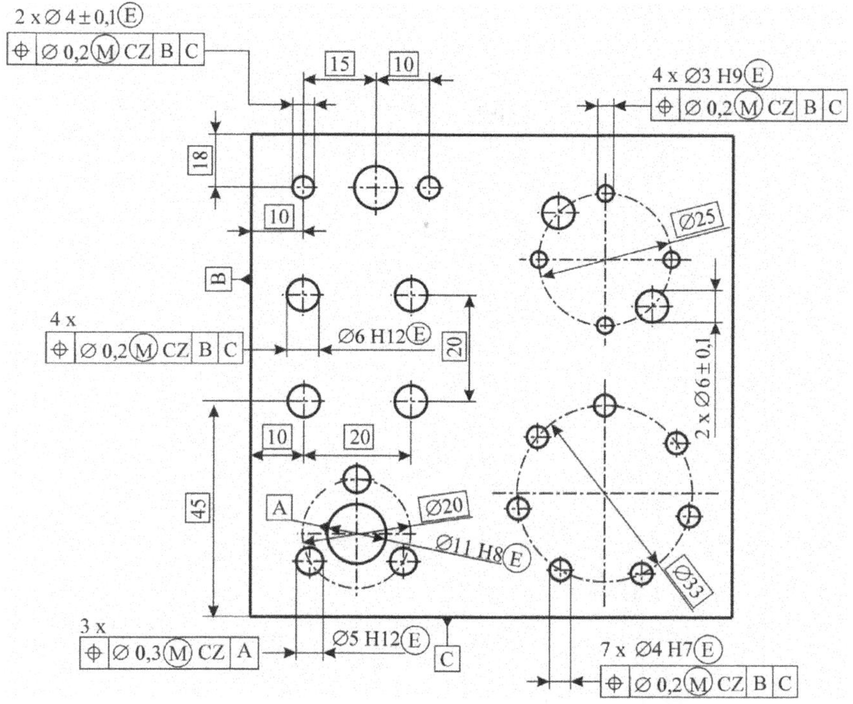

Bild 20.11: Bemaßte und tolerierte Trägerplatte mit den wesentlichen Maßen

Bei den gekennzeichneten Lochbildern sind „schwimmende" und „feste" Anordnungen vereinbart worden. Nach Norm soll jedoch die „schwimmende Bemaßung" vermieden werden.

Anwendungssituation 12: Bemaßung und Tolerierung eines Rotorträgers

Das nachfolgende Bild zeigt einen Rotorträger für einen Granulatmischer. Dieser wird aus Blechen aufgebaut, die hintereinander angeordnet werden, sodass funktionell die Koaxialität der Bezugsbohrung und die Teilesymmetrie eingehalten werden müssen. Diese Funktionsanforderungen sind mit Koaxialitäts- und Symmetrietoleranzen vereinbart worden.

Symmetrie ist stets so zu interpretieren, dass ein Geometrieelement symmetrisch liegen muss zu einem zweiten Geometrieelement. Deshalb sind immer die Mittenebenen angerissen.

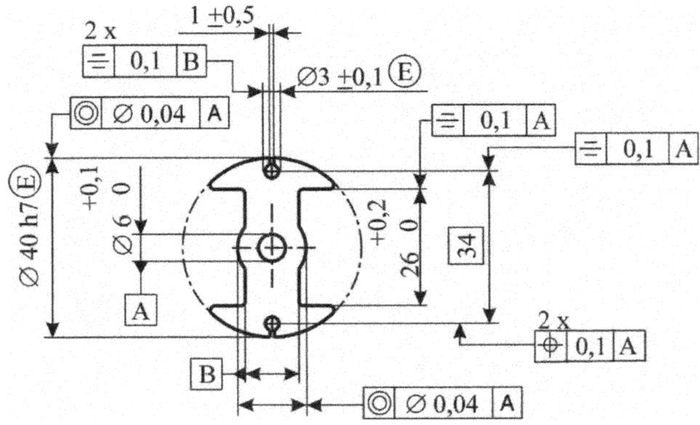

Bild 20.12: Bemaßtes und toleriertes Rotorblech mit den wesentlichen Maßen

Anwendungssituation 13: Bemaßung und Tolerierung einer Steckerleiste

Auf einer Steckerleiste soll die Lage von jeweils 4 Löchern innerhalb der Gruppe im Hinblick auf die Paarung mit einem 4-poligen Stecker toleriert werden. Die Lage der Lochgruppen zueinander und in Bezug auf die Außenkontur ist von untergeordneter Bedeutung.

Für die 4 Löcher innerhalb einer Gruppe wird eine Positionstoleranz mit zylindrischer Toleranzzone vorgeschrieben; für die Lage der Lochgruppen zueinander wird eine größere Positionstoleranz angegeben und für die Lage des gesamten Lochbildes eine Symmetrietoleranz.

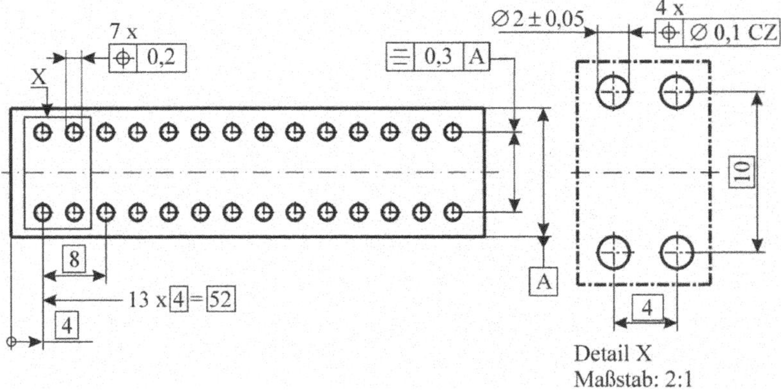

Bild 20.13: Bemaßte und tolerierte Steckerleiste

*Anwendungssituation 14: **Bemaßung und Tolerierung einer Schaltscheibe***

Die Funktionskanten eines Schaltwerks sind zu tolerieren. Um den Eingriff des Sperrgliedes sicherzustellen, müssen die Kanten stets eine definierte Lage haben. Die Breite einer Rastung wird auf sein Kleinstmaß begrenzt, d. h., 6 mm dürfen nicht unterschritten werden.

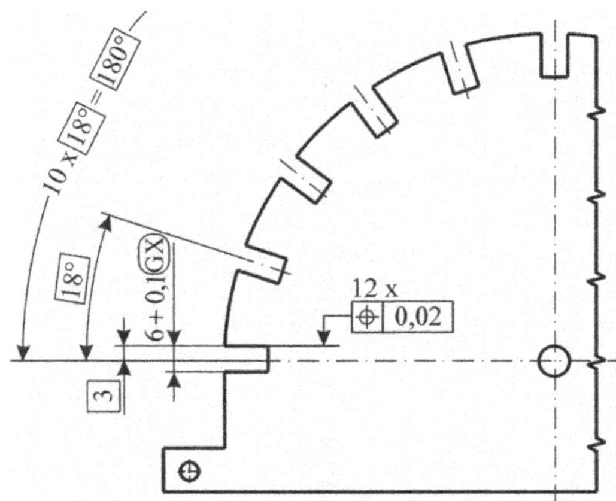

Bild 20.14: Bemaßte und tolerierte Schaltscheibe nach /DIN 11/

*Anwendungssituation 15: **Bemaßung und Tolerierung einer Anschlussplatte***

Gezeigt ist die Anschlussplatte eines Hydraulik-Steuerblocks. Hierbei müssen die Rechtwinkligkeit der Stirnkanten und die Position der Kanäle toleriert werden.

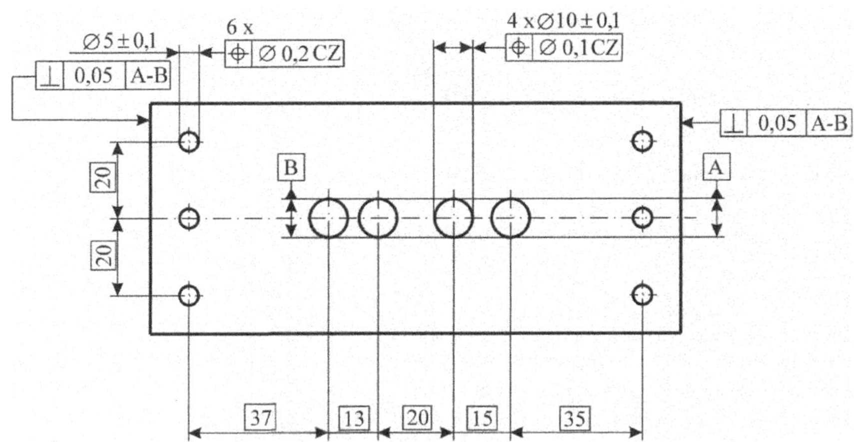

Bild 20.15: Bemaßte und tolerierte Anschlussplatte nach /DIN 11/

Anwendungssituation 16: Bemaßung und Tolerierung einer Ausgleichsscheibe

Mit der dargestellten Ausgleichsscheibe müssen axiale Längendifferenzen von Wellen ausgeglichen werden. Entscheidend ist hierbei die Position der Befestigungsschrauben.

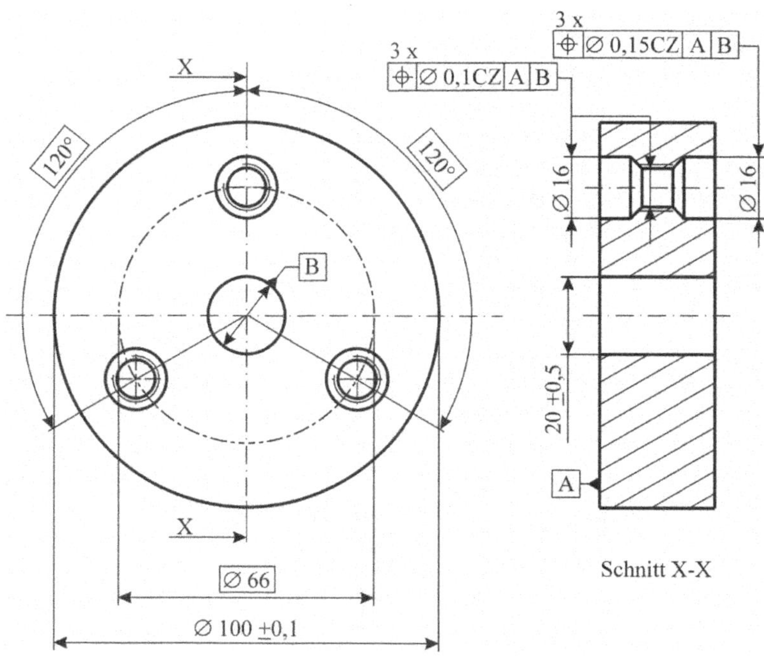

Bild 20.16: Bemaßte und tolerierte Ausgleichsscheibe nach /DIN 01/

Die Bohrungen liegen über der Positionstoleranz eindeutig fest. Die Toleranzzylinder stehen hierbei senkrecht auf dem Primärbezug A.

Anwendungssituation 17: Bemaßung und Tolerierung von Freiformgeometrien

Im Maschinen- und Fahrzeugbau wird oft mit Freiformflächen (= analytisch nicht eindeutig beschreibbare Flächen nach ISO 1660) gearbeitet. Typische Anwendungen sind Rohrleitungen und Profile (Biegeprofile, Pressprofile) etc. Derartige Geometrien können am einfachsten mit einer Flächen- oder Linienformtoleranz beschrieben werden. Umseitig sind zwei Beispiele gezeigt, die für den Fahrzeugbau charakteristisch sind. Einmal handelt es sich um die Beschreibung von Benzin- und Bremsleitungen und einmal um ein Abdeckprofil für den Fahrzeuginnenraum.

Beispiel: Rohrleitung aus Kunststoffen oder Metallen

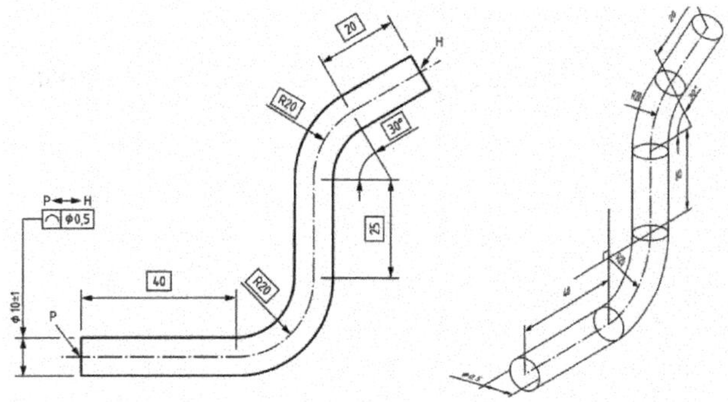

Bild 20.17.1a: Bemaßte und tolerierte Rohrleitung

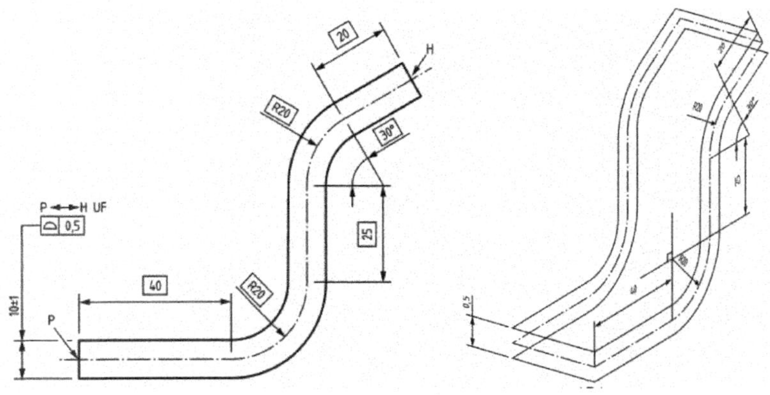

Bild 20.17.1b: Bemaßtes und toleriertes Profil

21 Fallbeispiele

Fallbeispiel 1: In einer Eingangsprüfung soll mit einem Lehrring die Paarbarkeit des gezeichneten Bolzens überprüft werden. Aus einer Stichprobe werden die dargestellten Bolzen gezogen. Welche Geometrieabweichungen sind bei Gutteilen zulässig und wie ist der Lehrring zu dimensionieren?

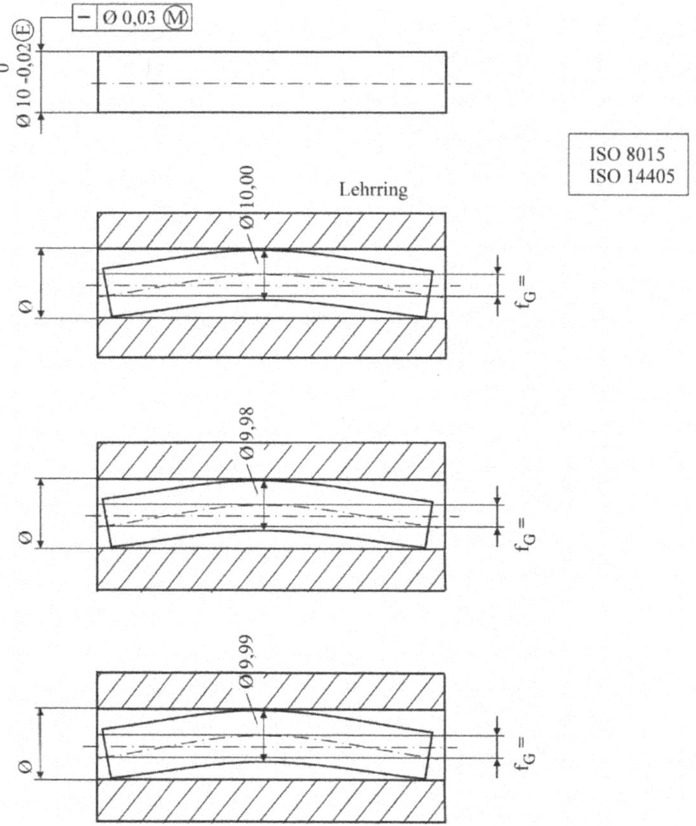

Bild 21.1: Symbolische Prüfsituation bei der Eingangsprüfung von Bolzen

Fallbeispiel 2: In einer Vielzahl von Fällen kann es sinnvoll sein, die Maß- und die F+L-Toleranzen miteinander zu verbinden, weil die Bauteile so kostengünstiger hergestellt und geprüft werden können. Im vorliegenden Fall wurde dies auf eine Paarungssituation „Kolben-Zylinder" angewandt und soll die Interpretation der Maximum-Material-Bedingung noch einmal zeigen, und zwar

– Situation 1: Ⓜ nur beim tolerierten Element

und einmal

– Situation 2: Ⓜ beim tolerierten Element und beim Bezugselement.

Die Wirkung dieser Vereinbarungen ist maßlich sichtbar zu machen.

Situation 1: Geometrieelement mit Maximum-Material-Bedingung

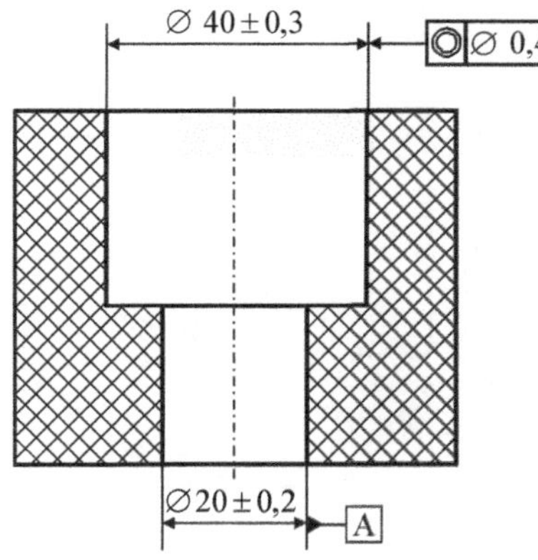

Aussage:
Die Koaxialitätstoleranz gilt beim Maximum-Material-Maß. Die Koaxialität kann vergrößert werden, wenn die Bohrung sich zum Minimum-Material-Maß hinbewegt.

Fall 1: Maximumsituation

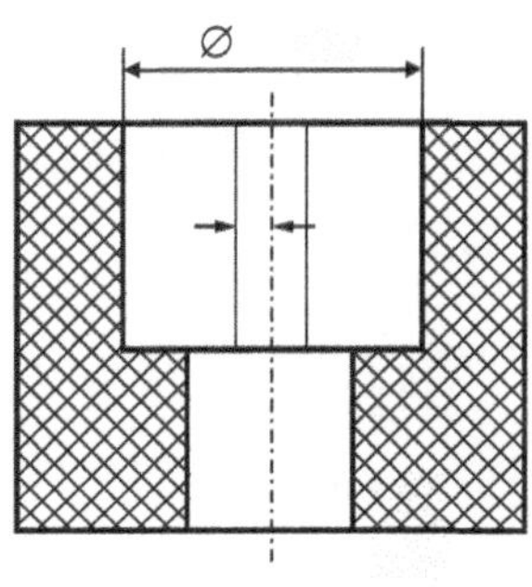

Koax. Tol. =
Koax. Abw. =

Fall 2: Minimumsituation

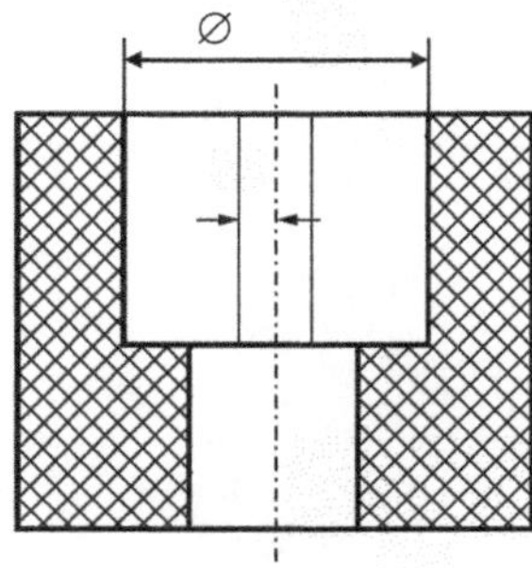

Koax. Tol. =
Koax. Abw. =

Situation 2: Geometrieelement und Bezug mit Maximum-Material-Bedingung

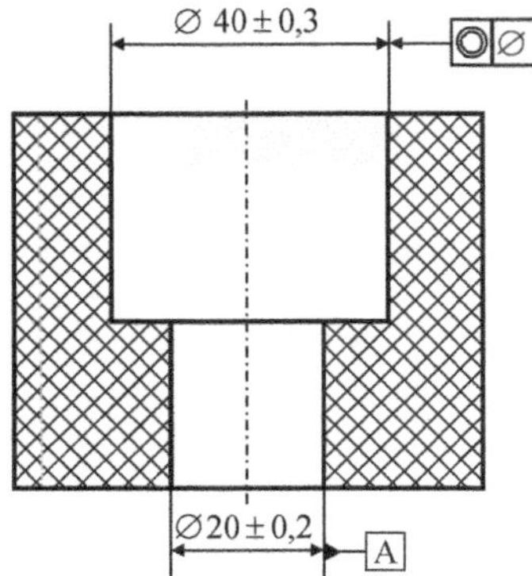

Aussage:
Wenn beide Bohrungen Maximal-Material-Maß haben, darf die Koaxialitätstoleranz nur 0,4 sein. Im Grenzfall von Minimum-Material-Maß kann die Koaxialtoleranz um alle mitwirkenden Toleranzen erweitert werden.

Fall 1: Maximumsituation

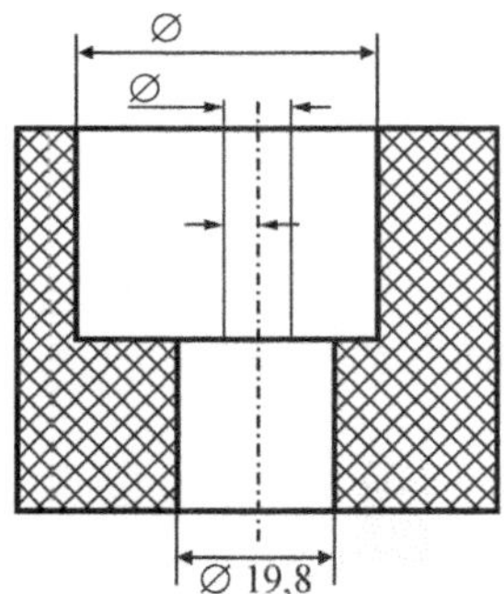

Fall 2: Minimumsituation

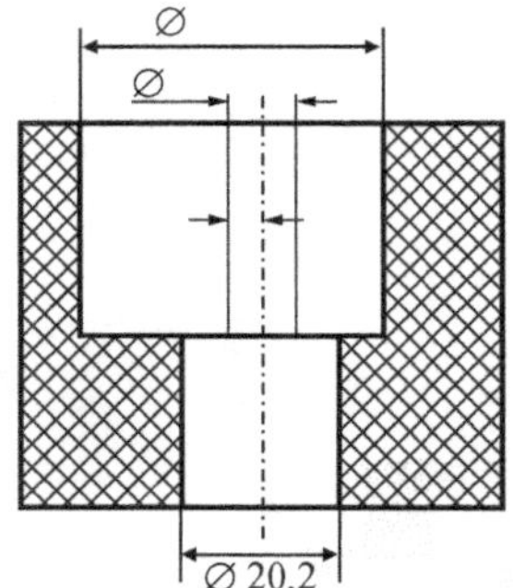

$$\text{max. Koaxial. Abw.} = \frac{\text{Koaxial. Tol.}}{2} + \frac{\text{Maßtol.} \varnothing 40}{2} + \frac{\text{Maßtol.} \varnothing 20}{2}$$

$$= \qquad + \qquad + \qquad =$$

Auslegung der beiden Durchmesser einer einfachen gestuften Lehre ohne Koaxialitätsabweichung:

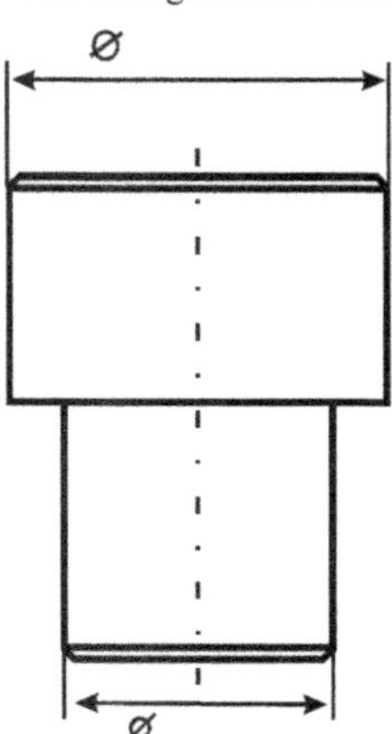

Fallbeispiel 3: Ein Unternehmen stellt Halterungen aus Alu für Glasfassaden her, die bisher ausschließlich in Eigenfertigung hergestellt wurden. Im Rahmen einer Kostensenkungsstrategie soll ein spezielles Halteelement zukünftig bei einem Zulieferanten in Osteuropa gefertigt werden. Voraussetzung dazu ist, dass Know-how-Kommentare, die bisher für die eigene Fertigung auf die Zeichnung geschrieben wurden, in ISO-Symbole umgesetzt werden.

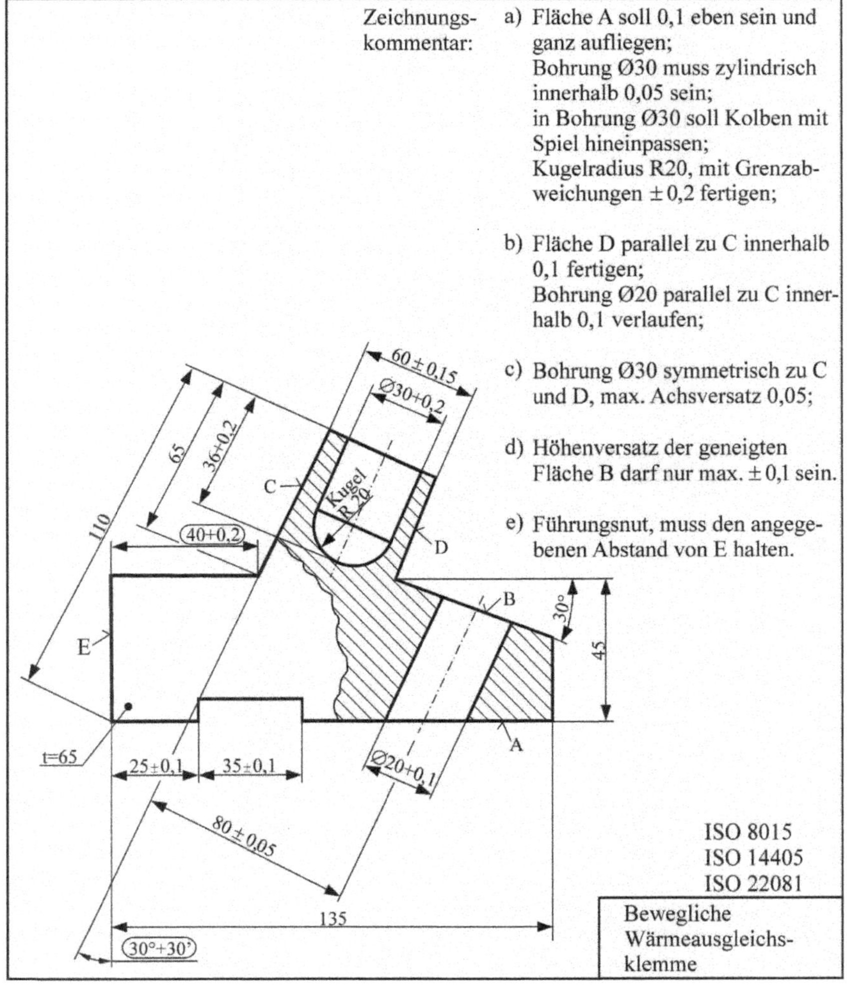

Für die Umsetzung des Textes nutzen Sie bitte die folgende (Leer-) Zeichnung.

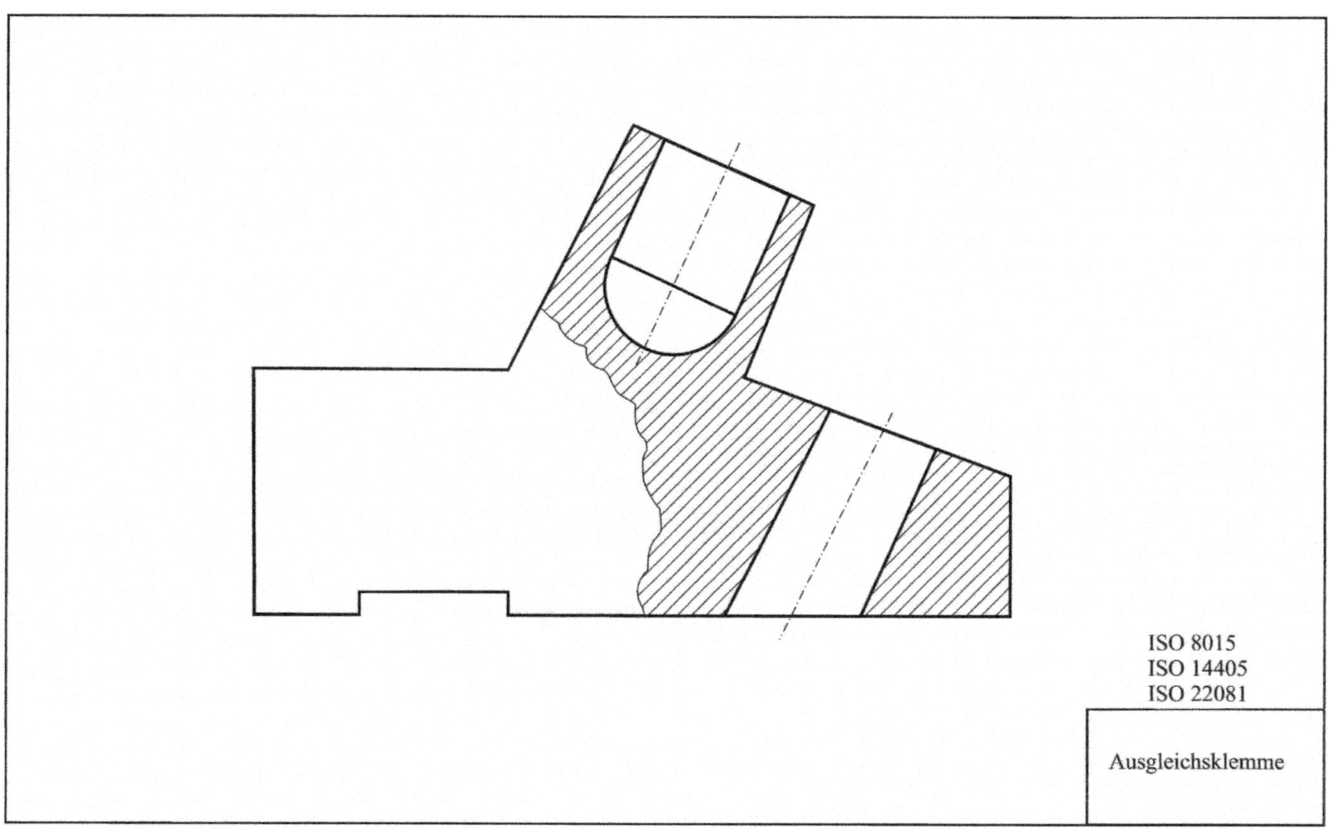
ISO 8015
ISO 14405
ISO 22081
Ausgleichsklemme

Fallbeispiel 4: In der ISO 2692 wird als ergänzendes Kompensationsprinzip die „Reziprozitätsbedingung" herausgestellt. Der wirtschaftliche Vorteil dieser Bedingung soll an dem folgenden Fügebeispiel einer Kolbenführung diskutiert werden.

Situation 1: Ein Konstrukteur hat in einer Fertigungszeichnung die funktional zulässigen Maß- und Geometrieabweichungen für den Kolben festgelegt. Kontrollieren Sie entsprechend die Führung in den entsprechenden Maßsituationen.

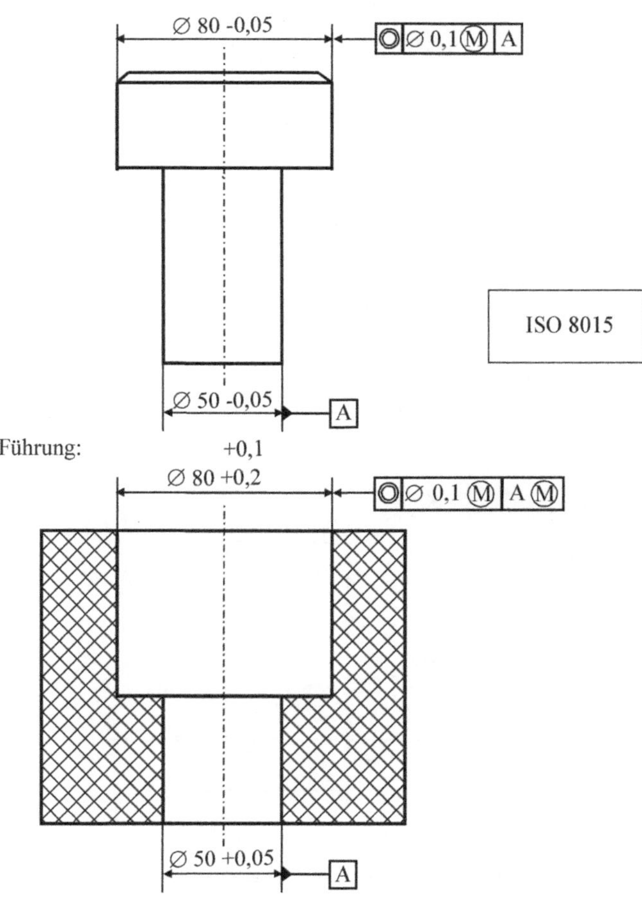

Bild 21.2: Paarungsfall Kolben/ Führung mit Maximum-Material-Bedingung

Situation 2: Die Zeichnungsangaben sollen aus fertigungstechnischen Gründen so angepasst werden, dass auch der „Verbau“ von Kolbenköpfen mit größer ∅ 80 mm zulässig ist, da dies ohne Einfluss auf die Funktion ist. Dies kann durch die Reziprozitätsbedingung sichergestellt werden. Gemäß dieser Möglichkeit ist der Toleranzrahmen zu vervollständigen und die Situation zu kontrollieren.

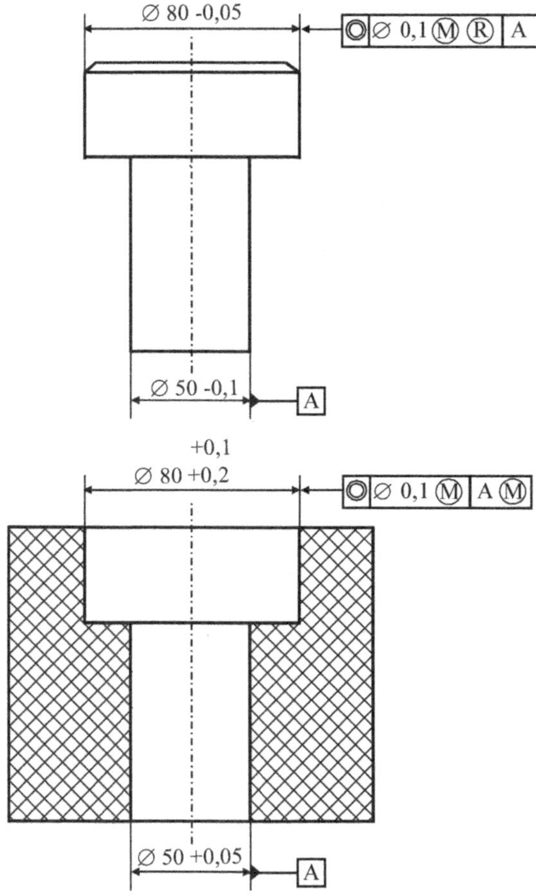

Bild 21.3: Paarungsfall mit Zusammenwirken von zwei Kompensationsprinzipien

Fallbeispiel 5: Nachfolgend ist eine Scheibenkupplung dargestellt, die von einem Hersteller in Großserie gefertigt wird. Um die Montage sicher zu machen, soll die Maßkette arithmetisch und statistisch kontrolliert werden.

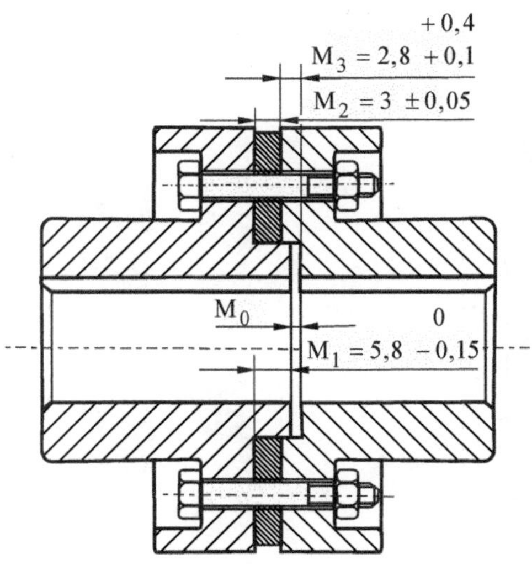

Bild 21.4: Starre Scheibenkupplung

Maßkettengleichung:

Maßtabelle:

Vorzeichen (+, -)			
Maße M_i	M_1 =	M_2 =	M_3 =
Höchstmaße P_{oi}			
Mindestmaße P_{ui}			

A) Arithmetische Kontrolle

B) Statistische Kontrolle

Fallbeispiel 6: In der Zeichnung ist eine Kalanderwalzstufe für das Auswalzen von Folien dargestellt. Die Qualitätsforderung ist, dass für die Weiterverarbeitung die Foliendicke um nicht mehr als ±0,20 mm schwanken darf. Kontrollieren Sie dies für die vorgegebene Auslegung arithmetisch und statistisch.

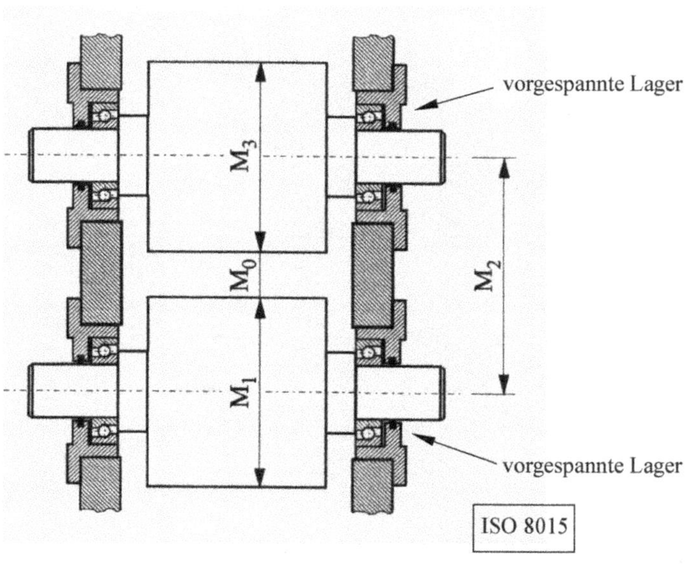

Bild 21.5: Montagesituation Kalanderwalzstufen

In der Einzelteilzeichnung wird für die Wellen jeweils eine Gesamtlauftoleranz von 0,01 mm gefordert.

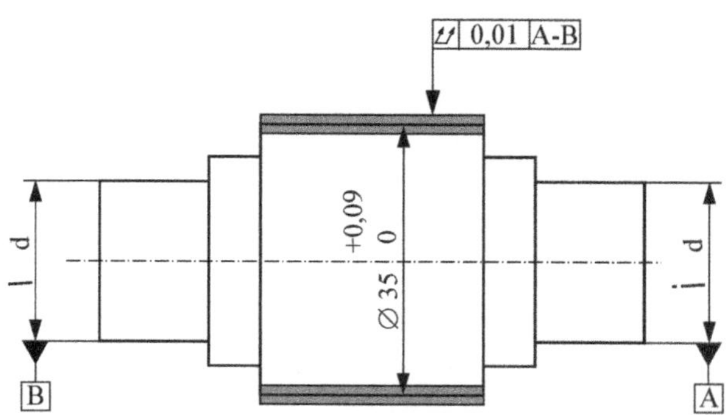

Bild 21.6: Vermaßte Welle mit „Toleranzzone"

Maßtabelle

M_i	Maße [mm]	+/-	N_i [mm]	C_i [mm]	T_i [mm]	G_{oi} [mm]	G_{ui} [mm]
1	$35^{+0,09}_{0}$	-	35	35,045	0,09	35,09	35
2	$36^{+0,35}_{+0,25}$	+	36	36,30	0,6	36,35	36,25
3	$35^{+0,09}_{0}$	-	35	35,045	0,09	35,09	35
M_{1G}	Gesamtlauftoleranz	-	0	0	0,010	+0,01	0
M_{3G}	Gesamtlauftoleranz	-	0	0	0,010	+0,01	0

Stellen Sie zunächst den Maßplan und die Maßkettengleichung auf. Es hat sich hierbei als zweckmäßig erwiesen, die geometrischen Maße von der Spielproblematik zu entkoppeln.

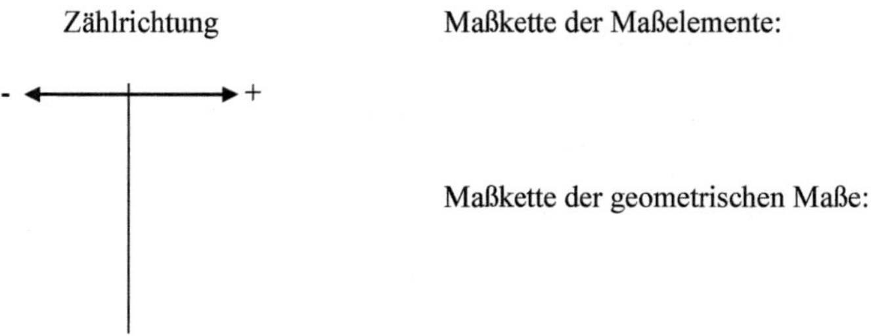

Maßkette der Maßelemente:

Maßkette der geometrischen Maße:

Überlagerung zu einer Maßkettengleichung:

Nachdem die Maßkette erstellt ist, bestimmen Sie das tatsächliche Schließmaß. Verwenden Sie hierbei die umseitig tabellierten Einzelmaße:

– Nennschließmaß

– Höchstschließmaß

- Mindestschließmaß

- Dickenschwankung der Folie

Erfüllt somit die Auslegung die Vorgabe? NEIN!

Kontrollieren Sie die Auslegung daher statistisch!

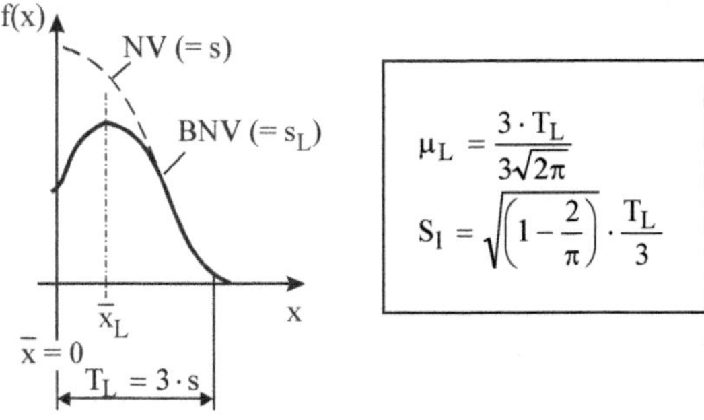

Bild 21.7: Betrachtungsverteilung zur Berücksichtigung der Gesamtlauftoleranz

- Ermittlung der Schließmaßstreuung über das Abweichungsfortpflanzungsgesetz

- Bestimmung der statistischen Schließmaßtoleranz

- Berechnung des statistischen Schließmaßes

Fallbeispiele zur Anwendung der ISO 20457 – Bewertungsschema (s. auch /MEY13/)

Bewertungsmatrix 1: Fertigungsverfahren	P_1
• Spritzgießen, Spritzpressen, Spritzprägen	1
• Formpressen, Fließpressen	2
Bewertungsmatrix 2: Formsteifigkeit bzw. Formstoffhärte	P_2
• E-Modul über 1.200MPa bzw. Shore D über 75	1
• E-Modul über 30 bis 1.200 MPa bzw. Shore D über 35 bis 75	2
• E-Modul über 3 bis 30 MPa bzw. Shore A über 50 bis 90	3
• E-Modul unter 3 MPa bzw. Shore A unter 50	4
Bewertungsmatrix 3: Verarbeitungsschwindung (Rechenwert)	P_3
• VS_R unter 0,5 %	0
• VS_R 0,5 bis 1,0 %	1
• VS_R über 1,0 bis 2,0 %	2
• VS_R über 2,0 %	3
Bewertungsmatrix 4: Berücksichtigung von geometrie- und verfahrensbedingter Schwindungsunterschiede	P_4
• genau möglich: Rechenwerte für VS (d.h., VS_R) sind bekannt. Eine Schwindungsanisotropie ist bedeutungslos oder kann in der jeweiligen Maßrichtung hinreichend genau berücksichtigt werden. Mögliche Abweichungen vom Rechenwert betragen max. ± 10 %.	1
• bedingt genau möglich: Rechenwerte der VS sind mit max. ± bekannt.	2
• nur ungenau möglich: Rechenwerte für VS sind nur als grobe Richtwertbereiche bekannt. Eine Schwindungsanisotropie kann nicht oder nur ungenügend berücksichtigt werden. Praktische Erfahrungen zur Abschätzung möglicher Richtwerte sind nicht vorhanden. Abweichungen vom Rechenwert liegen über ± 20 %.	3
Bewertungsmatrix 5: Toleranzreihen	P_5
• Reihe 1 (Normalfertigung): Fertigung ist mit Allgemeintoleranzen zu realisieren. Maßhaltigkeit ohne besondere Qualitätsansprüche.	0
• Reihe 2 (Genaufertigung): Fertigung und Qualitätssicherung sind auf besondere Maßhaltigkeitsanforderungen auszurichten.	-1
• Reihe 3 (Präzisionsfertigung): Vollständige Ausrichtung der Fertigung und Qualitätssicherung auf eine sehr hohe Maßhaltigkeitsforderung.	-2
• Reihe 4 (Präzsionssonderfertigung): Wie Reihe 3, jedoch mit intensiver Prozessüberwachung.	-3
Anm.: Reihe 3 und Reihe 4 sind stets vereinbarungspflichtig.	

Fallbeispiel 7: In der Abbildung ist ein Spritzgussteil gezeigt, für das die beiden Bohrungen mit D= 51,2 mm und d=12,7 mm zu tolerieren ist. Aus Kostengründen sollen die beiden Formmassen PE-HD und PA6 (spritztrocken) berücksichtigt werden. Das sich ergebenden Funktionsmaß „D“ soll „werkzeuggebunden" und das Maß „d“ soll „nicht werkzeuggebunden“ sein.

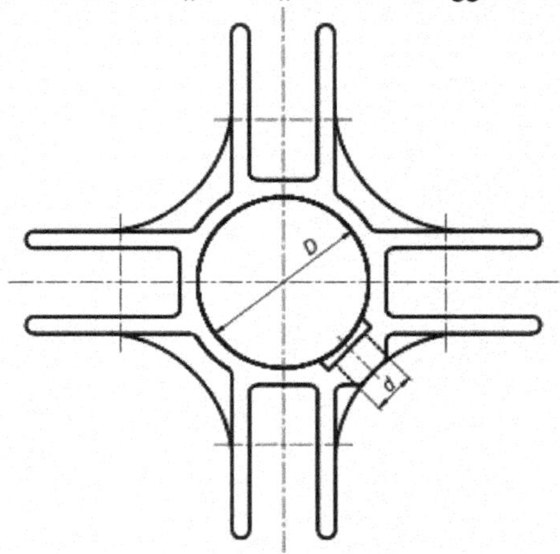

Bild 21.8: Stern für ein Systemregal (nach /MEY13/)

Merkmale	**P_i für PE-HD**	**P_i für PA6**
Spritzgießen	$P_1 =$	$P_1 =$
E-Modul in N/mm²	1.100 bis 1.300: $P_2 =$	2.800 bis 3.000: $P_2 =$
$VS_R = (VS_{max} + VS_{min})/2$ (%)	2,1: $P_3 =$	1,4: $P_3 =$
VS-Bereich (VS_{min} bis VS_{max}) (%)	1,2 bis 3,0: $P_4 =$	0,8 bis 2,0: $P_4 =$
Normalfertigung	Reihe 1: $P_5 =$	Reihe 1: $P_5 =$
P_g (T_G)	$\sum P_g =$ entspricht TG	$\sum P_g =$ entspricht TG

Betrachtung der Formstoff-Alternativen:

Toleranzsynthese	**PE-HD TG**	**PA6 TG**
Ød = 12,7 mm (NW)		
ØD= 51,2 mm (W)		

Fallbeispiel 8: Der Verschlussdeckel eines Aktenshredders soll aus PC (Polycarbonat) durch Spritzgießen hergestellt werden. Das werkzeuggebundene Tiefenmaßbeträgt laut Herstellzeichnung 157+0,2 mm. Es ist zu überprüfen, ob das Maß herstellungstechnisch realisierbar ist?

a) Symmetrisiertes Maß: 157+0,2 ≡

b) Überprüfung auf kostengünstige Realisierbarkeit

Merkmale	**Pi**	**Pi (alternativ)**
Spritzgießen	$P_1 =$	
E-Modul in N/mm²	PC 2.200 MPa: $P_2 =$	
$VS_R = (VS_{max} + VS_{min})/2$ (%)	0,6: $P_3 =$	
VS-Bereich (VS_{min} bis VS_{max}) (%)	0,5 bis 0,7: $P_4 =$	
Genaufertigung	Reihe 2: $P_5 =$	
Präzisionsfertigung		Reihe 3: $P_5 =$
$P_g (T_G)$	$\sum P_g =$ entspricht TG	$\sum P_g =$ entspricht TG

Herstellanalyse:

- Genaufertigung: TG entspricht 157,1± mm

- Präzisionsfertigung: TG entspricht 157,1± mm.

Feststellung: Die vorgegebene Toleranz kann nur mit mehr Aufwand in einer teuren Präzisionsfertigung eingehalten werden.

Anm: Physikalische Daten

PC	ρ= 1,20 g/cm³	E = 2.400MPa	σ_y = 60 MPa	ΔVS = 0,5-0,7	VSR =0,6

Fallbeispiel 9: Ein ABS-Spritzguss-Teil für eine Verstellung, benötigt ein funktionsrelevantes Maß mit 80±0,10 mm. Da das Werkzeugkonzept noch erstellt werden muss, ist zu überprüfen, ob die Maßtoleranz werkzeuggebunden (W) oder nicht werkzeuggebunden (NW) herstellbar ist und welcher Aufwand zu betreiben ist.

Herstellanalyse: ABS

Merkmale	**P_i**	**P_i (alternativ)**	**P_i (alternativ)**
Spritzgießen	P_1 =		
E-Modul in N/mm²	ABS 2.500 MPa:P_2 =		
$VS_R = (VS_{max} + VS_{min})/2$ (%)	0,6: P_3 =		
VS-Bereich (VS_{min} bis VS_{max})	0,5 bis 0,7: P_4 =		
1. Normalfertigung	Reihe 1: P_5 =		
2. Genaufertigung		Reihe 2: P_5 =	
3. Präzisionsfertigung			Reihe 3: P_5 =
P_g (T_G)	$\sum P_g$ = entspricht TG	$\sum P_g$ = entspricht TG	$\sum P_g$ = entspricht TG
Mögliche Herstelltoleranz (W)	TG = ±	TG = ±	TG = ±
(NW)	TG = ±	TG = ±	TG = ±

Eine Präzisionsfertigung ist in der Regel teuer, da dies sehr genaue Werkzeuge, einen überwachten Prozess mit laufender Qualitätskontrolle (Aufwand s. Tabelle C1 in der ISO 20457) erfordert.

In dem vorliegenden Fall ist zu prüfen, ob die Toleranz aufgeweitet werden kann. Für ABS bietet sich hier die TG3 an.

Fallbeispiel 10: Die in der Abbildung dargestellte Aussteifungskonstruktion soll im Spritzguss hergestellt werden. Zuvor sei schon die „Toleranzgruppe TG4“ ermittelt und festgelegt worden. An das untere Aufnahmeloch (nicht werkzeuggebunden) mit Ød= 30 mm wird eine besondere geometrische Anforderung gestellt, daher ist gemäß der ISO 20457 eine Positionstoleranz zu vereinbaren. Die Positionstolerierung als solches ist in der ISO 5458 genormt worden. Für die Größe der Positionstoleranz sind gewöhnlich Abstände maßgebend, hier das Diagonal-Maß D_P =84,13 mm.

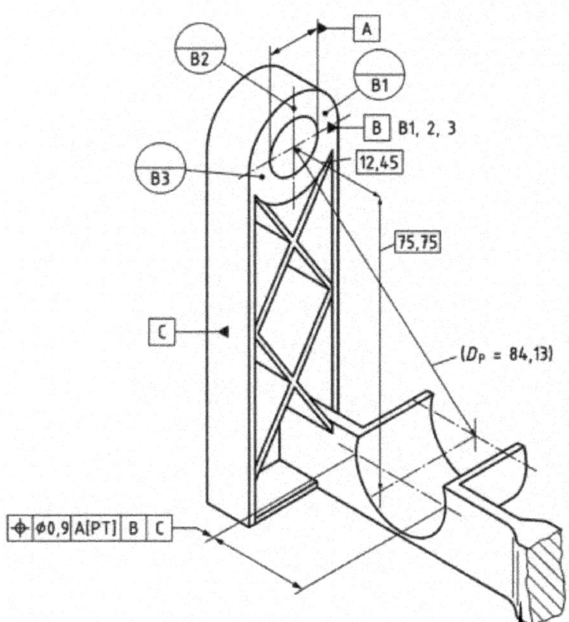

Bild 21.9: Beispiel Stützkonstruktion nach alter DIN 16742

In der ISO 20457 (Tabelle 9) findet sich sodann: t_{Pos} = Ø0,896 ≈ 0,9 mm für den Durchmesser des Toleranzzylinders, in dem sich die Bohrungsmittelachse bewegen muss. Die Toleranzabweichung ist jeweils ± t_{Pos} /2.

Anm.: Die Angabe der Positionstoleranz in der Zeichnung entspricht nicht dem ISO-Standard. Die Toleranzzone muss immer rechtwinklig auf dem Primärbezug (hier C) stehen. Der Sekundärbezug wäre hier B (aber nur 2 Punkte: B1 und B2). Als Sekundärbezug könnte A (als 1 Punkt) genommen werden. In der Messtechnik gilt immer die „3-2-1 Regel“.

Fallbeispiel 11: Ein SUV-Stoßfänger soll im Formpress-Verfahren aus GM-PP-GF20 hergestellt werden. Aus Design- und Kostengründen, sollen gut herstellbare Maßtoleranzen und Flächenformtoleranzen gewählt werden. Diese gilt es nunmehr für das Stadium der Teileentwicklung unter der Annahme „werk zeuggebunden“ zu ermitteln.

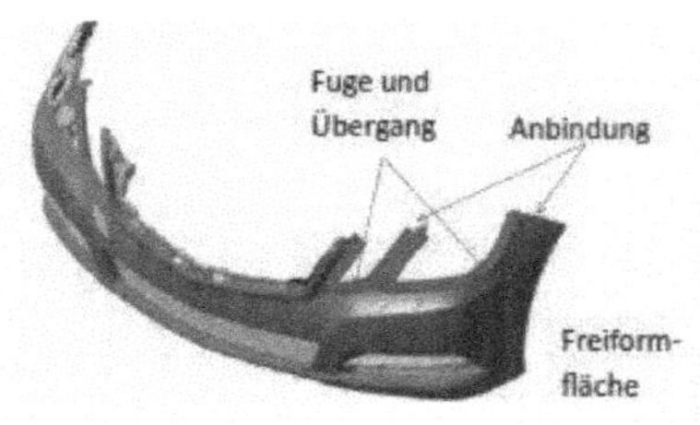

Maße: L = 1.800 mm, H= 400mm;
da das Koordinatensystem stets in Fahrzeugmitte liegt, ist D_p =L/2 = 900 mm.

Merkmale	GM-PP-GF20
Formpressen	P_1 =
E-Modul in N/mm²	ca. 3.000: P_2 =
$VS_R = (VS_{max} + VS_{min})/2$ (%)	0,4: P_3 =
VS-Bereich (VS_{min} bis VS_{max}) (%)	0,3 bis 0,5: P_4 =
Normalfertigung	Reihe 1: P_5 =
P_g (T_G)	$\sum P_g$ = entspricht TG für (W)

Maßtoleranz: L_0 = 900 ± mm, übertragen des TG auf L = 1.800 ± ± 1,2mm.
Ermittlung des Toleranzsprungs für 200 mm: 4 x 0,3 mm= 1,2 mm
H = 400 ± mm.

F+L-Toleranz: t_{PF} (L) = mm = ± mm und t_{PF} (H) = mm = mm.

Hier muss jeweils die größere Profilform-Toleranz für beide Dimensionen (L und H) gewählt werden.

Fallbeispiel 12: Für eine Anwendung im Motorinnenraum eines Pkws ist ein Bauteil aus PA6 zu optimieren. Die maßgebende Bauteillänge sein mit L_F =100 mm festgelegt worden.
Die Anwendungsbedingungen (AWB) sollen sein: Kraft mit 100 N bei einer Dehnung von $\varepsilon = 10\%$ und einer Temperaturerhöhung $\vartheta = 60°C$.
Es ist die max. Längenausdehnung abzuschätzen.

a) In der vorliegenden Situation sind die Wärmeausdehnung, das Quellen und die mechanische Beanspruchung zu berücksichtigen.

$$\Delta L_{Wi} = \alpha_{Ti} \cdot \vartheta_i \cdot L_F = 70 \cdot 10^{-6} \cdot 60 \cdot 100 = 4{,}2 \cdot 10^{-2} = 0{,}42mm$$

$$\Delta L_{Qi} = \alpha_{Qi} \cdot L_F = 0{,}015 \cdot 100 = 1{,}5mm$$

$$\Delta L_{Mi} = ln(1 + \varepsilon) \cdot L_F = ln(1{,}1) \cdot 100 = 9{,}53mm$$

b) Überlagerung der Effekte mit dem quadratischen Gauß-Ansatz:

$$C_A = C_F + \sqrt{\sum \Delta L_i^2} = 100 + \sqrt{0{,}42^2 + 1{,}5^2 + 9{,}53^2} = 109{,}66mm$$

Bei der Überlagerung der Effekte schlägt stets der deutlich größere Effekt durch. Relativ kleine Effekte spielen dann für die Auslegung keine größere Rolle. In vielen Anwendungsfällen wird die mechanische Dehnung durchschlagen, weil Kunststoffe eben sehr elastoplastisch sind.

Auswahl von Kunststoff-Kurzzeichen

Kurzzeichen	IUPAC-Name	Kurzzeichen	IUPAC-Name
ABS	Acrylnitril-Butadien-Styrol-Kunststoff	**PE-UHMW**	Polyethylen, ultrahohe Molmasse
ASA	Acrylester-Styrol-Acrylnitril-Kunststoff	**PEEK**	Polyetheretherketon
BMC	Bulk Moulding Compound	**PEI**	Polyetherimid
CA	Celluloseacetat	**PEK**	Polyetherketon
CR	Chloropren-Kautschuk	**PES**	Polyethersulfon
DAP	Diallylphthalat, Diallylphthalatharz	**PET**	Polyethylenterephthalat
EP	Epoxidharz	**PF**	Phenol-Formaldehyd-Harz
EPS	Expandiertes Polystyrol	**PMMA**	Polymethylmethacrylat
EPE	Expandiertes Polyethylen	**POM**	Polyoxymethylen (Polyacetal, Polyformaldehyd)
EPP	Expandiertes Polypropylen	**PP**	Polypropylen
ETFE	Ethylen-Tetrafluorethylen-Kunststoff	**PPE**	Polyphenylenether
EVA	Ethylen-Vinylacetat-Kunststoff	**PPO**	Polyphenylenoxid
EVAC	EVA, Ethylen-Vinylacetat-Kunststoff	**PPS**	Polyphenylensulfid
FEP	Perfluor (Ethylen-Propylen-) Kunststoff	**PS**	Polystyrol
LCP	Flüssigkristall-Polymer (Liquid-Crystal-Polymer	**PSU**	Polysulfon
LDPE	PE-LD, Polyethylen niedrige Dichte	**PTFE**	Polytetrafluorethylen
MF	Melamin-Formaldehyd-Harz	**PUR**	Polyurethan
MP	Melamin-Phenol-Harz	**PVC**	Polyvinylchlorid
MPF	Melamin-Phenol-Formaldehyd	**PVDF**	Polyvinylidenfluorid
NBR	Nitrilkautschuk	**SAN**	Styrol-Acrylnitril Copolymerisat
PA	Polyamid	**SB**	Styrol-Butadien Copolymerisat
PBT	Polybutylenterephthalat	**SI**	Silikon
PC	Polycarbonat	**TPE**	Thermoplastische Elastomere
PCTFE	Polychlortrifluorethylen	**TPU**	Thermoplastische Polyurethan Elastomere
PE	Polyethylen	**UF**	Harnstoff-Formaldehyd-Harz
PE-HD	Polyethylen, hohe Dichte	**UP**	Ungesättigtes Polyester Harz
PE-LD	Polyethylen, niedrige Dichte	**VMQ**	Silikon Kautschuk
PE-LLD	Polyethylen, linear, niedrige Dichte		

Bild 21.8: Kurzbezeichnung von Kunststoffen nach ISO 1043

Literaturverzeichnis

Fachbücher zum Thema

/ABE 90/ Aberle, W.: Prüfverfahren für Form- und Lagetoleranzen
Beuth Verlag, Berlin, 1990

/BER 02/ Bergmann, W.: Werkstofftechnik – Struktureller Aufbau von Werkstoffen – Polymerwerkstoffe – nichtmetallisch, anorganische Werkstoffe
Hauser Verlag, München Wien, 2002

/BÖT 98/ Böttcher, P.; Forberg, W.: Technisches Zeichnen
Bearbeitet von H. W. Geschke; M. Helmetag; W. Wehr
Teubner Verlag, Stuttgart Leipzig, 1998, 23. Auflage

/BOH 98/ Bohn, M.: Toleranzmanagement im Entwicklungsprozess
Dissertation Universität Karlsruhe, 1998

/DIN 01/ DIN-Normenheft 7: Anwendung der Normen über Form- und Lagetoleranzen in der Praxis
Bearbeitet von G. Henzold
Beuth Verlag, Berlin, 2011, 7. Auflage

/GEI 94/ Geiger, W.: Qualitätslehre
Vieweg Verlag, Wiesbaden, 1994

/GPS 03/ N.N.: GPS`03 – Geometrische Produktspezifikation in Entwicklung und Konstruktion
DIN-Tagung, Mühlheim 2003

/HEN 11/ Henning, F.; Moeller, E.: Handbuch Leichtbau-Methoden, Werkstoffe, Fertigung, insb. Kap. 6: Kunststoffe
Hauser Verlag, München Wien, 2011

/HOI 94/ Hoischen, F.: Technisches Zeichnen
Cornelsen-Girardet Verlag, Berlin, 2018, 36. Auflage

/JOR 09/ Jorden, W.: Form- und Lagetoleranzen
Hanser Verlag, München Wien, 2017, 9. Auflage

/KLE 15/ Klein, B.: Toleranzdesign im Maschinen- und Fahrzeugbau
De Gruyter Oldenbourg Verlag, München, 2018, 4. Auflage

/KLE 16/ Klein, B.: Prozessorientierte statistische Tolerierung
Expert Verlag, Renningen, 2017, 5. Auflage

/MEY13/ Meyer, B.-R.; Falke, D.: Maßhaltige Kunststoff-Formteile
Hanser Verlag, München Wien, 2013

/NIE 99/ Niederhöfer, K.-H.: Konstruieren mit Kunststoffen
Verlag TÜV Rheinland, Köln, 1999

/PFE 01/ Pfeifer, T.: Fertigungsmesstechnik
Oldenbourg Verlag, München, 2. Auflage, 2001

/SAE 08/ Saechtling, H.: Kunststoff Taschenbuch
Hauser Verlag, München Wien, 30. Aufl., 2008

/SCH 98/ Schmidt, A.: Ein Ansatz zur ganzheitlichen Maß-, Form- und Lagetolerierung
Dissertation Universität Paderborn, 1998

/STA 04/ Starke, L.; Meyer, B.-R.: Toleranzen, Passungen und Oberflächengüte in der Kunststofftechnik
Hanser Verlag, München - Wien, 2. Auflage, 2004

/SZY 93/ Szyminski, S.: Toleranzen und Passungen
Vieweg Verlag, Wiesbaden, 1993

/TRU 97/ Trumpold, H.; Beck, Chr.; Richter, G.: Toleranzsysteme und Toleranzdesign-Qualität im Austauschbau
Hanser Verlag, München - Wien, 1997

/VDA 96/ VDA: Sicherung der Qualität vor Serieneinsatz, 3. Auflage, Bd. 4.1,
Verband der Automobilindustrie (VDA), Frankfurt, 1996

/WEC 01/ Weckenmann, A. et. al.: Geometrische Produktspezifikation (GPS)
Lehrstuhl QFM, Erlangen, 2001

Aufsätze

/DIE 01/ Dietzsch, M.; Richter, G.; Schreiter, U.; Krystek, M.: Eindeutige Lösung – Neue Methode zum Bilden von Bezügen und Bezugssystemen
QZ 46 (2001) 6, S. 791-797

/KIR 01/ Kiraz, B.: Zeichnungstoleranzen für Formteile
KU-Konstruktion, 91 (2001)1, S. 78-80

/MEE 92/ Meerkamm, H.; Weber, A.: Montagegerechtes Tolerieren
VDI-Bericht Nr. 999, Düsseldorf, 1992

/PFE 02/ Pfeifer, T.; Merget, M.: Toleranzen optimieren – Kosten senken
QZ 47 (2002) 8, S. 801-802

/SCH 92/ Schneider, H.-P.: Moderne Methoden der Tolerierung von Maßkettenmaßen – ein Instrumentarium zur Vorbereitung wirtschaftlicher Austauschbarkeit
Konstruktion 44 (1992), S. 221-228

Regelwerke

/ASM 11/ Bemaßung und Tolerierung – Verfahren für technische Zeichnungen und zugehörige Dokumentation
von S. Rust, deutsche Übersetzung
Beuth Verlag, Berlin, 2011

/VDE 73/ VDE/VDI 2620: Fortpflanzung von Fehlergrenzen bei Messungen
Beuth Verlag, Berlin, 1973

/VDI 91/ VDI/VDE 2601: Anforderungen an die Oberflächengestalt zur Sicherung der Funktionstauglichkeit spanend hergestellter Flächen
Beuth Verlag, Berlin, 1991

/VDA 94/ VDI 2242: Qualitätsmanagement in der Produktentwicklung
Beuth Verlag, Berlin, 1994

/VDA 02/ VDA 2005: Angabe der Oberflächenbeschaffenheit
Dokumentation Kraftfahrwesen, Bietigheim-Bissingen, 2002

/VDA 09/ N. N.: Sicherung der Qualität in der Prozesslandschaft – Herstellbarkeitsanalyse
Verband der Automobilindustrie, Berlin, 2009

Firmenschriften

/HAS 01/ Hasenauer, J.; Küper, D.; Laumeyer, J.E.: Toleranzen – Die heimlichen Preistreiber
Fa. Du Pont Publikation, 2001

/OBE 95/ Oberbach, K.; Schmachtenberg, E.: Konstruktionsgerechte Kennwerte – Voraussetzung für werkstoffgerechte Konstruktion von Präzisionsteilen aus Kunststoff
Fa. Bayer, Anwendungstechnische Information, ATI 956/1995

/SCH 82/ Schauf, D.: Zusammenhänge zwischen Schwindung, Orientierung, Toleranzen und Verzug bei der Herstellung von Formteilen
Fa. Bayer, Anwendungstechnische Information, ATI 370/1982

/ZÖL 06/ Zöllner, O.: Grundlagen zur Schwindung von thermoplastischen Kunststoffen
Fa. Bayer, Vortragsmanuskript, 2006

Sachwortverzeichnis

W

Z